VERLAG
FRITZ
MOLDEN

Hans Hass

# IN UNBERÜHRTE TIEFEN

## Die Bezwingung der tropischen Meere

MIT 97 ABBILDUNGEN,
DAVON 72 IN FARBE

VERLAG FRITZ MOLDEN · WIEN-MÜNCHEN-ZÜRICH

Bildnachweis:

Farbbilder: Hans Hass, Wien (54); Irenaeus Eibl-Eibesfeldt, Söcking, BRD (12); Manfred Drosch, Berlin (4); Peter Kopp, München (2).

Schwarzweißbilder: Hans Hass, Wien (25).

Schutzumschlag Vorderseite: R. Rozendaal, Leersum, Holland;
Schutzumschlag Rückseite: Hans Hass, Wien.

1.—20. Tausend



Schutzumschlag und Ausstattung: Hans Schaumberger, Wien
Schrift: Garmond Garamond-Antiqua
Satz: Filmsatz auf Linofilm-Super-Quick
Druck des Textteiles: Wiener Verlag
Druck des Bildteiles: C. & E. Grosser, Linz
Bindearbeit: Wiener Verlag
ISBN 3-217-00314-4

# Inhalt

# Vorwort des Verlegers

Man sollte meinen, daß es in unserer Zeit niemanden mehr gäbe, der von sich behaupten kann, daß er ein noch unbekanntes Land eroberte oder gar einen neuen Kontinent erschloß. Der Sportsmann und Zoologe Dr. Hans Hass, der noch sehr unternehmungsfreudig unter uns lebt, darf das – wohl als einer der letzten – von sich sagen. Er erschloß dem menschlichen Vordringen in noch unberührte Natur geradezu ungeheure Gebiete, nämlich die tropischen Meere. Er war der erste, der sich mit Speer und Kamera in die haiverseuchten Gebiete der Karibischen See vorwagte, und er war ebenso der erste im Roten Meer, am Großen Barriereriff Australiens, im Stillen Ozean und im Indischen Ozean. Nachdem er bewiesen hatte, daß dies möglich war, folgten ihm unzählige nach, eine ganze Lawine von Abenteuerlustigen; seinem Beispiel folgend, verlegten Biologen ihr Studium auf den Meeresgrund selbst; und eine ganze Industrie für Tauch- und Jagdgeräte, Unterwasserkameras und Spezialeinrichtungen für tauchlustige Touristen begann sich zu bilden.

1960 verkaufte Hans Hass sein berühmtes Schiff und ließ das Tauchen sein. Was ihn zu seinen wagemutigen Vorstößen angespornt hatte, war letztlich das Geheimnisvolle, Rätselhafte in der Natur gewesen, und es war ihm klargeworden, daß dieses Rätsel nicht allein im Meer zu lösen war. Für mehr als zehn Jahre war er für alle seine Fans verschollen, niemand wußte, was aus ihm geworden war. Inzwischen kommen mit jedem Jahr mehr Unterwasserbücher auf den Markt; in den meisten wird der Name Hass kaum noch erwähnt. Dagegen wird häufig als neu und sensationell vorgestellt, was er schon vor Jahrzehnten vollbrachte und berichtete.

Eine Jugend wächst heute heran, die die Vorgeschichte und das Pioniertum in dieser weltweiten Entwicklung nicht mehr kennt und auf Bücher und Filme vertraut, in denen mit guter Absicht sehr vieles *nicht* gesagt wird. Also scheint die Zeit gekommen zu sein, um die fast durchwegs vergriffenen Bücher des Begründers der modernen Unterwasserforschung in Form eines Digest einem breiteren Publikum wieder zugänglich zu machen und so einen Überblick über das Gesamtwerk von Hans Hass zu geben.

Inzwischen ist Hass von seinen biologisch-philosophischen „Tiefenforschungen auf dem Trockenen" wieder ins Meer zurückgekehrt, und obwohl seine Bemühungen auf jenem Gebiet weitergehen, hat doch auch wieder die Sehnsucht nach dem Meer von ihm Besitz ergriffen. Mit seinen inzwischen herangewachsenen Kindern und der nach wie vor tauchfreudigen Gattin beschreitet er wieder abenteuerliche Wege und dreht wieder Filme. Ereignisse in der Vergangenheit, die direkt oder indirekt mit dem Tauchen zu tun haben, sind jetzt das Thema, das er dem Fernsehpublikum vorstellt.

Der Jugend war Hans Hass lange Vorbild und sollte es wohl auch heute sein, ganz besonders durch seine Schriften, die dieser um eine Reihe neuester Texte erweiterte Band vereinigt. Möge er ihm und seinen aufsehenerregenden Leistungen als Wissenschaftler und Sportler viele neue Freunde gewinnen.

Fritz P. Molden

# Einleitung

Ich blättere in meinen alten Manuskripten, und die damalige Zeit taucht wieder vor mir auf. Alles war damals anders. Die weiten Meere lagen noch völlig unberührt da. Ungestört schwammen Fische und Haie ihres Weges, durch geheimnisvolle Abgründe, in die noch nie ein Mensch geblickt hatte. Der Mensch beschränkte sich damals darauf, in Booten über den „Himmel" der unterseeischen Kontinente zu fahren, zwischen den „Wolken", die es dort gibt, wir nennen sie Wellen. Dieser Mensch dort oben war listig. An dünnen, langen Fäden sandte er Leckerbissen in die Tiefe, und wehe dem Fisch, der einen solchen verschlang. Auch Netze und Fangkörbe sandte er hinab. Aber er selbst blieb oben. Noch war nicht der Sporteifer in ihm erwacht, sich in diesen Tiefen zu tummeln und die Fische in ihrem eigenen Reich zu belästigen. Die Sporteifrigen waren damals gerade dabei, die Gebirge zu erobern. Bretter an den Füßen, kletterten sie über die winterlichen Hänge und Gletscher empor – und fuhren den Weg, den sie hinaufgestiegen waren, wieder hinab. Dann stiegen sie wieder hinauf und fuhren wieder hinab. Noch gab es keine Skilifts, die ihnen die Mühe des Hinaufsteigens abnahmen. Und ebensowenig gab es Schwimmtauchgeräte, mit denen sich der Mensch für eine Stunde in einen Fisch verwandeln kann. Es gab noch keine Schnorchel, keine Flossen, keine Masken. Es gab noch keine Luxushotels mit Tauchbooten, Kompressoren, Tauchlehrern. Es gab noch keine Tauchklubs, keine Unterwasserjagdkonkurrenzen, keine Unterwasserfotografie, keine Fachzeitschriften für den Unterwassersportler. Die Meere waren vom Menschen noch nicht erobert. Die Auseinandersetzung zwischen dem Meer und dem Menschen vollzog sich noch am Himmel der Unterwasserkontinente. Es war ein Kampf gegen die dahinrollenden Wellenwolken, die bei Sturm riesengroß anwuchsen. Nur Berufstaucher in plumpen Skaphandern, an einem langen Schlauch baumelnd und Luftblasen ausstoßend, ließen sich gelegentlich blicken. Sonst war dort unten alles ungestört.

Ich sehe mich wieder, wie ich damals war. Ich war sportlich und draufgängerisch, völlig unbeschwert wie andere junge Leute auch. Wenn mich irgend etwas von meinen Schulkameraden unterschied, dann war es höchstens meine Vorliebe für alles, was andere nicht taten. Spiritistische Bücher zogen mich an, ich las über Materialisationen, Graphologie und Pendeln, ich erprobte an mir die Autosuggestion nach Coué, und mein besonderes Hobby wurde das Handlesen. Ich sammelte eine gewaltige Anzahl von einschlägigen Büchern und besuchte die Wiener Nationalbibliothek, um in alten Folianten zu stöbern. Gute Abdrücke von Handlinien stellte ich nach einer selbstentwickelten Methode her, und alle meine Bekannten mußten mir ihre Hände zur Verfügung stellen. An Zoologie oder Botanik hatte ich kaum Interesse. Mein Onkel Prof. Dr. Erich Zugmayer hatte als Privatgelehrter Reisen nach Indien und Tibet unternommen und für den Fürsten von Monaco meeresbiologisch gearbeitet; aber ich hatte kaum Kontakt zu ihm. Mein Vater war Rechtsanwalt, und es war vorgesehen, daß ich eines Tages seine Kanzlei übernahm. Meine Mutter sah viel jünger aus, als sie war, sie war blond, hübsch, unternehmungslustig und temperamentvoll. Im Sommer fuhren wir meist zu zweit an die Riviera, und die meisten Leute hielten uns für Geschwister. Meine Mutter war stolz auf mich und stärkte, wo sie konnte, mein an sich schon nicht geringes Selbstbewußtsein. Sie meinte, ich sollte ganz nach Belieben entscheiden, was ich studieren wolle, es sei *mein* Leben, um das es ginge. Das sollte ich mir ganz nach Belieben aufbauen, sie und Vater würden mir dabei stets helfen. Am Strand, um Mädchen zu imponieren, machte ich wunderschöne Saltos. Ich konnte ohneweiters über zwei ahnungslose Leute, die im Streckfauteuil in der Sonne lagen, im Salto hinwegwirbeln und dann auf der anderen Seite lässig weitergehen, als wäre dies das Selbstverständlichste von der Welt. Sonst aber gab es eigentlich nichts, was meinen späteren Weg rechtfertigte oder voraussehen ließ. Ich lebte weit weg vom Meer: in Wien. Von den tropischen Meeren, die ich später erkunden sollte, war ich in jeder Hinsicht besonders weit entfernt; es hätte damals viel wahrscheinlicher angemutet, daß irgendwo im Karibischen Meer oder an den Küsten der Südseeinseln junge Leute zum Sport mit einem Speer unter Wasser tauchten und Fischen nachstellten, sich für eine Foto- oder Filmkamera ein wasserdichtes Gehäuse bauten und in den Korallenriffen fotografierten; aber gerade dort kam niemand auf diesen Gedanken, besonders wegen der Haie, von denen man sich Furchtbares erzählte. Im Lauf meiner späteren Expeditionen bin ich zu keinem neuen Platz gekommen, wo die Einheimischen mich nicht für übergeschnappt und selbstmörderisch hielten. Die Angst vor den Haien ist zwar noch heute – da schon unzählige meinen Spuren gefolgt sind – kaum geringer geworden, aber das Eis ist doch längst gebrochen. Unter Wasser wird die Fischwelt überall von Scharen tauchender Fischmenschen behelligt und zurückgedrängt.

Ich war nicht der erste Unterwasserjäger, und ich war auch nicht der einzige, der für die Entwicklung, die der Tauchsport und die Unterwasserforschung genommen haben, verantwortlich ist. Aber in den tropischen Meeren war ich fast überall der erste, und durch meine Bücher und Filme habe ich zu dieser für die Meerestiere sicherlich unangenehmen Entwicklung wesentlich beigetragen. Ich habe mir viele Frauen zum Feind gemacht, deren Gatten auf Grund meiner Berichte eine Tätigkeit begannen, die ihnen, den Gattinnen, höchst gefährlich und unvernünftig erschien. Und gewiß gibt es auch genügend Eltern, die auf mich nicht gerade gut zu sprechen sind. Ich fürchte sogar, daß ich den Tod mancher, die ich nie sah oder sprach, indirekt auf dem Gewissen habe. Ich selbst setzte mein Leben oft recht bedenkenlos aufs Spiel. Im Meer hatte ich endlich ein riesiges, noch unberührtes Wirkungsfeld entdeckt, einen riesigen Bereich, an dem die „normalen" Menschen achtlos vorbeigingen.

In meinem ersten Buch schrieb ich im letzten Kapitel, das ich „Blick in die Zukunft" nannte: „Die Welt ist so gründlich erforscht, daß jungen Entdeckern wenig übriggeblieben ist. Die Wüsten ewigen Eises, die Zonen höllischer Hitze, die schroffsten Bergriesen, die dunkelsten Urwälder, überall hat der Mensch seinen Weg ertrotzt, überall sind seine Spuren. In kommenden Jahren will ich versuchen, die Korallenriffe tropischer Meere näher zu erforschen und diese Landschaften und ihre bunten Bewohner im Farbfoto und -film festzuhalten. Mit einer stark verbesserten Ausrüstung will ich dort auch den Kampf mit den großen Raubtieren des Meeres wagen und – wenn möglich – mit einem Scheinwerfer auf dem Kopf während der Nacht auf die Unterwasserjagd gehen. Wieweit mir dies gelingen wird, weiß ich heute noch nicht."

Nun, es gelang. Und es ist vielleicht nicht ganz uninteressant, zu jenen Tagen zurückzublättern, da all dies seinen Anfang nahm, zu meinen allerersten Versuchen im Mittelländischen Meer. Meine Schicksalsstunde schlug an einem sonnigen Tag im Juli 1937. Ich war achtzehn, hatte mein Abitur bestanden, und meine Eltern hatten mich allein nach Frankreich geschickt. Ich sollte mir ein bißchen die Hörner abstoßen. Ich stieß sie mir recht kräftig ab: erst in Paris, dann in Juan-les-Pins. Dann geriet ich an ein Mädchen, mit dem es nicht recht klappen wollte. Ich war ärgerlich, unglücklich, traurig. Ich fuhr allein hinaus zum Cap d'Antibes. Dort kletterte ich auf den Felsen herum und ließ mir den Wind um die Ohren wehen . . .

Und damit gebe ich mir selbst, so wie ich damals lebte und schrieb, das Wort.

# JAGD UNTER WASSER

*Der neue Sport*

Ein wunderbar heißer, windstiller Tag hatte mich in die romantische Einsamkeit der Felsküste von Juan-les-Pins gelockt. Kein Hauch regte sich, die Luft flimmerte, die Wellen brachen sich träge an den steilen Ufern. Bis auf das gleichmäßige Rauschen war alles still, das Meer war müde und sanft, und nur manchmal hörte ich das dumpfe Grollen einer Welle, die sich in eine der vielen Höhlen des Gestades verirrt hatte und nun ärgerlich einen Rückweg suchte.

Als ich über einen hohen Felsen kletterte, bemerkte ich plötzlich einen Mann, der zwischen den Felsriffen umherschwamm, das Gesicht unter Wasser, als suche er etwas in der grünlichblauen Tiefe. In der rechten Hand hielt er eine lange Stange, und als er Atem schöpfend den Kopf hob, sah ich, daß er eine ganz eigenartige Brille trug. Das sonderbarste an diesem Mann aber war entschieden die Art, wie er von Zeit zu Zeit im Wasser verschwand. Das heißt, er tauchte nicht unter, wie man dies gewöhnlich tut, er versank vielmehr lautlos, und keine Welle verriet, was geschehen war. Nach erstaunlich langer Zeit tauchte er dann zumeist unvermutet an einer völlig anderen Stelle wieder auf, ebenso lautlos, wie er verschwunden war.

Wonach tauchte er? Als leidenschaftlicher Schwimmer und Taucher interessierte mich das brennend. Suchte er nach Muscheln oder Schwämmen? Neugierig kletterte ich auf einen weit in das Meer hinausragenden Felsen, von wo ich den sonderbaren Taucher aus nächster Nähe beobachten konnte.

Knapp vor mir schwamm der sonnenbraune Körper vorbei; dann tauchte er, und in dem ruhigen, klaren Wasser konnte ich genau beobachten. Den langen Spieß stoßbereit in der Rechten, so schwamm er, einem großen, hellen Raubfisch ähnlich, tief unter mir vorbei, Arme und Beine schien er fast gar nicht zu bewegen, trotzdem schwamm er sehr schnell. Vorsichtig pirschte er sich an ein Bündel bunter Algen heran, das tief unten an einer dunklen Spalte erkennbar war.

In einem jener seltenen Augenblicke, da die Wellen stillzustehen scheinen und das Meer eine fast unwirkliche Klarheit erhält, sah ich tief am Grunde einen großen Fisch bei dem Algenbüschel stehen! Und schon geschah das Unerwartete: der Jäger der Tiefe schnellte plötzlich wie ein Pfeil vorwärts, ich sah ein kurzes, helles Aufblinken, dann tauchte er wieder auf – an seinem Speer aber zappelte der große Fisch, in der Mitte durchbohrt!

Ich war starr – das hatte ich nicht für möglich gehalten!

Der Mann stieg nun aus dem Wasser, legte die Harpune und die Gummibrille beiseite und tötete den Fisch mit dem Messer, das er am Gürtel trug. Mit einer lächelnden Frage begann ich ein Gespräch.

Mein Unterwasserjäger, das erfuhr ich nun rasch, war ein Amerikaner. Seine Haut schien wie gegerbt von Wasser und Sonne, und sein Haar war gelb gebleicht wie Stroh. Neugierig stellte ich an ihn alle jene unzähligen Fragen, mit denen man später mich so oft überfallen hat: Wie ist es möglich, daß Sie sich so lange unter Wasser aufhalten können? Wie machen Sie es nur, daß Ihnen die Fische nicht davonschwimmen? Brauchen Sie unbedingt diese merkwürdige Brille?

Der Amerikaner antwortete liebenswürdig und bereitwillig. Er erzählte mir von der Schönheit des Meeresgrundes, von den vielen Fischen, die dort leben, und von der Harpune, mit der er den Fischen zu Leibe rückt. Er ließ mich damals zum erstenmal jene neue Welt ahnen, die mir später so vertraut werden sollte. Guy Gilpatrik, so hieß der Amerikaner, erzählte aber nicht bloß als begeisterter Kenner von der Jagd unter Wasser, er gab mir auch Ratschläge, wie ich mir diese Welt erobern könnte.

„Vergessen Sie auch nicht die Gefahren“, meinte er zum Schluß und deutete auf ein langes Messer, das er an einem schmalen Ledergürtel an der linken Seite trug. „Es gibt auch Haie hier.“

„Haifische?“

Der liebenswürdige Amerikaner warnte mich auch vor den großen Polypen. „Da müssen Sie sehr achtgeben“, sagte er, „tauchen Sie nie zu nahe vor steilen Felswänden, dort halten sich in den Spalten und Höhlen manchmal riesige Exemplare versteckt. So ein Polyp schießt seine langen Fangarme ganz plötzlich hervor, umschlingt alles, was zu nahe vorbeischwimmt, und zieht es mit unglaublicher Kraft in sein Loch. Versuchen Sie auch nie, einen Polypen mit der Harpune zu stechen, er rückt nämlich nicht aus wie die Fische, im Gegenteil, er klammert sich an die Harpune und klettert an ihr hoch. Das kann gefährlich werden!“

Schließlich warnte er mich noch vor den giftigen Muränen und Stachelrochen, wünschte mir für meine Versuche viel Erfolg und verschwand wieder in den Wellen, leise und unvermutet, wie er gekommen war.

Wohl im Leben eines jeden Menschen kommt einmal ein Augenblick, in dem er fühlt, daß er seinem Glück begegnet ist, und in dem ihn der Wunsch beseelt, es schnell zu fassen und zu halten. So erging es mir damals. Ohne viel zu überlegen, machte ich mich trotz der Mittagshitze sofort auf den Weg, um mir so schnell wie möglich eine Ausrüstung für die Unterwasserjagd zu besorgen.

Die Unterwasserbrille war bald beschafft, auf die Harpune dagegen mußte ich einige Tage warten, da ihre Anfertigung viel Schmiedearbeit erfordert. So kam es, daß ich die ersten Tage nur mit der Brille bewaffnet auszog, um jenes fremde Reich kennenzulernen, das mir später so vertraut wurde.

## *Die Brille des Jägers*

Als ich damals in Antibes zum erstenmal meine neue Unterwasserbrille, dieses kleine Ding aus Kautschuk und Glas, in der Hand hielt, ahnte ich kaum, wie viele schöne Stunden sie mir schenken würde. Ich erlebte herrliche, windstille Sommertage mit dem vollen Glanz des Himmels und ruhiger See. Und die Meerestiefe zeigte mir ihre Wunder, die romantischen Vorstellungen meiner Jugend erfüllten sich.

Wild stürzen die Felsen hinunter, zerrissen von Schluchten, die sich weit unten im sonderbaren Blau der Tiefe verlieren. Zarte bunte Algen und Gewächse überdecken die Felsen und wechseln im flimmernden Licht, das von oben hereinbricht, jeden Augenblick ihre Farbe.

Und in dieser märchenhaften Welt leben die Fische! In allen Farben schillern sie, in allen Größen und merkwürdigen Formen wimmeln sie in den Spalten und zwischen bunten Algen. Ganz Vorwitzige kommen sogar so nahe heran, daß man nach ihnen haschen möchte; doch da staunt man von neuem – die Sicht ist verzerrt; wie kurz sind plötzlich die eigenen Arme! Alles scheint weit größer und näher, als es in Wirklichkeit ist: das Licht bricht sich durch die in der Brille eingeschlossene Luft.

Wie enttäuscht ist man daher, wenn man den ersten Fisch erbeutet hat, ihn stolz ans Ufer zieht und nun erleben muß, daß er auf dem Trockenen um ein beträchtliches zusammengeschrumpft erscheint.

In keiner Stunde meines Lebens war ich so wunschlos glücklich wie in jenen ersten Tagen, als alle diese fremden Eindrücke zum erstenmal auf mich wirkten. Stundenlang schwamm ich an der Küste von Antibes entlang, tauchte und konnte mich an all dem Neuen nicht sattsehen. Auch ohne Harpune versuchte ich mich an die schönen Fische heranzuschleichen, die mir der Amerikaner so lebendig geschildert hatte: an die flachen, silberglänzenden Geißbrassen, die sich am liebsten bei den Spalten aufhalten, an die fetten, gefräßigen Goldstriemen, die in Rudeln auf Algenwiesen weiden, an die schlanken Meeräschen, die mit ihrem breiten Maul die Felsen entlang streichen, und viele andere mehr.

Oftmals tauchte ich auch, um die prächtigen Farben einer zarten Seenelke aus nächster Nähe zu bestaunen.

### *Lehrgeld und erste Versuche*

Die Harpune war fertig! – Ich erinnere mich noch gut, wie stolz ich damals zum erstenmal auf die Fischjagd auszog, und muß sagen, ich wurde doch gründlich enttäuscht, Ich wollte mit Fischen beladen des Abends nach Hause kommen, aber ich mußte einsehen, daß es gar nicht so einfach ist, an einen Fisch auf Stichweite heranzukommen. Es kam mir vor, als seien die Fische, als ich sie noch ohne Harpune besuchte, viel zutraulicher gewesen. Nun schienen sie meine Absichten zu ahnen und stoben in hellen Scharen davon, sobald ich bloß untertauchte.

Endlich kam ich nahe an einen größeren Fisch. Den mußte ich haben, er stand so wunderbar vor einem Fels, so deutlich abgezeichnet, so still. Ganz langsam und vorsichtig pirschte ich mich an mein Opfer heran. Ich zielte und schleuderte die Harpune mit ganzer Kraft . . . in den Felsen! Der Fisch aber suchte schadenfroh und nicht einmal in besonderer Eile das Weite. Meine schöne Harpunenspitze aber war gebrochen.

Auch die neue Spitze brachte anfangs wenig Glück. Schon gleich am ersten Tag stach ich sie mir beim Schwimmen in die eigene Hand. Vor Schmerz und Schreck ließ ich sie fallen, und sie fiel zwanzig Meter tief. Nach mehrstündiger, mühsamer Arbeit gelang es mir, sie mit einer Schlinge wieder heraufzufischen. Und meine Hand blutete immer noch. Damals wurde mir klar, daß es besser und vorsichtiger ist, mit einem Kameraden auszuziehen.

In Juan-les-Pins traf ich zufällig meinen alten Freund Viktor Marischka. Ich erzählte ihm von meinen Abenteuern auf dem Meeresgrund. Viktor war so begeistert, daß er sich sofort eine Brille kaufte. Seit diesem Tag hatte ich einen treuen Begleiter und unermüdlichen Kameraden.

In der Nähe von Cannes liegt die Perle des Mittelmeeres, die Insel St. Marguerite; ihre kleine Schwester, St. Honorat, ist viel einsamer, hat aber einen Fischreichtum sondergleichen, besonders an der Ostspitze. St. Honorat ist nicht unbewohnt. Hinter hohen Brombeerhecken, verborgen im schattigen Föhrenwald, der die ganze Insel überdeckt, liegt ein altes Kloster, und am Südufer ragt ein Schloß wie ein trotziger Turm zum Himmel, ein Zeuge alter Geschichte.

Dort, riet man uns, sollten wir unser Glück versuchen. Und tatsächlich, es wimmelte in den Riffen von Fischen.

Viktor hatte einen ganz sonderbaren, flachen Fisch entdeckt, einen trägen, langsamen Burschen. Ich stach ihn, und mit einem Triumphgeschrei eilten wir an Land, um ihn unseren Freunden zu zeigen. Gerade wollte ich ihn anfassen, da erhielt ich einen elektrischen Schlag. Ich hatte einen Zitterrochen gefangen, jenen eigenartigen Fisch, der andere Fische durch elektrische Schläge wehrlos macht.

Einige Tage vergingen, unsere Erfolge wuchsen, und ich brachte schon recht schöne Beute heim. Da sah ich draußen bei einer Klippe meinen ersten großen Fisch. Ganz ruhig stand er da, in einem dunkelgrünen Schuppenkleid, breit war sein Kopf, und seine langen Flossen bewegten sich kaum im ruhigen Wasser. So sahen wir ihn in zehn Meter Tiefe vor einer Felsspalte. Mein Freund und ich, beide furchtbar aufgeregt, hielten Kriegsrat auf einer Klippe. Was tun? Hinuntertauchen und dieses Ungeheuer zu stechen versuchen? Wie es aber heraufbringen, es schien doch viel stärker zu sein als einer von uns?

Viktor hatte einen Einfall. Wir schwammen zurück zur Insel und kauften bei Fischern ein langes Seil. An das eine Ende banden wir die Harpunenspitze, und an das andere – „befestigte" sich Viktor. Ich wollte tauchen und den Fisch stechen; Viktor sollte auf der Klippe sitzenbleiben, das weitere würde sich finden.

Inzwischen frischte der Wind stark auf und trieb hohe Wellen vor sich her. Viktor fror auf seiner Klippe, er wollte doch lieber ins Wasser, so schwammen wir beide zu der Stelle, wo wir den Fisch vermuteten.

Es wurde zunächst ein tolles Fangspiel mit den Wellen, die uns emporhoben, auf die spitzigen, mit Seeigeln übersäten Klippen setzten und uns dann wieder hinunterrissen in die Flut. Zu allem Unglück verwickelte sich auch noch das Seil in den Felsen. Beim Versuch, es zu lösen, schlang es sich um unsere Beine; wir waren hilflos den Wellen preisgegeben.

Nach vielen Mühen kamen wir endlich frei und schwammen zu der ersehnten Stelle. Das Wasser war jetzt schon ziemlich trüb und undurchsichtig. Bei den Riffen standen Tausende von winzigen Fischen, die sich bei Unwetter immer nahe an die Felsen drücken. Deshalb kann man auch bei Sturm meist viele Fischer beobachten, die auf den Felsen sitzen und lauter winzige Fischlein angeln; diese kommen dann in die Bouillabaisse – eine sehr beliebte Fischsuppe.

Endlich sichteten wir unseren Fisch wieder; er stand noch an derselben Stelle. Ich schöpfte Luft und tauchte in die Tiefe. Zehn Meter sind ein weiter Weg, wenn man zum Schwimmen nur eine Hand frei hat. Der Fisch sah mich sofort und beobachtete mich genau; es war ein großer Zackenbarsch. Ich spannte meinen Körper, zielte genau, stieß meine Harpune – nein, ich wollte sie stoßen –, da wurde sie mir unvermittelt von oben aus der Hand gerissen. Wütend schwamm ich an die Oberfläche und wollte Viktor zur Rede stellen, aber er war schuldlos. Eine riesige Welle hatte ihn erfaßt, fortgespült – und mit ihm das Seil und die Harpune.

Für diesen Tag gaben wir es auf. Zerschunden und vor Kälte zitternd kamen wir wieder an Land. Dunkle, drohende Wolken verdeckten die Sonne, ein schweres Gewitter zog herauf. Dann fielen die ersten dicken Tropfen, und ein furchtbares Unwetter brach los.

St. Honorat bot uns jedoch bald zuwenig Abwechslung, und so versuchten wir unser Glück jenseits von Cannes, bei dem kleinen Ort Theoule.

Der Meeresboden bei Theoule ist flach und steinig und fällt dann ganz plötzlich zu größeren Tiefen ab. Bei dieser Schwelle gibt es viele Meeräschen, die man an der Riviera „Mullets" nennt.

Diese Meeräschen sehen unseren heimischen Weißfischen ähnlich. Man findet sie stets im seichten Wasser, zumeist in kleinen Rudeln. Meeräschen sind ausgeglichene Gemüter; sie schwimmen friedlich am Ufer entlang, wühlen mit ihrem Kopf im Moos und in den Algen oder streifen mit ihrem breiten Maul die Felsen entlang. Von Zeit zu Zeit halten sie für einige Augenblicke inne und kauen mit Ruhe und Genuß.

Auf diese Fische machte ich damals Jagd. Es gelang mir auch bald, zwei zu erlegen, da sah ich ein Rudel besonders großer Meeräschen. Ich suchte mir den fettesten Burschen heraus, stieß zu, aber ach, ich kam zu kurz und verletzte den Fisch nur leicht an der Kieme. Er blutete stark und flüchtete gegen das Ufer. Ich verfolgte ihn eine Weile, wurde aber dann durch ein Fischerboot aufgehalten und verlor ihn aus den Augen.

„So ein Pech! Mir ist schon wieder eine große Meeräsche entkommen!" rief ich Viktor ärgerlich zu, der am seichten Ufer eine leichtere Beschäftigung gefunden hatte und nach Muscheln suchte. Ich hatte keine Ahnung davon, daß eine an der Kieme verletzte Meeräsche stets nahe zum Ufer schwimmt und dort ziemlich hilflos knapp unter der Wasseroberfläche treibt.

Zum maßlosen Staunen der vielen Zuschauer spielte sich nun folgende Szene ab: Viktor begann plötzlich, den Blick starr geradeaus gerichtet, durch das Wasser zu schleichen, dann warf er sich mit einem Schrei nach vorwärts, das Wasser spritzte hoch auf, und mit den Händen zog er einen großen, zappelnden Fisch aus den Fluten. Die Leute waren begeistert; sie merkten gar nicht, daß es sich um den von mir verletzten Fisch handelte. Vielmehr waren sie des Glaubens, daß mein guter Viktor ihn mit der bloßen Hand gefangen hätte. Immer neue Fischer strömten herbei, bestaunten diese Sehenswürdigkeit und stellten die absonderlichsten Fragen.

Mit wegwerfender Handbewegung meinte Viktor: „Fische mit der Hand fangen? Haha, was ist denn schon dabei! Das kann in Österreich jedes Kind!" Sprach's und ließ die Braven staunend zurück.

Wenn wir die vielen Methoden untersuchen, die der Mensch im Laufe der Geschichte ersann, um Fische zu fangen, dann mag es wohl wundernehmen, daß er, trotz seiner Erfindungsgabe, nur selten versucht hat, die Tiere des Wassers in ihrem eigenen Element anzugreifen.

Nur von den Bewohnern der Südseeinseln berichten schon ältere Quellen, daß die Eingeborenen selbst in die Unterwasserwelt eindrangen und dort jagten. Wyatt Gill erzählt, wie man auf den Penrhyninseln riesige Meeresschildkröten mit bloßen Händen fängt:

„Wenn vollständige Windstille herrscht und die Oberfläche des Meeres einem Spiegel gleicht, dann fahren die Insulaner bei Tagesanbruch mit ihren Kähnen aus. In langer Reihe ziehen sie dahin und strengen ihre Augen an, um auf dem Korallenboden eine Schildkröte zu entdecken. Von Zeit zu Zeit schallt der Ruf über die Wasseroberfläche: ‚Da läuft eine Schildkröte!' Die Boote bilden nun schnell einen Kreis über ihrem Opfer, wobei die Eingeborenen heftig auf die Wände ihrer Fahrzeuge klopfen, um nach ihrer Meinung die Schildkröten zu verwirren. Denken sie, ihren Zweck erreicht zu haben, so taucht ein Mann mit einem Seil unter den Achseln auf den Meeresgrund hinab, um die Schildkröte zu überlisten. Andere folgen ihm, um die Beute einzukreisen und dem ersten Beistand zu leisten, dessen besondere Aufgabe es ist, die Beine des gewaltigen Tieres festzuhalten und sich mit ihm zusammen zur Oberfläche emporziehen zu lassen. Bisweilen fassen die Kameraden, um ihrem Freund behilflich zu sein, ihn am Haar und ziehen ihn so in die Höhe."

Noch schwieriger ist das Fischen mit der Schlinge, das Dr. Krämer auf den Gilbertinseln und auf Nauro beobachten konnte:

„Besonderer Erwähnung bedarf nun noch ein eigenartiges Instrument, der Aalfänger. Der Fischer begibt sich damit an die Leeseite des Riffes und taucht hinab an die Stellen, wo er aus den Löchern am Riffrand Muränen oder Seeaale hat hervorlugen sehen. Rasch legt er einen saftigen Köder vor das Loch und die Schlinge des Aalfängers um dessen Mündung. Sobald nun der Aal seinen Kopf hervorstreckt, zieht er die Schlinge an und begibt sich mit dem Tier nach oben. Viele Minuten sollen die Fischer unter Wasser zubringen können, und auf Nauro wurden mir alte Leute gezeigt, die durch den langen Aufenthalt unter Wasser taub geworden waren."

Mit der Schlinge werden, wie Wyatt Gill berichtet, auch weit größere Fische erbeutet:

„Haifische", so schreibt er, „gibt es in großer Menge in der Nähe der Penrhyninseln. Im April erscheinen gewisse kleine Fische in solcher Unmasse, daß die ganze Meeresfläche davon zu wimmeln scheint. Um diese Zeit kommen die

Eingeborenen leicht an die Haie heran, die an der Oberfläche umherschwimmen und eine Menge Fische vertilgen, und es gelingt ihnen bald hier, bald dort, einem Hai eine Schlinge über das Schwanzende zu streifen und ihn dann plötzlich in ihr Boot hereinzuziehen. Zu anderen Zeiten tauchen die Eingeborenen, auch die von anderen Inseln, ins Meer hinab, betreten die Höhlen im Riff, wo die Haie ihre Schlupfwinkel haben, und nachdem sie einem davon ihre Schlinge glücklich um den Schwanz gelegt haben, schwimmen sie schnell zur Oberfläche empor, um dann ihre Beute heraufzuziehen."

Die Kunst, mit einem spitzen Knüppel unter Wasser nach Fischen zu jagen, beherrschen die Bewohner der Insel Nauru. Nach Dr. Hambruch berichteten die Eingeborenen darüber folgendes:

„Wenn man einen spitzen Stab nimmt, ins Meer schwimmt und einen Fisch sieht, kann man ihn speeren. Man begibt sich auf das Wasser, läßt sich schwimmend treiben, hält ein Auge zu, und wenn man einen Tintenfisch sieht, speert man ihn."

Noch geschickter und mutiger sind die Bewohner von Hawaii. Auch sie stechen Fische unter Wasser, wagen aber auch den Kampf mit den scheußlichen Raubtieren des Meeres.

Ein anderer Kenner berichtet von den Kanaken: „Sie lieben das Meer über alles; es gibt kaum gewandtere und unerschrockenere Schwimmer und Taucher als jene Insulaner, welche im Kampf mit den Gefahren des Wassers von niemandem an Ausdauer erreicht werden können. Die Kanaken hatten", so heißt es an einer anderen Stelle, „sehr verschiedene Methoden beim Fischfang. Sie fingen mit Speeren, mit Körben, mit Leinen und Angeln oder mit Netzen. Die Speere wurden in der Regel von Tauchern unter Wasser oder auch im flachen Wasser des Nachts bei Fackellicht benützt. Haifische wurden im tieferen Wasser von den unerschrockenen und geschickt tauchenden Kanaken im Einzelkampf getötet, aus welchem die Eingeborenen nicht selten zu Krüppeln verstümmelt heimkehrten. Um diese gefährlichen Raubtiere des Meeres anzulocken, wurden gelegentlich Menschenopfer, besonders unter den Sklaven, veranstaltet und die verwesenden Leichname auf besonderen Brettern an die Kanus gebunden und in See geschleppt, bis Haifische sich in der Nähe des Bootes sammelten. Dann tauchten die Kanaken, nur mit Dolchen bewaffnet, in die Tiefe und nahmen den Kampf mit ihren gefährlichen Gegnern auf."

Verdient die Unterwasserjagd dieser todesmutigen Kinder der Tropen nicht, vom rein sportlichen Standpunkt aus bedeutend höher eingeschätzt zu werden als alle unsere Methoden des Fischfangs? Bei uns gilt der Angelsport als die eleganteste und edelste Fischjagd – und ist doch im Grunde genommen auf einer ganz gemeinen List aufgebaut. Die Unterwasserjagd dagegen ist in jeder Hinsicht fair. Der Fischer taucht selbst hinunter in das Reich seines Gegners, stellt sich ihm und gibt ihm damit die Chance, zu entfliehen. Der Fisch hat fast alle Vorteile auf seiner Seite: er kann bedeutend schneller und geschickter schwimmen und ist vor allem nicht auf die Luft der Oberwelt angewiesen. Der Vorteil des Jägers liegt in seiner Waffe und in seiner menschlichen Intelligenz. Nun gibt es aber auch Fische, die über weit gefährlichere Waffen verfügen als er. Ihnen gegenüber bleibt ihm dann nur ein einziger Vorteil – seine Intelligenz.

Eine weitere Verbreitung dürfte die Unterwasserjagd erst in neuerer Zeit mit dem Aufkommen der wasserdichten Brillen erfahren haben.

Wann und durch wen die Kunde von der Unterwasserjagd nach Amerika drang, weiß ich nicht. Es dürfte jedoch nicht allzulange her sein. Mein amerikanischer Lehrer Gilpatrik hatte den Sport von einem amerikanischen Marineoffizier gelernt, der mit seinem Speer bis acht Kilo schwere Fische erlegt haben soll.

Interessant ist, daß der neue Sport, trotz seiner Neuheit, in einem gewissen Grad schon degenerierte. Es gibt Leute, die sich die Unterwasserjagd auf die verschiedenste Weise zu erleichtern verstehen. Sie verwenden Tauchapparate, mit denen sie längere Zeit auf dem Meeresgrund herumspazieren können, und schießen die Fische mit Schleudern und Armbrüsten. In Frankreich gibt es schon regelrechte Unterwassergewehre und -pistolen, mit denen man kleine Harpunen auf größere Entfernungen abschießen kann.

Die Fischmethode, in einem Taucherhelm spazierenzugehen und die Fische im Umkreis abzuknallen, stellt wohl keine besonderen Anforderungen an die körperliche Tüchtigkeit des Jägers. Mag sie auch noch so einträglich sein, mir erscheint sie weder fair noch besonders interessant. Das Anpirschen an den Fisch, das lauernde Einfühlen in sein Wesen – das ist ja eben der Reiz der Jagd mit dem Speer.

Während der Speer der Südseeinsulaner nur mit Widerhaken ausgerüstet war, hatte die Waffe, die ich mir auf Rat Gilpatriks in Antibes schmieden ließ, die Gestalt einer Harpune. Sie war zwei Meter achtzig lang und bestand aus Holzschaft, Stahlvorsatz und Harpunenspitze.

Der Holzschaft war zwei Meter lang, maß siebenundzwanzig Millimeter im Durchmesser und bestand aus zwei zusammenschraubbaren Teilen. Auf diesen Schaft war eine ungefähr siebzig Zentimeter lange und einen Zentimeter dicke Eisenstange aufgeschraubt, die an ihrem Vorderende so hergerichtet war, daß die eigentliche Harpunenspitze fest aufsaß. Diese Spitze war so konstruiert, daß sie sich vom Eisenschaft löste, sobald sie in einen Fisch gestochen wurde und in seinem Körper festhielt. Die Verbindung zwischen Jäger und getroffenem Fisch stellte eine etwa drei Meter lange Leine her, die sowohl an der Spitze wie an der Harpune befestigt war und bis zum Stich durch ein Gummiband am Harpunenstiel festgehalten wurde.

# *Technik muß sein!*

Wie beim Angeln ist auch bei der Unterwasserjagd erste Voraussetzung, daß man einen Blick für günstige Fischplätze erwirbt. Karstige Felsgegenden, denen die Unterwasserflora aus Algen und Moosen fehlt, sind völlig ungeeignet. Die pflanzenfressenden Fische meiden diese Stellen und folglich auch die Raubfische.

Wir hatten bald herausbekommen, daß die zerklüfteten Riffe und wildromantischen Felskaps die ergiebigsten Jagdgründe sind. In den Schluchten und Felsspalten, zwischen Algen und Steinblöcken halten sich die Fische mit besonderer Vorliebe auf, hier sind sie auch vor den Angeln und Netzen des Menschen sicher. Wer von den Fischern würde auch in diesem Wirrwarr von scharfen Felsspitzen und Kanten den Verlust seiner Geräte riskieren?

Für die Unterwasserjagd dagegen sind gerade solche zerklüftete Küsten besonders geeignet. Der Fischer taucht einfach selbst hinunter zwischen die Höhlen und Spalten und sticht die Fische dort um so leichter, als sie sich in ihren Verstecken sicher wähnen und weniger scheu sind.

Die Flachküste ist zum Fischestechen nur dann geeignet, wenn am Meeresboden Algen, Felsblöcke und sandige Stellen abwechseln. Höchst langweilig und unergiebig ist es dagegen am Sandstrand oder auf weiten Algenwiesen, da man dort nur sehr selten größeren Fischen begegnet.

Für meinen Geschmack sind die Felswände, neben den Riffen, am interessantesten. Dort fängt man zwar meist weniger als an den felsigen Küsten, die nicht gar so steil ins Meer abstürzen, kann dafür aber oft riesige Fische beobachten, die tief unten stehen oder weit draußen vorüberziehen und manchmal auch in den Kampfbereich des Jägers kommen.

Mehr läßt sich dazu nicht sagen; wer einige Zeit selbst fischt, bekommt bald ein feines Gefühl dafür, wo die besten Fischplätze liegen.

Anfangs schossen wir mit kühnem Hechtsprung in die Fluten. Aber die Eleganz in allen Ehren, sie nützte uns sehr wenig. Erstens rutschte die Brille von der Nase, und wir bekamen eine gute Portion Salzwasser in die neugierig geöffneten Augen, und zweitens stoben die Fische davon, und wir konnten uns in Betrachtungen der Unterwasserlandschaft ergehen. Bald merkten wir, daß es am vorteilhaftesten war, möglichst langsame und gemessene Bewegungen zu machen. So gingen wir ins Wasser, sagen wir wie eine ältere, beleibte Dame im Familienbad, immer hübsch behutsam und geräuschlos – für den Harpunenfischer die ideale Technik!

Auf dem Wasser liegend, den Blick nach unten gerichtet, wird das neue Revier lautlos erkundet.

Und noch etwas: die Unterwasserjagd ist eine anstrengende Dauerleistung. Wen also die Jagdleidenschaft packt, wer erst die Jagdgründe verlassen will, wenn ihn die Kälte dazu zwingt, der muß wirklich gesund sein, vor allem müssen Herz und Lungen in Ordnung sein. Und Nerven muß man auch haben, es gibt immer wieder Zwischenfälle und Überraschungen, denen man gewachsen sein muß.

Erspäht man nun einen Fisch, bei dem man sein Glück erproben will, dann taucht man und versucht, sich auf Stichweite zu nähern. Das Tauchen mit der langen Harpune ist aber ein kleines Kunststück, das gelernt sein will und das dem Anfänger die meisten Schwierigkeiten bereitet.

Der Harpunenfischer muß absolut lautlos unter die Wasseroberfläche gleiten. Am besten läßt man sich senkrecht untersinken bis etwa einen Meter unter die Wasseroberfläche; dann erst dreht man sich mit der linken Hand so herum, daß man Kopf voran in die Tiefe schwimmt. Die Füße dürfen dabei ja nicht über das Wasser kommen; das Plätschern verscheucht sonst die Fische.

Ebenso vorsichtig wie man untertauchen soll, muß man auch unter dem Wasser schwimmen. Um den Fisch nicht zu erschrecken, muß man sich mit ganz kleinen, harmonischen Bewegungen an ihn heranpirschen. Fische gleichen in dieser Beziehung den Landtieren: sie erschrecken über etwas nur dann, wenn es sich bewegt. Verhält man sich reglos oder bewegt man sich nur vorsichtig, dann sehen sie den Herankommenden zwar, fürchten ihn aber nicht.

Fische sind, wie gesagt, sehr empfindlich. Sie fühlen und hören die feinsten Bewegungen im Wasser. Ich sage *hören,* denn es ist fast unvorstellbar, wie fein das Gehör eines Fisches sein muß, daß er aus Entfernungen bis zu dreißig Metern aus dem Getöse der Brandung die winzigen Geräusche meiner vorsichtigen Bewegungen heraushören konnte. Allerdings, ob sie in unserem Sinne *hören* oder vielleicht eher *fühlen,* ist eine wissenschaftliche Streitfrage. Das Wasser wird durch schnelle Bewegungen in Schwingungen versetzt, die sogar das menschliche Ohr, das dem Unterwasserleben keineswegs angepaßt ist, als Geräusch wahrnimmt, Flossenschläge aufgescheuchter Fische zum Beispiel.

Ist man einem Fisch nahe genug gekommen, so zielt man genau und versucht, ihn zu durchbohren. Als Anfänger zielt man am besten in die Mitte des Fisches und ist froh, wenn man ihn überhaupt trifft. Übrigens – auch wir Unterwasserjäger haben einen „Blattschuß". Unser richtiger Stich muß das rückwärtige Ende der Kiemen treffen, dort liegen die edlen Organe. An der Kieme blutet der Fisch stark, am Bauch fast kaum oder überhaupt nicht; mit Verletzungen am Bauch flüchten die Fische oft noch mit größter Lebendigkeit; der an der Kieme verletzte aber ist oft so hilflos, daß man ihn leicht mit der Hand fangen kann.

Beim Stich muß der ganze Körper blitzschnell, wie eine Stahlfeder, nach vorwärts schnellen, man sticht sonst zu kurz oder kommt zu spät. Und noch etwas ist zu beachten: man steche keine Fische, die gegen den Fels stehen. Man trifft sicher den Felsen und tut der armen Harpunenspitze weh!

Trifft man den Fisch, so spürt man deutlich den Widerstand; ob er wirklich hängt, weiß man aber erst, wenn sich die Leine gelöst hat. So sonderbar es klingen mag, nur ganz selten sieht man, wie der getroffene Fisch die Spitze vom Schaft löst. Seine Reflexbewegung ist zumeist so unglaublich schnell, daß man sie nicht sehen kann.

Manchmal durchsticht man den Fisch so stark, daß er auf der Eisenstange zappelt. Man schiebt ihn so weit herunter, bis sich die Spitze löst und die Beute an der Schnur hängt; das Tier reißt sich sonst eine allzu große Wunde. Dann wird der Fisch durch einen Stich in den Kopf getötet, bald ausgenommen und in den Schatten gelegt, damit er nicht verdirbt. Allerdings – die Beute an Land zu bekommen, ist nicht so einfach, vor allen Dingen bei größeren Fischen, doch davon später. Vorsicht ist vor den Flossenstacheln geboten, die bei manchen Fischen giftig sind!

## *Aufregende Abenteuer*

Eines Morgens rüttelte mich Viktor stürmisch aus dem Schlaf: „Wach auf! Große Neuigkeit! Ich habe erfahren, daß nicht weit von hier vor Jahren ein alter Kutter gestrandet ist, er soll gar nicht tief liegen!"

Selten war ich so aufgeregt wie an diesem Morgen. Der Traum meiner frühesten Jugend sollte sich verwirklichen: ich sollte ein wirkliches Wrack kennenlernen!

Endlich waren wir zur Stelle und betrachteten die Trümmer eines stattlichen Zweimasters, der in acht bis zehn Meter Tiefe lag. Der Anblick dieses in viele Teile zerborstenen und von Algen überwucherten Schiffes war unheimlich. Aufgeregt schwammen wir umher; da lag der Schornstein, von grünem Moos überwachsen, dort ragte das Vorderschiff empor, überall lagen verbogene, verrostete Eisentrümmer. Als ich einmal ganz tief hinuntertauchte, blickte ich durch eine offene Türe – es war gruselig.

Plötzlich bot sich mir ein erschreckender Anblick. Aus einer Spalte kroch ein riesiger Polyp, der auf seinen langen Fangarmen plump über das Deck stelzte. Den mußte ich haben! Wenn ich handeln wollte, mußte ich mich beeilen. Viktor war weit weg. Ich bin im allgemeinen nicht unüberlegt, aber das Jagdfieber machte mich unvorsichtig, ich vergaß die Warnung des Amerikaners, ja keine Polypen mit der Harpune zu stechen. Nochmals tauchte ich unter und rannte dem Burschen die Spitze meiner Harpune mitten in den unappetitlichen Kopf, riß den Schaft aber blitzschnell wieder zurück, damit sich die Spitze löse. Das Weitere geschah in wenigen Augenblicken. Der Krake spritzte eine pechschwarze

Flüssigkeit aus, das Wasser wurde undurchsichtig. Meine Beute hinter mir herziehend, schwamm ich eiligst an die Oberfläche.

Kaum hatte ich aber Atem geschöpft, da fühlte ich mit eisigem Entsetzen, wie die widerlichen Fangarme des Polypen meine Beine umschlangen und sich daran festsaugten. Verzweifelt suchte ich mich über Wasser zu halten, das Tier hing wie Blei an meinen Füßen. Wie sollte ich mich verteidigen? Die Hand hatte ich zum Schwimmen nötig. Mit dem Messer hätte ich in dem gänzlich verschwärzten Wasser nicht nach meinen Beinen stechen können, ohne mich selbst schwer zu verletzen.

Ich schrie wild um Hilfe! Zum Glück war Viktor in der Nähe. Er zog mich mitsamt dem Kraken ans Ufer, und dort rissen wir ihn mit vereinten Kräften von meinen Beinen herunter und töteten ihn. Erst jetzt sah ich, daß jeder seiner Fangarme mehr als eineinhalb Meter lang war.

Später habe ich noch öfters kleinere Polypen gestochen und auch mit der Hand gefangen. Das schwierigste ist, sie aus ihrem Loch herauszubringen, in dem sie sich mit aller Kraft festsaugen. Die einheimischen Fischer haben dafür eigene Methoden. Sie binden z. B. an die Spitze einer Gerte Angelhaken und weiße und rote Stoffbänder und stochern damit in den Löchern und Spalten herum. Der Polyp scheint auf diese Farben zu reagieren, denn er umklammert die Gerte und läßt sich so aus dem Loch ziehen. Man soll ihn auch mit Hilfe eines herabgelassenen Spiegels herauslocken können, angeblich weil der Polyp dann mit seinem Spiegelbild kämpfen will. Probiert habe ich es allerdings noch nicht. Wie man einen Kraken tötet? Am besten und schnellsten, wenn man mit beiden Händen in den sackförmigen Kopf hineingreift und ihn mit einem Ruck nach außen stülpt.

So widerlich der lebendige Polyp anzuschauen ist, stellt er, richtig zubereitet, eine besonders beliebte Delikatesse dar. Vor allem jüngere Tiere haben ein weiches, saftiges und schmackhaftes Fleisch. Für ältere Polypen muß man sich allerdings ein besonders festes Gebiß zulegen.

### *Fischcharaktere, und wie man sie behandeln muß*

Bevor ich weitere abenteuerliche Begegnungen unter Wasser schildere, möchte ich von meinem großen Erlebnis bei der Unterwasserjagd sprechen. Mit jedem Tag beherrschte ich die Technik besser, und doch fehlte etwas, irgend etwas sehr Wichtiges – ich spürte es. Und eines Tages kam mir plötzlich die große Erleuchtung: Technik allein genügt nicht! Meine Fische waren nicht bloße Fangobjekte! Ich mußte mich mit der Eigenart ihres Wesens vertraut machen, und je mehr ich in ihr Wesen eindrang, um so interessanter wurden sie mir, ja Vergleiche mit den Charakterzügen der Menschen drängten sich geradezu auf.

So fiel mir zum Beispiel das Gehaben der Geißbrassen auf, die etwas behäbig, aber immer geschäftig und rege von Alge zu Alge, von Spalte zu Spalte schwimmen, hier und da einen Leckerbissen naschen, sich nach Neuem und Interessantem umschauen, dann scheinbar angeregt „plaudernd" nebeneinander schwimmen und sich in einer Felsspalte umständlich ein gemütliches Plätzchen zum Ausruhen suchen. Geißbrassen sind überaus feinfühlige Fische. Erkennen sie die Gefahr, so fliehen sie mit beinahe übertriebener Angst und sind furchtbar gekränkt. Es ist nicht leicht, sie zu überlisten.

Am einfachsten ist es, sie in ihren Höhlen zu überraschen; dort halten sie sich für sicher und geborgen, und man kann sich mit der Harpune leichter nähern.

Weit schwieriger ist es, an freischwimmende Geißbrassen heranzukommen – es gelingt nur, wenn man ihre Neugier und Unentschlossenheit auszunützen weiß. Man taucht und folgt dem Tier vorsichtig nach – aber wirklich lautlos, sonst erkennt es die Gefahr, und das Spiel ist verloren. Merkwürdig, wie sich dieser Fisch benimmt! „Soll ich flüchten oder soll ich doch lieber erst genauer nachsehen, was da hinten eigentlich los ist?" Dabei dreht er sich einmal links, einmal rechts herum und blickt neugierig auf den seltsamen Verfolger. Und das ist der richtige Moment! Wenn er dann einen Augenblick lang so schön breit und unbeweglich dasteht, dann blitzschnell zustechen! Schwer erbost sind sie, wenn man sie bei den Mahlzeiten stört. Bevor sie ausreißen, versäumen sie es fast nie, dem Störenfried einen unendlich indignierten Blick zuzuwerfen.

Ganz anders ist der Junker Branzino, ein kühner Raubfisch, der keine Angst hat, ja manchmal sogar frech und kampfeslustig auf die Harpunenspitze losschwimmt. Zumal als Anfänger ist es schwer, an diesen Burschen heranzukommen – man kann ihn ja schließlich nicht von vorne stechen. Erst später lernt man es, sich in diese Kämpfernatur richtig „einzufühlen".

Man täuscht den Branzino zum Beispiel durch einen „blinden Stich". Instinktiv weicht er aus und flüchtet; gleich aber faßt er sich wieder und scheint zu überlegen:

„Frechheit! Was erlaubt sich der dünne Kerl! Na – den will ich mir mal genauer ansehen!"

Und schon kommt er in elegantem Bogen wieder zurück, fixiert, mit bebenden Flossen, herausfordernd die Harpune und sucht erst dann endgültig das Weite, wenn man nicht geistesgegenwärtig den Augenblick zu einem Stich ausgenützt hat.

Viel harmloser sind dagegen die schöngefärbten Goldstriemen. Sie treten in der Regel herdenweise auf und sehen ungemein komisch aus. Sie sind oft so vollgefressen, daß man denkt, sie könnten im nächsten Augenblick platzen. Wie kann es auch anders sein – ihr ganzer und einziger Lebensinhalt ist das Fressen. Den ganzen lieben langen Tag wühlen sie mit ihren Köpfen in dem saftigen Meersalat und fressen mit einem Eifer, als hinge davon die Seligkeit ab.

Einzelne, von der Herde abgekommene Tiere sind verhältnismäßig leicht zu stechen; sehr mühsam ist es dagegen, sich an ein Rudel heranzupirschen. Und wenn man noch so vorsichtig zu Werke geht – eines der scheuen Tiere merkt immer die Gefahr und – schwupps – sind alle verschwunden. Man hört deutlich einen dumpfen Schlag im Wasser.

Ein Goldstriemenrudel läßt sich nur auf folgende Weise überlisten: Man nimmt sich einen etwas abseits fressenden Fisch aufs Korn, taucht möglichst weit von ihm entfernt in die Tiefe und pirscht sich wie ein Indianer, zwischen den Algen und Felsen, knapp über dem Boden an ihn heran. Hat man Glück, so weidet er eben auf einem besonders schmackhaften Plätzchen, und merken seine Kameraden nichts, dann kann man bis auf Sichtweite an ihn herankommen.

Schattenfische sind besonders schöne, friedliche Tiere, die immer am selben Ort anzutreffen sind. Ich möchte sie als Künstlernaturen bezeichnen. Weltabgewandt und in sich gekehrt, scheinen sie von fernen, schönen Dingen zu träumen. Sie meiden die anderen Fische, sind aber gerne in Gesellschaft von ihresgleichen; oft sieht man sie in größeren Rudeln friedlich beisammenstehen, still und fast regungslos. Fressen sieht man sie nur selten, und wenn sie es tun, dann sind sie nicht so gierig wie die anderen Fische. Sie streifen zart über das Moos dahin und nehmen nur hier und dort verträumt einen Bissen, anscheinend ohne irgendeinen besonderen Genuß dabei zu empfinden. Was sie auch tun, ihre Bewegungen sind immer sanft und harmonisch. Nähert man sich ihnen, so flüchten sie nicht, sondern ziehen sich bloß ruhig in ihr Loch zurück, um der unangenehmen Störung von vornherein auszuweichen.

Man findet Schattenfische bei Felswänden, in moosigen Felslandschaften und an Flachküsten, wo Algen, Sand und Felsen abwechseln. Am schwersten sind sie bei der Felswand zu überlisten, weil sie dort in die Tiefe flüchten können; leichter ist es schon, sie am Rande der Algen zu stechen; am einfachsten aber ist es, sie in ihrem Loch zu überraschen. Ihr Fleisch ist außergewöhnlich hart, und man muß schon kräftig stechen.

Jeder Fisch also hat seine besonderen Charaktereigenschaften, und so muß auch jeder auf andere Weise behandelt werden. Und darin liegt auch der besondere Reiz der Unterwasserjagd. Jeder Fisch ist ein neues Problem, das gelöst werden muß.

Als ich das begriffen hatte, wußte ich auch, daß der Traum langer Jahre in Erfüllung gegangen war; ich sah nun den Weg, Sport und Wissenschaft zu verbinden. Bisher war es ja Wissenschaftlern kaum möglich gewesen, den Fischen in freier Wildbahn zu begegnen. Der Unterwasserjäger *hat* diese Möglichkeit.

Nachdem ich das Verhalten der verschiedenen Fische richtig zu deuten gelernt hatte, blieben auch die Erfolge nicht aus. Wir wußten bald nicht mehr, wohin mit den vielen Fischen; schließlich verkauften wir sie und lebten bald vom Erlös.

Die Jagdleidenschaft trieb uns jeden Morgen auf die Fischweid, und nicht selten blieben wir trotz Kälte und Anstrengung bis zu fünf Stunden im Meer. Am Abend fielen wir geradezu ins Bett. Trotzdem konnte ich oft stundenlang nicht einschlafen, dachte an immer größere Fische und bessere Harpunen.

Damals hatte ich auch meine erste Begegnung mit Thunfischen, und zwar am Kap Miramar. Von diesem Kap hatten wir Wunder erwartet und wurden anfangs schwer enttäuscht. Wir trafen nur einige kleine Brassen, und auch diese waren seltsam scheu. Später haben wir die Erklärung gefunden: Dort trieb ein Mann mit einer Tauchausrüstung und einem Unterwassergewehr sein Unwesen. Mit diesem Gewehr kann man kleine Harpunen mit Schnur und Kork mehrere Meter weit schießen. Jener Mann hatte nun am Vortag bei Miramar seinem „Jagd"trieb gefrönt – kein Wunder, daß die Fische so verschreckt waren.

Mißvergnügt schwammen wir um das Kap herum, da – ja, da geschah es! Ich hörte einen gurgelnden Schrei, blickte mich um und sah, wie Viktor, völlig aus dem Häuschen, mit wilden Gebärden abwärts zeigte.

„Thunfische, Thunfische!" schrie er.

Nie werde ich diesen Anblick vergessen! Das Wasser unter mir, eben noch gähnend leer, blitzte nun von dreißig riesigen Fischen, und es wurden immer mehr.

Ich schöpfte Luft, verschluckte mich vor lauter Aufregung, kam noch einmal hoch, spie das Wasser aus und ging dann auf fünf Meter Tiefe. Die Fische schenkten meiner Anwesenheit keine Beachtung, sie zogen ruhig ihres Weges. Ich aber stieß meine Harpune einem dieser glänzenden Riesen in die Seite. Augenblicklich fühlte ich einen starken Zug, es gelang mir nur mit Mühe, an die Oberfläche zu kommen, dann zog mich der Thun schon wieder hinunter. Er riß mit großer Kraft an meinem kurzen Seil – am anderen Ende riß ich. Was vorauszusehen war, traf ein: Nach einem kurzen, erbitterten Kampf hatte ich die Harpune mit einem Stück ausgerissenem Fleisch in der Hand. Und nicht nur die Beute war verloren, auch die ganze Herde war abgezogen.

Verärgert und betrübt schwammen wir ans Ufer, setzten uns auf einen Stein und dachten nach: wie schön es doch gewesen wäre, mit dem großen Thun in Juan-les-Pins einzuziehen – schade, jammerschade!

„Und schuld an allem war nur die kurze Schnur!" meinte Viktor. „Mit einer längeren hätten wir ihn sicher ermüden und landen können."

Die Nachteile eines langen Seiles hatten wir schon damals im Sturm kennengelernt, wir wollten es daher auf eine andere Weise versuchen. Wir kauften ein fünfzehn Meter langes, dünnes Seil. Ich rollte es zusammen und schlang es mir um den Leib; um ein vorzeitiges Abwickeln zu verhindern, hielt ich es durch einen kunstvollen Knoten zusammen, der sich im Ernstfalle von selbst lösen sollte. Und gerade diese meine eigene sinnreiche Erfindung sollte mir einige Tage später fast zum Verhängnis werden.

Wir fischten bei Trayas, beim Kap Roux, bei Antheor und zuletzt bei Agay. Es ist wundervoll dort! Wir jagten am äußersten Kap zwischen den romantischsten Felsen der ganzen Küste, wo es von Fischen verschiedenster Art wimmelt.

Gleich zu Anfang stach ich einige Goldstriemen und einen bunt gefärbten Lippfisch. Plötzlich sah ich zwei riesige Branzinos, die größten seit langer Zeit. Zu meinem Leidwesen hatte ich eben einen kleinen Goldstriemen an der Harpune, und so war sie nicht stichbereit. Hastig kletterte ich auf eine Klippe und rief Viktor zu, daß zwei kapitale Branzinos in der Nähe seien. Mit zitternden Händen machte ich den gestochenen Fisch los, warf ihn dem bestürzten Viktor zu, richtete die Harpune und glitt wieder ins Wasser.

Wahrhaftig – sie waren noch da! Zu sehr in ihr Liebesspiel vertieft, achteten sie nicht auf mich. Dann stieß ich zu. Die Harpune traf ausgezeichnet, und zugleich zog der getroffene Fisch fest an der Leine. Meine Freude und meine Aufregung waren unbeschreiblich. Ich gab alle fünfzehn Meter Leine und kletterte auf eine Klippe.

„Schnell, schnell, komm her, Viktor! Ich habe ihn!"

Langsam und vorsichtig zog ich an, der Fisch hatte sicher seine drei Kilo, also ein Prachtkerl! Aber es war auch ein verteufelt wilder Bursche. Er zerrte im Wasser hin und her, und ich mühte mich vergeblich, ihn festzuhalten. Um ihn zu umfassen, war er zu dick, er entschlüpfte mir immer wieder.

Als Viktor endlich angeschwommen kam, um die Beute endgültig zu bergen, machte der Fisch einen kühnen Sprung und . . . war weg! Er hatte sich losgerissen. Ich barst beinahe vor Wut.

Nach einer kurzen Zeit mißvergnügten Schweigens stieg ich wieder ins Wasser und schwamm ziellos umher. Da sah ich unerwartet meine verlorene Beute wieder. In etwa sechs Meter Tiefe in einer Felsrinne lag anscheinend schwer verletzt der große Branzino. Ich näherte mich so weit wie möglich und stach . . . in den Felsen. Geschickt war der Fisch meinem Stich ausgewichen und glitt jäh in die Tiefe. Ich schwamm an die Oberfläche, schöpfte Atem und ging nochmals hinunter, mit allen Kräften der Verzweiflung. Ich sah ihn nur noch ganz klein, er stand mindestens zwölf Meter tief, eine Tiefe, in die ich mich noch nie vorher gewagt hatte. Ich glaube, damals wäre ich auch fünfzehn Meter tief getaucht. Nase und Ohren schmerzten sehr, und die Brille drückte so stark auf die Augen, daß ich kaum mehr zu sehen vermochte. Ich stach ganz instinktiv und . . . traf. In wenigen Sekunden war der Fisch an Land.

Meine frohe Laune war wieder da. Eine Viertelstunde Rast, und schon war ich wieder an der Arbeit, diesmal allein. Das Glück war mir hold; ich stach Fisch auf Fisch. Zwei riesige Zahnbrassen überraschte ich im schönsten Flirt, und schon fiel einer dieser prächtigen Fische meiner Harpune zum Opfer.

Nun wollte ich die Leine abwickeln, um diesen besonders großen Fang zu landen, aber der Knoten öffnete sich nicht. Die Situation wurde höchst unbehaglich; nicht ich zog den Fisch an Land, nein, er zerrte mich in die Tiefe! Zunächst versuchte ich, den Knoten zu öffnen, aber es war aussichtslos. Wasser kam mir in die Nase und unter die Brille; ich hustete, schluckte Wasser und schlug um mich. Im letzten Augenblick wurde ich wieder ruhig, erkannte, um was es ging, riß mein Messer aus der Scheide und versuchte, das verhängnisvolle Seil zu kappen. In diesem Augenblick machte der Fisch eine Wendung ... wieder riß die Harpunenspitze aus. Ich, aber auch der Fisch, war frei!

Wie ich nach diesen endlosen gefahrvollen Minuten wieder an die Oberfläche kam, weiß ich nicht mehr. Als ich aus meinem Dämmerzustand erwachte, lag ich auf einem Felsen, und Viktor wollte unbedingt wissen, was ich denn so lange unter Wasser getan hätte.

Wenige Tage später mußten wir, schweren Herzens, Abschied nehmen und die Heimfahrt nach Wien antreten. Aber wir wußten, es war kein Abschied für immer. Ich träumte von einer großen sommerlichen Expedition, träumte von einem Segelkutter, der mich mit einigen Sportkameraden an der Küste Dalmatiens von Tauchplatz zu Tauchplatz fahren sollte.

## *Vorbereitungen und neue Erfahrungen*

Als ich nach meiner Rückkehr vom Mittelmeer Freunden und Bekannten von meinem neuen Sport erzählte und die aufregenden Abenteuer schilderte, machte ich die bittere Erfahrung: niemand wollte meinen Berichten glauben. Die meisten beschuldigten mich einer zu jugendlichen Phantasie. Das ärgerte mich, und so kam ich auf den Gedanken, unter Wasser zu fotografieren. Die Aufnahmen, die ich dann später machte, entsprangen also eigentlich meiner verletzten Eitelkeit.

Ich muß gestehen, ich verstand von Fotografie herzlich wenig, zweifelte jedoch keinen Augenblick am Erfolg. Ich wußte ja, wie hell und sonnig es unter Wasser ist, also warum nicht?

Fachleute, denen ich meine Pläne auseinandersetzte, konnten mir nicht helfen. So war es notwendig, daß ich zunächst einige fotografische Literatur „durchackerte". Aber zu meinem großen Leidwesen fand ich kein Sterbenswörtchen über mein Lieblingsthema: die Unterwasserfotografie. Das ist nicht ganz so verwunderlich, wie es scheint; denn was bisher unter der Marke „Unterwasserfotografie, Unterwasserfilm“ lief, war nur in den allerwenigsten Fällen wirklich unter Wasser aufgenommen worden, sondern in großen Aquarien entstanden, wenn es nicht überhaupt Trickaufnahmen waren. Wir mußten also unsere eigene vielbelachte Phantasie anstrengen und entschlossen uns zur Anschaffung einer modernen Kleinbildkamera, die mit einer wasserdichten Hülle versehen werden sollte.

Die ersten Versuche in einem Wiener Bad waren trotz des trüben Wassers sehr zufriedenstellend und stimmten mich hoffnungsvoll.

Als ich dann im folgenden Jahr mit einigen Sportkameraden die Gegend um Ugljan und Split unsicher machte, hatte ich Zeit genug, mich meinem neuen Hobby, der Unterwasserfotografie, zu widmen.

Dabei hatte ich eine besondere Freude, denn die ersten Aufnahmen, die wir entwickeln ließen, bestätigten unsere Vermutung, daß man nur bei schönem Wetter fotografieren sollte, daß 5,6 die beste Blende und $\frac{1}{100}$ Sekunde, bei einer Filmempfindlichkeit von 17 DIN, die beste Belichtungszeit ist, von der man ausgehen kann, um zu den verschiedensten Stunden und unter verschiedenen Umständen zu fotografieren. Bei einiger Übung fällt es gar nicht schwer, gefühlsmäßig die richtige Einstellung zu treffen. An besonders sonnigen Tagen, bei hellem Meeresboden habe ich sogar mit Blende 8 und $\frac{1}{100}$ Sekunde gearbeitet, ohne unterbelichtete Bilder zu erhalten.

Nahaufnahmen, schrieb ich damals, müssen einen besonders kontrastreichen Vordergrund haben, weil der ferne Hintergrund wegen der Undurchsichtigkeit des Wassers stets eintönig grau bleibt. Gegenstände, die mehr als zehn Meter entfernt liegen, wirken selbst bei klarem Wasser schon blaß und verschwimmen bei ungefähr fünfundzwanzig Meter ganz. Man täusche sich nicht, das Auge sieht bedeutend weiter als die Kamera. Man lasse sich auch nicht von den wunderbaren Farben überlisten; auf der fotografischen Platte erscheinen sie nicht. Sie gibt nur einen gleichmäßigen Farbton wieder. Man müßte einmal Versuche mit der Infrarotfotografie anstellen, die ja heute einen sehr hohen Stand hat.

Am besten wählt man sonnige Tage, und zwar die Mittagszeit von elf bis zwei Uhr, wenn die Sonne ihren höchsten Stand erreicht und ihre Strahlen glatt die Wasseroberfläche durchdringen. Vor und nach dieser Zeitspanne werden die Strahlen schon zum großen Teil reflektiert und bringen eine uneinheitliche Beleuchtung. Ich möchte noch bemerken, daß Aufnahmen in einer Tiefe von dreieinhalb Metern besonders plastisch werden, weil dann die Sonnenreflexe der Wellen ausgezeichnet wirken.

Wellen haben überhaupt einen entscheidenden Einfluß. Für den Unterwasserfotografen bedeuten sie dasselbe wie Wolken für den gewöhnlichen Fotografen. Während bei ruhigem Wetter die Sonnenstrahlen gleichmäßig die Wasseroberfläche durchdringen und scharfe Schatten werfen, werden sie bei Wellengang nach allen Seiten hin gebrochen und reflektiert. Bei starken Wellen ist die Beleuchtung unter Wasser ganz uneinheitlich und verändert sich mit jedem Augenblick.

Landschafts- und Personenaufnahmen stellen keine besonderen Anforderungen an die Schwimmkünste des Fotografen; schwierig ist es aber, einen Fisch zu fotografieren, ja ich muß sagen, in den meisten Fällen schwieriger, als ihn zu stechen. Das Anschleichen muß ebenso vorsichtig und gefühlsmäßig erfolgen. Aber dann kommt das Allerschwierigste, nämlich nicht einfach zuzustechen, sondern so lange zu warten, bis der Fisch günstig vor der Kamera steht und auch Hintergrund und Beleuchtung in Ordnung sind. Man muß daher meist beträchtlich länger unter Wasser bleiben als bei der Fischjagd.

Doch auch das Tauchen ist viel schwieriger. Um ruhig visieren zu können, hat man ja beide Hände an der Kamera; die Beine allein müssen daher das Schwimmen und Tauchen besorgen. Hier haben sich die Gummiflossen besonders gut bewährt, die ich in diesem Jahr zum erstenmal verwendete. Man kann mit ihnen ohne Gebrauch der Hände schnell schwimmen und tauchen. Leider stellten sich auch die Nachteile der Flossen heraus; manche Fische vernehmen den Flossenschlag aus ziemlich weiter Entfernung und flüchten, wohl in der Meinung, es nahe ein großer Fisch. Bei Begegnungen mit größeren Fischen, die keine Angst zeigen, haben sie sich aber bewährt.

Die Frage der richtigen Fußbekleidung war auch sonst von enormer Wichtigkeit. Wir hatten nämlich schlimme Erfahrungen mit unseren nackten Füßen gemacht. Wie oft mußten wir unsere von den spitzen Felsen und stacheligen Seeigeln verletzten Sohlen mühselig heilen. Kein Wunder, daß uns diese Frage am Herzen lag. Mit Schuhen zu fischen, hatten wir auch probiert, aber es war keine reine Freude; sie hemmten beim Schwimmen und Tauchen.

Auch hier bewährten sich die Flossen aus Gummi. Sie haben somit zwei Vorteile für den Unterwasserjäger: sie ermöglichen einerseits, schneller zu schwimmen, und dienen anderseits auch als Fußbekleidung.

Damals machte ich auch einen Versuch, auf den ich besonders stolz war. Ich glaube wohl sagen zu dürfen, daß man mir das nicht so leicht nachmachen wird. Ich befestigte nämlich meine Kamera so an meine linke Hand, daß ich den Auslöser mit dem Zeigefinger betätigen konnte; in die rechte nahm ich die Harpune, und an die Füße befestigte ich die Flossen. Mit den Füßen schwamm und tauchte ich, mit der rechten Hand speerte ich Fische, und mit der linken fotografierte ich den ganzen Vorgang. Mehr auf einmal kann man wirklich nicht tun! Ich gab diese Versuche bald wieder auf, nicht zuletzt deshalb, weil sich die unförmige Hülle der Kamera schwer an der Hand befestigen ließ. Mit einer leichteren Hülle sollte ich später noch öfter auf diese Weise Jagd und Fotografie vereinen. Die so ent-

Vom Roten Meer über den Indischen Ozean bis in die Südsee sind gleiche oder nahe verwandte Korallenarten am Aufbau der Riffe beteiligt. Mit steilen Außenkanten ragen diese oft aus beträchtlichen Tiefen empor. Die oben gelegene Riffplatte ist flach und bei tiefer Ebbe nicht selten trocken. Am üppigsten wuchern die Korallen an den äußeren Kanten, wo sie Überhänge und Grotten bilden.

*Oben:* Die schaufelartigen Zweige einer Elchhornkoralle (Acropora palmata) im Karibischen Meer, in dem sich eine andere Korallenfauna als im Indo-Pazifik entwickelt hat. Riffbildende Korallen werden von Polypen geschaffen, die pflanzenartig voneinander absprießen und ein Kalkskelett schaffen. Sie sind bei den meisten Arten so klein, daß man sie mit freiem Auge nicht sieht. Tagsüber ziehen sie sich in ihre winzigen Löcher zurück.
*Links:* Kugelförmige Loch-(Porites)-Koralle am Großen Barriereriff.

*Oben:* Die Hirschhornkoralle (Acropora sp.) des Karibischen Meeres bildet oft weithin den Meeresgrund bedeckende Hecken. An den abgestorbenen Ästen setzen sich Schwämme und Algen fest.
*Rechts:* Blasenkoralle im Indischen Ozean. Die besonders großen Polypen mit aufgetriebenen Tentakeln sind meanderförmig angeordnet, so daß der Stock an ein riesiges menschliches Gehirn erinnert.

*Oben:* Mit Preßluftgeräten kann man gefahrlos bis zu 40 Meter tief tauchen. In größeren Tiefen kommt es zum gefährlichen Tiefenrausch. Bei längerem Aufenthalt müssen Austauchzeiten eingehalten werden, da sonst Chaissonkrankheit auftritt.
*Links:* Für Notizen und zur Verständigung verwendete ich eine am Arm festgebundene Aluminiumplatte, auf die man auch unter Wasser mit Bleistift schreiben kann.

Die Klassifizierung der Korallen besorgte Dr. Georg Scheer, während Dr. Ludwig Franzisket (rechts) physiologische Untersuchungen anstellte. Die Korallenpolypen sind auf symbiontische, in ihren Geweben lebende Algen angewiesen, die ihnen Sauerstoff liefern; deshalb hängt die Bildung ihrer Kalkskelette von der Sonneneinstrahlung ab, die die Algen benötigen. Dieser Zusammenhang erklärt, warum die riffbildenden Korallen nur bis in 40 Meter Tiefe gedeihen.

Die Bildung der ringförmigen Atolle hat schon viele Forscher beschäftigt. Nach Darwins Theorie entstehen sie durch Versinken von Inseln. In den Malediven (vgl. Karte Seite 355) gibt es jedoch Atolle, deren manche selbst wieder aus kleinen Riffringen bestehen: das Bild zeigt einen solchen von nur 2 Kilometern Durchmesser. Ich konnte feststellen, daß die innere Struktur dieser Riffe durchaus nicht solide ist: nach meiner Theorie sackt hier die Riffplatte – je größer ein Riff wird, um so mehr – in der Mitte ein. Da bei Ebbe das Wasser nur allmählich aus dem Ring abrinnen kann, übt es auf die Atollmitte einen immer wiederkehrenden Druck aus. Auch dies mag das Einsinken der lockeren Unterstruktur unterstützen.

standenen Bilder sind äußerst aufschlußreich, zeigen sie doch deutlich, wie sich die verschiedenen Fische vor der Harpune verhalten. Noch interessanter wäre freilich ein Film.

Und noch etwas Wichtiges: Bei meinem Studium über Taucher und Taucherfahrten stieß ich auf eine Anregung des berühmten amerikanischen Tiefseeforschers William Beebe. In einem seiner Bücher stehen folgende Sätze:

„Zehn Jahre Tauchen auf Tierfangfahrten der New Yorker Zoologischen Gesellschaft haben mich alles gelehrt, was es zu beachten gilt. Man benötigt lediglich einen Badeanzug und ein Paar Sportschuhe mit Gummisohlen, einen Kupferhelm mit Glaseinsatz vorn, einen gewöhnlichen Gummischlauch und eine kleine Handpumpe."

Der Helm William Beebes ist im Prinzip nichts anderes als eine kleine, etwa dreißig Kilo schwere Taucherglocke, die man über den Kopf stülpt. Frische Luft wird durch eine Handpumpe mit Rückschlagventil und einen gewöhnlichen dünnen Schlauch zugeführt; die überschüssige Luft entweicht unten am Helm. Dadurch, daß er nach unten offen ist, steht die Luft im Helm annähernd unter dem gleichen Wasserdruck wie der Brustkasten des Tauchers; das ermöglicht ihm, normal zu atmen. Da sich die komprimierte Luft auch im Schlauch befindet, besteht keine Gefahr, daß dieser durch den Wasserdruck zusammengequetscht und die Luftzufuhr von oben abgeschnitten wird.

Nachdem wir alle diese Ausrüstungen aufs genaueste hergestellt hatten, machten wir bereits in Wien die ersten Versuche, und zwar in der Alten Donau. Das Wasser dieses alten Donauarmes ist ganz besonders undurchsichtig. Ich ging als erster unter Wasser. Zu meinem großen Erstaunen war wirklich alles in bester Ordnung. Ohne Beschwerden tauchte ich mehrere Meter in die grünliche Tiefe, nur langsam und gleichmäßig mußte das vor sich gehen, damit sich das Ohr an den steigenden Druck gewöhnen konnte. Jede zu schnelle oder ruckartige Bewegung auf- oder abwärts machte sich in den Ohren unangenehm bemerkbar und verursachte Kopfschmerzen.

„Es empfiehlt sich, beim Abstieg zu schlucken", schrieb William Beebe, „um dem zunehmenden Druck entgegenzuwirken. Wem ein paar Meter unter der Oberfläche arg die Ohren schmerzen, der steige sofort empor und begebe sich zum nächsten Ohrenarzt; denn da stimmt etwas nicht und sollte in Ordnung gebracht werden, ob der Betreffende nun je wieder taucht oder nicht."

Vom ersten Erfolg angespornt, unternahmen wir die verrücktesten Versuche. Einer übte in fünf Meter Tiefe Weitsprung mit Anlauf, ein anderer schwamm im Taucherhelm auf und nieder, und ich selbst überquerte gleich am ersten Tag die Alte Donau unter Wasser, trotz der hohen Algen und Schlingpflanzen. Die Folgen dieses Übermutes ließen auch nicht lange auf sich warten; ganz schauderhafte Kopfschmerzen warnten uns vor Übertreibungen.

Auf Anraten unserer dem Helm noch etwas mißtrauisch gegenüberstehenden Eltern machten wir aber auch einen vernünftigen Versuch. Wir wollten erproben, ob man den Helm bei Gefahr leicht abwerfen könne. Es gelang, gelang sogar so vorzüglich, daß ich gleich auch das entgegengesetzte Manöver versuchte: ich tauchte und setzte den von meinem Vorgänger abgeworfenen Helm wieder auf und – blieb unten.

Neu für uns waren die Spaziergänge, die wir unter Wasser mit unseren Taucherhelmen veranstalteten. Wir sahen große Hechte, Schleien und Welse. Und der Anblick dieser großen Fische ließ von neuem das Jagdfieber in uns erwachen, und wir hatten große Lust, die neue Harpune an diesen fetten Süßwasserbewohnern zu erproben. Doch wir waren gut erzogen und vermieden alles, was uns mit den Fischereigesetzen in Konflikt hätte bringen können.

## *Mein tiefster Abstieg*

In jenem Dalmatiensommer 1938 unternahm ich an der Küste der Halbinsel Makarska meinen damals tiefsten Abstieg. Ich wollte einmal sehen, wie tief ich hinunterkomme. Es war ein besonders schöner Morgen, wir wanderten alle zu einem Kap hinaus, das jenseits des Hafens liegt. Wir suchten eine geeignete Einstiegstelle, ich ölte mich gründlich ein und begann dann meinen Abstieg. Um meine Tiefe genau überprüfen zu können, hatten wir am Helm eine Schnur befestigt, deren Ende von Karl Merz, der senkrecht über mir schwamm, gehalten wurde.

Langsam stieg ich tiefer und beobachtete die kleinen Fischlein, die zutraulich ganz nahe an mich herankamen und neugierig die aufsteigenden Luftblasen betrachteten. Von Zeit zu Zeit blickte ich auch aufwärts und winkte Karl zu, der wie ein dunkler Vogel hoch oben zu schweben schien. Bei zehn Meter Tiefe entschwand er meinen Blicken. Nun sah ich nur noch den Schlauch, der sich in einem hellen Himmel zu verlieren schien. Ich war nun ganz allein, und doch fühlte ich mich nicht unbehaglich, sondern ganz unbeschreiblich glücklich. Die Welt war so weit und so fern.

Der Meeresboden zeigte nun aber bald ein völlig anderes Aussehen. Auf einmal stürzte er fast senkrecht in eine unheimliche Tiefe. Ohne auch nur einen Augenblick zu überlegen, kletterte ich weiter, und ich muß sagen, ich hatte ein so wunderbares Gefühl der Sicherheit wie nie zuvor in meinem Leben. Der Helm war durch den Auftrieb nur zwei bis drei Kilo schwer. Ich konnte mich daher ohne Bedenken auf jeden winzigen Felsvorsprung stellen und mußte nicht befürchten, abzurutschen und in die gähnende Tiefe zu stürzen. Und wäre ich abgerutscht, so hätte dies auch nichts geschadet, denn ich hätte mich durch Schwimmbewegungen leicht auf gleicher Höhe halten oder sogar emporschwimmen können. Gleichmäßig und ruhig zischte die einströmende Luft, und ich lobte im Geiste meine Freunde für ihren Eifer an der Pumpe.

Als ich über einen Felsvorsprung kletterte und hinunterblickte, sah ich zwei Dinge, die mein Herz höher schlagen ließen: ein großer, dunkler Fisch mit einem gelben Fleck zog unter mir vorbei, und noch etwas tiefer gewahrte ich einen riesigen, trichterförmigen Schwamm. Den mußte ich haben! Als ich zur Stelle war und ihn abbrach, war er fast halb so groß wie ich.

Mit dem Essen kam der Appetit. Wieder sah ich einen Schwamm, der ein Stück tiefer in der Wand wuchs. Auch ihn wollte ich haben. Wie ein Kind, das Blumen pflückt und dabei immer tiefer in den dunklen Wald gerät, so kletterte ich weiter nach unten. Als ich mich jedoch bückte, um den Schwamm abzuschneiden, fühlte ich plötzlich einen Zug am Schlauch: die Oberwelt rief. Ich sah, daß der Schlauch gespannt war, und da verlor ich für einen Augenblick das herrliche Gefühl der Sicherheit und bekam es fast mit der Angst zu tun. Schade! Gerne wäre ich noch tiefer geklettert.

Bevor ich mich auf den schwierigen Rückweg machte, trat ich noch einmal auf einen überhängenden Felszacken und blickte in die unheimliche Tiefe. Jetzt verstand ich auch die Sehnsucht, immer weiter da hinunterzusteigen, und auch den großen Forscher William Beebe, der eine Stahlkugel konstruiert hatte, um fast einen Kilometer tief in das Meer hinunterzutauchen und ins Unbekannte zu blicken.

Langsam wandte ich mich ab und machte mich an den Aufstieg. Nun merkte ich erst, wie tief ich war, und empfand auch die Kälte des Wassers. Auf dem Weg nach oben fand ich ein altes eisernes Grabkreuz, das ich auch noch mit mir schleppte. So beladen kam ich wieder bei meinen Kameraden an, die mich begeistert empfingen. Wir waren neugierig, wie tief ich wohl gewesen sein mochte. Die Schnur zeigte fast zwanzig Meter.

### *Brotneid der Fischer und die Weisheit der Polizei*

Bei der Insel Lopud, wo wir bald darauf unsere Zelte aufschlugen, gab es außer verwegen aussehenden und weidmännisch besonders interessanten Zackenbarschen auch noch eine Menge anderer Fische, und so kamen wir schon in den ersten Tagen mit Fischen reich beladen heim. Anfangs aßen wir sie selbst auf; diese Kost wurde uns aber bald zu langweilig, und wir verkauften unsere Beute. Rund um die Insel Lopud werden nur wenige – und nicht gerade die besten

Fische gefangen; darum war unsere Ware sehr begehrt, zum Ärger der ansässigen Fischer, was wir gut verstehen konnten.

Einige Tage nach unserer Ankunft beschlossen wir, uns einmal gründlich von den Anstrengungen auszuruhen. Ich wollte am Vormittag einige Briefe schreiben, und Karl zog es vor, zu baden und in der Sonne zu liegen. Es dauerte gar nicht lange, da kam er zurück, und ich sah seinem Gesicht an, daß er Ärger gehabt hatte.

„Stell dir vor", platzte er los, „weißt du, was die glauben?"

„Wer?" fragte ich.

„Die Fischer! Sie glauben, wir hätten die Fische vergiftet, oder wir fischen mit Dynamit."

„Blöd", sagte ich, „laß doch die Fischer schwatzen, das ist nur Konkurrenzneid!"

Aber so harmlos war das nicht. Am nächsten Morgen erhielten wir eine Vorladung zur Polizei. Dort wurden wir mit der trockenen Feststellung begrüßt: „Ein Fischer hat Sie angezeigt, Sie vergiften die Fische."

Da mußte ich doch lächeln. Ich fragte den gestrengen Beamten: „Glauben Sie vielleicht, daß wir den Fischen unter Wasser Gift ins Maul stecken?"

Aber der Beamte ging auf keine Gegenrede ein, zeigte sich ziemlich uninteressiert und teilte uns mit kalter Amtsmiene mit, daß das Fischen mit Gift verboten sei und wir sofort damit aufhören oder aber Lopud verlassen müßten.

Ich merkte sofort, daß der Mann gar keine Lust zeigte, sich belehren zu lassen. Er ließ sich auch gar nicht auf meine Einwände ein, sondern wiederholte bloß von Zeit zu Zeit: „Das ist ganz unmöglich. Der Fischer sagt, Sie vergiften die Fische, und das ist verboten."

Als wir eine Stunde lang verhandelt hatten, machte ich den Vorschlag, ich wolle ihm eine Brille borgen, und er solle nur neben mir schwimmen, um sich die Sache an Ort und Stelle anzusehen. Diese Jagdeinladung lehnte er jedoch ab, weil er nicht schwimmen konnte. Glücklicherweise aber fand sich schließlich ein angesehener Bürger des Ortes, der den Lokalaugenschein vornehmen wollte.

Um zwölf Uhr mittags ging die Komödie los. Es hatte sich herumgesprochen; eine sensationslustige Menge stand am Ufer, und ich, der Größe dieses Augenblickes voll bewußt, paßte meinem Jagdgast die Brille an, richtete mit großer Geste die Harpune und glitt dann meinem Begleiter voraus in die Flut. Er folgte mir mit der Würde seiner Mission. Doch kaum hatte er einen Blick unter Wasser geworfen, da quietschte er bereits vor Vergnügen und war so begeistert, wie es eben jeder ist, der zum erstenmal mit Brillen ins Wasser steigt. Nun aber hieß es auch einen Fisch stechen, und das war gar nicht so einfach. Es fuhren nämlich nicht weniger als drei Boote neben uns, und auch mein Begleiter schwamm alles andere als geräuschlos. Unser „Wild" flüchtete in hellen

Scharen, und außerdem war ich so aufgeregt, daß ich nur so danebenstach. Aber mein Richter war von diesen Versuchen begeistert und ganz auf meiner Seite. Als es mir nach langem Bemühen endlich gelang, eine Meeräsche zu erlegen, war ich der große Held des Tages. Man schleppte mich in einem Boot von einer „besonders guten“ Stelle zur anderen, und immer drängte sich noch jemand dazu, mein Jagdgast zu sein und mich durch die Brille unter Wasser zu beobachten.

Als ich viele Stunden später endlich vor Kälte klappernd heimkam, hatte ich etwas ganz Neues kennengelernt: wie ermüdend und beschwerlich es doch ist, berühmt zu werden!

Als ich am Abend meinen Tauchgefährten wieder traf, sagte er: „Mit der Polizei ist alles in Ordnung! Sie können fischen, soviel Sie nur wollen; nur eines, die Fische verkaufen, das ist Ihnen verboten . . . das heißt“, und seine Stimme wurde leiser, „mir können Sie natürlich schon welche verkaufen!“

## *Abenteuer mit Jörg*

Als Jörg Böhler nach Lopud kam, begann eine wirklich schöne Zeit. Er war der ideale Kumpan, begeistert vom Sport und so geschickt, daß es ihm schon am ersten Tag gelang, einen Fisch zu stechen. Wir zogen nun immer zu dritt auf die Jagd; Jörg und ich fischten, und Karl begleitete uns als erfolgreicher Fotograf.

Bei Soon, einer sandigen Bucht an der Südostküste von Lopud, war unser Jagdrevier. Dort gab es, neben vielen anderen Fischarten, auch Stachelrochen, auf die wir es besonders abgesehen hatten. Diese Flachfische haben einen sehr langen, peitschenartigen Schwanz mit einem Stachel daran, den die Natur mit tückischen Widerhaken ausgerüstet hat und der ganz abscheuliche Wunden reißt. Wyatt Gill schreibt darüber:

„Die Spitze dieser schrecklichen Waffe bricht fast immer ab; bleibt sie im Körper stecken, so ist keine Hoffnung auf Erhaltung des Lebens vorhanden. Sitzt die Spitze im Fuß oder Bein, so pflegt man auf der entgegengesetzten Stelle einzuschneiden, da man nur in der Richtung des Stoßes die gezahnte Spitze herausziehen kann.“

Dieser Stachel soll mit einem giftigen Schleim überzogen sein, der ganz furchtbare Schmerzen hervorruft. Der Rochen weiß mit seiner Waffe sehr geschickt umzugehen, und deshalb ist beim Landen dieses gefährlichen Fisches höchste Vorsicht geboten. Am besten hackt man ihm so schnell wie möglich den Schwanz ab.

Ich begegnete diesen Fischen meistens gegen Abend auf flachem Sandboden, tagsüber halten sie sich vermutlich im Sande versteckt. Ungemein komisch sehen sie beim Schwimmen aus, sie flattern wie Nachtgespenster. Das Harpunieren ist nicht einfach, da der Fisch die Augen aufwärts gerichtet hat und jeden Angreifer schon von weitem sieht. Etwas leichter ist das Anschleichen, wenn er im Sand vergraben liegt, dann glaubt er sich wahrscheinlich unsichtbar, was ja auch meistens stimmt.

Eine Beobachtung finde ich besonders interessant. Wiederholt sah ich kleinere Stachelrochen in wilder Flucht vor einigen Geißbrassen. Was diese Fische vom Stachelrochen wollten, ist mir nie klargeworden, jedenfalls scheint er in der Fischwelt nicht ganz so gefürchtet zu sein wie bei uns Menschen.

## *Kampf mit einem Hai*

Die schönen Tage an der dalmatinischen Küste gingen zu Ende. An einem herrlichen Spätsommermorgen fuhren wir an der Küste entlang nach Ragusa. Dort mußten wir zu unserem Leidwesen erfahren, daß der Dampfer, der uns mitnehmen sollte, nicht weniger als zwölf Stunden Verspätung hatte. Was sollten wir tun? Selbstverständlich gingen wir baden, und dabei merkten wir, daß das Wasser wesentlich wärmer war als an den Küstenstrichen, von denen wir herkamen. Kurz entschlossen packten wir unsere Sachen wieder aus und gingen noch ein letztes Mal auf die Fischjagd. Und dieser Tag sollte unser erfolgreichster werden!

Gleich zu Anfang stachen wir zwei besonders bunte Lippfische, und dann beschlossen wir, noch ein letztes Mal ganz weit zu den Riffen hinauszuschwimmen. Wir hofften, doch noch einem Thun zu begegnen. Jörg, der mich begleitete, hatte Fotoapparat und Flossen, ich die Harpune.

Als wir um das Riff schwammen, gewahrten wir plötzlich einen riesigen Fisch, der uns schnell entgegenkam. In größter Aufregung erkannten wir die scheußliche Fratze eines jungen Hais! Zum Glück hatten wir oft den Fall erörtert, wie wir uns bei einer etwaigen Begegnung mit einem Hai verhalten wollten. Ohne ein Wort zu wechseln, wußten wir genau, was wir zu tun hatten. Jörg schnallte sich den Fotoapparat fester, und ich gab ihm die Harpune.

Mit eleganten Bewegungen kam der Hai heran. Nun war es Zeit. Jörg tauchte dem großen Fisch entgegen, worauf dieser ebenfalls tiefer ging und einen großen Bogen schlug. Kaum stand der Fisch richtig, da schleuderte ihm Jörg bereits die Harpune mit solcher Kraft hinter die Kiemen, daß mir das Herz im Leibe lachte. Während Jörg mit der ablaufenden Spule wie ein Preisschwimmer zu den Felsen kraulte, war es meine Aufgabe, den wild davonschießenden Fisch etwas in seiner Flucht zu hemmen. Ich klammerte mich daher an der Leine fest und ließ mich ziehen.

Endlich hatte sich Jörg auf dem Felsen gut verspreizt, die Leine straffte sich, und nun lag es an mir. Ich sollte den Fisch töten, denn sonst bestand ja die Gefahr, daß die Leine, wie es beim Thunfisch passiert war, abreißen konnte. An der Leine entlang zog ich mich an den Fisch heran. Mehrere Male entschlüpfte mir der wie rasend herumschlagende Hai. Schließlich gelang es mir, ihn zu umklammern und ihm mein Messer von unten einige Male in den Bauch zu stoßen. Verzweifelt suchte er mich abzuschütteln. Nur mit allen Kräften hielt ich mich fest.

Als mir die Luft ausging und ich wieder zur Oberfläche schwamm, blutete der Fisch schon aus mehreren Wunden und schwamm etwas seitlich gekrümmt. Ich tauchte nun abermals, wich vorsichtig seinem scheußlichen Maul aus und stach ihn mehrere Male in die Kiemengegend. Bald war der große Feind überwältigt. Wir zogen ihn mit wildem Triumphgeschrei ans Ufer und töteten ihn vollends.

Nun erst bemerkte ich, daß mein Bauch von der rauhen Haut des Haies stark aufgeschürft war und ganz höllisch brannte. Schadenfroh, wie Jörg nun einmal ist, konnte er die Bemerkung nicht unterlassen: „Das kommt davon, wenn man mit Haien allzu intim wird . . ."

Meiner Absicht, während der nächsten Ferien in ein tropisches Meer vorzudringen, stellten sich erhebliche Schwierigkeiten entgegen. Es war 1939, vor Ausbruch des Krieges. Österreich gehörte jetzt zu Deutschland, und die politische Situation war gespannt. Einer Ausreise stand nichts entgegen, doch zwei Hürden waren zu überwinden: Erstens wurden für eine solche Reise keine Devisen bewilligt, zweitens brauchten wir für das betreffende Land ein Einreisevisum.

Jörg war wieder mit von der Partie, dazu kam Alfred von Wurzian, ein guter Schwimmer, den ich schon seit vielen Jahren kannte. Unsere Wahl war auf Curaçao gefallen, die kleine holländische Insel im Karibischen Meer. Dorthin verkehrte eine deutsche Schiffslinie, also konnten wir die Hin- und Rückfahrt in Inlandwährung bezahlen. Ich hatte für uns drei ein Ansuchen um einen zweimonatigen Aufenthalt gestellt, doch die Antwort ließ auf sich warten. Wir hatten längst die Schiffspassage fest gebucht und unsere Ausrüstung bereit, aber das Visum aus Holland wollte nicht kommen.

Durch Zufall gelang es, die andere Hürde zu nehmen. In dem Sportklub, dem wir alle drei angehörten, war auch ein Holländer Mitglied. Er war wohlhabend, ein Kaufmann. Nach einem Tennismatch kam die Sprache auf unsere Reise in ein holländisches Gebiet.

„Ich könnte schon arrangieren, daß ihr Geld in Curaçao vorfindet."

„Aber wie kann ich es zurückzahlen?" fragte ich.

Der Holländer überlegte, dann lachte er: „Weißt du was, wir machen ein Geschäft. Ich gebe euch vierhundert Gulden, die lasse ich auf eine Bank in Willemstad überweisen. Das Geld findet ihr dort sicher vor. Dafür gibst du mir dann zehn Prozent von allen Einkünften, die diese Expedition einbringt: ich meine durch Bücher, Vorträge oder sonst etwas. Einverstanden?"

„Einverstanden."

Zwei Jahre später – der Krieg war inzwischen ausgebrochen – ging es dem Holländer nicht sehr gut. Er war krank und hatte noch andere Schwierigkeiten, jedenfalls brauchte er Geld. Ich machte ihm den Vorschlag, seine zehn Prozent gegen das Zehnfache des Geborgten, also den Gegenwert von 4000 Gulden, abzulösen. Er war sehr zufrieden, und ich auch. Denn es war recht langweilig, über jeden Vortrag und Zeitungsartikel extra abzurechnen, und ich war sicher, daß sein Anteil schließlich soviel ausmachen würde.

Die Visumhürde machte mir mehr Kopfzerbrechen. Endlich kam Antwort aus Holland: negativ. Eine Aufenthaltsgenehmigung könne derzeit nicht erteilt werden, man bedaure dies . . . Einen Tag und eine Nacht trug ich diesen schweren Schlag mit mir herum, dann war mein Entschluß gefaßt: Ich sagte sowohl zu Jörg als auch zu Alfred, es sei alles in schönster Ordnung; ich dachte mir, sind wir erst einmal in Curaçao, dann werden die Behörden schon mit sich reden lassen.

Ich vergaß allerdings, daß auch die Schiffahrtslinie ein Wort mitzureden hatte. Ich wußte nicht, daß sie uns, wenn man uns nicht nach Curaçao hineinließ, nach dem Gesetz umsonst weitertransportieren mußte. Kaum waren wir also in Hamburg und wollten uns einschiffen, da fragte man uns auch schon: „Wo haben Sie Ihre Einreisegenehmigung?"

Kühl antwortete ich: „Es tut mir leid, aber die haben wir erst im letzten Augenblick, und zwar telefonisch, bekommen. Wie uns vom holländischen Außenamt mitgeteilt wurde, bekommen wir sie in Curaçao in unseren Paß eingetragen. Die dortigen Behörden werden verständigt." Ich zeigte dem Mann ein möglichst unbefangenes Grinsen. „Da wir ja unter Wasser nach Haifischen jagen wollen, ist es eine Spezialerlaubnis."

Mein Köder wurde angenommen. Der Beamte wollte mehr über unsere verrückten Absichten hören, und es wurde ein längeres Gespräch.

„Ich drücke da ein Auge zu", sagte er. „Denn an sich dürften wir Sie nicht ohne schriftliche Genehmigung befördern. Aber da Sie ja die Zusage haben und den weiten Weg von Wien gekommen sind, wollen wir nicht zu bürokratisch sein."

Ich hätte ihn am liebsten umarmt, zeigte es ihm aber nicht. Jörg und Alfred waren nach wie vor guten Glaubens. Ich ließ sie dabei. Ich dachte mir nämlich, daß bei den schwierigen Verhandlungen, die uns in Curaçao bevorstanden, ihre ehrliche Überzeugung sehr in die Waagschale fallen würde. Ich war entschlossen, dort den Empörten zu spielen und auf meiner Behauptung, daß unsere Expedition genehmigt sei, zu beharren. Sollten die nur rückfragen in Holland, inzwischen war unser Schiff weitergefahren. Dann waren wir, wo wir sein wollten, und die Genehmigung würden wir schon noch erhalten.

Viele Jahre später bin ich ähnlich verfahren. Als wir 1957 mit der *Xarifa* zu den Nikobaren fuhren, einer Inselgruppe im Indischen Ozean, verzichtete ich überhaupt darauf, bei den indischen Behörden die notwendige Erlaubnis einzuholen. Nach meinen Erkundigungen war diese schwierig zu erhalten, oft bekam man erst nach zwei Jahren Bescheid. Hatte ich aber erst ein Nein erhalten, dann konnten wir uns nicht mehr gut ausreden. Wir fuhren also aufs Geratewohl hin und suchten uns eine Insel aus, von der ich noch am ehesten glaubte, daß es dort keine Polizeistation gab. Nur den Kapitän weihte ich ein. Daß dort nicht alles ganz nach Wunsch ging – und schließlich dann doch nach Wunsch ging –, wird der Leser später erfahren.

Ich erwähne diese Taktik nicht, um ungesetzlichen Handlungen Vorschub zu leisten. Aber wenn man neue Wege geht, stößt man bei den Behörden immer auf Mißtrauen und Schwierigkeiten. Behörden haben in der Regel wenig Phantasie und werden dafür bezahlt, mißtrauisch die Buchstaben des Gesetzes zu vertreten.

Die beiden Hürden waren also genommen, und wir fuhren los.

# UNTER KORALLEN UND HAIEN

### *Fischjagd beim Spanischen Wasser*

Das Spanische Wasser liegt kaum zehn Kilometer von Willemstad, dem Regierungssitz von Curaçao, entfernt und ist, ähnlich dem Schottegat, ein großer, weitverzweigter Binnensee. Seine Ufer sind jedoch nicht kahl, sondern von Mangroven umsäumt, und an der Ostseite des Sees, wo der hohe Tafelberg emporragt, sind die Hänge sogar mit Bäumen und Gestrüpp dicht bewachsen. Dort liegt auch die „Boca", zu der uns Herr Evers, ein freundlicher Beamter der Handelskammer, Besitzer eines Bootes, führen wollte, eine schmale Lagune, die das Spanische Wasser mit dem offenen Meer verbindet.

Bei einer kleinen Plantage, nahe dem See, parkten wir den Wagen, zogen uns um und gingen das letzte Stück zu Fuß. Alfred und ich trugen den Außenbordmotor, während Herr Evers Angeln und ein Gewehr mitgenommen hatte, denn er wollte in der Boca fischen und bei Sonnenuntergang in den Mangroven die „Ala blanca" beobachten, eine Taubenart mit weißen Flügelspitzen.

Das Boot fanden wir unter Büschen gut versteckt. Während wir durch das friedliche Spanische Wasser ratterten, erklärte uns Herr Evers die Entstehung der großen Binnenseen von Curaçao.

Im Quartär lag die Insel bedeutend tiefer und war zum großen Teil vom Meer überdeckt. Damals bildeten sich über den alten vulkanischen Gebirgsstöcken gewaltige Korallenriffe, welche in jüngeren Epochen ruckweise aus dem Meer gehoben wurden. Der südöstliche Teil von Curaçao, an dessen Küsten sich ringsherum niedere Gebirgskämme erheben, hat die Form einer Wanne und ist seiner Entstehung nach ein altes gehobenes Atoll. An manchen Stellen jedoch, wo der Ring durch schmale Täler durchbrochen ist, konnte das Meer in die Wanne eindringen und bildete dort die Binnenseen, deren Form an zerlappte Blätter erinnert.

Endlich waren wir am Ziel! Nahe dem Platz, wo die Boca in das Meer mündet, landeten wir auf einem kleinen Sandstrand, und Herr Evers zeigte uns ein breites Riff am jenseitigen Ufer, über dem die Wellen, mit weißem Gischt bedeckt, brandeten.

„Im Kanal werden Sie nicht viel sehen“, sagte er, „denn es ist Ebbe, und da holt das Meer das trübe Wasser aus dem ‚Spanishe Water‘ – doch drüben am Riff ist es sicher klar, das sehen Sie schon an der Farbe des Wassers; aber geben Sie um Himmels willen auf Haie acht.“

Unsere Harpunenspitzen aus Messing funkelten bereits auf den langen Harpunenstäben, schnell zogen wir die Flossen an die Füße und stiegen mit klopfendem Herzen ins Wasser, voll unbändiger Erwartung des Abenteuers, das uns bevorstand.

Wir hielten uns dicht nebeneinander, blickten vorsichtig nach allen Seiten und beeilten uns, zum anderen Ufer zu kommen. Es ist ein unangenehmes Gefühl, im trüben Wasser zu schwimmen, denn man weiß nie, ob nicht ganz in der Nähe eine unsichtbare Gefahr lauert.

Die Strömung schiebt uns, das Riff rückt näher. Da zerreißt wie auf ein Zauberwort der dichte Schleier, die graue Mauer bleibt zurück, und vor uns liegt ein Bild von nie geahnter Schönheit.

William Beebe hat Korallenriffe mit einer Mondlandschaft, einem Urwald in der Jugend unserer Welt und einer Märchenlandschaft voll kaum sichtbarer Zwerge und Kobolde verglichen. Jetzt kann ich begreifen, was er damit meinte.

Doch nur einen Augenblick halte ich inne, um den neuen Eindruck in mich aufzunehmen, nur einen Augenblick zögere ich, dann schöpfe ich tief Atem und lasse mich in das fremde Zauberland hinabgleiten. Mit einem Schlag befinde ich mich in einer ganz anderen Welt, weit weg von allen bekannten Landschaften dieser Erde, in einem Gebiet, das nur wenige vor uns schauen durften.

Ich schwimme durch einen Korallenwald!

Wie hohe Baumstämme, rötlichbraun gefärbt, wie ganz alte Bäume, denn sie haben dicke, knorrige Stämme, stehen diese Korallen auf dem Meeresgrund. In dem Wald, den sie bilden, ist es ganz unwirklich, wie in einem Reich der Feen und der Zwerge. Die Äste der Korallenbäume sind nicht schlank, sondern breit und schattig; wie dichte Tannenzweige streben sie ins Wasser. Bizarr, breit, wuchtig und die Illusion eines verzauberten Waldes beschwörend, wächst hier ein Hain von Elchhornkorallen.

Aber der Wald ist nicht tot. Überall blitzt es auf, hier rot und grün – dort gelb und blau, und auch im Dunkel des Schattens stehen Augenpaare und sehen mich gespenstisch funkelnd an. Ich schwimme unter den Ästen, fast die Wurzeln der Bäume streifend, den Waldessaum entlang und spähe hinein in das geheimnisvolle Dämmerlicht. Für einen Augenblick droht mich die Stimmung dieser Unterwelt zu überwältigen, als plötzlich seltsame Gebilde zwischen den Korallenbäumen auftauchen, große Fächer, die im gleichen Rhythmus hin und her schwingen wie Flossen unwirklich großer Fische, die hier am Boden lauern. Doch es sind nur biegsame Hornkorallen, „Venusfächer“, die sich gleichmäßig in der Dünung wiegen.

Zwischen diesen Venusfächern schwimme ich hindurch, wende den Blick nach oben und freue mich an diesem Bild: In den Wipfeln des Märchenwaldes leben Elfen, kleine bunte Fische mit winzigen, lebhaften Augen. Alle sind in Bewegung, sie umtanzen die Äste und schwingen, wie in einem Walzer, durch den verzauberten Hain. Dieser Anblick gibt mir das beglückende Gefühl, nicht mehr in einer fremden, bösen Welt zu sein, sondern unter frohen, glücklichen Wesen, die mir nicht feindlich gesinnt sind.

Damit aber ist meinem Einbruch in diese Gefilde ein Ende gesetzt; ich habe keine Luft mehr und muß nach oben. Ich unterlasse jede Bewegung, und von selbst, wie von gütigen Händen, wird mein Körper nach oben getragen. Erlöst atme ich aus, beglückt atme ich ein und gleite von neuem hinab, zu einem Loch, das aus Stämmen und Ästen in dem Korallenwald gebildet wird. Durch dieses Loch fällt der Sonnenschein. Wie ich langsam und ohne ein Geräusch zu verursachen heranschwimme, sehe ich tief unter mir im flimmernden Licht einen Schwarm rot gemusterter und strahlend blauer Papageienfische. Sie nagen friedlich an den Korallen, und ich höre das schabende Geräusch, wenn sie mit den Zähnen an den Korallen kratzen. Die Tiere, von denen jedes wohl dreißig Zentimeter lang ist, haben mich noch nicht bemerkt, und ich hüte mich, einen Schatten nach unten zu werfen. Mit der linken Hand halte ich mich an einem rauhen, schlüpfrigen Ast fest und bringe meinen Speer in Anschlag.

Da erblicke ich einen Fisch, dessen Gehaben mich sofort fesselt. Es ist ein dünnes, schlangenförmiges Tier, wohl ebenso lang wie die Papageienfische, aber an der dicksten Stelle nur fünf Zentimeter stark. Sein Kopf und sein Maul sind lang ausgezogen und sehen aus wie eine Trompete. Die Augen dieses „Trompetenfisches", wie ich ihn im stillen nenne und wie er auch wirklich heißt, haben einen starren Ausdruck, und starr ist überhaupt seine gesamte Haltung. Er hängt mit dem Kopf abwärts und mit dem kleinen Schwanz nach oben frei im Wasser, in der Nähe eines Gorgoniabusches, und sieht selbst einem Ast dieser Korallen zum Verwechseln ähnlich.

Während ich ihn beobachte, gibt der Trompetenfisch plötzlich diese Stellung auf und treibt sich im Schatten an die friedlichen Papageienfische heran. Nun kann ich im Augenblick nicht recht begreifen, was er von ihnen will, denn die Papageienfische sind etwa zehnmal so dick wie er. Mit einem plötzlichen Schwung schießt er auf den größten zu und senkt sich auf ihn herab. Dem Papageienfisch ist das sichtlich ungemütlich. Er weiß nicht, was da über ihm los ist, was das Ganze überhaupt soll, und schwimmt erschreckt davon. Doch der dünne Sonderling ist nicht abzuschütteln. Geschickt ahmt er jede Bewegung des Papageienfisches nach und hält sich immer knapp über dem dicken Rücken. Schnell lasse ich los und schwimme den beiden nach, doch die Fische verschwinden in der Tiefe des Waldes, und ich kann nicht mehr sehen, was sich weiter abspielt.

Es drängt mich wieder nach oben. Doch kaum habe ich Luft geschnappt, da erblicke ich einen gewaltigen Fisch, der knapp unter der Wasseroberfläche, nahe über den Gipfeln der Korallenbäume, schwebt. Er ist über eineinhalb Meter lang und sieht aus wie ein großer Hecht. Einmal reißt er böse sein Maul auf, als wolle er gähnen, und fletscht dabei die vielen scharfen Zähne. Ich erkenne diesen Raubfisch sofort, denn ich habe schon viel von ihm gehört, es ist der gefährliche Barrakuda, den die Eingeborenen an vielen Küsten noch mehr fürchten als den Hai. Doch wie ich ihn betrachte, werde ich Zeuge eines unglaublichen Zwischenfalles. Ein winzig kleiner hellbrauner Fisch, kaum fünf Zentimeter lang, schießt seitlich aus den Korallen hervor, direkt auf das große Raubtier zu. Der kleine Kerl muß verrückt geworden sein, er schwimmt geradewegs in seinen Tod!

Doch es kommt anders.

Der kleine Fisch ist jetzt ganz nahe an den Barrakuda herangekommen und – siehe da: er beißt den Riesen in den Schwanz. Der Barrakuda ist darüber höchst ärgerlich, macht unwillige Flossenschläge, doch der kleine Kerl läßt nicht locker. Immer wieder beißt er in die große Schwanzflosse, bis das mächtige Tier seine Würde fallen läßt und die Flucht ergreift. Nun erst schwimmt der kleine Held befriedigt zurück zu seiner Korallenwohnung, der sich niemand, nicht einmal ein Barrakuda, ungestraft nähern darf.

Ich versuche Fische zu erlegen, erkenne aber bald, daß dies nicht so leicht ist, wie ich es mir bei dem großen Reichtum an Jagdwild vorgestellt habe. Erst pirsche ich an einen blauen Papageienfisch heran, da bemerke ich einen großen grauen Fisch mit kleinem rundem Maul, der mich interessiert. Doch als ich ihm folge, kommt uns ein hochinteressantes, goldglänzendes Tier in die Quere, und so geht es weiter. In Dalmatien war es entschieden einfacher. Dort begegnete man alle heiligen Zeiten einem größeren Fisch und konnte sich ihm in Ruhe widmen. Hier dagegen, in diesem Gewirr von neuen, unbekannten Dingen, ist es fast unmöglich, sich auf einen bestimmten Punkt zu konzentrieren.

Wo ist Alfred? In meiner Aufregung habe ich ihn ganz vergessen. Da ich ihn nirgends sehe, erschrecke ich und denke an Haie, doch dann entdecke ich ihn unweit von mir, zwischen Korallen. Ich beobachte unter Wasser, wie er dem Barrakuda mit wilden Beinschlägen nachjagt; als er die Aussichtslosigkeit seines Unternehmens einsehen muß, sticht er ihm ärgerlich mit der Harpune hinten nach. Dieser Barrakuda findet heute wirklich nirgends Frieden!

„So ein wahnsinniges Pech“, stöhnt Alfred, als er mich sieht, „zweimal war ich ihm schon ganz nahe! Und ein blauer Papageienfisch ist mir auch um ein Haar entwischt! Dabei läuft meine Brille dauernd an!“

„Reib sie innen mit Speichel ein“, rate ich ihm aus alter Erfahrung und freue mich, wie sehr ihn schon das Jagdfieber gepackt hat.

Wir schwimmen nun gemeinsam ins tiefere Wasser. Hier bedecken wieder ganz andere Korallen den Meeresboden. Zwischen grünen, halbkugelförmigen Hirnkorallen mit Mäandermustern und Hirschhornkorallen, die wie hohe, dichte Hecken wachsen, stehen große Gorgoniabüsche, deren lange Arme sich wie dünne Gespensterfinger emporrecken. Unter einem breiten Venusfächer, in etwa acht Meter Tiefe, erspähe ich einen seltsam geformten großen Fisch, der ruhig über einer Hirschhornkoralle schwebt. Das ist das geeignete Objekt, um Alfred zu zeigen, wie man einen Fisch sticht . . .

Lautlos versinke ich unter die Wasseroberfläche. Dann drehe ich mich durch eine Bewegung der linken Hand so herum, daß ich nach abwärts sehe, und schwimme ohne Plätschern, mit vorsichtigen und langsamen Flossenschlägen in die Tiefe. Den nötigen Jagdplan habe ich mir schon zurechtgelegt. Ich will, etwa zwanzig Meter vom Fisch entfernt, den Grund erreichen und mich dann zwischen den hohen Korallenbüschen seitlich an ihn heranpirschen.

In sechs Meter Tiefe machen sich meine Ohren unangenehm bemerkbar; sie müssen sich erst wieder an den Druck größerer Tiefen gewöhnen. Auch in den Stirnhöhlen fühle ich einen leichten Schmerz, doch ich achte nicht weiter darauf, stoße noch die letzten Meter hinab und lande zwischen mehreren gewaltigen Gorgoniabüschen.

Hier biege ich die dünnen Äste zur Seite, schleiche vorsichtig mit langsamen Bewegungen zwischen den Büschen hindurch und kann bald den Fisch erkennen, den ich erbeuten will. Er ist fast einen Meter lang, grau mit blauen Punkten. Im übrigen ist er sehr flach, hat eine rüsselförmige Schnauze, und auf der Stirn trägt er ein geschwungenes Horn. Das Auge dieses Hornfisches ist es, das mich besonders fesselt. Es gleicht dem Auge eines weltabgewandten Denkers und Philosophen. Dieser Hornfisch liebt die Einsamkeit, wo er sich mit Muße seinen Problemen widmen kann.

Das Tier, das die Gefahr noch nicht erkannt hat, liegt etwas seitlich geneigt und macht nur leichte Bewegungen mit den zarten Flossen, die seinen Körper säumen. Doch ich habe Pech. Mein Körper spannt sich eben zum Stich, da schießt ein kleiner gelber Fisch, der mich bemerkt hat, erschreckt aus den Korallen. Jetzt wird auch mein Hornfisch unruhig und beginnt langsam und unsicher fortzuschwimmen. Schnell steche ich zu, doch ich komme zu kurz und stupse den Fisch bloß mit der Harpunenspitze in die Seite, ohne ihn zu verletzen. Darüber gerät er in unbeschreibliche Aufregung. Ihn erschreckt die ganze fremde Umgebung, deren er sich erst jetzt, gleichsam aus seinen Träumen gerissen, plötzlich bewußt wird.

Er schießt vorwärts, stößt mit der Schnauze aus Versehen an einen Korallenbusch, erschrickt aufs äußerste, zittert mit den Flossen und legt das Horn flach auf den Rücken. Für einen Augenblick sehe ich seine Augen. Sie sind sehr eindrucksvoll; blanker Schrecken und Hilflosigkeit stehen in ihnen geschrieben.

Ich muß hinauf, um Luft zu holen. Von oben sehe ich, wie der Fisch noch immer zwischen den Korallenbüschen hin und her irrt, wie ein Kind, das sich auf dem Jahrmarkt im Irrgarten verlaufen hat. Doch da ertönt ein Ruf von Alfred. Er weist mit dem Arm gegen das offene Meer, ich sehe hin und habe einen erstaunlichen Anblick.

Direkt auf uns zugeschwommen kommt ein ganzes Rudel von großen silberglänzenden Fischen. Sie schwimmen in Reih und Glied, wohl über hundert an der Zahl, neben- und übereinander und glotzen uns mit ihren großen, starren Augen entgegen. Es sieht aus wie ein Angriff auf uns. Mit gespannten Muskeln, die Harpune stichbereit in der Hand, tauche ich den Fischen entgegen. Doch plötzlich, knapp vor uns, zuckt ein Blitz durchs Wasser. Die Fische haben, wie auf ein Kommandowort, im gleichen Augenblick kehrtgemacht und schwimmen davon, in derselben musterhaften Ordnung, in der sie gekommen sind. Was ist dies doch für eine seltsame Welt, in die wir da eingedrungen sind!

Gegen Abend, als wir über das stille Spanische Wasser wieder heimkehrten, erschienen mir im Geist immer wieder die neuen Bilder, die wir geschaut hatten. Wie sollte es uns gelingen, in diese Vielfalt Ordnung zu bringen, diese unzähligen Fische kennen- und verstehen zu lernen?

„Das Tollste“, sagte Alfred, „ist doch, wenn man sich vor Augen hält, daß Myriaden kleinster Tiere diese gewaltigen Korallenwälder aufgebaut haben.“

Jörg erwartete uns schon sehnsüchtig. Er durfte noch immer nicht mithalten, die Narbe an seiner Ferse war noch zu frisch. Die Ferse war auf der Herreise ganz plötzlich angeschwollen, war immer schmerzhafter und böser geworden, schließlich hatte sie sich dunkelrot verfärbt und mußte in Willemstad operiert werden.

Wir berichteten dem armen Kerl unsere Erlebnisse in allen Einzelheiten. Trotzdem war er es, der an diesem Abend die Pointe lieferte. Er hatte tagsüber mit der Uhr trainiert, den Atem möglichst lange anzuhalten, und erzählte uns stolz, daß er auf ganze vier Minuten gekommen sei.

„Das ist gar nicht so schwer“, erklärte er. „Ihr braucht bloß vorher etwa zwei Minuten lang möglichst schnell und tief zu atmen.“

*Rechte Seite:* Das große Barriereriff säumt die Nordostkante des australischen Kontinents in einer Gesamtlänge von 2000 Kilometern. Die Außenmauer liegt 20 bis 150 Kilometer weit von der Küste entfernt und fällt nach außen hin 2000 Meter steil in die Tiefe. Im Bild ist das besonders lange zehnte Ribbonreef unweit von Lizard Island (Vgl. Karte S. 257) zu sehen. Nördlich dieser Stelle gelang es Cook auf seiner berühmten Fahrt, 1770, die Mauer zu passieren.

Am Aufbau der Korallenriffe sind Kalkalgen wesentlich beteiligt. Sie überwuchern die abgestorbenen Stöcke und verwandeln auch loses Geröll in solide Steinplatten.
*Oben:* Eine Feuerkoralle (Millepora), daneben ein abgestorbener, bereits von Kalkalgen überwucherter Stock.
*Links:* Das Ergebnis: eine massive Steinplatte.
*Rechte Seite:* Auch die meterhohen, zierlichen Kronenkorallen (Acropora sp.) unterliegen, sobald sie abgestorben sind, einer derartigen Verwandlung. Durch die zementierende Tätigkeit der Kalkalgen entsteht die Riffplatte.

*Oben:* Ein Schwarm von Gelbschwänzen (Xesurus laticlavius) in den trüben Gewässern um Galapagos.
*Vorhergehende Seite:* Zwei drei Meter lange Grauhaie (Carcharhinus menisorrah) an einem Riffabhang der Malediven
*Links:* Schwarzer Engelfisch (Pomacanthus paru) in einem karibischen Riff. Nur durch Studium des natürlichen Lebensraumes kann der Biologe Hinweise für die Evolution der dort lebenden Fische, also für die Entwicklung ihrer Gestalten und Verhaltensweisen, gewinnen.

Östlichster Punkt des indopazifischen Korallengebietes: die winzige Kokosinsel nordöstlich der Galapagos-Inseln. Wie in jedem Grenzgebiet gibt es auch hier nur wenige Arten, doch sind diese um so reicher vertreten. Die Küsten von Kokos erinnern an Felslandschaften im Mittelmeer; es sind jedoch Korallen und nicht nackte Gesteinsbrocken. Im Vordergrund ein Kugelfisch (Sphaeroides).

Ich probierte Jörgs neue Technik, und auch ich kam schon beim ersten Versuch auf dreieinhalb Minuten! Durch das gesteigerte Atmen wird der Kohlendioxydgehalt des Blutes vermindert, und man hält es darum länger ohne neue Luftzufuhr aus.

Solche Leistungen sind übrigens bei der Unterwasserjagd nur selten notwendig. Im allgemeinen genügt es, wenn man jedesmal bis zu einer Minute unter Wasser bleibt. Wenige Menschen wissen, wie lang sechzig Sekunden sind und was man in dieser Zeit alles sehen und erleben kann. Das ist das Großartige an der Unterwasserjagd: jede Pirsch dauert kaum eine Minute, und man erlebt an einem Tag mehr als ein anderer Jäger vielleicht in einem ganzen Monat.

An einem Montag, dem vierten Tag nach unserer Ankunft, erfuhren wir endlich, daß unsere Aufenthaltsbewilligung genehmigt sei. Jörgs Waffen allerdings wurden nicht freigegeben, sie blieben beim Zoll.

Der diplomatische Teil unserer Aufgabe war beendet; jetzt begann die nicht minder schwierige Vorbereitung unserer eigentlichen Expedition.

Das schwierigste Problem war die Verproviantierung. Wir waren blutige Anfänger und hatten keine Ahnung, was wir im Zelt brauchen würden. Zum Glück halfen uns dabei Herr Tischer, ein deutscher Kaufmann, und seine Tochter Gerda. Wir kauften wild durcheinander: Milch-, Gemüse- und Obstkonserven; Sardinen und Corned beef; Kaffee, Tee, Brot und Suppenwürfel; Reis und Kartoffeln; Fett, Butter und Marmelade in Konserven; Öl, Zucker, Essig, Salz; Spiritus, Petroleum, Eier und Kokosnüsse. Wasser wollten wir, da es auf Curaçao keine Quellen gibt, in Blechkanistern mitnehmen. Später, vor allem auf Bonaire, haben wir gelernt, bescheidener zu wirtschaften: wir lebten dann hauptsächlich von Fischen und kauften nur Bananen, Öl, Mehl und Maismehl, Zucker, Tee und schließlich als Vitaminspender die billigen „Limunjes“, kleine grüne Zitronen, die auf Curaçao wachsen.

Inzwischen hatte der Agent der Hapag, Herr Mahnke, in Willemstad, wo man uns sogleich für Spione gehalten hatte und wohl immer noch hielt, alles in seiner Macht Stehende für uns getan. Die Erlaubnis zum Kampieren an der „Boca“, deren zugängliches Ostufer zum Gebiet von New Port gehörte, war nach schwierigen Verhandlungen schließlich doch erteilt worden. Somit war alles bereit, und Mittwoch früh konnte unser Abenteuer richtig beginnen.

## *Erste Begegnung mit dem „Tiger des Meeres“*

Die Boca ist ohne Zweifel eines der reizvollsten Plätzchen von Curaçao. Eingebettet zwischen zwei steilen Hängen, mündet hier der schmale Arm des Spanischen Wassers wie ein träger, dunkler Fluß ins schäumende Meer. Das Ufer, auf dem wir uns befanden, war dicht mit Mangroven und hohen Bäumen bestanden. Im Dickicht der Anhöhen beobachteten wir ein Rudel wilder Ziegen. Das gegenüberliegende Ufer war bedeutend steiler und nur wenig bewachsen. Zwischen großen Felsblöcken haben wir dort oft Leguane beobachtet, die sich faul in der Mittagszeit vor ihren Höhlen sonnten.

Die Stelle, die man uns zum Kampieren angewiesen hatte, lag am Ufer der stillen Lagune nur einige Hundert Schritt vom offenen Meer entfernt und bildete einen wirklich idealen Zeltplatz. Im Schutze hoher, breiter Bäume konnten wir unser Zelt direkt vor einem winzigen Strand aufschlagen, der sich zwischen den dichten Mangroven behauptet hatte. Da das Auto nicht so weit fahren konnte, trugen wir das Gepäck, und erst als alles in Ordnung war, nahm Herr Mahnke von uns Abschied.

„In den Koffer", meinte Jörg zu mir, „geben wir unsere Wäsche, die Apotheke, das Fernglas, deine Fotosachen und alles, was sonst nicht naß werden soll."

Das Kochgeschirr und die Töpfe ordnete Alfred in eine Kiste, und den Sack mit den Nahrungsmitteln legten wir unter das seitliche Zeltdach, um ihn vor Regen zu schützen.

„Das übrige kann ich schon machen", meinte schließlich Jörg, „geht ihr doch jetzt ein Abendessen fangen."

Das ließen wir uns nicht zweimal sagen, brannten wir doch schon darauf, wieder zu den Korallenriffen zu schwimmen. Diesmal hatte ich mehr Glück. Gleich anfangs, als ich in das Gewirr des Korallenwaldes hineinspähte, kam unvermutet ein großer, grüner Papageienfisch zwischen den Ästen hervor, direkt auf meine Harpune zu. Ich stach und traf das Tier mitten in den Kopf. Der Fisch war auf der Stelle tot; ich verwahrte ihn im Beutesack, richtete die Harpune und setzte meine Pirsch fort. Der große Barrakuda war wieder da und auch die kleinen tanzenden Elfen in den Wipfeln der Korallenbäume, doch nach Haien hielten wir auch diesmal vergebens Ausschau.

Nach einigen weniger glücklichen Stichversuchen überlistete ich einen großen Hornfisch, dann hatte ich ein eigentümliches Jagdabenteuer. Ich war einem blau-gelb gestreiften Korallenfisch gefolgt und beobachtete ein Ehepaar kleiner, zierlicher Schmetterlingsfische, als ich etwa zwei Meter unter mir im Schatten eines breiten Korallenastes ein seltsames Gebilde erblickte, das gleichmäßig hin und her schwang. Wie ein großer, fein gemusterter Gallertkörper sah es aus. Schon bin ich unten und sehe mit Erstaunen, daß es unzählige kleine kupferfarbene Fische sind, die sich ganz eng aneinanderdrücken. Diese kleinen Tiere mit auffallend großer Brust haben wir später oftmals beobachtet. Sie stehen zu Hunderten Tag für Tag immer an derselben Stelle, rühren sich niemals vom Fleck und verbringen in enger Gemeinschaft ihr Leben.

Während ich diese kleinen „Brust"-Fische betrachte und sie mit der Hand ein wenig auseinanderjage, bemerke ich hinter ihnen in einem dunklen Loch zwei große, leuchtende Augen. Sofort packt mich das Jagdfieber: das muß ein sehr großer Fisch sein!

Ich prüfe, ob die Harpunenschnur in Ordnung ist und ob die Spitze gut sitzt, dann tauche ich, schleiche langsam an das Korallenloch heran und ziele genau zwischen die leuchtenden Augen. Dies habe ich nämlich schon auf früheren Jagdzügen gelernt: wenn mir ein Fisch direkt zugewendet steht, muß ich beim Stich mitten auf den Kopf zielen, sobald der Fisch dann die Harpune kommen sieht, dreht er sich schnell zur Seite, und ich treffe ihn mit gutem Stich hinter die Kiemen. Ich ziele also genau, der Fisch ist noch immer ahnungslos, und schon schnellt mein Speer nach vorwärts.

Daß ich getroffen habe, konnte ich deutlich fühlen. Die Harpunenspitze hat sich gelöst, sie steckt jetzt im Körper des Fisches, und die Harpunenschnur, an der sie hängt, verschwindet in der Tiefe der Höhle. Erst versuche ich den Fisch an der zwei Meter langen Schnur hervorzuzerren, doch diese hat sich im Loch verwickelt und sitzt fest.

Obwohl ich schon sehr lufthungrig bin, schwimme ich ganz nahe an die Höhle heran und taste mit der Hand der Schnur entlang vorsichtig in das dunkle Loch hinein. Es ist ein recht unangenehmes Gefühl, mit der Hand so ins Unbekannte zu greifen, wer weiß, was für Tiere da drinnen sitzen! Doch ich finde die Stelle, an der sich die Schnur eingeklemmt hat, und mache sie frei.

Jetzt aber muß ich schleunigst empor, um Luft zu holen. Ich ziehe den Harpunenstock mit der Harpunenschnur hinter mir her, der Widerstand gibt nach, und ich fühle am Zucken, daß ich den getroffenen Fisch aus dem Loch gezogen habe.

An der Oberfläche schnappe ich nach Luft, dann blicke ich neugierig in die Tiefe und erlebe eine Überraschung. An meiner Harpunenschnur hängt nicht, wie ich mir vorgestellt habe, ein gewaltiger Fisch, sondern ein ganz kleines, erbärmliches Wesen. Es hat einen großen, viereckigen Kopf mit riesigen starren Augen, und hinter dem Kopf sitzt ein kleines Schwänzchen, das ist alles. Der Körper scheint bei diesem Tier ganz zu fehlen.

Ärgerlich ziehe ich die lächerliche Trophäe zu mir empor, doch da erlebe ich eine neue Überraschung. Der Fisch beginnt mit eifrigen Bewegungen seines belippten Maules Wasser zu schlucken. Er schluckt und schluckt, sein Körper wird immer größer, immer fetter, bläht sich immer mehr auf, und schließlich hat sich sein Aussehen vollkommen verändert. Er ist jetzt kugelrund, und seine Stacheln, die er früher an den Schwanz gelegt hatte, starren nach allen Seiten. Jetzt erst erkenne ich das Tier. Es ist derselbe Igelfisch, dessen getrocknete Haut man in Hafenschenken um die Lampen gehängt findet.

Wir haben später Igelfische stets geschont. Ich glaube, man muß Mitleid mit ihnen haben, sie sind, wenn ich so sagen darf, der personifizierte Minderwertigkeitskomplex unter den Fischen. Ihrer Schwächlichkeit und Mißgestalt bewußt, verstecken sie sich in Korallenlöchern und blicken aus weit aufgerissenen runden Augen, in denen stets grenzenlose Angst geschrieben steht. Nur manchmal – wer weiß, warum! – wagen sie sich hervor, stehen dann ganz frei im tiefen Wasser und blicken erstaunt in die weite Welt. Nähert sich ihnen eine vermeintliche Gefahr, dann erfaßt sie panischer Schrecken, und mit verzweifelten Schlägen des kleinen Schwänzchens flüchten sie zurück zu ihrem Loch. Ist es dazu schon zu spät, dann greifen sie zur letzten Waffe, die ihnen die Natur verliehen hat: sie pumpen sich voll Wasser und verwandeln sich in einen Stachelball, dem kein Fisch etwas anhaben kann.

Es war gegen Mittag, wir fischten draußen beim Riff, und Jörg hatte einen schönen Goldbarsch erlegt, da bemerkten wir ein gewaltiges Tier, sicherlich vier Meter lang, das mit gleichmäßigen Schlägen der riesigen Schwanzflossen seitlich von uns herangeschwommen kam.

Das war ein Hai!

Und nun geschah etwas mit mir, was ich genau erklären muß. Ich sage mit Absicht: „Es geschah mit mir", weil es mir jetzt, da ich niederschreibe, was ich damals tat, so vorkommt, als habe ein fremder Wille von mir Besitz ergriffen. Ich schwamm nämlich, kurz gesagt, sofort und ohne zu überlegen auf dieses gefährliche Tier los und fotografierte es.

Ich fotografierte es, wie es herangeschwommen kam, in seiner ganzen Majestät, in seiner Sicherheit und in seiner vollendeten Größe. Hinter dem riesigen Fisch lag das tiefe Wasser, also ein dunkler Hintergrund; seine Konturen waren umglänzt vom Sonnenlicht, so daß sich die Formen scharf gegen den Hintergrund abzeichneten und die wundervolle Stromliniengestalt um so plastischer hervortrat.

Ich knipse, komme an den Hai heran, schwimme ihm seitlich entgegen, komme ihm auf fast drei Meter nahe – da tut er etwas ganz Überraschendes: Mit einem Ruck dreht er ab – mit einem erschreckten Ruck! – und jagt davon.

Als ich wieder an der Oberfläche bin, frage ich mich selbst: Was ist soeben unter Wasser geschehen? Ich bin, um es ehrlich zu sagen, außer mir über mich selbst, schnappe nach Luft, während mein Herz, noch immer erregt von dem Abenteuer, heftig pocht. Der Hai ist vor mir ausgerissen!

Warum? Für ihn bin ich doch nur ein kleiner Fisch, nichts, das er zu fürchten braucht; ein erbärmliches Wesen im Wasser gegen ihn, den König in seinem Element.

Ich glaube, daß wir dahintergekommen sind, warum der Hai vor mir geflüchtet ist. Da schwimmt der Hai seiner selbst sicher, von allen Tieren des Meeres gefürchtet, und mit einem Male schießt ein Wesen, das er nicht kennt, das er noch nie gesehen hat, auf ihn zu. Das ist ein Vorgang, für den er keine Erfahrung hat, und darum so unheimlich, daß er erschreckt das Weite sucht.

Seit diesem Tag haben wir gelernt, mit Haien umzugehen. Unser erstes Gebot war: Zeige nie Angst, sondern schwimme ihm entgegen, so als ob du Lust hättest, ihn anzufallen.

Aber halte dein Herz dabei fest in der Hand, denn diese Regel zu befolgen ist nicht so leicht wie sie niederzuschreiben!

## *Jagd auf Rochen*

In der Nähe gab es eine Stelle, an der wir bequem aufs Trockene steigen konnten. Dort legten wir uns in die Sonne, um wieder Wärme in unseren Körper aufzunehmen. Es scheint dem Unterwasserjäger bestimmt zu sein, auf seinen Jagdzügen immer und unausgesetzt zu frieren. In Dalmatien, als wir in der Mittagsglut am ganzen Körper vor Kälte zitternd auf den Felsklippen saßen, hatten wir von der Hitze der Tropen geträumt; doch auch jetzt, in der warmen Karibischen See, froren wir, denn bei dem langen Aufenthalt im Wasser entzieht das Meer dem Körper allzuviel Wärme.

Ich legte den Reservefilm ein, den ich stets in einer kleinen, mit Bienenwachs abgedichteten Blechbüchse bei mir trug. Auch unseren Proviant aßen wir jetzt auf. Er war von Natur aus wasserdicht, denn er bestand aus Orangen, die ich im Beutesack mitgenommen hatte.

Dann ist es soweit. Wir haben etwas geschlafen, sind munter und frisch, richten uns auf und sehen, daß der Abend bald kommen wird.

Also auf zu den Rochen! Wie uns der Fischer, der uns beim Zelt besuchte, erzählt hat, kommen riesige Stachelrochen gegen Abend aus dem tiefen Meer auf den Sandboden hereingeschwommen. Nach seiner plastischen Schilderung muß allein der peitschenartige Schwanz zwei Meter lang sein. Vielleicht haben wir jetzt Glück.

Wir gleiten wieder durch die Wellen und haben sofort ein unangenehmes Erlebnis. Mich sticht es an den Wangen, an den Beinen, am Leib – man kann nicht sehen, was es ist, aber wir wissen, es sind winzige Quallen, die uns hier den Weg versperren. Wir machen halt, und gemeinsam tasten wir. Da man die Quallen nicht sehen kann, so müssen wir sie fühlen. Sticht es uns in die Hände, dann sind eben Quallen da, sticht es nicht, dann ist vermutlich hier der Ausgang aus dem Schwarm, in den wir hineingeraten sind.

Nach kurzen, aber schmerzhaften Augenblicken entrinnen wir diesen hinterlistigen Wesen. Da die Sonne nicht mehr so hoch steht, verschwimmen am Meeresboden die Konturen; ohne das helle Licht mit seinen dunklen Schatten sieht alles flach aus, die plastische Wirkung ist vorbei. Der Grund, wohl acht Meter tief, ist grau und unsympathisch geworden, und die Gorgoniabüsche, deren schwingende Äste im Sonnenlicht so zierlich wirkten, haben sich in graue, gespenstische Arme verwandelt, die nach uns greifen werden, wenn wir zu ihnen hinabtauchen.

Mit einemmal fahren wir erschreckt herum. Seitlich hinter uns zischte etwas mit einem scharfen Geräusch durch das Wasser. Aber es ist kein Rochen, sondern eine Schildkröte, die wir aus dem Schlaf gejagt haben und die eilig das Weite sucht. Sie schwimmt unglaublich schnell und ist in wenigen Augenblicken im Dunkel der Ferne verschwunden.

Jörg schwimmt etwas abseits, ich bleibe bei Alfred. Wir teilen uns, um auf diesem breiten Gebiet, auf dem die Rochen sein sollen, mehr Aussicht zu haben, einen zu entdecken. Angestrengt äuge ich hinab, und wirklich, Alfred und ich haben Glück: unten in der Tiefe, zwischen den grauen, drohenden Korallenbäumen, taucht in der Ferne ein dunkler Schatten auf . . . ein Rochen!

Wie er da herankommt, sieht er wahrhaftig gespenstisch aus. Er schwimmt nicht wie ein Fisch, sondern er fliegt förmlich durch das Wasser. Mit seinen beiden Seiten, die wie Flügel aussehen, in Wellenbewegungen langsam und gleichmäßig durch das Wasser schlagend, bewegt er sich knapp über dem Boden heran.

Er wirkt ganz schwarz, wie ein häßliches und böses Nachtgespenst, das da zu unserem Verderben heranzieht.

Langsam kommt der Rochen näher. Sofort durchzuckt mich der Gedanke, daß dieses Tier zu groß ist, um von uns angegriffen zu werden; denn selbst wenn wir den Rochen harpunieren – einen so mächtigen Fisch können wir niemals an die Oberfläche bringen.

Aber schon ist Alfred, nach dem ich mich umsehe, untergetaucht. Das Jagdfieber hat ihn gepackt, er schießt hinunter, dem Fisch entgegen, die Harpune angriffsbereit in der Hand. Für den Augenblick bin ich entsetzt, denn ich habe keine Harpune, um ihm zu Hilfe zu eilen, ich vergesse sogar zu fotografieren und starre aufgeregt nach unten. Jetzt sind sie nahe beieinander, Alfred und der Stachelrochen. Alfred ist etwas vor ihm, und da sehe ich auch für einen Moment den Schwanz des Rochens mit dem gefährlichen, giftigen Stachel.

Der Rochen hat Alfred bemerkt und versucht, sich mit einer plötzlichen Anstrengung zu wenden. Seine Bewegung ist plump und unwillig; großen Fischen ist es immer unangenehm, wenn sie von ihrem Weg abweichen müssen. Offensichtlich will das Tier davon, der Schwanz krümmt sich bei der Biegung, die der

Rochen schwimmt, da – ja, da stößt Alfred mit der Harpune zu. Mein Herz jubelt, denn ich sehe genau, wie er den Fisch trifft, sehe, wie die Harpunenspitze dem Rochen in den Nacken fährt, knapp hinter den Augen.

Ein ungeheuerlicher Aufruhr ist im Wasser. Der Rochen saust, machtvoll mit den Seiten schlagend und mit dem Schweif das Meer peitschend, zwischen den Korallen hindurch. Alfred, der mit beiden Händen den Harpunenstab umklammert hat, wird mitgerissen, und so fahren sie gemeinsam durch die gespenstische Unterwelt. Alfred und der Fisch oder vielmehr der Fisch mit Alfred.

Ich rufe nach Jörg, folge den beiden so schnell ich kann an der Oberfläche und sehe, wie es Alfred schließlich gelingt, das Untier zu bremsen und dann zu halten. Zwar kann er den Fisch nicht nach oben ziehen, aber der Rochen vermag Alfred auch nicht mehr tiefer nach unten zu reißen oder mit ihm davonzuschwimmen.

Jetzt liegt es an mir!

Ich stoße zu Alfred hinunter, sehe, wie seine Brust krampfhaft zuckt – er ist also schon in Luftnot. Er hat den Kopf nach hinten geworfen und sieht nach mir aus. Es ist immerhin ein gutes Stück Weg bis zu Alfred, und mir fährt beim Hinabstoßen durch den Kopf, daß es für mich gar nicht so einfach sein wird, den Fisch zu halten, denn ich habe noch die Kamera und den Beutesack und bin daher viel unbeweglicher als Alfred.

Diese Überlegung ist kaum zu Ende, da bin ich bei ihm, nehme den Harpunenstock, und erlöst schwimmt Alfred nach oben. Doch die Aufregung hat mir nicht Zeit gelassen, oben genügend Atem zu schöpfen; außerdem muß ich mich anstrengen, denn der Fisch zieht stark. Er flattert hin und her, und – weiß der Teufel – er beginnt in der Runde zu schwimmen, wobei er mir einmal mit seinem Schwanz bedenklich in die Nähe kommt. Ich stemme mich mit ganzer Kraft dagegen, versuche das Tier ein wenig emporzuziehen, dabei aber fühle ich, daß ich es nicht mehr lange aushalte, und blicke sehnsüchtig nach oben.

Da kommen Jörg und Alfred! Alfred nimmt mir die Harpunenstange wieder aus der Hand, und während ich hinauffahre, um Luft zu holen, sehe ich noch, wie Jörg, kühn die Harpune in der Hand, auf den Rochen zustößt und ihn noch einmal trifft, diesmal in den Rücken. Dann bin ich oben und hole tief Luft. Mein Herz schlägt zum Zerspringen, und es überkommt mich das Gefühl eines fast quälenden Frostes. Aber es hilft nichts, ich muß wieder hinunter.

Meine Kameraden sind schon halb zur Oberfläche heraufgeschwommen. Ich ergreife wieder Alfreds Harpunenstab, und langsam ziehen wir zu dritt den Fisch zur Oberfläche. Das ist verdammt schwer, denn das flache Tier hat einen mächtigen Wasserwiderstand, und wir müssen uns aufs äußerste anstrengen.

Kaum oben, schauen wir aus nach der Küste. Gott sei Dank, sie ist nicht allzuweit entfernt, und stark erschöpft, aber glücklich über unsere Beute ziehen wir den Rochen gegen das Ufer. Dabei sind wir äußerst vorsichtig: Der eine schwimmt mit der Harpunenschnur rechts, der andere links von dem Tier, so daß der Rochen keinem von uns in die Nähe kommen kann. Obgleich der Rochen schwer verwundet ist, schlägt er, nun knapp an der Oberfläche schwimmend, mit dem Schwanz wild in die Luft.

Am Strand ziehen wir ihn aus dem Wasser, und während ihn die beiden anderen halten, hole ich einen Stein und werfe ihn dem Tier auf den Schwanz. Dann stoße ich blitzschnell mit dem Messer zu – das Untier ist besiegt!

Dieser Stachelrochen war unsere letzte große Beute in New Port. Mit jedem Tag schien sich unser schönes Riff mehr zu entvölkern. Die größeren Fische erzählten einander wahrscheinlich, welches Unwesen wir hier trieben, und mieden fortan die Stelle.

Einheimische Fischer rieten uns, nach der sehr fischreichen Insel Bonaire zu übersiedeln, die etwa sechzig Meilen von Curaçao entfernt liegt. Der Vorschlag gefiel uns, denn wir wollten Curaçao auch aus einem anderen Grund verlassen. Wir waren darauf gekommen, daß uns Detektive andauernd überwachten und während unserer Abwesenheit sogar das Zelt durchsucht hatten. Die Polizei von Curaçao traute uns also noch immer nicht!

Auf der Insel Bonaire gab es nun keine Ölraffinerie und deshalb wohl auch keine militärischen Befestigungen. Wir konnten hoffen, daß man uns dort in Ruhe lassen würde – eine Vermutung, die sich allerdings nicht bestätigt hat. Auf der letzten Pirsch vor unserer Abreise hatte ich noch ein denkwürdiges Erlebnis. Das Meer von Curaçao wollte mir zum Abschied noch einmal seine Gefährlichkeit beweisen.

Es war schon gegen Abend, und unter Wasser herrschte ein düsteres Dämmerlicht, als ich noch einen seltenen bunten Hornfisch erlegte. Ich löste ihn von der Harpune, tötete ihn, doch es wollte mir nicht gelingen, ihm meine Beuteschnur durch die Kiemen zu fädeln. Ich ließ die Harpune treiben – sie ist durch den langen Holzschaft etwas leichter als das Wasser –, achtete nicht weiter, was um mich her vorging, und widmete mich ganz meinem Problem.

Endlich hatte ich es geschafft. Ich drehte mich um und wollte nach meiner Harpune greifen, da fuhr mir ein riesiger Schreck durch die Glieder. Ich fühlte, wie für einen Augenblick mein Herz aussetzte. Kaum zwei Meter von mir entfernt stand ganz ruhig ein großer, dicker Hai, mir direkt zugewandt, und betrachtete mich lauernd mit seinen kleinen, tückischen Augen. Die Harpune, meine einzige Waffe, war weit abgetrieben.

Einen Augenblick lang standen wir uns unbeweglich gegenüber, Auge in Auge, dann krampfte der Schreck unwillkürlich meine Glieder zusammen. Ich machte einen schnellen Ruck, und Luft stieß aus meinem Munde hervor. Da vertauschten wir plötzlich die Rollen. Ich hatte den Hai mindestens ebensosehr erschreckt wie er mich. Mit einer hastigen Bewegung machte er kehrt, jagte davon und war schon im nächsten Augenblick im Dunkel verschwunden.

### *Unser Robinson-Eiland*

Gegen halb zehn Uhr erreichten wir Kralendijk, den Sitz der holländischen Behörde auf Bonaire, und legten neben einigen großen Segelschonern aus Jamaika und Puerto Rico auf dem Pier an. Kralendijk liegt auf dem flachen Teil der Insel und besteht aus kleinen weißen Steinhäusern, die unregelmäßig längs des Strandes verstreut liegen. In ihrer Mitte, oberhalb des Piers, thront das Fort und das große Haus von Mijnheer Gezaghebber.

Wie gewaltig war der Unterschied zwischen dieser kleinen, friedlichen und weltfremden Siedlung und dem reichen, pulsenden Willemstad, und doch lag er nur in einem einzigen Wort begründet: Öl!

Die Einwohner, Mischlinge von Negern, Venezolanern und den alten Indianern, die jetzt vielfach nach dem zukunftsreicheren Curaçao auswandern, um sich dort als Hafen- oder Fabrikarbeiter zu verdingen, sind einfache Fischersleute und geschickte Bootbauer. Bonaire ist schon seit alten Zeiten wegen der Seetüchtigkeit und der eleganten Form seiner Schoner in ganz Westindien berühmt. Auf dem langen Strand sahen wir zwischen hohen Gerüsten Schiffskörper, die sich in verschiedenem Grade der Vollendung befanden.

Doch mit unseren Papieren stimmte wieder einmal etwas nicht. Nach langem Debattieren wurden wir zu Mijnheer Gezaghebber, dem obersten Befehlshaber der Insel, geführt, der uns auf der Stelle wieder nach Curaçao zurückschicken wollte. Diesmal wußten wir uns aber im Recht, wurden renitent und zwangen den beleibten Herrn, sich telegrafisch in Curaçao Bescheid zu holen.

Da die Antwort erst nachmittags zu erwarten war, ließen wir unser Gepäck vorläufig an Bord und machten uns auf die Suche nach Dr. Diemond, einem holländischen Tierarzt, der sich zur Zeit in Bonaire aufhalten sollte. Dr. Diemond, so hatte man uns in Willemstad gesagt, studiere die Fischerei und würde uns daher sicherlich wertvolle Informationen geben können. Von der Pension Hellmuth, wo er wohnte, schickte man uns zum alten Katschi, der ein Boot für ihn baute, doch auch dort war er nicht zu finden, sondern beim Haus des Lehrers, am äußersten Ende des Strandes.

„Sie sind doch die Wiener Studenten“, begrüßte er uns. „Ich habe schon viel von Ihnen gehört und Sie gleich an den schönen Bärten erkannt.“

Er führte uns in das Haus des Lehrers, wo man uns mit einem guten Kaffee bewirtete. Hier fand ich Muße, den Mann von dem man uns so viel erzählt hatte,

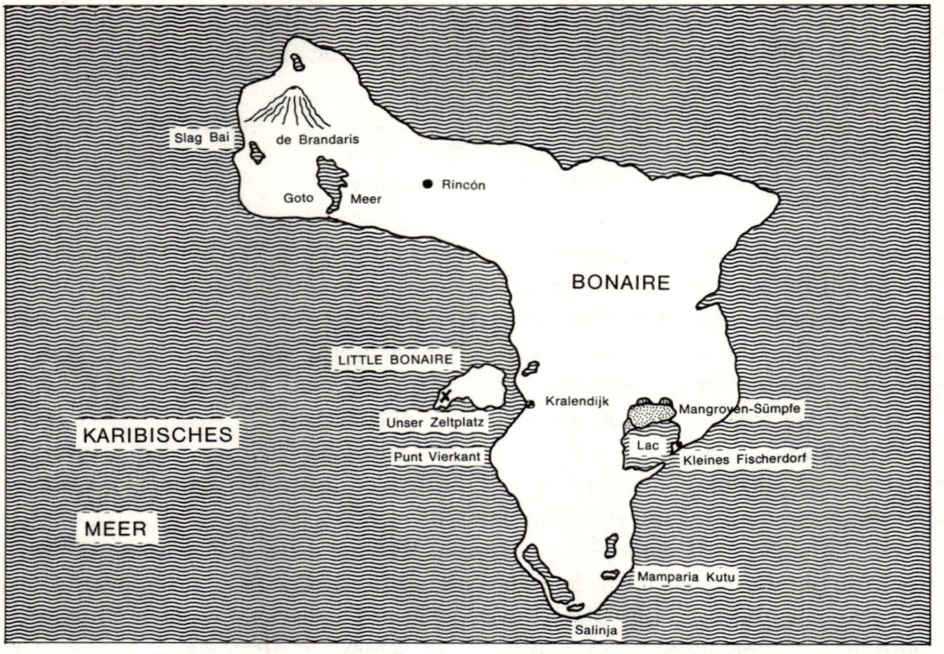


Die holländische Insel Bonaire in Westindien. Unser Zeltplatz befand sich auf der flachen, unbewohnten Nachbarinsel.

näher zu betrachten. Er war mittelgroß, schlank und sehnig, mit markanten Gesichtszügen. Die Augen waren die eines begeisterungsfähigen und unternehmungslustigen Mannes.

Dr. Diemond interessierten unsere Beobachtungen von Fischen. Wir mußten ihm haargenaue Beschreibungen geben, und von vielen Fischen konnte er uns die wissenschaftlichen Namen nennen. Als wir auf den Segelkutter zu sprechen kamen, den wir mieten wollten, meinte er:

„Boote gibt es hier einige, und ich will gerne versuchen, eines für Sie zu bekommen, aber es wird nicht so sehr schnell gehen. Die Leute sind ja hier so langsam, und wenn sie sehen, daß man den Boot schnell braucht, dann verlangen sie zu hohe Preise."

Wir beschlossen, vorerst unser Lager auf der kleinen, unbewohnten Insel „Little Bonaire" aufzuschlagen, die etwa zwei Kilometer vor der Bucht von Kralendijk liegt. Daß uns Herr Gezaghebber Schwierigkeiten bereitete, schien Dr. Diemond noch bedeutend mehr zu ärgern als uns selbst. Er wollte bei ihm als unser Fürsprecher auftreten.

Von Dr. Diemond begleitet, gingen wir zunächst zum venezolanischen Konsul, von dem wir die Zustimmung zu einer Segelfahrt nach Los Roches und Las Aves wollten, zwei winzig kleinen venezolanischen Inselgruppen, die etwa sechzig Kilometer von Bonaire entfernt liegen. Der Konsul war sehr nett, hatte jedoch nicht die Befugnis, uns die gewünschte Erlaubnis zu erteilen. Er riet uns, über die deutsche Botschaft in Caracas ein Gesuch an die zuständige Behörde einzureichen.

Mittags waren wir Gäste Dr. Diemonds in der Pension Hellmuth. Er zeigte uns seine eigene umfangreiche Arbeit über die Fischerei, und auch eine Neuheit für unsere Gaumen brachte dieses Zusammensein: als Vorspeise wurden kleine pergamentfarbene Gebilde serviert, die wie eingedrückte Pingpongbälle aussahen und vorzüglich schmeckten – Schildkröteneier.

Beim Herrn Gezaghebber wurde uns etwas gereizt mitgeteilt, daß wir nun doch in Bonaire bleiben dürften. Wir versorgten uns deshalb, noch immer von Doktor Diemond begleitet, mit dem notwendigen Proviant für unseren Aufenthalt auf der kleinen, unbewohnten Insel. In den Geschäften gab es wenig Auswahl, um so mehr fiel mir der große Vorrat an Nachttöpfen auf. Ich fragte Dr. Diemond, ob denn dafür hier so großer Bedarf sei.

„Ach nein“, antwortete er lächelnd, „aber es war einmal ein besonders tüchtiger Vertreter von Nachttöpfen in Kralendijk, und, wissen Sie, die Leute sind ja hier so ungeschickt und verstehen gar nichts vom Geschäft.“

Es war schon ziemlich spät am Nachmittag, als wir endlich das Notwendigste beisammenhatten. Jetzt hieß es eilen, denn wir wollten die Nacht schon auf Little Bonaire verbringen. Dr. Diemond, der über den freien Tag des guten Lehrers großzügig disponierte, übernahm die ganze Organisation: der Herr Lehrer sollte Jörg, Alfred und das Gepäck gleich zur Insel hinüberschaffen und dann erst mich abholen kommen. Inzwischen wollte er mit mir versuchen, in Kralendijk ein Ruderboot und wenn möglich einen einheimischen Jungen aufzutreiben.

Es war stockfinster, als wir auf die Insel kamen. Nach einer improvisierten Mahlzeit schliefen wir zwischen Dornengestrüpp auf unseren Gummimatratzen.

Als ich gegen sieben Uhr früh erwachte, saß Bernardo, unser neuer Diener, bereits in der Nähe auf einem Stein und harrte unserer Befehle. Als erstes übertrugen wir ihm jene Pflicht des Zeltlebens, die wir am wenigsten schätzten: das Geschirrabwaschen. Dann, auf der Frühpirsch, begleitete er uns mit dem Boot und einer Reserveharpune, wodurch unsere Jagd bedeutend vereinfacht wurde. Hatten wir einen Fisch erlegt, so reichten wir Bernardo die Harpune mit der Beute, erhielten von ihm eine andere und konnten sofort weiterjagen.

Sobald wir genügend Fische hatten, ließ ich Bernardo ein reichliches Frühstück bereiten, denn wir erwarteten einen Gast, der von der harten Arbeit sicherlich guten Appetit mitbringen würde. Mit einem großen Wasserfaß am Bug kam Dr. Diemond in einem winzigen Boot von Kralendijk herübergerudert, und wir fürchteten jeden Augenblick, daß die Nußschale in den Wellen versinken würde.

„An dem Boot des Herrn Lehrers ist ja leider etwas kaputt geworden", erklärte er uns. „Wir müssen nun eben versuchen, Ihre ganze Bagage in den zwei kleinen Bootjes zu transportieren."

Die Suche nach einem günstigen Zeltplatz führte uns auf beschwerlichem Weg um die halbe Insel, wo wir dann, nahe dem Ufer, einen großen schattenspendenden Baum fanden, der einsam aus einer trostlosen Ebene emporragte.

Little Bonaire ist ganz flach und mit niederem dornigem Gestrüpp und vielen Kakteenarten bewachsen. Die Bäume, die hier früher gestanden haben, sind im Laufe der Zeit den Kohlenbrennern und Bootsbauern von Bonaire zum Opfer gefallen. Nur in der Mitte der Insel hat sich ein struppiges Walddickicht erhalten. Dort hausten unsere einzigen Gefährten auf diesem unbewohnten Fleck Erde: wilde Esel und Ziegen, die von den wenigen Blättern der Büsche lebten und in einem Loch mit brackigem Wasser ihren Durst stillten. Nachts schreckten wir oft aus dem Schlaf, wenn solch ein wilder Esel, strotzend vor Übermut oder vielleicht von einem schlechten Traum gequält, hufeschlagend an unserem Zelt vorbeigaloppierte, und am Morgen weckte uns immer das Mäh der wilden Ziegen, die in der Nähe am Gestrüpp nagten.

Wir holten das Gepäck aus den Booten, und während ich unter dem schattigen Baum unser Zelt errichtete, schleppten Jörg und Alfred große Steinplatten heran, um daraus einen Tisch und Bänke zu bauen. Kaum war diese Arbeit beendet, eilten wir, das Revier zu erkunden. Während meine Kameraden gleich vor unserem Lagerplatz ins Meer stiegen, wanderte ich, von Dr. Diemond begleitet, zu einer entfernteren Stelle, um dort das Terrain zu sondieren.

Das Wasser war hier außerordentlich klar, und ich machte Aufnahmen von endlosen Hirschhornkorallenhecken, die, so weit unser Auge reichte, den Meeresboden überdeckten. Da sich zwischen diesen Korallen, deren Astgewirr oft mehrere Meter hoch emporragte, nur wenige größere Fische aufhielten, schwammen wir weiter ins Tiefe bis zum Abbruch.

Dieser Abbruch – eine steile Schwelle, an welcher der Meeresboden plötzlich in die Tiefe stürzt – erstreckt sich rings um Bonaire wie auch um Curaçao. An manchen Stellen liegt er dicht am Ufer, an anderen einige hundert Meter weit entfernt, überall jedoch erfolgt er in zehn bis zwölf Meter Tiefe und so plötzlich, daß man schon ein kleines Stück jenseits davon große Tiefen messen kann. Die Inseln Curaçao und Bonaire, die vulkanischen Ursprungs sind, ragen wie Türme aus der Meerestiefe empor.

An der Stelle, wo wir uns befanden, hatten sich am Abbruch Riffe großer, runder Korallenblöcke gebildet, in deren Höhlen und Spalten es viele Zackenbarsche gab. Ich tauchte und fotografierte mehrere Male, dabei machte mich Dr. Diemond auf ein Paar großer Engelsfische aufmerksam. Auf diese schwarzen Tiere mit goldigen Schuppenrändern hatte ich es besonders abgesehen, denn ich hatte noch nie einen Fisch gesehen, bei dem das Äußere so gut zu dem Gesamtcharakter paßte – nach Menschenbegriffen natürlich.

Diese schwarzen Engelsfische waren das wohlsituierte, auf Vornehmheit und gute Manier haltende Ehepaar unter den Meeresbewohnern. Sie waren stolz und verachteten ihre Umwelt, soweit sie sich nicht vor ihr fürchteten. Ihr Körper war flach und rund, und ihre Flossenbewegungen waren so, als trügen sie altmodische Kleidung.

Das Ehepaar blieb immer zusammen. Gemeinsam waren sie neugierig, gemeinsam waren sie ängstlich. Wenn etwas los war, kamen sie sofort herangeschwommen, allerdings in gemessener Haltung und auf Repräsentation bedacht. Sie trauten sich jedoch nicht allzu nahe an das „Neue“ heran, erschraken leicht und wendeten sich dann hastig zur Flucht, immer dicht beieinander bleibend. Sobald aber der erste Schrecken vorüber war, kamen sie wieder zu sich und tänzelten, als schämten sie sich der schlechten Haltung, verlegen im Wasser hin und her. Dann tanzten sie, sich selbst liebend und ihre Umwelt verachtend, weiter.

Mehrere Tage vergingen im Flug. Sobald wir uns etwas eingelebt hatten, machten wir mit unserem Taucherhelm mehrere Versuche und legten uns ein Drehbuch zurecht: morgen wollten wir mit unserer Filmarbeit beginnen. Vor dem Schlafengehen überprüfte ich die Unterwasserhülle der Kamera, verpackte die Reservefilme in einen wasserdichten Beutel und bereitete alles für den kommenden Tag vor.

Am Morgen weckten mich, wie immer, die Ziegen. Verschlafen trat ich ins Freie und blickte auf die öde, flache Insel, auf das ruhige Meer und dann auf unseren Bernardo. Er hockte unweit des Zeltes vor einem Feuer, wo er wie allmorgendlich den „Repa“ bereitete, einen Fladen aus Zuckerwasser und Mehl. Dazu klopfte er sich, während er mit unruhigen Augen auf das Kochen des Teewassers wartete, gleichmäßig auf die Schenkel, zu nichts anderem offenbar, als um einen Rhythmus zu erzeugen, den er bei jeder Verrichtung haben mußte.

Wir frühstückten und wollten eben den Taucherhelm zum Boot hinuntertragen, da zeigte Bernardo aufs Meer.

Richtig, da kam ein großes Motorboot herangefaucht und warf direkt vor unserem Zeltplatz Anker. Wir beobachteten, wie ein Mann in weißem Anzug in das Beiboot kletterte und sich von einem einheimischen Diener ans Land rudern ließ. Einige Minuten später erschien er bei unserem Zelt. Er war klein und hager, hatte einen ernsten, verkniffenen Gesichtsausdruck und schien überhaupt einer pessimistischen Weltanschauung zuzuneigen. Der Holländer begrüßte uns mit auffälliger Liebenswürdigkeit und einem Lächeln, das ihm auf dem Gesicht gefror: Mijnheer Gezaghebber wäre draußen im Boot, Mijnheer Gezaghebber wolle uns sprechen, wir möchten zu Mijnheer Gezaghebber kommen!

Der hagere Mann war mir schon von weitem wie ein Detektiv vorgekommen, und jetzt, da er uns so geschickt von unserem Zelt weglockte, wurde mir meine Ahnung zur Gewißheit. Diese Manöver kannten wir schon von Curaçao. Man wollte uns also auch hier auf der kleinen, unbewohnten Insel nachspionieren! Nun gut, wir hatten nichts dagegen, sollte sich der Mann nur ein wenig in unserem Zelt umsehen. Wir wanderten zum Strand, um Mynheer Gezaghebber unseren Besuch abzustatten.

Wir wußten übrigens, welchen Verdacht die Polizei von Curaçao gegen uns hegte. Man glaubte allen Ernstes, daß wir mit Unterseebooten geheime Zwiesprache führten.

Wir waren gespannt, was der hohe Besuch zu bedeuten hatte, und sollten es schnell erfahren. Mijnheer Gezaghebber begrüßte uns mit auffallender Herzlichkeit, erzählte uns, er sei zufällig mit Freunden hier vorbeigekommen, um zu fischen, doch man habe den Köder zu Hause vergessen, und so sei er auf die Idee gekommen, ob wir schnell einmal mit unseren Harpunen untertauchen könnten, um ihm einige Fische für den Köder zu fangen.

Aha! So wehte der Wind! Mijnheer Gezaghebber wollte uns auf die Probe stellen, ob wir denn überhaupt einen Fisch fangen könnten. Gut – er sollte einen Köder bekommen!

Als wir wieder beim Zelt anlangten, um unsere Harpunen zu holen, überraschten wir den Detektiv dabei, wie er eben die Gebüsche der näheren Umgebung eingehendst durchforschte. Er fand aber nur einige Fischköpfe, die wir hinter das Zelt geworfen hatten.

Wir gingen also auf die Jagd, um Mijnheer Gezaghebber einen Köder zu fangen. Ich wollte direkt vor unserem Zeltplatz fischen, Jörg schwamm links und Alfred rechts der Küste entlang. Der erste größere Fisch, den ich erspähte, war ein schönes, gelb-blau längsgestreiftes Tier, das die Einheimischen wegen seines leuchtend roten Gaumens „rode bekki" – also „Rotmaul" – nennen.

Dieses Rotmaul erinnerte mich in seinem Wesen an den Schattenfisch von Dalmatien; auch er war ein Träumer – eine richtige Künstlernatur. Seine Bewegungen waren sanft und harmonisch, er schien mit seinen Gedanken in anderen, schöneren Welten zu schweben. Seine Augen sahen aus, als ob ihm einmal ein großes Leid widerfahren sei, das ihn zur Verinnerlichung brachte.

Dieses schöne Tier fraß auch nicht so gierig und stürmisch wie die anderen Fische, sondern strich verträumt mit dem Maul über die Korallen hinweg. Es nahm im Vorübergehen hier einen Bissen und dort ein Maulvoll, weil es eben einmal sein mußte, doch ganz nebensächlich und durchaus graziös.

Diesen liebenswerten Gesellen sollte ich Mijnheer Gezaghebber an die Angel liefern? Ich dachte gar nicht daran! Im Weiterschwimmen blickte ich mich nach meinen beiden Kameraden um. Jörg jagte draußen im Tiefen, Alfred erwischte ich bei seiner Lieblingsbeschäftigung: er lauerte im Seichten vor einem Korallenstock. Große unförmige Korallenstöcke, die wie Labyrinthe von Gängen durchzogen wurden, waren sein bevorzugtes Jagdrevier. Vor den Ausgängen dieser Höhlen pflegte Alfred auf einen bestimmten größeren Fisch zu lauern, der in diesem Gewirr umherschwamm und ihn dort zum Narren hielt.

Paßte Alfred vor dem einen Loch, dann eilte der Fisch auf die andere Seite, und wollte ihm Alfred dort zu Leibe rücken, dann schwamm das Tier gelassen wieder zum ersten Platz zurück. Dieses Spiel fesselte Alfred so sehr, daß er darüber die ganze Welt vergessen konnte und stundenlang mit verbissenem Grimm demselben Fisch nachstellte.

Ein Blick auf den Herrn Gezaghebber, der unsere Bemühungen vom Boot aus höhnisch beobachtete, erinnerte mich an meine Aufgabe, einen Fisch zu erlegen, und ich schwamm weiter. Im tiefen Wasser verfolgte ich erst einige Hornfische und dann einen Barrakuda, doch wie es immer ist, jetzt, da ich dringend einen Fisch brauchte, wollte mir durchaus nichts gelingen. Eine halbe Stunde war schon vergangen, da hörte ich einen Schrei von den Klippen. Jörg war einige hundert Meter vom Zelt entfernt ans Ufer gestiegen und kam mit langen, weiten Sprüngen über die Klippen gesetzt, aufgeregt winkend und schreiend. Ich machte, daß ich aus dem Wasser kam. Schon war Jörg bei mir und erzählte in großer Hast und sehr aufgeregt, daß er einen schlafenden Hai entdeckt habe.

Sofort gibt es ein heftiges Durcheinander. Ich stürme zum Zelt, um die Kamera zu holen, dabei fällt mir ein, daß ich einen neuen Film einlegen muß. Jörg, der neben mir herrennt, stößt beim Laufen hervor, daß er Bernardo den Auftrag geben wird, unser Boot klarzumachen. Die Harpunenspitze werden wir an einem langen Seil befestigen, das mit seinem anderen Ende am Boot angebunden wird. So können wir den Hai, wenn wir ihn harpuniert haben, vom Boot aus ermüden und landen.

Alles geht Hals über Kopf. Bernardo stürzt ins Boot, Jörg dazu, und schließlich habe ich auch meine Kamera schußbereit. Doch nicht nur wir sind aufgeregt, sondern auch der dicke Herr Gezaghebber, der nicht verstehen kann, was plötzlich in uns gefahren ist. Er steht in seinem Boot und ruft herüber, er will wissen, was das alles bedeutet; doch wir haben keine Zeit, ihm zu antworten, wir vergessen sogar, daß Alfred nicht mit uns ist, und stoßen eilig vom Ufer ab.

Sobald wir uns der von Jörg angegebenen Stelle nähern, werden unsere Ruderschläge langsam und möglichst lautlos, damit wir ja das schlafende Tier nicht wecken.

Hier soll es sein, hier, wo das Meer vielleicht zehn Meter tief ist!

Mit übergroßer Vorsicht steigt zuerst Jörg ins Wasser, blickt forschend in die Tiefe und schwimmt dem Boot voran. Wir folgen ihm – doch plötzlich dreht er sich um, und an seinen aufgeregten Zeichen erkenne ich, daß er den schlafenden Hai wiedergefunden hat. Jetzt gleite auch ich mit der Kamera ins Wasser; das Ende der Harpunenschnur ist bereits am Boot befestigt. Jörg ist ganz ernst vor Aufregung, ganz bleich im Gesicht, denn das ist die Gelegenheit, auf die wir lange gewartet haben. Noch nie ist es uns hier gelungen, einen Hai mit der Harpune zu erlegen, und nie war ich gleichzeitig mit der Kamera dabei. Also alles, was wir schon so lange ersehnt haben, soll sich jetzt ereignen!

Jörg taucht zuerst und gibt mir ein Zeichen, ihm sofort zu folgen; die Kamera hängt schußbereit um meinen Hals, also hinab!

Wirklich und wahrhaftig, da ist der Hai! Er liegt zwischen hohen grünen Korallenblöcken auf einem lichten Sandfleck, und seine Formen zeichnen sich dunkel von dem hellen Untergrund ab. Es ist ein schönes Tier, das da schläft, sicher mehr als zwei Meter lang, denn die Art, zu der dieser Hai gehört, wird kaum größer. Er ist vollkommen bewegungslos bis auf die Kiemen, die sich langsam weiten und dann wieder verengen. So atmet er.

Ich zwinge mich mit aller Gewalt zur Ruhe, schleiche knapp hinter Jörg bis auf vier oder fünf Meter an den Hai heran und richte es so ein, daß Jörg zwischen mir und dem Hai ist, damit ich beide auf das Bild bekomme. Jörg ist jetzt bei dem Tier. Aber er sticht noch nicht. Er geht mit unwahrscheinlicher Geduld und, wie mir in diesem qualvollen Warten erscheint, mit allzu großer Vorsicht ans Werk.

Ich habe meine Augen auf den Hai gerichtet: der rührt sich nicht, er merkt nichts, er schläft. Jörg schwimmt mit kaum wahrnehmbaren Bewegungen an ihm entlang, ich weiß genau, was er vorhat: er will ihn mit der Harpune an der Stelle treffen, an der er am verwundbarsten ist, hinter der letzten Kiemenspalte. Wenn er ihn dort trifft, so geht die Harpune direkt ins Herz. Ich habe die Kamera an das Gesicht gepreßt, knipse und warte auf den großen Augenblick. Es ist ein unglaubliches Bild, das ich durch meinen Sucher betrachte: das Raubtier, das sich dunkel gegen den hellen Sand abhebt, und die leuchtend braune Gestalt Jörgs, der, den Fisch mit den Augen abtastend, jeden Muskel gespannt, vorsichtig zum Angriff heranschwimmt. Jetzt endlich ist er auf der richtigen Höhe, jetzt sticht er zu, blitzschnell und mit aller Gewalt.

Im Bruchteil einer Sekunde ist das bisher klare Wasser getrübt. In wildem Schmerz schießt der Hai mit Aufbietung aller seiner großen Kräfte davon. Wütend schlägt er das Wasser, Jörg, der die Harpune und das Seil hält, mit sich reißend. Dann windet sich der Hai um einen Korallenstock, der aber sofort in Stücke bricht, und saust in wildem Zickzack, Jörg noch immer hinter sich herschleifend, durch die Korallenstöcke weiter. Jörg, der das Seil umklammert hat, schlägt mit seinem Leib bald gegen diesen, bald gegen jenen Korallenstock und erkennt, Gott sei Dank, daß es aussichtslos ist, den Hai nach oben ziehen zu wollen, läßt los und treibt vollkommen erschöpft an die Wasseroberfläche.

Dort bin auch ich mittlerweile angelangt. Wir atmen tief ein, und unser erster Blick gilt dem Boot. Da sehen wir etwas Komisches: das Boot dreht sich plötzlich, wie von einer unsichtbaren Kraft erfaßt, herum und schießt davon. Bernardo schreit: es ist im Augenblick nicht festzustellen, ob aus Freude oder Furcht. Auf jeden Fall steht er im Boot, das bedenklich herumschaukelt und vom Haifisch davongezogen wird.

Wir folgen so schnell wir können, und da kommt auch schon das Motorboot des Herrn Gezaghebber heran. Mynheer Gezaghebber ist ganz bleich im Gesicht. Er kann sich wohl überhaupt nicht mehr erklären, was für seltsame, höchst verdächtige Dinge sich hier abspielen, er glaubt vielleicht, daß wieder ein Unterseeboot mit im Spiel ist; doch wir kümmern uns nicht um sein Geschrei, denn wir müssen jetzt schnell handeln, sonst reißt der Hai die Harpunenschnur an den scharfen Korallenbänken ab. Mit einemmal schlägt das Boot eine scharfe Kurve – Bernardo fällt dabei fast über Bord – und kommt direkt auf uns zugeschossen. Erst knapp vor uns vermindert sich die Fahrt. Schnell lange ich ins Boot und greife mein langes, scharfes Jagdmesser, denn ein Blick unter Wasser hat mir gezeigt, daß sich der Hai in beträchtlicher Tiefe – sicher mehr als vierzehn Meter – mit der Harpunenschnur in den Korallenblöcken verwickelt hat. Als ich tief Atem schöpfe, sehe ich unerwartet das bleiche Gesicht Mynheer Gezaghebbers dicht über mir. Er ist auf den ganzen unheimlichen Vorgang herangebraust, steht in seiner Körperfülle vorgebeugt im Boot und starrt mit großen Augen zu mir herab.

Ich schwinge mit einem wilden Schrei das blitzende Messer über dem Kopf, er fährt erschrocken zurück, dann nehme ich es, um besser schwimmen zu können, in den Mund und stoße in die Tiefe. Es ist ein unglaublich weiter Weg, fast fünfzehn Meter hinabzutauchen! Der Wasserdruck preßt mir die Brille schmerzhaft gegen die Augen, ich glaube den Druck in den Ohren und in der Nase kaum aushalten zu können, aber ich sehe den Hai unter mir, und das gibt mir die notwendige Kraft. Er liegt dicht bei dem Korallenstock, um den sich das Seil gewunden hat, und schlägt wild mit dem Schwanz hin und her. Endlich bin ich am Grund, doch leider kann ich nicht mehr klar sehen, denn das Wasser drückt in dieser Tiefe so stark auf die Brille, daß meine Augen zu tränen beginnen. Erst versuche ich, das Tier in den Rücken zu treffen, doch das mißlingt, denn dort ist die Haut zu dick. Instinktiv klammere ich mich mit der linken Hand an den Korallenstock, fahre mit der rechten Hand unter den Hai, presse mich mit dem Körper an seinen rauhen Rücken und stoße mehrmals von der Seite und von hinten in seine Herzgegend.

Dann, als das Blut des Haies das Wasser trübt, lasse ich ihn los und ergreife das Seil. Kaum noch in der Lage zu handeln, da ich keine Luft mehr habe, gelingt es mir doch, das Seil von den Korallenblöcken zu lösen, und jetzt erst jage ich mit heftigen Flossenschlägen zurück an die ersehnte Luft. Mit bösen Kopfschmerzen von dem Druck der Tiefe liege ich erschöpft auf dem Wasser und ruhe mich aus. Als ich die Augen öffne, sehe ich, wie Jörg und Bernardo eben den Hai ins Boot ziehen. Mijnheer Gezaghebber steht noch immer sprachlos an der Bordwand, und gleichgültig, als ob dies alles gar nichts gewesen wäre, rufe ich ihm zu:

„Ihr Köder, Mijnheer Gezaghebber!"

## *Kampf mit einer Muräne*

Am nächsten Tag, nach langwierigen, mißglückten Filmversuchen und einem entsprechend verspäteten Mittagessen, verspürte ich Lust zu einer Abendpirsch. Da Jörg und Alfred mich nicht begleiten wollten, machte ich mich allein auf den Weg. Außer Nasenklemme, Flossen und Harpune nahm ich vorsichtshalber auch die Kamera mit, um für jeden Fall gerüstet zu sein. Ich wanderte zu einer Stelle an der Nordküste der kleinen Insel, die mir Bernardo empfohlen hatte.

Nach einer halben Stunde hatte ich den Platz erreicht und mußte feststellen, daß hier der Einstieg äußerst schwierig war. Etwa zwanzig oder dreißig Meter vom Ufer erstreckt sich an diesem Küstenstrich ein großes Korallenriff, das bis zur Oberfläche emporreicht. Zwischen dem Riff und dem Ufer, an dem ich stand, war das Wasser nur dreißig bis vierzig Zentimeter tief, und den Boden überdeckten unzählige Seeigel, die unter den Wellen wie weitverzweigte dunkle Flecken aussahen. Erst nach längerem Suchen fand ich eine Stelle, wo zwischen diesen Seeigelkolonien hindurch ein schmaler, gewundener Sandstreifen zum Riff führte; hier versuchte ich mein Glück.

Die Kamera nahm ich in eine Hand, die Harpune in die andere, und die Flossen zog ich an die Füße. Sie störten mich zwar beim Gehen im seichten Wasser, doch war es ein angenehmeres Gefühl, nicht mit nackten Füßen zwischen den Seeigeln hindurchbalancieren zu müssen. Am Riff angelangt, mußte ich noch über einige breite, runde, mit glitschigen Korallentieren überdeckte Stöcke klettern, dann endlich lag tieferes Wasser vor mir.

Der Meeresboden fiel gleichmäßig ab, und etwa siebzig Meter vom Ufer entfernt kam ich an den Abbruch, wo ich nach Barschen jagen wollte. Die Landschaft unter mir war mir bereits geläufig. Auch hier gab es hohe Korallenberge, tiefe Schluchten und reiche „Vegetation“. Als erstes bemerkte ich einen kleinen Zackenbarsch von etwa zwei Kilogramm Gewicht.

Ich tauchte, doch war mir die Kamera äußerst hinderlich, die an meinem Hals hing und mir vor der Nase baumelte. Nun braucht man aber zum richtigen Untertauchen mit der langen Harpune einen freien Arm, so blieb mir nichts anderes übrig, als Harpune und Kamera beim Hinabstoßen mit derselben Hand festzuhalten.

Der Zackenbarsch, dem ich mich näherte, gehörte zu einer Art, die in ganz auffallender Weise ihre Farbe wechselt. Manchmal waren diese Tiere so lichtgrau, daß sie fast weiß emporleuchteten, dann wieder wurden sie ganz schwarz; ihre normale Färbung war bräunlich mit weißen Punkten und schmalen dunklen Streifen. Auch mein Zackenbarsch änderte seine Farbe, sobald er mich bemerkte, doch sein Liegeplatz schien ihm so gut zu gefallen, daß er sich nicht schnell genug von ihm trennen konnte. Das wurde ihm zum Verhängnis.

Ein kraftvoller Stoß, und schon zog ich den zappelnden Fisch an die Oberfläche. Dort tötete ich ihn, löste ihn von der Harpunenspitze und verwahrte ihn in dem Beutenetz, das ich am Gürtel trug.

Kurz darauf hatte ich einen zweiten Barsch von derselben Größte erlegt und überlegte gerade, ob die beiden Tiere für das Nachtmahl ausreichen würden, als ich unter mir einen Schnapper von ganz riesigen Dimensionen erblickte. Er kam mit stieren Augen zwischen den Korallen emporgeschwommen, und obwohl ich mir noch nicht ganz schlüssig war, ob ich mich an dieses mächtige Tier wagen sollte, tauchte ich ihm entgegen. Ich war allein, hatte niemanden, der mir helfen konnte, und der Fisch war unter Wasser sicherlich stärker als ich. Außerdem hatte ich die Kamera umhängen, und die beiden Fische im Beutenetz hinderten mich beim Schwimmen. Unentschlossen pirschte ich von der Seeseite an das Riff, über dem der große Schnapper stand, da jagte dieser von einem plötzlichen Schreck erfaßt davon, und vor meinen Augen erschien ganz unvermutet der Kopf eines scheußlichen, unheimlichen Wesens.

Ich muß diese Situation noch anschaulicher beschreiben: Die Sonne stand schon tief, ihre Strahlen fielen schräg auf das Wasser. Das Riff am Abbruch erschien im Gegenlicht als Silhouette und wirkte mit seinen bizarren Formen wie ein höchst gespenstischer Schattenriß. Steile, zerrissene Felsen, darauf dünne, lange Korallenarme, die sich gespenstisch krümmten und wiegten, und mitten in diesem verwunschenen Garten reckte sich aus einer Höhle der dicke Hals einer geifernden Schlange ...

Ohne lange zu überlegen, spanne ich den Körper und jage dem Untier die Harpune mitten durch den Hals.

In demselben Moment wird mir der Harpunenstock aus der Hand gerissen, und ich sehe, wie er zwischen den Korallenblöcken dahintanzt und verschwindet.

Als ich wieder oben bin und Zeit habe, zu überdenken, was sich soeben abgespielt hat, wird mir klar, mit was für einem Gegner ich mich eingelassen habe. Diese Muräne muß, nach der Dicke ihres Körpers zu schließen, mindestens ebensolang sein wie ich selbst; außerdem soll der Biß des Tieres giftig sein. Doch was ich begonnen habe, will ich auch zu Ende führen! Ich halte Ausschau und suche nach meiner Harpune. Sie liegt in etwa zehn Meter Tiefe zwischen den Korallen verklemmt, und die Harpunenschnur verschwindet in einem dunklen Loch.

Hinuntertauchend packe ich den Stock und zerre aus Leibeskräften an dem Seil; doch die Muräne hält im Loch fest. Ich jage hinauf, Luft holen, jage wieder hinunter, versuche von neuem. Ich tauche drei-, vier-, acht-, zwölf-, vielleicht zwanzigmal, zerre an der Leine, von allen Seiten, stemme mich gegen den Korallenstock, stoße mit der Harpune in das Dunkel, wo sich das Tier versteckt hält, versuche alles, was überhaupt möglich ist, und trotzdem: es gelingt mir nicht, die Muräne auch nur einen Zoll weiter hervorzubekommen.

Erschöpft muß ich ein wenig ausruhen, Die Sonne ist inzwischen tiefer gesunken, das Blau des Meeres erscheint dunkler als zuvor. Während ich raste und überlege, bemerke ich, wie sich die Landschaft unter mir bevölkert hat. Nicht weniger als fünf große und siebzehn kleine Zackenbarsche schwimmen da unten, auf einen kleinen Fleck zusammengedrängt, umher. Der Lärm hat sie aus ihren Löchern gelockt, sie sind gekommen, um Zeugen unseres Kampfes zu sein. Auch graue Schnapper und kleine Barrakudas sind da; hätte die Muräne nicht meine Harpunenspitze im Leib, so könnte ich jetzt Fische stechen, soviel ich wollte.

Doch schon tauche ich wieder und bin entschlossen: diesmal muß die Entscheidung fallen! Mit beiden Füßen stemme ich mich gegen den Korallenblock, reiße mit einem gewaltigen Ruck an der Harpune. Da taumle ich zurück, verliere für einen Moment das Gleichgewicht, denn – die Harpunenschnur ist gerissen!

Trotzdem: ich will den Kampf auf keinen Fall aufgeben! Ich muß dieses Untier zur Strecke bringen, und wenn es noch so lange dauert! Zum Glück habe ich eine Reservespitze bei mir; Ich befestige sie an der doppelt genommenen Harpunenleine, so daß sie nicht so leicht wieder abreißen kann. Dann stoße ich von neuem hinab, schwimme um den Korallenstock und spähe in die verschiedenen Höhlen. Da – in der einen glaube ich den grünlichen Leib der Muräne zu erkennen. Sofort stoße ich zu; ein scharfer Ruck – meine Vermutung war richtig! Und – wieder ist alles beim alten. Wieder liegt die Harpune vor dem Korallenstock, wieder verschwindet die Harpunenschnur in einem Loch, wenn auch in einem anderen als das letzte Mal, und wieder beginnen meine Bemühungen.

Doch eine neue Schwierigkeit! Beim Emporschwimmen habe ich durch eine ungeschickte Bewegung die Nasenklemme abgestreift. Sie ist hinuntergefallen und liegt jetzt, sicher elf Meter tief, auf einer runden Koralle. Im ersten Impuls tauche ich ihr nach, um sie zu holen, doch sofort beginnen die Schmerzen in der Stirnhöhle und steigern sich in etwa fünf Meter Tiefe so sehr, daß ich sie kaum mehr ertragen kann. Ich beiße die Zähne zusammen und zwinge mich, weiterzuschwimmen. Es muß einfach gehen.

Der ungewöhnliche Schmerz läßt zu meinem Unglück die Augen tränen; als ich unten ankomme, kann ich die Nasenklemme nur noch ganz undeutlich erkennen. Benommen und ungeschickt tappe ich hin, will nach ihr greifen und – stoße sie von der Koralle hinunter. Sie fällt noch einen Meter tiefer in eine dünne Spalte. Nun ist mir schon alles gleichgültig. Obwohl ich das Gefühl habe, daß jeden Moment im Kopf etwas platzen muß, tauche ich auch diesen Meter noch hinunter und versuche mit eiserner Geduld die Nasenklemme aus dem Spalt zu ziehen. Sie rutscht aber immer wieder zurück. Schließlich kann ich nicht mehr und jage wieder hinauf.

Ich bin erschöpft; muß auf dem Rücken liegend rasten. Soll ich nicht diesen ungleichen Kampf gegen Muräne und Tücke des Objekts aufgeben? Doch irgend etwas hält mich zurück. Ich weiß nicht, vielleicht ist es purer Eigensinn, aber ich will mich nicht geschlagen geben.

Ich schwimme in seichteres Wasser und entledige mich meiner Kamera und der beiden Fische, die mich beim Tauchen sehr gestört haben. Zu allem Überdruß fällt mit nun ein, daß ich in meinem Jagdeifer die ganze Zeit keine einzige Aufnahme gemacht und die Kamera somit nur als Ballast mit mir geschleppt habe.

Wieder an der Unglücksstelle, atme ich besonders lang und tauche neuerdings zur Nasenklemme. Diesmal halte ich mir mit der linken Hand die Nase zu und fühle daher keine Schmerzen. Doch unten angelangt, will es mir nicht gelingen, das kleine Ding aus dieser tückischen Spalte hervorzuholen. Sie ist so eng, daß ich meine Finger kaum hindurchzwängen kann. Während die Sekunden dahineilen – als Ewigkeit empfunden –, versuche ich es immer wieder, bis ich schließlich, nach einer endlosen Zeit, die Nasenklemme wirklich so weit habe, daß ich sie jetzt mit der anderen Hand ergreifen könnte. Diese hält aber die Nase zu, und ich muß erst starke Hemmungen überwinden, ehe ich loslasse und schnell zugreife.

Ich bekomme das Ding zu fassen, doch im gleichen Augenblick durchzuckt mich ein so furchtbarer Schmerz, daß ich wie verrückt zur Oberfläche emporeile. Der Druck hat diesmal allzu plötzlich gewirkt. Viel Blut strömt aus der Nase, und ich muß warten, ehe ich die Nasenklemme wieder aufsetzen kann.

Zwei Stunden lang bin ich jetzt sicherlich auf der Jagd! Ich zittere am ganzen Körper vor Kälte, und die Sonne ist schon so tief gesunken, daß mir nur wenig Zeit verbleibt. Die Jagdleidenschaft und mein Starrsinn verleihen mir unzweifelhaft bedeutend größere Kräfte, als ich normal besitze, sonst hätte ich diese Anstrengungen kaum durchhalten können.

Ich entschließe mich also zu einem letzten Versuch. Die Muräne, so überlege ich, hat sich inzwischen wahrscheinlich beruhigt, vielleicht ist es mir jetzt möglich, sie durch einen unvermuteten Ruck aus dem Loch herauszubefördern. Ich schleiche möglichst leise hinab, nehme den Harpunenstock in beide Hände, stemme die Füße gegen den Korallenblock und reiße mit einem Ruck an dem Seil.

Der Erfolg ist verblüffend!

So, als hätte sich eine Sprengladung entzündet, fliegt plötzlich der eineinhalb Meter hohe und ebenso dicke Korallenblock in viele Trümmer auseinander. Und im selben Augenblick jagt aus dem getrübten Wasser die Muräne hervor, deren gewaltige Größe ich erst jetzt erkenne. Das häßliche, schlangenförmige Tier schießt in zügelloser Kraft neben mir und unter mir hin und her, hat das drohende Maul aufgerissen und versucht, mich zu erreichen. Zu meinem Glück ist die Harpunenschnur – durch das Doppeltnehmen – kürzer geworden. Wenn ich den Harpunenstock am hinteren Ende festhalte, kann die Muräne mit ihrem Kopf nicht bis zu mir heran.

Mit schnellen Flossenschlägen strebe ich nach oben. Beide Hände umklammern den Stock, um das rasende Tier in Schach zu halten. Ich weiß, wenn es der Muräne gelingt, mich zu erreichen, dann komme ich kaum lebend ans Land. Denn das haben uns die Eingeborenen immer wieder versichert: wo sich eine Muräne einmal mit ihren giftigen Zähnen verbissen hat, dort läßt sie nicht so leicht wieder los, sondern beißt sich immer tiefer und tiefer ins Fleisch ein.

An der Oberfläche schnappe ich kurz nach Luft, und der Kampf geht weiter. Erst zieht die Muräne zur Seite, dann jagt sie in wilden Kreisen hinunter, und ich kann mich nur mit stärksten Flossenschlägen auf gleicher Höhe halten. Dann kommt sie unvermutet in Schlangenwindungen zu mir emporgeschossen; keinen Moment hält sie still!

Nur langsam gelingt es mir, sie gegen das Ufer zu ziehen, wo sich jedoch ein neues Problem vor mir auftut. Da liegen im Seichten meine Kamera und die beiden erbeuteten Fische; wie soll ich sie holen? Wenn ich hinuntertauche, kann es nur passieren, daß sich die Muräne wieder zwischen den Korallen verkriecht. Ich muß daher beim Tauchen den Harpunenstab mit einer Hand senkrecht in die Höhe halten, so daß die Muräne über mir herumschießt, und mit der anderen schnell die Kamera um den Hals hängen und das Beutenetz am Gürtel befestigen.

Auch dieses Akrobatenstück gelingt, doch jetzt beginnt erst der allerschwierigste Teil dieser beispiellosen Jagd. Als ich endlich auf das Riff hinausklettere und die schwere Muräne in das seichte Wasser hinüberschleudere, sehe ich: an dieser Stelle führt weit und breit kein Pfad durch die zahllosen Seeigel. Das Wasser vor mir ist ganz schwarz von diesen tückischen Stacheltieren, und ich habe auch nicht lange Zeit zu überlegen, denn die Sonne hat schon fast den Horizont erreicht, und ich kann nicht riskieren, mit der Muräne im Dunkel an Land zu gehen.

Ich versuche darum, mitten durch die Seeigelfelder hindurch meinen Weg zu bahnen. Hier und da finde ich kleine Stellen, wo die schwarzen Tiere weniger dicht beisammenstehen, auch kann ich sie mit den Flossen ein wenig zur Seite schieben.

Vorsichtig balanciere ich vorwärts, wobei die Muräne mit unverminderter Energie im seichten Wasser hin und her schießt. Da geschieht etwas, das für mich fast tragisch geendet hätte.

Ich steige auf eine kleine runde Koralle, rutsche an der glitschigen Oberfläche aus, verliere das Gleichgewicht und falle mitten in die Seeigel hinein. Im ersten Impuls, um das Gesicht und den Körper zu schützen, und nicht zuletzt, um die wertvolle Kamera vor dem Aufschlagen zu bewahren, halte ich die Hände vor die Brust. Ein empfindlicher Schmerz durchzuckt mich; meine Hände werden von vielen Stacheln durchbort. Doch wenigstens kann ich dadurch den Sturz so weit abfangen, daß ich nur noch mit den Beinen und dem linken Arm in das Stachelbeet hineingerate. In diesem Augenblick droht mir aber eine andere, ganz entsetzliche Gefahr!

Als ich im Wasser instinktiv die Augen aufreiße, sehe ich knapp vor meinem Gesicht das scheußliche, gefletschte Maul der Muräne!

Ich habe schon gesagt, daß ich beim Fallen die Hände vor die Brust nahm; dabei zog ich unwillkürlich den Harpunenstock näher an mich heran und hätte damit um ein Haar der wütenden Muräne die ersehnte Gelegenheit gegeben, mich, ihren Todfeind, anzufallen.

Ich habe während der Jagd in Curaçao manches Abenteuer erlebt und oft gute Geistesgegenwart bewiesen, doch diese Situation wird mir stets unvergeßlich sein. Noch immer sehe ich die kleinen tückischen Augen und das gierig aufgerissene Maul knapp vor meinem Gesicht, noch immer ist es mir erstaunlich, wie es mir gelang, die Hand mit der Harpune so blitzschnell wegzustrecken, daß die Bestie noch im letzten Moment zurückgerissen wurde.

In blinder Raserei sauste die Muräne im Kreis und bekam dabei den Eisenschaft der Harpune zu fassen, in den sie sich mit so ungezügelter Wut verbiß, daß sie sich, wie ich später feststellte, alle Zähne an dem Eisen zerbrach.

Am Ufer versuchte ich das Tier zu töten. Ich warf ihm einen großen Stein auf den Nacken und stach ihm wiederholt mit dem Messer durch den Kopf. Trotzdem peitschte der grüne, schleimige Leib noch lange mit unverminderter Kraft.

Diese Fische sind zumindest ebenso zäh wie große Schlangen, ihre Körperkraft habe ich immer wieder bewundern müssen. Ich stach einmal vom Ufer aus eine etwas kleinere Muräne mit einem Dreizack aus bestem amerikanischem

Stahl. Der Dreizack wirbelte durch das Wasser, dann riß sich die Muräne los, und als ich die Waffe wieder einholte, zeigte sich, daß das Tier die äußeren Zinken fast rechtwinkelig abgebogen hatte. Diese gewaltige Körperkraft erklärt auch, warum der große Korallenstock in Stücke flog; die Muräne hat ihn in der plötzlich aufwallenden Wut des unerwarteten Schmerzes mit ihrem Leib auseinandergesprengt.

Mit meiner großen Beute auf dem Rücken wankte ich nach Hause. Ein unbeschreiblicher Rausch des Sieges und der Kraft erfüllte mich. Meine Hände und Beine brannten zwar von den Seeigelstichen, der Kopf schmerzte, und es kam noch immer Blut aus der Nase – trotzdem hätte ich die Welt vor Seligkeit umarmen können.

So wanderte ich – Sieger nach einem dreistündigen Kampf – über die kahle Insel, die Kamera und die Zackenbarsche in der Hand, die große Schlange auf dem Rücken, und vor mir versank die Sonne im Meer mit einer unbeschreiblichen Glut, die den ganzen Himmel überlohte.

## *„Es gibt Krieg!“*

Eines Abends – wir lagen mit einem inzwischen gemieteten Segelkutter in der Nähe von Kralendijk und hatten beim Schlosser unter großen Schwierigkeiten die undichte Hülle unserer Filmkamera in Ordnung gebracht – saßen wir nach dem Abendessen noch lange an Deck.

Da – mit einemmal lösten sich lautlos aus dem Dunkel der Nacht schattenhafte Umrisse, und schon im nächsten Moment hatte ein großes Boot an unserer Seite angelegt. Zwei fremde Männer sprangen an Bord. Der eine kletterte mit einer Taschenlampe hinunter in unsere Kajüte; der andere, klein und hager, mit stechenden Augen, den ich irgendwo schon gesehen hatte, kam auf uns zu.

„Wo waren Sie den ganzen Tag?“ herrschte er uns an. Und kaum hatten wir geantwortet, so stieß er schon hervor: „Und was haben Sie dort getan?“

Wir wußten nicht, was der Mann von uns wollte, insbesondere als er sich dann an Leonardo, unseren Kapitän, wandte und mit ihm erregt in Papiamento Zwiesprache hielt. Ganz unerhört fand ich das Benehmen des anderen, der, ohne ein Wort zu sagen, unsere Kabine durchstöberte. Doch ebenso schnell, wie die beiden gekommen waren, verschwanden sie wieder, mit der knappen Weisung, daß wir uns am nächsten Tag um zwölf Uhr beim Herrn Gezaghebber einzufinden hätten.

Nach dem Verschwinden der Fremden fiel mir ein, wo ich diese stechenden Augen schon gesehen hatte; unser kleiner Besuch war Herr van de Kroef, der

Chef des Fremdlingendienstes von Curaçao, mit dem wir bei unserer Ankunft einen so erbitterten Kampf ausgefochten hatten. Leonardo erzählte uns, wie ihn der Beamte über unser Tun und Lassen ausgefragt hatte. In unsere Betrachtungen über Sinn und Zweck des nächtlichen Besuches tönte plötzlich ein Ruf vom Ufer: Dr. Diemond, unser bewährter Freund, war gekommen, und Bernardo holte ihn schnell mit dem Boot.

„Ich habe eine sehr wichtige Nachricht für Sie“, eröffnete uns Dr. Diemond, ganz bleich im Gesicht. „Die deutsche Wehrmacht ist in Polen einmarschiert!“

Das war allerdings eine unerwartete Nachricht. Deshalb war also Herr van de Kroef nach Bonaire gekommen!

„Und England und Frankreich haben doch Polen garantiert“, fuhr Dr. Diemond fort. „Wenn jetzt Krieg kommt – was wird mit Ihnen geschehen? Ob Sie dann noch nach Hause können?“

In dieser Nacht haben wir wenig geschlafen. Jagd, Film und Foto, Meereswunder und Abenteuer, alles, was uns sonst mit Begeisterung erfüllte, in diesem Augenblick erschien es unwichtig und nebensächlich. Wichtig war jetzt nur noch eines: Wie sollten wir wieder nach Hause zurückkommen?

Darauf gab es zunächst keine Antwort. Und wir wurden auch am nächsten Tag, als wir bei Herrn van de Kroef und Mijnheer Gezaghebber erschienen, nicht ermuntert in unserem Denken und Hoffen.

„Haben Sie schon von den letzten Ereignissen erfahren?“ fragte uns der Chef des Fremdlingsdienstes, und als wir nickten, fuhr er fort: „Sie werden sich jetzt jeden Tag um zwölf Uhr mittags bei Herrn Gezaghebber melden!“

Am Nachmittag, wir saßen bei Katschi, wo Dr. Diemond an seinem Schiff arbeitete, erzählte uns dieser, daß der Polizeibeamte von Curaçao gestern so wütend gewesen sei, weil er uns tagsüber nirgends gefunden hatte. Man hielt uns eben noch immer für Spione – das erklärte alles.

Der Nachmittag verging, der nächste Vormittag; wir warteten. Wir hatten nicht die Kraft, irgend etwas zu unternehmen, dachten an die Heimat, an unsere Zukunft und an den Krieg. In der Nacht hatten wir in der Pension Hellmuth am Radio Nachrichten von verschiedenen Stationen gehört, doch zu dieser Zeit war noch nichts Neues bekannt gewesen. Auch Herr Gezaghebber, bei dem wir uns um zwölf Uhr mittags wieder meldeten, wußte nichts zu berichten. Erst am Nachmittag brachte uns Dr. Diemond die aufregende Botschaft.

„Herr Hass“, rief er, „es gibt Krieg! Ich habe es soeben erfahren. England und Frankreich haben Deutschland den Krieg erklärt. Was soll nun mit Ihnen geschehen?“

Ja, was sollte jetzt wirklich mit uns geschehen?

Es blieb uns nichts übrig, als abzuwarten, und wir überdachten nun noch einmal die Lage. Die *Etna,* den Segelkutter, mußten wir natürlich sofort aufgeben.

Wenn wir unsere Schulden bezahlten, so blieben uns noch etwa zweihundert Gulden. Damit mußten wir so bescheiden wirtschaften wie nur irgend möglich. Wir beschlossen, unser Zelt in Punt Vierkant aufzuschlagen, dort konnten wir uns mit Fischen billig selbst verpflegen.

„Heute ist unser fünfzigster Jagdtag", sagte Alfred eines Morgens und ahnte nicht, daß dieses Jubiläum für ihn ein böses Ende nehmen sollte.

Wir beschlossen, weil das Wasser besonders klar war, nach unserem Besuch bei Mijnheer Gezaghebber in der Nähe des Leuchtturms von Punt Vierkant Filmaufnahmen zu machen. Alfred stieg mit dem Helm in eine äußerst romantische Korallenlandschaft hinab; er sollte filmen, wie Jörg zwischen kugelförmigen Hirnkorallen und hohen Gorgoniabüschen nach Blumenkorallen suchte. Ich saß im Boot und pumpte Luft.

Eine Weile ging alles in bester Ordnung, plötzlich setzte die Pumpe aus. Jörg war eben untergetaucht; ich war im ersten Moment so aufgeregt, daß ich überhaupt nicht wußte, was ich tun sollte. Ich pumpte mit rasender Geschwindigkeit auf und nieder, doch die Pumpe hatte jeglichen Zug verloren. Das Leder am Kolben war durch die große Hitze ausgetrocknet, und wir hatten vergessen, Reserveöl und Fett mitzunehmen. Was sollte ich tun? Ich hielt die Pumpe ins Wasser, in der flüchtigen Hoffnung, sie dadurch wieder zu dichten, natürlich ohne Erfolg. Untätig mußte ich warten, bis Jörg endlich wieder an der Oberfläche erschien.

„Jörg", brüllte ich ihm zu, „die Pumpe versagt, tauch, so schnell du kannst, hinunter, und gib Alfred ein Zeichen, sofort heraufzukommen!"

Jörg schnappte nach Luft, verschwand schon im nächsten Augenblick wieder in der Tiefe, und wieder verfloß eine qualvolle Minute. Warum kam Alfred nicht von selbst? Er mußte doch hören, daß keine Luft mehr in den Helm strömte! Und wo blieb Jörg so lange?

Endlich erschien Jörg wieder; er war ganz erschöpft.

„Der Narr will nicht kommen", stöhnte er, „ich habe alles versucht. Er hat irgendeinen blöden Fisch, den will er filmen und bleibt in aller Seelenruhe sitzen!"

Das gab mir den Rest. Wie sollte das bloß enden? Schon schrie Jörg wieder:

„Der tolle Kerl geht jetzt zurück, er will anscheinend noch den Strick erreichen. Er läuft jetzt – er springt, er hat also doch schon zuwenig Luft. Aha – jetzt wirft er den Helm ab . . . !"

Einige Augenblicke darauf erschien Alfred an der Oberfläche in vollkommen erschöpftem Zustand. Er versank sofort wieder im Wasser, wir hatten ihn aber schon gepackt und zogen ihn ins Boot. Was war bloß mit ihm geschehen? Er war totenblaß, sein Gesicht verzerrt, und er stöhnte herzzerbrechend. Es war gar kein richtiges Stöhnen, sondern ein Pfeifen, so als ob Luft aus seinem Körper herausgepreßt würde. Er wollte etwas sagen, brachte aber kein Wort hervor, preßte den Arm gegen die Brust und warf den Kopf qualvoll hin und her.

Nun hieß es schnell handeln! Jörg war zu Alfred ins Boot geklettert und bemühte sich um ihn; ich sprang ins Wasser, denn Taucherhelm und Filmkamera mußten noch heraufgebracht werden. Schon jagte ich hinunter. Auf halbem Weg bemerkte ich, daß ich meine Nasenklemme vergessen hatte, doch jetzt waren mir die Schmerzen gleichgültig.

Mit zitternden Händen schraubte ich die schweren Gewichte vom Taucherhelm, brachte eines nach dem anderen empor und zuletzt auch den schweren Helm selbst. Oben angelangt, nahm ich mir jedesmal kaum Zeit, Atem zu schöpfen, jagte gleich wieder wie ein Besessener in die Tiefe. Schließlich holte ich noch den Filmapparat, den Alfred ebenfalls auf den Grund gelegt hatte, machte den Anker frei und fiel erschöpft ins Boot.

Alfreds Schmerzen hatten noch nicht nachgelassen, doch konnte er jetzt ein wenig sprechen.

„Meine Arme – sind ganz gefühllos", stieß er hervor, „ich kann sie nicht mehr bewegen – sie sind wie aus Gummi!" Und dazwischen pfiff immer in derselben unheimlichen Weise gepreßte Luft aus seinem Mund.

Ich blickte auf Jörg; er war Mediziner, er mußte doch wissen, was mit Alfred los war! Ich sah ihn bleich und mit hastigen Schlägen gegen das Ufer rudern, da brauchte ich ihn nicht lange zu fragen, was er dachte.

Während Jörg das Boot verankerte, schleppte ich Alfred auf den Strand. Ich stützte ihn unter den Armen, er konnte fast gar nicht mehr gehen. Seine Bewegungen waren ungeschickt, und die Hände hingen ihm schlaff von den Schultern, schwangen, als wären sie aus Gummi.

Ich legte ihn auf einen Fleck Sand, wollte irgendwie helfen und wußte nicht, was ich tun sollte. Alfred sah wohl meine Angst und versuchte, um mich zu beruhigen, trotz seiner Schmerzen zu lächeln, doch daraus wurde bloß eine verzerrte Grimasse.

„Horch einmal", flüsterte er mir zu und zog meinen Kopf auf seine Brust hinab. Tatsächlich, direkt in der Herzgegend vernahm ich ein unheimliches Glucksen. Plötzlich richtete er sich von selbst wieder auf und begann, gebückt, mit zusammengebissenen Zähnen, auf und ab zu humpeln. Er bot einen traurigen Anblick.

Endlich kam mir Jörg zu Hilfe, und mit vereinten Kräften schleppten wir ihn den weiten Weg bis zum Zelt. Dort betteten wir ihn auf eine Matratze, und jetzt endlich kamen Jörgs medizinische Kenntnisse zum Vorschein.

„Wir wollen einmal etwas versuchen“, murmelte er vor sich hin und setzte sich unserem Patienten kühn auf die Brust.

„Aaaah!“ stöhnte Alfred. „bleib sitzen, so ist es viel besser.“

Nun schickte mich Jörg um ein Leintuch, und wir machten Alfred einen Preßverband, das heißt, wir wanden es ihm möglichst fest um die Brust. Diese Behandlungsweise schien seine Schmerzen bedeutend zu lindern, er verlangte etwas zu trinken. Wir brachten Tee, dann wandte sich Jörg leise an mich mit dem Auftrag, fischen zu gehen.

Jörg hatte recht, ich konnte Alfred wirklich in nichts helfen, und so ging ich, von argen Sorgen gequält, auf die Jagd nach dem Abendbrot. Ich verfolgte einige größere Fische, doch wollte mir nichts gelingen. Meine Gedanken weilten bei unserem Patienten, und ich war so nervös, daß ich immer danebenstach. Schließlich wollte ich es schon aufgeben, als mir zufällig im Seichten ein fetter Engelsfisch in die Quere kam. Ärgerlich stach ich zu – ich hatte, was ich wollte. Beim Zelt erwartete mich Jörg. Er flüsterte mir zu:

„Er schläft jetzt, es geht ihm schon besser. Er hat mir auch erzählt, wie es gekommen ist. Er sagt, beim Hinaufschwimmen hätte er noch gar nichts gespürt und erst an der Oberfläche plötzlich das Gefühl gehabt, als würde er von innen zerrissen.“

Abends kam Dr. Diemond und brachte uns Post von daheim. Er war über Alfreds Unfall sehr besorgt und erschien am nächsten Morgen wieder in aller Frühe mit dem Arzt von Bonaire. Alfred fühlte sich noch immer sehr schlecht, er hatte die ganze Nacht nicht geschlafen, der eine Arm war immer wieder gefühllos geworden, und er klagte vor allem über Schmerzen im Hals. In seiner Herzgegend gluckste es noch immer von Zeit zu Zeit in derselben unheimlichen Weise. Der Arzt untersuchte ihn sehr genau, ging dann mit Dr. Diemond und Jörg ein wenig abseits, und ich konnte an den ernsten Gesichtern erraten, wie besorgniserregend Alfreds Zustand war.

„Er muß vollkommene Ruhe halten“, hörte ich den Arzt sagen, „soll sich nach Möglichkeit überhaupt nicht bewegen, dann besteht die Hoffnung, daß er davonkommt.“

Sobald wir wieder allein waren, erfuhr ich von Jörg, daß Alfred an einer Caissonkrankheit litt, die stets auftritt, wenn der Körper allzu schnellen Druckunterschieden ausgesetzt wird. Aus dem Blut sondern sich Stickstoffbläschen ab und verursachen eine Luftembolie, die Lähmungen, aber auch den Tod zur Folge haben kann. Um dies zu verhindern, werden Taucher, die aus größerer Tiefe emporkommen, langsam „entpreßt“ und Caissonarbeiter ebenso vorsichtig und gleichmäßig wieder in normale Druckverhältnisse zurückgeschleust.

Da unser Taucherhelm nach unten zu offen ist, hatte Alfred bei seinem Aufenthalt unter Wasser Luft geatmet, die unter dem gleichen Wasserdruck stand, der auch seinen Körper zusammenpreßte. Beim schnellen Emporschwimmen hatte er in der Lunge und den Gefäßen diesen großen Innendruck bewahrt, während der äußere Gegendruck verlorenging. Dieser jähe Unterschied hatte eine Luftembolie mit teilweiser Lähmung zur Folge gehabt und erklärte auch, warum gepreßte Luft aus seinem Munde hervordrang.

In den folgenden Tagen besserte sich zwar Alfreds Zustand. Als wir jedoch den Befehl bekamen, unverzüglich nach Curaçao zurückzukehren, war der Arzt der Ansicht, daß die Überfahrt für ihn noch lebensgefährlich sei. Es bestand, wie wir wußten, noch immer keine Aussicht auf eine Heimreise, und da man uns in Curaçao bloß auf einem der im Hafen liegenden deutschen Schiffe unterbringen wollte, fuhren wir allein voraus und ließen Alfred in der Obhut eines kleinen katholischen Hospitals zurück.

In Willemstad erregte unser Aussehen allgemeine Sensation: Unsere Haare waren von Sonne und Salzwasser gebleicht, die Haut verbrannt, dazu unsere Bärte und die kurzen Hosen; wir sahen mehr denn je wie verwegene Abenteurer aus – oder eben wie Spione. Beim Fremdlingsdienst und bei der Hapag erfuhren wir, daß Ende nächsten Monats vielleicht ein italienischer Dampfer nach Europa fahren würde. Inzwischen sollten wir auf der *Vancouver* leben.

Die *Vancouver*, ein Hapagschiff von etwa fünftausend Bruttoregistertonnen, lag, mit acht anderen deutschen Schiffen zu einer Insel verbunden, in der Mitte des Schottegats, gegenüber den Ölraffinerien. Die Verbindung zwischen dieser Insel und Willemstad stellte ein Fährboot her, das vom alten, fröhlichen Mario geführt wurde.

Auch auf den Schiffen erregte unsere Ankunft großes Aufsehen. Man machte sich über unsere Bärte lustig, so daß Jörg seinen wieder abrasierte. Ich dagegen blieb standhaft, und von den vielen Namen, die man mir gab, erinnere ich mich noch besonders an „Robinson", „Balbo", „Heiliger Geist" und schließlich „Herr Studienrat".

Zwei Wochen später fuhren wir auf der *Mississippi* wieder nach Bonaire, um Alfred und das restliche Gepäck abzuholen. Am frühen Morgen legten wir im friedlichen Kralendijk an, wo uns Alfred am Pier erwartete. Er war unglaublich fett geworden und sah beruhigend aus.

„Wißt ihr, daß ich schon lange tot sein sollte?" sagte er zur Begrüßung. Wir erfuhren, daß der Arzt nach einer genauen Untersuchung Luft im Herzen und eine Blutung im Rückenmark festgestellt hatte. Im Hospital war er, als erster weißer Patient seit vielen Jahren, in jeder Hinsicht verwöhnt worden, und die dicken schwarzen Schwestern hatten ihm heimlich Liebesbriefe zugesteckt.

„Übrigens habe ich, um euch abholen zu können, ausbrechen müssen", erzählte er uns, „denn Mijnheer Gezaghebber hat mir strengstens verboten, das Hospital zu verlassen."

Nachmittags wanderte ich noch mit Jörg nach Punt Vierkant, wo wir einige Häute von Haien und Rochen als Trophäen aufbewahrt hatten. Dann nahmen wir Abschied von der Insel, vom alten Katschi und nicht zuletzt von Mijnheer Gezaghebber. Dr. Diemond begleitete uns bis zum Schiff und schärfte dem Kapitän mehrmals ein, ja recht viel Kaffee für uns zu kochen, „denn die Herren lieben viel von starke Kaffee".

Bald verschwand Bonaire hinter uns wie ein schöner Traum – ich werde ihn nie vergessen.

## *Der rettende Schrei*

Knapp vor Weihnachten übersiedelte die *Vancouver* mit zwei anderen Schiffen vom Schottegat in die Caracas-Bai. Dieser Wechsel war für uns deshalb nicht ungünstig, weil wir hier ganz in der Nähe bei den Riffen unseres ersten Zeltplatzes an der Boca jagen konnten. Für die Besatzungen der Schiffe wurde hingegen in der Caracas-Bai die Eintönigkeit des Lebens nahezu unerträglich. Die Kapitäne ließen zwar tagsüber an Deck Rost abklopfen und frisch streichen, und wenn man auf einer Seite fertig war, begann man wieder an der anderen, trotzdem litten die Seeleute unter begreiflicher Langeweile. Natürlich gab es Ausnahmen. Die Offiziere zum Beispiel segelten in den Rettungsbooten, die Ingenieure und Techniker studierten in ihren Büchern und arbeiteten an den Maschinen, ein Steward der ersten Klasse sammelte Kakteen, und unser Barbier übte Klavier und gab kleine Konzerte, doch die meisten und vor allem die richtigen Seeleute wußten durchaus nicht, was sie in der furchtbaren Hitze mit ihrer Zeit anfangen sollten.

Sogar das Baden, das zumindest eine angenehme Abkühlung bedeutet hätte, war hier unmöglich, denn bei den Schiffen gab es Haie, und am Ufer war der Aufenthalt strengstens untersagt, denn dort lagen die ängstlich behüteten Benzintanks und Ölleitungen.

Sehr eindrucksvoll verlief die Weihnachtsfeier an Bord. Unser Kapitän hatte, ich weiß nicht, woher, ein Tannenbäumchen hergezaubert, das im Licht kleiner bunter Kerzen erstrahlte. Als die alten Lieder erklangen, wich von den Männern der Druck, und für kurze Zeit zumindest waren Hitze und Langeweile vergessen, alle sprachen von der Heimat.

Nach Neujahr erlaubte es das Wetter endlich wieder, an der Nordküste zu jagen; unsere erste Unterwasserpirsch sah uns bei Boca Tabla an der Nordwestspitze von Curaçao, wo die Brandung eine große Grotte in die Uferfelsen genagt hat. Die Wellen waren an diesem Tag weniger hoch als sonst, das Wasser außerordentlich klar, und frohen Mutes schwammen wir hinaus zum Abbruch.

Bald sahen wir einen großen Zackenbarsch, der dicht neben einer Höhle stand. Um zu vermeiden, daß sich der getroffene Fisch in den Korallen verhing, banden wir die Harpunenspitze an ein längeres Seil und tauchten zu dritt gleichzeitig in die Tiefe. Im selben Moment, da Alfred dem Tier die Harpune in den Leib jagte, rissen Jörg und ich mit starkem Ruck an der Leine, und so gelang es uns tatsächlich, den zappelnden Fisch aus dem Bereich der Korallen herauszubefördern.

Ahnungslos schwammen wir mit unserer Beute empor, da sah ich, wie Jörg erstarrte. Und er hatte auch allen Grund dazu: drei Haie kamen aus verschiedenen Richtungen in haarsträubender Geschwindigkeit auf uns zugeschossen.

Wir sind später, wenn wir Beute machten, noch des öftern in gleicher Weise von Haien attackiert worden und haben die Geschwindigkeit der Tiere im Angriff auf sechzig, achtzig und vielleicht hundert Stundenkilometer geschätzt. Was es aber bedeutet, von einem Hai in so unheimlichem Tempo angegriffen zu werden, läßt sich mit Worten auch nicht annähernd schildern; das muß man selbst erlebt haben. Der Hai erscheint im Blickfeld, und im nächsten Moment ist er schon da. Die Schläge seines wild peitschenden Schwanzes sind so schnell und stark, daß man sie nicht sehen, aber deutlich unter Wasser hören kann.

In diesem Augenblick größter Gefahr ist mir im Bruchteil einer Sekunde klargeworden, wie sinnlos es ist, ein Messer als Waffe gegen Haie bei sich zu tragen. Selbst wenn es möglich gewesen wäre, das Messer noch rechtzeitig aus der Scheide zu reißen: was sollte man schon mit dieser lächerlichen Waffe gegen eine so gewaltige Bestie ausrichten können? Nein, ein Messer ist vollkommen zwecklos, und wir haben es auch in der Folgezeit meist zu Hause gelassen. Wenn der Hai attackiert, kommt er wie ein Blitz, vollendet im Vorbeischießen sein blutiges Handwerk und ist mit seiner Beute schon im nächsten Augenblick wieder verschwunden, gleichgültig, was man mit dem Messer tut.

Die Haie kamen auf uns zugerast, für einen Augenblick waren wir keiner Bewegung mächtig, dann schrie einer von uns vor Schrecken ins Wasser. Keiner von uns konnte sich später erinnern, wer es eigentlich war, doch einer stieß zum Glück mit einem schrillen Ton Luft ins Wasser aus, und das hatte eine erstaunliche Wirkung. Wie von einer höheren Macht zurückgepeitscht, riß es die drei Haie noch im letzten Augenblick vor uns herum, und sie jagten ebenso schnell davon, wie sie gekommen waren.

Einer der Haie, ein Bursche mit lichten Längsstreifen, schien sich nach dem ersten Schrecken seiner Angst zu schämen, denn kaum dreißig Meter von uns entfernt machte er wieder kehrt und setzte zu einem zweiten, noch wütenderen Angriff an. Jetzt aber brüllten wir zu dritt im Chor. Und diesmal warf es ihn buchstäblich zur Seite, er raste davon, und wir haben ihn nicht mehr gesehen.

Atemlos, vollkommen erschöpft erreichten wir wieder die Oberfläche und wußten, daß wir unsere gesunden Glieder nur einem Zufall verdankten. Die gütige Vorsehung hatte uns im Augenblick großer Gefahr die einzige Waffe finden lassen, die man unter Wasser gegen einen attackierenden Hai hat: man muß ihn anschreien!

Dieses Mittel hat sich auch in der Folgezeit glänzend bewährt, und wir haben uns mit größtem Interesse zwei Problemen gewidmet: Warum kommen Haie so plötzlich herangeschossen, wenn man einen Fisch harpuniert hat? Und warum erschreckt sie der menschliche Schrei? Durch verschiedene Versuche haben wir herausgefunden, daß es auf diese beiden Fragen aller Wahrscheinlichkeit nach eine gemeinsame Antwort gibt, die ich nun etwas ausführlicher erläutern will.

Ich habe schon darauf hingewiesen, daß Bewegungen im Wasser Geräusche, also Schallwellen, hervorrufen. Starke Bewegungen, wie zum Beispiel das Rauschen der Brandung oder das Surren einer Schiffsschraube, aber auch schon der schnelle Flossenschlag eines größeren Fisches, sind sogar dem menschlichen Ohr vernehmbar, das doch sicherlich einer Funktion unter Wasser nicht angepaßt ist. Fische besitzen nun aber für solche Geräusche ein ganz bedeutend feineres Hörvermögen als der Mensch.

Wie empfindlich Fische Schwingungen im Wasser wahrnehmen, hatten wir bereits bei der Unterwasserjagd deutlich beobachten können. Jede etwas zu schnelle oder unharmonische Schwimmbewegung beim Anpirschen warnte und erschreckte den Fisch auch dann, wenn er den Angreifer optisch nicht wahrnehmen konnte. Dies bewies uns, daß der Fisch Bewegungen im Wasser nicht nur empfindet, sondern auch ihre Bedeutung versteht, d. h. also, daß er Schlüsse aus der Art der Schwingungen im Wasser zieht.

Warum kam nun der Hai heran, wenn ein Fisch harpuniert wurde? Der Volksmund meint, daß der Hai durch das Blut des verwundeten Fisches herbeigelockt würde. Das war in unserem Fall unmöglich, weil der Hai immer schon im nächsten Augenblick kam, und zwar aus so großer Distanz, daß wir ihn vorher nirgends erblickt hatten. Blut war also noch kaum aus dem Fisch ausgetreten, und es ist ganz undenkbar, daß der Geruch einer so geringen Menge auf größere Entfernungen im Bruchteil von Sekunden wahrnehmbar sein sollte.

Nein, nicht durch das Blut wurde der Hai herangelockt, sondern durch die Flossenschläge des verletzten Fisches, dessen waren wir gewiß; durch die besondere Art also, mit der ein harpunierter Fisch mit seinen Flossen schlug. Ein Beweis dafür war die Tatsache, daß Haie bekanntlich auch dann herankommen, wenn ein größerer Fisch an der Angel hängt und somit überhaupt nicht blutet.

Es hat mich nun vorerst die Frage interessiert: Werden Haie durch den Lärm der Flossenschläge an und für sich herangelockt, oder können sie die Schwingungen im Wasser auf große Entfernung deuten und verstehen? Stürmt also der

Zu Beginn meiner Tauchtätigkeit (1937–1940) gab es noch keine Tauchmasken; wir verwendeten wasserdichte Brillen, wie sie für Perlentaucher hergestellt wurden. Die erste Hülle für eine Fotokamera ließ ich von einem Wiener Kunstschlosser anfertigen.

Unsere ersten Erfahrungen mit tropischen Haien machten wir 1939 im Karibischen Meer. Die Tiere erwiesen sich als längst nicht so angriffslustig, wie behauptet wurde. Durch direktes Anschwimmen konnten wir sie verjagen. Allerdings, als wir größere Fische harpunierten, kamen Haie in großer Geschwindigkeit auf uns zu (linke Seite). Durch Zufall fanden wir heraus, daß wir sie durch einen unter Wasser ausgestoßenen Schrei abschrecken konnten. Diese „Waffe“ hat sich dann auch in anderen Meeren bewährt und hat unter anderem drei deutschen Seeleuten, die 1943 vor der Westküste Afrikas trieben, das Leben gerettet.

*Oben:* Für Filmaufnahmen verwendete ich zunächst ein Stativ; später lernte ich, auch freischwimmend die Kamera ruhig zu halten. *Rechte Seite:* Die 1,8 Meter lange Muräne, mit der ich zwei Stunden lang kämpfte. In jenen Tagen war die Unterwasserjagd noch fair. Mit dem Handspeer ist es recht schwierig, Fische zu überlisten. Die heute verwendeten Schleudern dagegen lassen den Fischen kaum eine Chance.

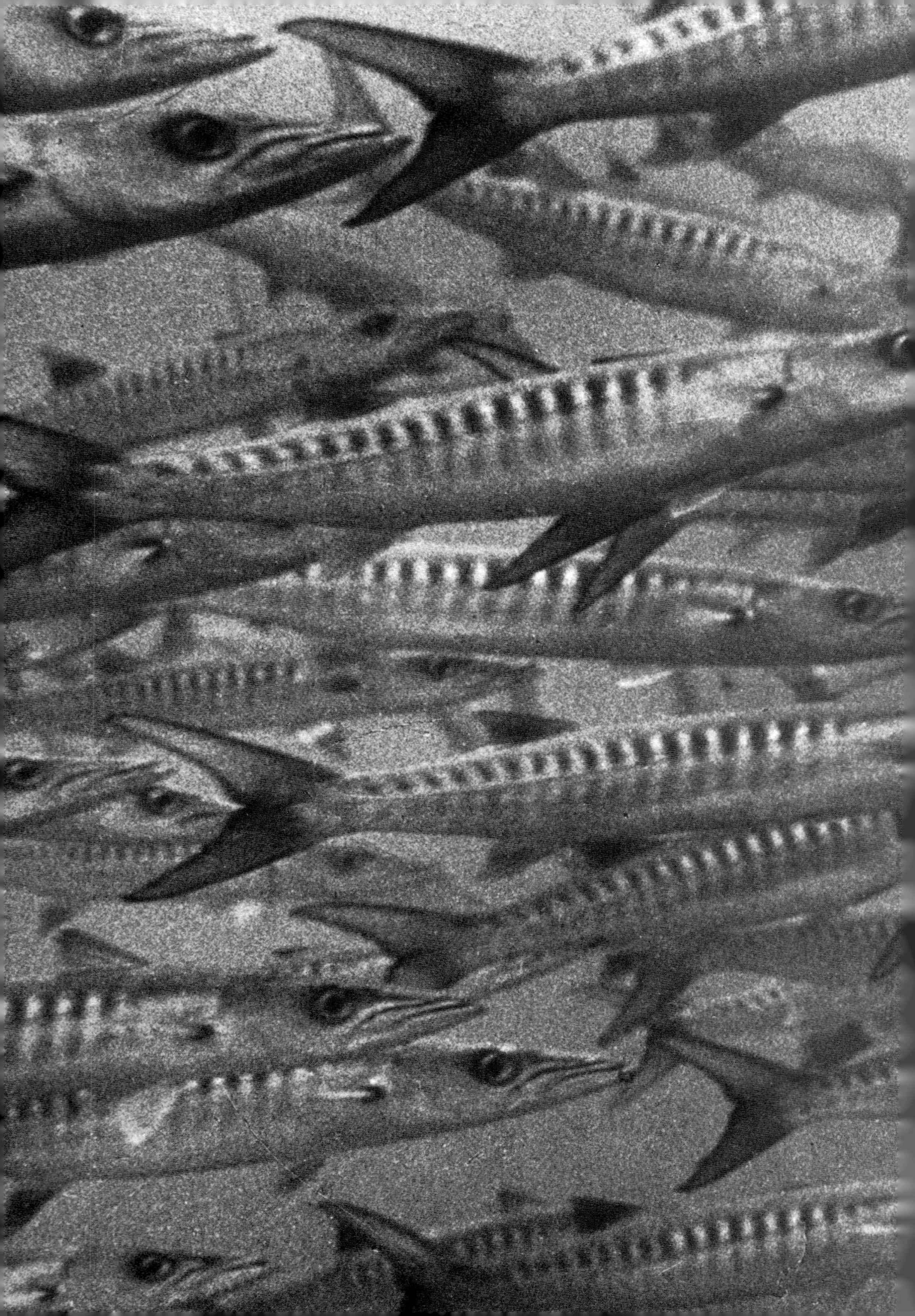

Bei den Malediven entdeckten wir pflanzenhaft am Ort festsitzende Fische, die sich, als wir uns näherten, in den Sand zurückzogen. Wir postierten eine Unterwasserfernsehkamera neben den Löchern und konnten auf einer nahe gelegenen Insel am Bildschirm das Verhalten dieser damals noch unbekannten „Röhrenaale" (Xarifania hassi) studieren.
*Vorhergehende Seite:* Ein Schwarm von Barrakudas. Auch ihre Gefährlichkeit und Angriffslust wird – wie jene der Haie – überschätzt.

Hai heran, weil er schon weiß, daß sich hier ein bestimmter Fisch in Not befindet und er ihn zur Beute will, oder lockt ihn der bloße Lärm zur Stelle?

Um dies herauszufinden, tauchte ich in Gegenden, wo wir viele Haie wußten, in die Tiefe und machte dort mit meinen eigenen Gummiflossen möglichst starke und schnelle Bewegungen. Meine Flossenschläge waren sicher nicht minder stark als die eines kleineren verletzten Fisches, trotzdem gelang es mir nicht, auf diese Weise Haie heranzulocken. Dagegen erschienen sie sofort, wenn wir einen Fisch harpunierten. Das führte uns zur Vermutung, daß Haie eben zwischen meinen ihnen fremden und nichtssagenden Flossenschlägen und denen eines getroffenen Fisches unterscheiden konnten.

Ähnliches haben wir übrigens auch bei Jacks und verschiedenen Makrelenarten beobachtet, doch braucht man gar nicht so weit zu suchen, um diese Vermutung bestätigt zu finden. Der Fischer nimmt einen kleinen Fisch und spießt das lebende Tier als Köder an den Angelhaken. Hofft er, daß zufällig ein Hecht oder ein anderer Raubfisch vorüberkommt, oder liegt nicht doch vielleicht eine tiefere Bedeutung in der Verwendung eines lebenden Köders?

Ich bin überzeugt, daß auch hier meine Vermutung zutrifft, denn Hechte schwimmen gewöhnlich nicht spazieren, sondern lauern irgendwo, ruhig am Grund stehend. Es sind eben auch hier die Flossenschläge des unglücklichen Köderfisches, die das Raubtier heranlocken. Dieser kleine Fisch hat durch die Marter, der er ausgesetzt ist, schrecklichste Schmerzen zu erleiden und befindet sich in Todesangst; er schlägt daher in seiner Not und Verzweiflung mit den Flossen in einer ganz ungewöhnlichen Art, die der Hecht schon von weitem versteht.

Ich bin auf Grund dieser und anderer Beobachtungen und Überlegungen und auch rein gefühlsmäßig immer mehr zu der Überzeugung gelangt, daß Fische weder stumm noch taub sind. Auch sie verständigen sich – durch das Schwingen ihrer Flossen.

Fischpärchen sind oft dicht nebeneinander zu sehen, wie sie auf einer Stelle verharren oder sich umgaukeln, ohne sich zu berühren, und mit unendlich feinen und schnellen Bewegungen ihre Flossen schwingen. Das ist zweifellos ein Liebesgeflüster.

Die ganz ungewöhnlich feine Empfindsamkeit des Haies, die es ihm ermöglicht, Flossenschläge auf mehr als siebzig Meter Entfernung wahrzunehmen und zu verstehen, erklärt aber auch, warum ihn das Anschreien so sehr erschreckte. Denn im Vergleich zu dem Geräusch, das ein Flossenschlag in weiter Ferne verursachte, mußten die durch einen menschlichen Schrei in nächster Nähe erzeugten Schallwellen wie ein Donnerschlag auf seine empfindlichen Organe wirken.

Mit jedem Tag rückte die Stunde unserer Abreise näher, und noch immer lag meine Kiste voll unbelichteter Sechzehn-Millimeter-Kinofilme im Kühlraum der *Vancouver*. Seit Alfreds Unglück beim Leuchtturm von Punt Vierkant hatten wir keine Filmaufnahmen mehr gedreht, weil uns das ohne Boot und Leute unmöglich schien. Da ich nun aber meine Filme keinesfalls ungenützt wieder nach Hause bringen wollte, sann ich darüber nach, wie ich ohne Taucherhelm auf dem Meeresgrund filmen könnte.

Meine ersten Versuche, die auf ein Stativ montierte Kamera in schönen Korallenlandschaften am Grund aufzustellen und das Filmband ablaufen zu lassen, sobald ein Fisch vorbeischwamm, erwiesen sich als äußerst mühsam. Ich hatte nur wenig Erfolg, kam aber auf eine andere Idee, die sich dann glänzend bewährt hat. Warum sollte es nicht möglich sein, unter Wasser schwimmend aus freier Hand Filmaufnahmen zu machen?

Die Hauptschwierigkeit bestand darin, daß ich erst lernen mußte, die Kamera trotz der Wellen so absolut ruhig zu halten, wie es bei Filmaufnahmen erforderlich ist, um ein späteres Schwanken des Bildes auf der Leinwand zu verhindern. Mit Feuereifer machte ich mich an diese neue Aufgabe, und es gelang mir tatsächlich noch in den letzten Wochen, sehr befriedigende Aufnahmen der meisten Küstenfische von Curaçao zu drehen.

Unser letzter Sonntag in der Bucht von Plow wird mir immer in Erinnerung bleiben, weil er für Jörg so tragisch geendet hat. Er begann mit einer freudigen Überraschung, denn unerwartet erschien unser lieber Dr. Diemond, der kürzlich mit seinem neuen Boot *Dolfin* von Bonaire herübergesegelt war.

„In Bonaire", erzählte er uns, „ist ja alles beim alten geblieben. Die Leute sprechen noch immer von Ihnen. Mijnheer Gezaghebber ist versetzt worden, darüber freuen sich alle Leute. Der alte Katschi läßt Sie vielmals grüßen, er ist ja immer noch so faul. Er hat das ganze Geld für meinen *Dolfin* gleich in Schnaps angelegt. Die Leute sind jetzt wieder ganz arm und bauen an einem anderen Boot."

Am Vormittag wurde mit mehreren Helmen in der Bucht getaucht. Auch Alfred, der sein Unglück schon längst wieder vergessen hatte, stieg frischfröhlich auf den Meeresboden, und ich fotografierte und filmte ihn beim Absägen einer besonders schönen Koralle, die wir später samt Unterwasserfoto und Autogramm für fünfzehn Dollar an einen Amerikaner verkauften.

Zu Mittag ruhten wir gemütlich im Schatten einiger hoher Bäume, und Doktor Diemond kochte uns zuliebe eine „Awa di playa", eine Fischsuppe, die uns schon auf Little Bonaire herrlich gemundet hatte.

Am Nachmittag wollten wir ein Rudel von Jacks filmen und jagen, die wir an einer bestimmten Stelle unweit der Bucht am Abbruch „stationiert“ wußten; dabei ereignete sich Jörgs tragischer Unfall. In zwei Gruppen geteilt, schwammen wir die Küste entlang; ich hielt mich mit Dr. Diemond nahe am Ufer, denn ich wollte ihm unterwegs einen kleinen fadenschwänzigen Schoppfisch zeigen, von dessen Art ich auf der ganzen Insel nur dieses eine Exemplar entdeckt hatte. Die anderen, Jörg, Alfred und einige Freunde Dr. Diemonds, schwammen im tieferen Wasser längs des Abbruchs.

Zunächst begegneten wir im Seichten einem seltenen Hogfisch mit großem Schweinemaul, dann zierlichen Schmetterlingsfischen und silbrigen Barben, von denen ich sowohl fotografische als auch Filmaufnahmen machte. Um für jeden Fall gerüstet zu sein, hatte ich diesmal Foto- und Filmkamera umhängen, wobei ich eine interessante Beobachtung machte. Während der ersten Zeit in Curaçao, das wußte ich noch genau, war die Unterwasserkamera für mich so schwer gewesen, daß mir im Wasser, auch wenn ich tief eingeatmet hatte, nur ganz wenig Auftrieb blieb. Jetzt dagegen konnte ich bei vollgefüllten Lungen Foto- und Filmkamera tragen und blieb trotzdem leichter als Wasser. Wenig wahrscheinlich war, daß sich das spezifische Gewicht meines Körpers verringert haben sollte; ich vermutete daher, daß sich offenbar in den vergangenen Monaten mein Lungeninhalt vergrößert hatte, was auch nicht weiter verwunderlich war, wenn ich bedachte, mit welcher Gewalt wir uns jedesmal beim Tauchen die Lungen vollpumpten.

„Eine Tapa-tapa!“ rief Dr. Diemond und zeigte auf eine kleine, blaugemusterte Scholle, die knapp über dem Grund herangeglitten kam. Der flache, runde Fisch schwamm wie alle Schollen mit der einen Seite dem Boden zugekehrt, und auch bei ihm war aus diesem Grunde mit der Zeit das Auge von der Unterseite über die Stirn nach oben gewandert. Die beiden dicht nebeneinanderstehenden und nach der gleichen Richtung blickenden Augen ermöglichen es den Schollen, im Gegensatz zu vielen anderen Fischen, plastisch zu sehen. Sie bemerkten, wie wir deutlich beobachteten, unser Näherkommen auch dann, wenn es vollkommen bewegungslos durchgeführt wurde.

Auch sonst zeigt die Tapa-tapa wenig Symmetrie, denn während die Unterseite farblos und weiß ist, erscheint die Oberseite, die ihre Farbe schnell wechseln kann, meist durch blaue Muster prächtig geziert. Erschreckt man eine Tapa-tapa, dann wühlt sie sich blitzschnell und so geschickt unter den Sand, daß man, sobald sich das Wasser wieder geklärt hat, nicht einmal an den Konturen erkennt, wo sie versteckt liegt.

„Diese Tapa-tapa“, erzählte mir Dr. Diemond beim Weiterschwimmen, „nennen die Fischer in Bonaire ‚Sobra de dios‘, ‚was Gott übrigließ‘. Weil nämlich der Fisch nur auf einer Seite Farbe hat und wie ein halber Fisch aussieht, erzählen sie, Gott habe die Hälfte davon gegessen und die andere Hälfte wieder weggeworfen, weil sie zuviel Gräten hatte. Diese Hälfte hat dann weitergelebt und ist die Tapa-tapa."

Dr. Diemond hatte kaum zu Ende gesprochen, als sich etwas Unerwartetes ereignete. Ein großer, dunkler Schatten, wohl vier Meter lang, löste sich aus der Ferne – ein gewaltiges Tier kam uns seitlich entgegengeschwommen. Der Kopf dieses Ungetüms hatte eine seltsam verwachsene Form; er glich einem breiten, flachen Hammer, und an den Außenenden dieses Gebildes saßen kleine, böse Augen. Eine hohe Rückenfinne ragte steil empor, eine mächtige, halbmondförmige Schwanzflosse schlug das Wasser, und ich brauchte nicht viel Zeit, um zu begreifen, was für ein Riese hier im seichten Wasser herangeschwommen kam. Es war ein Hammerhai, den die Eingeborenen noch mehr fürchteten als den Tigerhai.

Ich packte Dr. Diemond, der in die entgegengesetzte Richtung blickte, am Arm, riß ihn herum. Dann konnte ich mich einen Augenblick lang nicht entschließen: sollte ich den Hammerhai fotografieren oder filmen? Nach einer Sekunde des Zögerns tauchte ich senkrecht, legte die Fotokamera auf den Grund und filmte den Hai, wie er, ohne uns eines Blickes zu würdigen, mit majestätischen Bewegungen in kaum zehn Meter Entfernung an uns vorüberzog. Das Wasser war an dieser Stelle nicht einmal drei Meter tief. Die hohe Rückenfinne des Hammerhais und sein dicker Leib wirkten so gewaltig, daß er den Raum zwischen Meeresboden und Oberfläche vollkommen auszufüllen schien.

Die Filmkamera heulte in Zeitlupe, bis der Film zu Ende war; dann, ohne erst Atem zu schöpfen, tauchte ich wieder auf den Grund, vertauschte die beiden Kameras und versuchte, den Hammerhai auch noch zu fotografieren. Leider war es zu spät, denn das mächtige Tier war schon weit entfernt und wandte sich eben gegen das offene Meer, direkt auf die Stelle zu, an der sich unsere Freunde befanden.

Dr. Diemond schien durch den Anblick des Hais immer noch erstarrt, doch nicht etwa aus Furcht, sondern weil auch ihn die Stärke des gewaltigen Tieres gefangennahm. „Was für ein herrliches Tier", murmelte er, als ich zur Oberfläche kam; doch ich hatte keine Zeit, ihm zu antworten, denn ich mußte meine Freunde vor dem Hammerhai warnen.

Mit allen Kräften brüllte ich über das Wasser, da erhob sich draußen ein wildes, aufgeregtes Geschrei. Ich konnte nicht verstehen, was man rief, doch der Ton der Stimmen und auch mein Gefühl sagten mir, daß dort ein Unglück geschehen war.

In arger Besorgnis schwamm ich, so schnell ich konnte, gegen den Abbruch und versuchte, zwischen den Wellen die Köpfe meiner Freunde zu zählen, die mir eilig entgegenkamen. Allen voran schwamm Jörg mit hastigen Kraulschlägen; ihm folgten die andern, aufgeregt hin und her rufend. Was mochte geschehen sein?

Endlich kam Jörg unter Wasser in meine Sehweite; ein Stein fiel mir vom Herzen – alle seine Glieder waren noch vorhanden. Trotzdem schwamm er bleich und keuchend mit hastigen Flossenschlägen gegen das Ufer. Als wir einander begegneten, hielt er kaum inne, sondern rief mir im Vorbeischwimmen mit einer Stimme, die möglichst leicht klingen sollte, zu:

„Mir ist eben das Trommelfell geplatzt!"

Da war auch schon Alfred und erzählte mir, daß sie den Hammerhai überhaupt nicht gesehen hätten.

„Jörg war vollkommen verrückt", stieß er hervor, während wir Jörg zum Ufer folgten. „Wir schwammen draußen am Abbruch, da erscheint ganz tief unten diese seltene Pompano-Art mit den langen Fäden an der Rückenflosse. Schon taucht Jörg mit wahnsinniger Geschwindigkeit hinunter. Er hat mit den Beinen so wild geschlagen, daß man die Flossen gar nicht mehr sehen konnte. Der Fisch bemerkt ihn natürlich und flüchtet den Abbruch hinab ins Tiefe – und Jörg ihm nach!

Schließlich haben wir ihn fast ganz aus den Augen verloren. Endlich kam er wieder herauf, und mir fällt sofort auf, wie merkwürdig er schwimmt. Denn er schwamm nicht gerade, sondern schief, einmal nach rechts und dann wieder nach links, dann blickte er herauf, schwamm nun wieder ein Stück gerade, verlor aber gleich wieder die Richtung. Endlich war er oben und hat uns nur gesagt, daß ihm das linke Trommelfell mit einem starken Knall zerplatzt ist. Daraufhin hat er vollkommen die Orientierung verloren."

Wir haben später an der betreffenden Stelle genau nachgelotet: Jörg ist siebzehndreiviertel Meter tief getaucht, eine Leistung, zu deren richtigem Verständnis man wissen muß, daß in dieser Tiefe ein ebenso starker Druck herrscht wie in einem vollgepumpten Autoreifen.

Als wir das Ufer erreichten, stieg Jörg in den Wagen des Herrn Jonghoudt, der ihn nach Willemstad zu einem Arzt führte. Armer Jörg, dachte ich mir, das ist das Ende deiner Karriere unter Wasser! Aber es kam anders. Jörg konnte freilich in Curaçao nicht mehr tauchen, doch als wir einige Monate später die Unterwassergärten Kaliforniens durchforschten, war das Trommelfell vollkommen zugeheilt, und Jörg tauchte wieder mit gleicher Begeisterung, wenn auch etwas vorsichtiger als zuvor.

Aufregend bis zum letzten Tag ging unsere Expedition zu Ende, und es kam die Stunde der Abreise, die wir in den langen Monaten vorbereitet hatten. Schweren Herzens trennten wir uns von unseren lieben Freunden, deren Güte und Hilfsbereitschaft uns in unvergeßlicher Erinnerung bleiben wird, und von der kahlen Felsinsel selbst, die uns zur zweiten Heimat geworden war. Unser Abschied wurde dadurch etwas beeinträchtigt, daß uns die amerikanische Schiffahrtsgesellschaft Grace-Line, mit deren *St. Paula* wir nach New York fahren wollten, noch in letzter Stunde die größten Schwierigkeiten in den Weg legte. Eine seltsame Ironie des Schicksals wollte es, daß uns bei diesen Kämpfen Herr van de Kroef, der Chef des Fremdlingendienstes, als mächtiger Helfer zur Seite stand. Er, dem wir soviel Kopfzerbrechen bereitet hatten, konnte schon lange nicht erwarten, uns endlich außer Reichweite seiner Benzintanks zu wissen, und ich erinnere mich noch gut, mit welchem verschmitzten Grinsen wir ihn beobachteten, als er in endlosen Telefongesprächen die Vertreter der Grace-Line zu überreden suchte und schließlich selbst jegliche Verantwortung für uns übernahm, die verlangt wurde.

Bevor jedoch Curaçao mit seinen Korallenbänken und Haifischen hinter uns im Dunst der Ferne entschwinden soll, will ich noch von einem Erlebnis an der Nordküste erzählen, das sich kurz vor Jörgs Unfall abspielte und den Höhepunkt unserer Abenteuer mit Haien bedeutete.

Ich wollte Zeitlupenaufnahmen von Haien machen, in der Erwartung, daß wir dafür in Amerika wahrscheinlich viel Geld bekommen würden. Haie waren ja bisher noch nie in freier Wildbahn fotografiert und gefilmt worden. Für diesen Zweck schien uns Ascencion, eine Sandbucht an der Nordküste, der richtige Platz, weil es dort, wie wir erfahren hatten, ungewöhnlich viele Haie gab.

Der Tag war ausnahmsweise ruhig, die See klar und weniger hoch als sonst; alle Voraussetzungen für einen Erfolg schienen somit gegeben. Um so mehr enttäuscht waren wir, als wir draußen am Abbruch weit und breit keine größeren Fische entdeckten. Nicht einmal Zackenbarsche gab es, sondern nur vereinzelte schwarze Hornfische und blauschillernde Makrelen. Doch wir wußten ein gutes Mittel, um diese ausgestorbene Gegend zu beleben: Jörg soll einen beliebigen Fisch schießen; die erschreckten Flossenbewegungen des getroffenen Tieres werden die Haie schon heranrufen!

So geschieht es auch. Jörg harpuniert eine kleine Makrele, die zufällig vorbeischwimmt, und er hat die Wasseroberfläche noch nicht erreicht, als schon drei Haie in unserem Blickfeld erscheinen. Der eine hält sich noch etwas abseits, die zwei anderen grauen Burschen kommen unglaublich schnell herangeschossen und umkreisen in elegantem Schwung Jörg und seine Beute. Der eine von ihnen versucht sogar frech, nach der zappelnden Makrele zu schnappen, doch Jörg reißt ihm den Fisch vor der Nase weg und schreit die beiden Haie grell an, so daß sie mit erschreckten Flossenschlägen die Flucht ergreifen. Das Ganze hat sich so schnell abgespielt, daß ich keine Zeit fand, zu tauchen und die Kamera in Anschlag zu bringen.

Auch der dritte Hai ist davon, und ich ärgere mich schon, daß Jörg geschrien hat, da sehe ich einen ganz großen, grau gefärbten Schaufelnasenhai, der langsam über den Boden herangeschwommen kommt. Er ist sicherlich über vier Meter lang, jedoch nicht zu fürchten, denn diese Haiart hält sich stets nahe dem Grund und hat uns nie angegriffen.

Der heranschwimmende Hai hat jedoch etwas Besonderes, das mich jede Vorsicht vergessen und die Kamera hochreißen läßt. Dicht neben der Rückenfinne, wo sonst der Pilotenfisch seinen Lieblingsplatz hat, schwimmt ein etwa vier Kilogramm schwerer Pompano, ein grauer Fisch mit Hakennase, der in der Jugend dunkle Querstreifen und überaus lange schwarze Flossenspitzen hat, die er dann später verliert. Dieser Pompano schwimmt nun aus mir unbegreiflichen Gründen knapp über dem Hai und boxt den Riesen immer wieder mit seinem Kopf in den Rücken. Der Hai bleibt dabei gleichgültig und nimmt von der eigentümlichen Belästigung keine Notiz.

Dieser unerklärliche Vorgang fesselt mich dermaßen, daß ich vergesse, wie gefährlich die Gegend ist, in der wir uns befinden, und daß man sich an der Nordküste immer von Zeit zu Zeit umsehen soll. Mit dem einzigen Gedanken, diesen verrückten Pompano zu filmen, stoße ich hinunter. Doch im gleichen Augenblick, als ich die Kamera ans Auge hebe, höre ich einen schrillen Schrei, fühle gleichzeitig einen starken Schlag auf Oberschenkel und Hüfte, der mich zur Seite schleudert, und sehe für einen kurzen Moment zwei undeutliche gestreifte Schatten, die, einander blitzschnell folgend, schon in den nächsten Sekunden wieder in der Ferne verschwunden sind.

Der Vorgang war so schnell vorbei, daß ich nicht einmal Zeit fand, zu erschrecken. Ich tauchte wieder auf, mit der Absicht, Jörg und Alfred im Spaß zu sagen, wie unglaublich intim doch diese Haie seien; aber die Worte blieben mir im Hals stecken, als ich die Gesichter der beiden sah. Bleich, wie ich sie noch nie vorher gesehen hatte, starrten sie nach mir, und ich merkte, daß sie vorläufig nicht erzählen, sondern nur möglichst schnell aus dem Wasser heraus wollten.

Erst am Ufer erfuhr ich dann, in welcher Gefahr ich mich befunden hatte. Während ich mit meiner Kamera beschäftigt gewesen war, hatten Jörg und Alfred zufällig noch im letzten Augenblick die zwei Tigerhaie bemerkt, die in unerhörter Geschwindigkeit direkt auf mich zugerast waren, und geistesgegenwärtig ins Wasser geschrien. Jörg und Alfred behaupten steif und fest, der vordere, größere Hai habe sich bereits seitlich gedreht, das Maul weit aufgerissen und sei direkt auf mein linkes Bein losgeschossen. Der Schrei aus beiden Kehlen hat den Tigerhai noch im letzten Moment erschreckt und abgelenkt, so daß er mich bloß im Vorbeischwimmen mit seinem Schwanz getroffen hat. Seit diesem Tag gehört mein linkes Bein nicht mehr mir selbst, sondern Jörg und Alfred, die es gerettet haben, je zur Hälfte.

Durch die Vereinigten Staaten, über Hawaii, Japan und quer durch Rußland, mit der Transsibirischen Bahn, kehrten wir nach Wien zurück. Hier war vom Krieg noch nicht viel zu spüren, und wir wurden alle drei zunächst – für unser jeweiliges Studium – freigestellt.

Ich inskribierte zuerst Jus, faßte aber bald den schwerwiegenden Entschluß, auf Biologie umzusatteln. Was ich als Sport und Abenteuer begonnen hatte, eröffnete – davon war ich überzeugt – der Meeresforschung weite Möglichkeiten. Bisher kannte man die Meerestiere nur aus Aquarien und wußte über ihr Verhalten und ihre Lebensweise nur wenig. In einem Skaphander oder einem Taucherhelm war man für Beobachtungen viel zu plump. Der freitauchende Mensch dagegen kommt mit den Tieren in unmittelbare Berührung. Er lernt sie kennen, wie sie wirklich sind. Was mir fehlte, war ein Atemgerät, mit dem ich längere Zeit unter Wasser bleiben konnte. Ich zog Erkundigungen ein und erfuhr, daß es etwas recht Geeignetes bereits gab: die in U-Booten verwendeten Austauchgeräte. Sie wurden um die Brust geschnallt, waren klein und handlich. Der aus dem U-Boot Hochschwimmende atmete reinen Sauerstoff, die anfallende Kohlensäure wurde in einer Kalipatrone absorbiert. Aus einem wie ein Rettungsring um den Kopf liegenden Atemsack atmete er ein, und ebendorthin gelangte der ausgeatmete und gereinigte Sauerstoff wieder zurück. Die Anordnung der Sauerstoffflasche am Gürtel erschien mir zweckmäßig, die Form des Atemsackes dagegen ungeeignet. Um dem Schwimmtaucher eine gute Schwerelage zu geben, mußte sich der Atemsack auf dem Rücken befinden. Ich fuhr nach Lübeck, wo diese Geräte für die Marine hergestellt wurden, und besprach die Sache mit den dortigen Konstrukteuren. Bereits 1942 hatte ich in Griechenland Gelegenheit, diese neuen Geräte zu erproben. Die Verwendung reinen Sauerstoffs schien den Vorteil zu haben, daß keine Austauchzeiten eingehalten werden mußten. Bei meinen Versuchen stellte sich dann allerdings heraus, daß reiner Sauerstoff in über zwanzig Meter Tiefe für den Organismus giftig wird.

Cousteau, der nach dem Krieg Tauchgeräte auf den Markt brachte, setzte die Tradition seines Landsmannes Le Prieur fort, der bereits vor dem Krieg mit einer Preßluftflasche auf dem Rücken unter Wasser herumspaziert war und mit einem echten Gewehr Harpunen auf Fische abgeschossen hatte. Seine „Aqualunge" eroberte bald die Welt, während wir darauf verzichteten, die Sauerstoffgeräte zu kommerzialisieren. Wir verwendeten sie noch lange, denn sie hatten manchen Vorteil, besonders den, daß keinerlei Geräusche durch ausströmende Luftblasen verursacht wurden. Wir waren in erster Linie an den Korallenriffen interessiert, und dort genügte uns eine Tauchtiefe von zwanzig Metern. Ich selbst – und mancher andere – ging auch wesentlich tiefer, aber das bedeutete ein ernstes Risiko. Bei einem Abstieg in dreißig Meter Tiefe war ich plötzlich ohnmächtig und nur durch günstige Umstände hochgetrieben und aufgefischt worden.

Immerhin dürften wir die ersten gewesen sein, die als Schwimmtaucher („Skindiver") unabhängige Tauchgeräte („Scubas") verwendeten. Wir drangen mit solchen Geräten in unterseeische Grotten ein und stießen dort auf eine bis dahin noch völlig unbekannte Schwamm- und Korallenfauna. Das lieferte mir auch das Thema für meine Doktorarbeit, die ich an der Zoologischen Station in Neapel ausführte. Ich hatte in einigen Grotten korallenähnliche Gewächse gefunden, die wie eine frisch erblühte Rose aussahen, mit Blättern wie aus feinstem Tüll. Es waren Bryozoen – und zwar Reteporiden –, und ganz ähnliche fanden wir auch in dreißig Meter Tiefe in einer Schlucht, wo starke Strömung herrschte. Hier waren die Rosenblätter viel kleiner, das Maschengewebe, aus dem sie aufgebaut waren, wesentlich robuster. Es ergab sich die Frage, gehörten die feinmaschigen Reteporen in den Grotten zur gleichen Art oder nicht? War das ganz andere Aussehen auf die ganz anderen Umweltbedingungen zurückzuführen oder nicht?

Erst unter der Prismenlupe wird sichtbar, wie das feinmaschige Gebilde von zahllosen kleinen Polypen geschaffen wird. Sie bauen ihre kleinen Gehäuse, in die sie sich zurückziehen können, in Zweier-, Dreier- oder Viererreihen, wobei sie sich voneinander trennen und dann wieder zueinander zurückgelangen. So entstehen die Maschen. Es waren in der Tat die Strömungsverhältnisse, die das jeweilige Wachstum beeinflußten. In zweijähriger Arbeit gelang es mir, das Verhalten dieser Tiere beim Aufbau ihrer Kolonien bis auf mathematische Grundformeln zurückzuführen. Ich erhielt für meine Arbeit „Beitrag zur Kenntnis der Reteporiden mit besonderer Berücksichtigung der Formbildungsgesetze ihrer Zoarien und einen Bericht über die dabei angewandte neue Methode zur Untersuchung auf dem Meeresgrund" an der Friedrich-Wilhelms-Universität in Berlin ein *summa cum laude,* mit dem man dort eher sparsam umging. Seit sieben Jahren war es keinem Zoologen mehr erteilt worden. Für mich selbst war diese Arbeit von besonderer Bedeutung, da sie mir Einblick in die Fragen der Systematik verschaffte, Einblick in das Problem der „Arten", das mich dann in späteren Jahren viel eingehender und allgemeiner beschäftigen sollte.

Der Kriegsverlauf unterbrach dann diese Bemühungen wie so manche andere. Durch Vorträge gelang es mir noch, genug Geld zusammenzutragen, um ein Schiff zu erwerben, auf dem ich nach Kriegsende meine Tauchtätigkeit mehr wissenschaftlich ausgerichtet fortsetzen wollte: es war der *Seeteufel* des Grafen Felix von Luckner. Luckner, mit dem ich mich sehr anfreundete, erzählte mir so viel Interessantes von den Galapagos, daß ich den Entschluß faßte, diese Inseln zu meinem ersten Ziel zu machen. Es kam dann anders. Bei Kriegsende ging das Schiff verloren, ebenso alle Ausrüstungen, die ich noch zusammengetragen hatte. Es dauerte mehrere Jahre, ehe ich wieder an neue Unternehmungen denken konnte.

Mein Streben war nun ganz darauf ausgerichtet, ein neues Schiff zu erwerben und in eine schwimmende Forschungsstation zu verwandeln. Es sollte einem Team von Zoologen Unterkunft und Arbeitsmöglichkeit bieten – ein kleines schwimmendes Institut, das direkt über den Korallenriffen verankert werden konnte. Jeder der mitfahrenden Wissenschaftler sollte im Tauchen unterrichtet werden und dann seine jeweiligen Untersuchungen auf dem Meeresboden selbst ausführen. Zur Verwirklichung dieses Projekts gehörte viel Geld, das mußte ich also verdienen. Das Rote Meer lag nicht allzuweit entfernt. Auch dort hatte bisher noch niemand getaucht. Die Küsten galten als sehr „haiverseucht" – genau wie im Karibischen Meer. Diesmal zog ich allein los ... Es war eine Expedition, auf der ich nur für mich selbst zu sorgen, nur für mich selbst Verantwortung zu tragen hatte. Eine unvergeßliche Expedition.

# MANTA – TEUFEL IM ROTEN MEER

## *Abenteuerlicher Aufbruch*

Als Zielpunkt für meine Fahrt zum Roten Meer schien mir die Gegend nördlich und südlich von Port Sudan am besten geeignet. Schon vor zehn Jahren, knapp vor Kriegsausbruch, hatte ich mich allerdings vergeblich um eine Einreisebewilligung in die britischen Schutzgebiete bemüht. Jetzt lag die Situation besser. Ich ging zu einem der Herren des British Council in Wien.

Als Visitenkarte legte ich mein Buch über die Expedition nach dem Karibischen Meer vor ihm auf den Tisch.

„Das ist ja sehr interessant", sagte er, nachdem er einige Bilder betrachtet hatte. „Wie sind Sie denn bloß mit den Haifischen fertig geworden?"

„Man darf nur keine Angst zeigen", antwortete ich. „Dafür haben die Tiere eine sehr feine Empfindung."

„Und das genügt?"

„Ja. Wenn Sie unter Wasser einem Hai begegnen, dann müssen Sie auf ihn losschwimmen, als wollten Sie ihn attackieren. Das sind die Haie nicht gewohnt. Kein anderes Tier schwimmt auf den Hai los. Deshalb glauben sie, man ist stärker – und flüchten."

„Und wenn doch einer nicht flüchtet? Kann das nicht auch einmal passieren?"

„Doch. Dann muß man ihn kräftig anschreien."

„Anschreien . . . unter Wasser?"

„Ja. Man stößt Luft ins Wasser aus mit einem schrillen Ton. Sie können das in einer Badewanne leicht ausprobieren. Haie sind sehr empfindlich gegenüber Druckschwingungen im Wasser, darum machen sie kehrt und flüchten."

Der Mann schüttelte den Kopf und führte mich zu seinem Vorgesetzten. Dieser sagte mir seine Unterstützung zu. Ich sollte mein Ansuchen um Erteilung eines Touristenvisums für den Sudan direkt nach Khartum richten, er würde die Genehmigung befürworten. Weitere Befürwortungen erbat ich mir vom Wiener Naturhistorischen Museum und vom Unterrichtsministerium. Dann sandte ich eilig das Gesuch ab.

Weniger günstig standen meine Aktien bei den Schiffahrtslinien. Die meisten Dampfer, die das Rote Meer passieren, fahren bis Südafrika, Indien oder Australien und haben bei guter Nachfrage wenig Interesse, einen Passagier mitzunehmen, der nur bis Port Sudan mitkommt. Man erklärte mir, daß auf ein halbes Jahr hinaus alles besetzt sei. Ich ließ mich daraufhin bei dem Vertreter einer schwedischen Fluglinie melden, der, wie sich herausstellte, ein begeisterter Angler war. Er versprach mir, sich bei der Direktion in Stockholm wegen einer Ermäßigung des Fahrpreises für mich einzusetzen. Schon nach zehn Tagen hatte ich seine Antwort. Man sei bereit, mir entgegenzukommen, beim Gepäck allerdings könnte mir die Fluggesellschaft nur eine bestimmte Freigrenze zubilligen.

Wertvolle Hinweise über die Eigentümlichkeit des Roten Meeres und seiner Bewohner entnahm ich den Veröffentlichungen des österreichischen Naturforschers Klunzinger, der zwischen 1862 und 1875 als Quarantänearzt in Kosseir am Roten Meer lebte. Gern hätte ich mich noch mit dem Studium der arabischen Sprache beschäftigt, aber dazu war nicht mehr genügend Zeit. Einige Landeskundige, die ich aufsuchte, rieten mir von meinem Vorhaben ab. Die Haifische würden mich bestimmt schon am ersten Tag auffressen; auf der ganzen Welt gäbe es nur eine Haifangstation, die ständig mit gutem Profit arbeite, und diese befände sich bei Massaua am Roten Meer. Ein Passagier, der bei Port Sudan ins Meer gefallen sei, wäre vor den Augen der übrigen, ehe man ihm Hilfe bringen konnte, von Haifischen zerfetzt worden. Ein Professor, der die Küste des Roten Meeres selbst bereist hatte, erzählte mir, wie sich zwei Haie vor seinen Augen im seichten Wasser gegenseitig zerfleischt hatten.

Außerdem warnte man mich vor der Hitze, die für den Europäer unerträglich sei. Die Küste des Roten Meeres ist die heißeste Gegend der Welt überhaupt. Sobald ich aus Khartum Bescheid hatte – das Visum war mir nur für vierzehn Tage genehmigt worden, aber ich durfte annehmen, daß es verlängert würde, wenn ich erst an Ort und Stelle war –, legte ich das Datum meines Abfluges auf den 14. Oktober fest.

An diesem Tag goß es in Strömen. Wir hatten eine trockene Zeit hinter uns, und der Himmel holte nun seine versäumten Pflichten nach. Im Taxi kreuz und quer durch Wien fahrend, erledigte ich, was noch zu erledigen blieb, aß mittags noch zu Hause und fand mich pünktlich um zwei Uhr bei der Fluggesellschaft ein. Mit einigem Unbehagen sah ich dort zu, wie mein umfangreiches Gepäck nachgewogen und der Tarif für das Übergewicht errechnet wurde.

Lotte leistete mir Gesellschaft; sie wollte mich auf den Flugplatz begleiten. Wir warteten bis halb fünf, dann wurden wir endlich in den Autobus verladen.

„Ich kann mir noch gar nicht vorstellen, daß ich heute abend in Rom schlafe, und morgen in Kairo“, sagte ich, als die grauen Außenbezirke Wiens hinter uns blieben.

Nach einigen Kilometern kreischten die Bremsen des Autobusses, wir hielten jäh an. Ein Polizeiauto war uns vorgefahren und hatte uns den Weg abgeschnitten. Der Lenker stieg aus und verhandelte mit dem Polizisten. Dann drehten wir um und fuhren zur Agentur zurück.

Das Flugzeug war wegen des starken Regens nicht von Prag abgeflogen. Wir sollten morgen früh um sieben Uhr wieder auf der Agentur sein.

Pünktlich um sieben Uhr war ich wieder bei der Agentur. Auch Lotte kam wieder, um mich ans Flugzeug zu bringen. Es regnete noch immer, und das Flugzeug war noch immer in Prag.

Wir warteten bis Mittag; dann wurden wir auf eine Stunde zum Essen beurlaubt. Es war geradezu peinlich, durch die Straßen zu gehen. Ich traf hintereinander Bekannte, die alle glaubten, ich sei bereits in Kairo. Der Journalist einer Zeitung hatte sich die Sache mit meinem Abflug leicht gemacht und diesen sehr rührend vom Schreibtisch aus beschrieben. Daß das Flugzeug nicht abflog, konnte er freilich nicht voraussehen.

Um zwei Uhr stiegen wir wieder in den Autobus und gelangten diesmal bis zum Flughafen, wo das Gepäck kontrolliert, die Pässe gestempelt und die Valuten überprüft und in den Paß eingetragen wurden. Dann setzten wir uns in die Kantine, und wieder verging die Zeit.

Um sechs Uhr erklärte der Mann vom Rundfunk, daß er nun nicht länger warten könne. Er war mit dem Aufnahmewagen gekommen und wollte für das „Echo des Tages“ eine Abschiedsreportage machen.

„Die Sache muß um sieben gesendet werden“, erklärte er. „Wir gehen jetzt einfach hinaus vor die Halle, und Sie sprechen ein paar Worte; wir legen dann aus dem Archiv Propellergeräusch darüber.“

„Und wenn wir am Ende wieder nicht wegkommen?“ fragte ich lachend.

Aber jetzt war kein Grund mehr zur Besorgnis. Das Flugzeug war bereits eingetroffen, der Flugkapitän wartete nur noch eine Wettermeldung ab, dann ginge es sofort los. Wir baten also die anwesenden Leute aufs Flugfeld hinaus, und vor dem Hintergrund allgemeinen Abschiednehmens sagte ich ins Mikrophon, was der Zweck meiner Reise sei.

Der Rundfunkwagen fuhr ab. Eine halbe Stunde später wurde uns mitgeteilt, daß der Abflug nun doch erst morgen früh stattfinde. Meine eigenen Abschiedsworte hörte ich in einem Restaurant, wo ich zu Abend aß. Das Propellergeräusch war wirklich sehr eindrucksvoll.

Am anderen Morgen gab es auf dem Flugplatz keine weiteren Formalitäten. Wir stiegen ein, und nach wenigen Minuten schraubten wir uns bereits durch die graue Wolkendecke hinauf in einen sonnigblauen Himmel.

In Kairo, der zweiten Station nach dem Zwischenaufenthalt in Rom, erfuhr meine Position eine wichtige Stärkung: Als ich mir bei dem britischen Vertreter für den Sudan mein Visum in den Paß eintragen ließ, gab mir dieser eine persönliche Empfehlung an Bill Clark, den Commissioner von Port Sudan.

Wir starteten um Mitternacht zum Weiterflug. Ich fiel bald in einen tiefen, fröstelnden Schlaf. Als ich erwachte, war der Himmel durch die Morgendämmerung bereits erhellt. Wir flogen über dem Roten Meer. Tief unten sah ich eine schwarzblaue, von unregelmäßigen Linien durchzogene Fläche, die sich ringsum in ungewissem Dunst verlor. Allmählich verfärbte sich dieser Dunst im aufsteigenden Rot des kommenden Tages.

Ich zerbrach mir den Kopf, was diese weißen Muster im Meer bedeuten mochten. Da sie sich nicht bewegten, kam ich auf den Gedanken, daß es vielleicht Quallen seien, die in ungeheuren Mengen unter der Oberfläche trieben. Solche Ansammlungen sind zu gewissen Jahreszeiten in vielen Gegenden bekannt. Später, als es heller wurde, sah ich erst, wie hoch wir flogen. Es war zweifellos der Schaum großer Wellen, den ich dort unten sah. Aus zweitausend Meter Höhe betrachtet, bewegte er sich freilich nicht.

Dann tauchten die ersten Korallenriffe auf. Es waren die ersten wirklichen Riffe, die ich in meinem Leben sah, denn im Karibischen Meer und auf Hawaii hatte ich nur den Korallenwuchs entlang steil absinkender Küsten kennengelernt. Hier waren es gewaltige Mauern, die fernab von der Küste unmittelbar aus dem Meer emporwuchsen. Manche verliefen als lange Barrieren oder in Form verschlungener Ketten; andere, ganz kleine, schwammen wie kleine rötliche Pilze in dem blauschwarzen Abgrund; sie stiegen wie schlanke Türme aus der Meerestiefe empor. Bei den langgestreckten Riffen verlief der Abfall auf der einen Seite schräg; ich konnte dort auf dem hellen Sandboden große einzelstehende Korallenstöcke unterscheiden, die sich mit zunehmender Tiefe im ungewissen Blau verloren. Auf der anderen Seite fielen die Mauern so plötzlich ab, daß unmittelbar neben der scharfgezeichneten Riffkante schwarzblaues, grundlos tiefes Wasser war.

Immer deutlicher zeichnete sich die arabische Küste vor uns ab. Entlang des Meeres erstreckte sich ein flacher Wüstenstrich; dahinter, ziemlich weit in der Ferne, standen die Silhouetten gestaffelter Gebirgsketten, wie mit einem spitzen Bleistift in den Himmel gezeichnet. Die Küste war ebenfalls von Riffen gesäumt, die in einer senkrechten Mauer gegen das Meer abstürzten. Einige Fischkutter, die an der Kante vor Anker lagen, brachten die majestätische Größe dieser von winzigen Tieren geschaffenen Bauwerke zu Bewußtsein. Die Schiffe sahen nicht größer aus als Fliegen auf der Kante einer Mauer.

Wir zogen einen Kreis über dem Hafen von Dschiddah, wo eine Anzahl größerer Schiffe verankert lag, dann über der Stadt selbst, die wie weißer Marmor aus der braunen Wüste aufschimmerte. Als die Flugzeugtür geöffnet wurde, drang es wie aus einem Brutofen zu uns herein. Diese Hitze war so greifbar, daß ich versucht war, sie mit den Händen fortzuschieben. Ein dichtes, beklemmendes Etwas, das sich auf die Brust, auf die Lungen, auf jedes Glied des Körpers legte. Ein unangenehmer Pelz, der alle Bewegungen behinderte, den man beim Gehen deutlich fühlbar vor sich herschob.

„Und in diesem Klima werde ich jetzt Dienst tun", bemerkte seufzend ein junger Engländer, der nach Erythräa flog, um irgendwo an der abessinischen Grenze seiner Militärpflicht nachzukommen.

„Wie lange sollen Sie denn bleiben?"

„Neun Monate", war die wenig begeisterte Antwort.

Im Schatten eines primitiven Bauwerkes wurden uns zwei große Kannen voll eisgekühlten Grapefruitsaftes serviert, dann ging es wieder hinauf in den kühlenden Himmel. Nach knapp zwei Stunden hatten wir das Rote Meer zum zweitenmal überflogen, und die sudanesische Küste kam in Sicht. Sie glich der arabischen. Auch hier wurde ein breiter Wüstensaum von fernen Gebirgsketten gesäumt; allerdings waren diese wesentlich höher. Auffallend waren tiefe Lagunen, die wie dünne lange Zungen vom Meer aus in die Wüste hineinleckten und sich am Ende in Form eines vierblättrigen Kleeblattes erweiterten. Die Entstehung dieser Naturhäfen, von den Arabern „Mersa" genannt, ist ein bis heute noch nicht geklärtes Problem. An einem besonders großen Kleeblatt dieser Art erblickte ich das Schachbrettmuster einer modern angelegten Stadt.

Gespannt betrachtete ich die Lage der hier im Meer vorgelagerten Riffe. Dort unten würde sich das Schicksal meiner Unternehmung entscheiden! Wir waren am Ziel –.

Wir waren in Port Sudan!

## *Der erste Tag*

Wir überflogen einen flachen Wüstenstrich, der mit vereinzeltem Buschwerk bestanden war – den Golfplatz Bill Clarks, wie ich später erfuhr –, und landeten auf freiem Gelände. In einem winzigen Blockhaus wurde hier die Paß- und Gepäckkontrolle vorgenommen. Ein ellenlanger, ebenholzschwarzer Neger in Uniform vertiefte sich in meine Papiere.

„Und eine Bescheinigung für die Gelbfieberimpfung?" fragte er in vorzüglichem Englisch.

„Es ist derzeit leider in Wien nicht möglich, sich gegen Gelbfieber impfen zu lassen."

„Nicht möglich, warum?“

„Weil es keinen solchen Impfstoff gibt. Nur in der Schweiz ist eine Impfung möglich, und ich hatte nicht die Möglichkeit, deshalb in die Schweiz zu fahren.“

Der Mann nickte und begnügte sich mit den Bescheinigungen über die Impfung gegen Pocken, Typhus, Paratyphus und Cholera. Hier im Küstengebiet gäbe es sowieso kein Gelbfieber. Nur wenn ich nach dem Inneren des Sudans reisen wollte, müßte ich die Impfung nachholen.

In den staubigen Straßen der Stadt tummelte sich eine Unzahl schreiender Kinder. Zwischen Kamelkarawanen, Lastautos und Eselgespannen bahnten wir uns laut hupend den Weg. Von einem hohen Stahlgerüst sahen häßliche Geier auf uns herab. Allmählich weiteten sich die Straßen, und an Stelle der rostigen Blechhütten traten Komplexe von Steingebäuden, deren Fassaden von schattigen Arkadengängen gesäumt waren. Darin befanden sich die Läden und Stände der Kaufleute. Dann fuhren wir an einem Park und einigen sehr europäisch anmutenden Villen vorbei und hielten an einem großen, einsam dastehenden Steingebäude, wo links und rechts des Stiegenaufganges auf zwei Terrassen vereinzelte Tische standen.

Das war das Red Sea Hotel.

Ein Diener trug meinen Koffer in die Halle, wo jene würdige Ruhe herrschte, die für alle von den Briten in den Tropen geleiteten Hotels charakteristisch ist. Unter der eingerahmten Abbildung eines Fisches, der hier einmal gefangen wurde und wahrscheinlich einen Rekord darstellte, saß in einem Korbstuhl ein Engländer in weißen Shorts und betrachtete mich kurz hinter seiner Zeitung. Eine große Karte des Roten Meeres sowie weitere Bilder gefangener Fische schmückten die übrigen Wände des großen, mit Polstermöbeln eingerichteten Raumes. Im Hintergrund war der Eingang zu einer Bar. Neben dem Pult des Empfangschefs befanden sich in einer Vitrine Silberwaren, geschnitztes Elfenbein und andere für den Verkauf bestimmte Andenken. Daneben, eingerahmt, der neueste Briefmarkensatz des Sudans mit und ohne Sonderstempel.

Der schwarze Empfangschef klappte mit müder Lässigkeit sein großes Buch auf. Ja, ein Zimmer sei verfügbar. Das Zimmer 25 im ersten Stock. Es koste täglich 80 Piaster, das Frühstück inbegriffen, oder 130 Piaster bei voller Pension. Er griff nach einer Klingel, die nach einer Weile einen anderen Diener herbeirief. Dieser übernahm meinen Koffer und führte mich, würdevoll voranschreitend, in den ersten Stock.

Das Zimmer war nicht groß, aber es schien luftig zu sein. Vor der Türe stand ein großer Paravent, damit man auch nachts die Zimmertüre offenstehen lassen konnte, ohne daß jemand hereinsah. Der Diener stellte den Koffer nieder, knipste den Ventilator an – einen riesengroßen Propeller in der Mitte der Decke, der sich Kühlung spendend zu drehen begann – und wartete auf sein Trinkgeld.

Das Forschungsschiff „Xarifa“ im Indischen Ozean. Der Dreimaster ist 50 Meter lang, hat 550 Quadratmeter Segelfläche, die Masten sind über 30 Meter hoch. Mit unserem Hilfsmotor konnten wir 6 Knoten laufen und hatten Brennstoff für 4000 Seemeilen. Mit Segeln erreichten wir über 10 Knoten. Das Schiff benötigte eine Besatzung von 12 Mann und bot für 12 mitfahrende Wissenschaftler und Techniker Unterkunft und Arbeitsräume.

Der Putzerlippfisch (Labroides dimidiatus) säubert andere Fische von Hautschmarotzern. Will ein Fisch geputzt werden – im Bild sind es Dicklippen (Plectorhynchus) –, dann kommt er zum Wohnplatz der Putzer. Stupsen diese ihn am Maulwinkel, dann öffnet er das Maul und läßt sie hinein. Will er das Maul wieder schließen, gibt er das durch eine kurze Bewegung zu erkennen. Hier hat sich eine den Tieren angeborene Signalsprache entwickelt.

Durch Steigerung ihrer Färbung oder neuauftretende Musterungen versetzen Fischmännchen ihre Weibchen in Paarungsbereitschaft. Besonders ausgeprägt ist das „Hochzeitskleid“ bei den in Schwärmen lebenden Nashornfischen (Naso tapeinosoma). Sie sind normalerweise ungemustert, die Geschlechter sind äußerlich nicht zu unterscheiden. Das werbende Männchen zeigt ein leuchtend weißes Farbsignal, das bei abklingender Erregung in Sekundenschnelle verschwindet.

*Oben:* Je nach den Umweltbedingungen kann die Wuchsform einzelner Korallenarten erheblich variieren. In ruhigem, sauerstoffarmem Wasser bildet die Feuerkoralle dünne lange Fortsätze an Stelle der sonst für sie typischen Netzstruktur.
*Rechte Seite:* Bei einbrechender Dunkelheit kommen Haarsterne (Crinoiden) aus ihren Schlupfwinkeln hervor, entfalten die gefiederten Arme und erbeuten das bei Nacht aus tieferen Meeresschichten hochsteigende Plankton. Es sind höchst „urtümliche" Verwandte der Seesterne, Seeigel und Seewalzen, die sich seit Jahrmillionen kaum verändert haben.

*Oben:* Der Bewuchs auf der Eisenleiter eines erst vor 20 Jahren gesunkenen Schiffes. In den Innenräumen von Wracks findet man – ähnlich wie in Höhlen – lichtscheue Organismen, die normalerweise nur in weit größeren Tiefen anzutreffen sind.
*Linke Seite:* Die Überreste versunkener Schiffe sind ein aufschlußreiches Studienobjekt. Ist das Datum des Schiffsunterganges bekannt, läßt sich feststellen, wie schnell sich die verschiedenen darauf angesiedelten Korallenarten entwickelt haben.
*Folgende Seite:* Für Kardinalfische (Siphamia versicolor) wird der auf dem Sandboden herumwandernde Seeigel zu einem Schutzorgan. Normalerweise könnten sie dort nicht auf Beutesuche gehen: sie wären Raubfischen schutzlos preisgegeben. Zwischen den Stacheln sind sie dagegen sicher und können von hier aus Vorstöße in die Umgebung wagen. Als Gegenleistung säubern sie den Seeigel. Er hält seine Stacheln so, daß sie sich zwischen diesen bewegen und nach Schmarotzern suchen können.

Schnell wusch ich mich und zog ein frisches Hemd an. Mit einem Buch und den Empfehlungsschreiben bewaffnet, stieg ich wieder in das Auto. Der Chauffeur hatte sich inzwischen zu anderen Negern gesetzt, die in einiger Entfernung unter einer kümmerlichen Palme schwatzten. Müde erhob er sich. Ich gab ihm Auftrag, mich zum Commissioner zu führen.

Drei Ecken weiter blieben wir vor einer großen, massiv gebauten Villa stehen, die inmitten eines sehr gepflegten Gartens stand. Unter dem Steinbogen der Auffahrt sah ich einen großen amerikanischen Wagen stehen. Zögernd trat ich in den Garten und dann durch das offenstehende Tor. Dies konnte doch kaum das Gouvernementsgebäude sein. Aber richtig, es war ja Sonntag! Und erst neun Uhr morgens! Dies war jedenfalls das Privathaus von Bill Clark!

In der Halle war weder von einem Diener noch von dem Hausherrn etwas zu hören oder zu sehen. Rechts und links von dem Stiegenaufgang im Hintergrund hingen Reiterstandarten. Zu meiner Linken, in einer Kleiderablage, sah ich Angelgeräte und einen Sack mit Golfstöcken. Daneben führte eine Tür in einen geräumigen Salon, in dem mir die Zahl seidener Stehlampen auffiel, die ringsum entlang der Wände standen. Geschmackvolle Perserteppiche und tiefe weiche Polstermöbel verrieten einen Hausherrn, der es sich gemütlich zu machen verstand. Ein sorgfältiges Blumenarrangement auf einem Glastisch in der Mitte sprach von einem Diener, der seinem Herrn ergeben war.

„Hallo –", tönte es hinter mir.

In der gegenüberliegenden Tür der Halle war ein sportlich aussehender Mann aufgetaucht, dessen braungebranntes Gesicht zu dem gewellten grauen Haar in merkwürdigem Kontrast stand. Dieser Mann mit energischen breiten Backenknochen und lächelnden blauen Augen hatte nichts weiter an als Shorts und ein offenes, kurzärmeliges Polohemd, das er wie eine Jacke umgehängt trug.

„Hallo –", stotterte ich zurück. „Ich suche nämlich – den Commissioner."

„Der bin ich", erwiderte er. „Kommen Sie herein, ich bin gerade beim Frühstück."

Wir traten in ein großes Speisezimmer, wo der Commissioner an einer langen polierten Tafel sein einsames Frühstück aß.

Wir setzten uns. Unvermittelt wandte der Commissioner den Kopf und rief mit erhobener Stimme: „Achmööd!"

Lautlos erschien ein Diener, der nur aus schwarzen und weißen Partien bestand. Es begann unten mit den schwarzen bloßen Füßen, dann folgte ein langes, weißes Nachthemd, aus dem seitlich die schwarzen Hände und oben der schwarze Kopf vorsahen, und auf diesem saß ein riesengroßer, blendend weißer Turban. Außerdem war noch in der Mitte des Kopfes ein weißer Fleck: das waren die Zähne, die er zu meiner Begrüßung freundlich fletschte.

Der Commissioner gab ihm einige arabische Anweisungen: offenbar sollte er ein zweites Gedeck auftragen. Es gab Kaffee, einen in Öl schwimmenden Fisch, Toast, Butter und gerösteten Speck. Sobald der Commissioner in meinem Buch die ersten Bilder sah – die Empfehlungen hatte er nur schnell überflogen –, schob er den Sessel zurück und begann, mich nach vielen Einzelheiten zu fragen. Besonders interessierte ihn, was mit Haifischen zusammenhing. Daß man mit einer Kamera auf einen Hai losschwimmen kann, wollte er mir durchaus nicht glauben.

„Das müssen ja sehr freundliche Haie gewesen sein, denen Sie da begegnet sind", sagte er. „Bei uns hier funktioniert Ihr Rezept bestimmt nicht. Ich bin jetzt zwanzig Jahre in der Gegend, aber auf die Idee, draußen bei den Riffen ins Wasser zu steigen, ist noch niemand gekommen. Ich fürchte, Sie werden unangenehme Überraschungen erleben. Aber selbstverständlich werde ich Ihnen mit dem größten Vergnügen behilflich sein."

Er lud mich ein, fürs erste bei ihm zu wohnen. Er war Junggeselle, und ich fühlte, wie angenehm ihm jede Abwechslung war.

„Wir können gleich nachmittags hinausfahren, wenn Sie Lust haben", sagte er. „Ich habe für drei Uhr das Motorboot vom Gouvernement bestellt, weil ich fischen will; da können Sie gleich mitkommen und Ihr Glück versuchen."

Als ich meine Schwierigkeiten mit dem Gepäck erwähnte, zog er Pantoffeln an, und wir fuhren gemeinsam in seinem Auto zum Zoll.

An der Kaimauer sah ich die ersten bunten Korallenfische. Auch einige Korallen gab es im Seichten, jedoch kümmerlich ausgebildet, da Korallen nur im reinen und bewegten Wasser gut gedeihen. Sobald die Formalitäten erledigt waren, fuhren wir zurück, und Achmed zeigte mir mein Zimmer. Es lag im ersten Stock und führte auf einen großen, blütenbewachsenen Steinbalkon; anschließend lag ein eigenes Badezimmer. Wie ich mit Freude feststellte, ließ es sich leicht abdunkeln; ich konnte hier gut meine Filme entwickeln.

Das Mittagessen vollzog sich ebenso formlos wie das Frühstück. Es gab Suppe, dann gebackenen Fisch, dann Hammel mit Kartoffeln und Bohnen; nachher eine Schokoladencreme und schließlich Kaffee. Wie ich noch erfahren sollte, veränderte sich dieses Menü kaum jemals wesentlich.

„Das Essen bei mir ist nicht besonders", erklärte der Commissioner. „Aber wenn Sie schon in England waren, wird Sie das nicht weiter wundern."

„Im übrigen", setzte er hinzu, „ist es mir langweilig, Sie dauernd mit Ihrem ‚Doktor' zu titulieren. Ich schlage vor, ich nenne Sie einfach Hans und Sie nennen mich Bill. Das ist bei uns so üblich."

Er wollte sich noch bis drei Uhr ein wenig niederlegen. Ich eilte inzwischen in mein Zimmer, um alles auszupacken und für die Ausfahrt vorzubereiten. Ein Problem war der Harpunenstock. Um Gewicht zu sparen, hatte ich nur den Eisenschaft, auf dem die lösbare Spitze aufsitzt, mitgenommen; wo sollte ich hier am Sonntag einen geeigneten Stock auftreiben? Ich rief nach Achmed und erklärte ihm, was ich brauchte. Er verschwand und kam alsbald mit dem Besen des Hauses und einer halbrunden Leiste, die einmal zu einem riesengroßen Bilderrahmen gehört hatte, zurück. Da ich das Haus nicht seines Inventars berauben wollte, entschied ich mich für die Leiste. Sie war jedoch aus so hartem Holz, daß ich eine halbe Stunde lang schnitzte, ehe sie in die Blechhülse des Eisenschaftes hineinpaßte.

„Hallo –!“ Bill war fertig und erwartete mich in der Halle.

„Hallo –!“ Mit Speer und Flossen eilte ich hinunter zum Auto.

Im Hafen erwartete uns bereits die Polizeibarkasse, ein ziemlich wurmstichiger Kasten, dessen altersschwacher Motor von zwei militärischen Schwarzen bedient wurde. Zu kurzen weißen Hosen trugen sie eine Matrosenkappe. Nach einigem widersetzlichem Schnauben und Fauchen setzten wir uns seewärts in Bewegung.

Im Hafen lagen nicht weniger als vier große Frachtschiffe am Kai vertäut. Mit der Eisenbahn kommen Baumwolle, Erdnüsse, Elfenbein und andere tierische und pflanzliche Produkte aus dem Inneren des Landes und werden hier verladen. Auf einem der Schiffe war das Deck zum Bersten mit Rindern angefüllt, die, kläglich muhend, zusammengepfercht standen und von einem großen Kran der Reihe nach erfaßt und durch die Lüfte an Land gehoben wurden. Am Ende des Kais, gleich hinter dem letzten Schiff, sah ich eine merkwürdige, von einigen Büschen umgebene Hütte, bei der sich mehrere verschleierte Frauen tummelten.

„Das ist das Grab des Scheich Barghut“, erklärte mir Bill. „Irgendwann zu Beginn des achtzehnten Jahrhunderts wurde hier die verhüllte Leiche eines Mannes angespült und dann von Seeleuten am Strand verbrannt. Es verbreitete sich das Gerücht, daß hier ein Heiliger verbrannt worden sei, und die Segelschiffe machten eine Sitte daraus, etwas Süßwasser ins Meer zu gießen, wenn sie vorbeikamen. ‚Barghut‘ bedeutet in der einheimischen Sprache Floh oder Laus. Der Mann soll so klein gewesen sein wie ein Floh, und als man ihn aufheben wollte, so schwer, daß man ihn nicht von der Stelle rücken konnte. Als der Hafen hier angelegt wurde, wollten wir das Grab versetzen, aber die Leute protestierten, und so blieb es eben da. Heute ist es ein beliebter Wallfahrtsort, zu dem die sudanesischen Damen mit der Bitte um Fruchtbarkeit pilgern.“

„Und dort vorne –“, sagte er, als wir ein Stück weitergefahren waren, und zeigte auf den Wasserstreifen entlang der Mole, die ein Stück ins Meer hinausführte, „– dort liegen die unterseeischen Gärten, von denen Sie vielleicht schon gehört haben. Wir haben hier ein großes Schiff mit Glasboden, in dem die Touristen für ein paar Piaster auf den Korallenboden schauen können. Im Augenblick ist es in Reparatur. Aber natürlich lassen sich die Korallen hier, in der Einfahrt, auch nicht annähernd mit denen draußen im Meer vergleichen.“

Der Himmel hatte sich inzwischen umzogen. Sobald wir den geschützten Schlauch der Hafeneinfahrt verlassen hatten, kamen wir in beträchtlichen

Wellengang. Die Polizeibarkasse war für solches Wetter schlecht geeignet, sie schlug auf jeden Wellenberg auf, so daß wir von der Gischt durchnäßt wurden.

Bill hatte seine Schleppangel ausgeworfen. Ich wunderte mich, wohin wir fuhren. Die Küstenriffe, bei denen ich zu tauchen erwartet hatte, ließen wir hinter uns und steuerten geradewegs ins offene Meer. Bill stand mit wehenden Haaren aufrecht im Boot und umklammerte den Angelstock. Da er in sichtlich schlechter Laune war, beschloß ich, den Ereignissen den Lauf zu lassen, den er ihnen zu geben gedachte. Das Meer war erstaunlich warm. Als eine Welle unversehens über meine Hand strich, glaubte ich, in warmes Badewasser zu greifen.

Das Festland lag jetzt als ein grauer Strich hinter uns, aus dem sich die Krane des Hafens und die Masten der Schiffe über die langen roten Dächer der Lagerschuppen erhoben. Die Bergketten in der Ferne traten mit sinkender Sonne immer plastischer hervor. Mehrere hundert gezackter Gipfel waren in einem weiten Panorama sichtbar, die vorderen Ketten dunkler, die hinteren, die bis an die Wolken emporreichten, in zartesten Blautönen schimmernd. Wir waren eine gute halbe Stunde in gerader Linie gefahren, ohne daß sich irgendein Fisch für Bills Angel interessiert hätte, da tauchten vor uns die Gischtfontänen eines Riffes auf. Bill gab dem Bootsführer Order, die Fahrt zu verlangsamen.

„Wenn Sie wirklich Lust haben, hier ins Wasser zu steigen, können Sie es jetzt tun", sagte er, zu mir gewandt. „Mir persönlich täte es sehr leid, wenn Ihnen etwas zustieße, aber es ist ja Ihr freier Wille."

„Können wir nicht näher an das Riff heran?" fragte ich. Wir waren gute hundert Meter weit davon entfernt.

„Nein, das ist unmöglich; dazu sind die Wellen zu hoch."

Das bedeutete, daß ich im abgründigen Wasser über Bord steigen und von hier aus zum Riff hinüberschwimmen sollte. Nach Durchsicht meiner Bilder schien der Commissioner ein großes Vertrauen in meine Fähigkeiten zu setzen. Diese Wendung entsprach durchaus nicht meinem Geschmack. Es war meine Absicht gewesen, mich vom Seichten her vorsichtig mit den neuen Gegebenheiten vertraut zu machen. Schließlich befand ich mich im Roten Meer, und es waren sieben Jahre vergangen, seit ich das letztemal im Meer getaucht hatte.

„Ich bin wirklich gespannt und ernstlich besorgt um Sie", sagte Bill und sah mich erwartungsvoll an. „Aber Sie müssen ja wissen, was Sie tun!"

Wenn ich mein Gesicht wahren wollte, so blieb mir nichts übrig, als in den sauren Apfel zu beißen. Die Schwimmhose hatte ich bereits angezogen; schnell schlüpfte ich in meine Flossen, zog die Maske über, schluckte die Bedenken hinunter und schwang mich über Bord. Das Boot mit dem angelnden Bill fuhr weiter, ich blieb zurück. Schnell blickte ich unter Wasser. Soweit ich sehen konnte, war rings um mich gähnende dunkle Leere. Ich schwebte über einem Abgrund, der ebensogut hundert wie tausend Meter tief sein mochte.

Mit peitschenden Flossenschlägen schwamm ich in Richtung auf das Riff zu, das an den Gischtfahnen deutlich zu erkennen war. Das Herz klopfte mir bis zum Hals hinauf. Noch nie hatte ich mich so willkürlich einem ungewissen Zufall ausgeliefert. Daß ich mit einem Stück Bilderrahmen in Händen mein erstes Unterwassererlebnis im Roten Meer antreten würde, hatte ich mir allerdings nicht gedacht.

Endlich zeichneten sich die ersten Umrisse des Meeresbodens unter mir ab. Was ich da aus abgründiger Tiefe zu mir empordämmern sah, benahm mir den Atem. Dieser Meeresgrund, der aus dem blauen Nichts emporwachsend zur steilen Riffmauer vor mir anstieg, war ganz anders als der Korallenboden, wie ich ihn vom Karibischen Meer in Erinnerung hatte. In Form weitausladender Tische breiteten sich hier unten plattenartige Bildungen aus, und ringsum standen große dunkle Fische, gleichsam als säßen sie um diese mächtigen Tafeln zu Tisch.

Noch ein Stück weiter, und ich verweilte erleichtert über einem Grund schwebend, den ich deutlich sah. Das Gefühl der Sicherheit kehrte mir zurück. Das abgründige Wasser ist nicht deshalb schreckhaft, weil man darin vielleicht eher ertrinken könnte als in einem Gebiet, wo der Meeresboden in zwanzig Meter Tiefe sichtbar ist, sondern weil man im leeren Wasser nicht den geringsten Anhaltspunkt dafür hat, wie weit man sieht und in welcher Entfernung ein Tier sichtbar wird, wenn es herankommt. Sobald man einen Anhaltspunkt findet, sei es einen Felsen oder auch nur einen kleinen Fisch, wird der magische Zauber sofort zerstört. Man hat nun ein deutlich umgrenztes Feld um sich, gleichsam eine Ringmauer, die einen beschützt; einen Abstand, den jeder Feind durchqueren muß, so daß man Zeit hat, sich zu wappnen. Vogelartig an der Oberfläche schwebend, blickte ich auf die Landschaft unter mir. Obwohl es schon ziemlich dunkel war, konnte ich alles deutlich erkennen. Die Vielheit der bunten Formen und Gestalten war so groß, daß es eine Weile dauerte, ehe ich Einzelheiten unterschied. Im Gegensatz zu den westindischen Riffen, die vornehmlich grün, gelb oder braun sind, war hier, wie ich trotz des düsteren Abendlichtes sehen konnte, die rote Farbe reichlich vertreten. Elchhorn- und Hirschhornkorallen fehlten; an ihrer Stelle breiteten sich spitzzackige Madreporen in wie mit Blüten bedeckten Beeten aus. Sie waren es, die sich zu tischartigen Platten erweiterten, sie überzogen die großen, derben Stöcke anderer Korallenarten mit ihrem das Auge verwirrenden Wuchs.

Ich tauchte bis auf zehn Meter und stellte fest, daß meine Ohren sich erst wieder an die amphibische Lebensweise gewöhnen mußten. Auffallend war der starke Auftrieb des Wassers. Das Rote Meer ist nicht nur das wärmste, sondern auch das salzhaltigste Meer der Welt.

Ich verharrte am Fuße einer überhängenden, stark durchhöhlten Riffmauer und blickte aufwärts. Hunderte winzig kleiner leuchtend roter Fische, jeder einem

Rubin gleichend, schwangen im Rhythmus der Wellen am Felsen auf und nieder, und zwischen ihnen schossen wie Pfeile die silbernen Strahlen des schräg einfallenden Sonnenlichtes hindurch. Blaue, gelbe und buntscheckige Papageienfische spielten um die Korallen. Weiter hinten, im tieferen Wasser, zog ein Schwarm grüner Nashornfische, deren Stirn ein deutlich vorstehendes Einhorn trug. Als ich neben mich in eine Vertiefung blickte, erkannte ich dort die schwingenden Brustflossen eines grünbraun gefleckten Zackenbarsches von beträchtlicher Größe. Genauso wie in jedem anderen Meer stand er auch hier vierschrötig und plump vor seinem Loch und glotzte mich aus kugeligen Augen an.

Was mir besonders auffiel, waren eigentümlich geschwungene Bildungen, die leuchtend blau zwischen den Korallen vorlugten. Ich schwamm näher; da zogen sich die Gebilde schlitzartig zusammen und der leuchtend blaue Doppelrand verschwand. Es waren die geöffneten Schalen großer Muscheln, die zwischen den Korallen eingebettet lagen und sich bei Annäherung schlossen. Ich verweilte regungslos, da begannen sie sich wieder zu öffnen. Aus der Größe war leicht zu erkennen, daß es Tridacnas waren, nahe Verwandte jener Riesenmuscheln, von denen man in Südseebüchern liest, daß Perlentaucher zwischen ihren Schalen festgehalten werden. An der australischen Küste erreichen sie über einen Meter Durchmesser und werden bis zu drei Zentner schwer; hier waren sie wesentlich kleiner. Erstaunlich war die feine Empfindlichkeit gegenüber Schwingungen im Wasser. Schon eine geringe Bewegung in zehn Meter Entfernung genügte, und die Muschel schloß sich, als hätte sie mich mit Augen gesehen.

Ich tauchte auf und nieder, die Welt oben war total vergessen. Manche Korallenfische sahen aus, als hätte der liebe Gott seine ganze Palette an ihnen ausprobiert. Besonders im seichten Wasser tummelte sich eine Menagerie, an der ein Juwelensammler seine Freude gehabt hätte. Dabei bewegten sich diese schwimmenden Schmetterlinge so schnell, daß ich oft nicht wußte, wo im Augenblick Kopf oder Schwanz war. Unversehens tauchten sie aus einer Spalte auf und waren bereits wieder in einer anderen verschwunden.

Der ganze Riffblock wurde von einem unterirdischen Höhlensystem durchzogen, das sich bis weit unter das seichte Wasser hin erstreckte. Im mystischen Dunkel der Grotten waren die Wände von eigenartigen Fratzen gezeichnet. Manche saßen dem Korallengestein fest an; das waren Schwämme oder Bryozoen, die sich in eigenwilliger Malerei zusammensetzten. Oder sie entflohen im plötzlichen Segelflug: dann waren es struppige Froschfische oder häßliche, breitköpfige Skorpaeniden, die an den Felsen gepreßt auf Beute lauerten.

Die Zeit verging. Ich war bereits eine gute Dreiviertelstunde im Wasser. Bill hatte ich völlig vergessen. Als ich nach ihm Ausschau hielt, sah ich, daß das Boot nach mir suchte. Ich versteckte mich am Riff und tauchte dann eine weite Strecke, so daß ich unmittelbar neben der Bordwand wieder nach oben kam.

„Ach, da sind Sie ja endlich!“ rief Bill erleichtert. „Wir haben schon überall nach Ihnen gesucht! Wo waren Sie bloß? Mir ist scheußlich kalt, und ich wollte längst wieder zurückfahren!“

Ich entschuldigte mich und erkundigte mich, was er gefangen habe.

„Ach, überhaupt nichts. In diesem Kasten ist das ja auch unmöglich. Der Motor blieb dauernd stecken, und die Wellen sind zu hoch. Ich habe es bald wieder aufgegeben, die letzte halbe Stunde haben wir ausschließlich nach Ihnen gesucht!“

Um seine Laune zu verbessern, schilderte ich ihm, was ich an Wunderdingen unten im Meer gesehen hatte.

„Nun, und Haie?“ unterbrach er mich.

„Nein, es hat sich kein einziger gezeigt. Nächstesmal nehme ich eine zweite Maske mit, und dann müssen auch Sie sich das Riff anschauen.“

„Verdammt will ich sein, wenn ich das tue“, brummte er zurück. „Wenn Sie unbedingt im Bauch eines Haies enden wollen, dann ist das Ihre eigene Sache. Mich wird bestimmt keiner fressen!“

Wir fuhren der untergehenden Sonne nach zum Hafen zurück. Die Wellen waren jetzt in unserem Rücken und schoben uns in Eilzugsgeschwindigkeit vor sich her. Zu Hause nahmen wir beide ein Bad, um uns das Salz vom Körper zu waschen, dann fuhren wir in den englischen Klub, in dem die achtzig in Port Sudan lebenden Engländer Billard oder Karten spielten, Whisky oder Bier tranken, in einem modernen großen Schwimmbassin badeten oder des Abends auf einer anschließenden Betonfläche bei Lampionbeleuchtung English-Waltz, Tango oder Samba tanzten...

Ich war todmüde und heilfroh, als wir uns wieder verabschiedeten. Schließlich hatte ich im Flugzeug wenig geschlafen, und dazu kamen der Klimawechsel und der erste Abstieg ins Meer. Zu Hause erklärte mir Bill, daß der Gouverneur zu Besuch in Port Sudan sei und wir eingeladen wären, mit ihm im Red Sea Hotel zu dinieren.

„Ich auch?“ fragte ich.

„Ja selbstverständlich. Er hat mir sogar besonders aufgetragen, Sie mitzunehmen. Er ist ein netter alter Herr, der übrigens eine ganze Menge vom Fischen versteht.“

In meinem Zimmer hatte Achmed meinen Smoking auf dem Bett bereitgelegt; darunter, am Boden, die Lackschuhe; zur Rechten ein Seidenhemd mit der Masche; zur Linken die Socken, die er so umgestülpt hatte, daß ich nur noch bequem hineinzuschlüpfen brauchte.

Im Salon tranken wir noch einen Whisky, dann fuhren wir zum Red Sea Hotel, wo auf der Terrasse im ersten Stock die übrigen Gäste bereits auf uns warteten.

Das Essen war etwas besser als bei Bill, nicht so einförmig, so phantasielos englisch ... Anschließend war ein gemeinsamer Besuch im Kino vorgesehen. Als wir jedoch aufbrechen wollten, hatte es zu regnen begonnen und goß dermaßen, daß die Damen mit ihren langen Kleidern sich nicht vor die Türe wagten. Dies wurde sehr bedauert, denn man gab einen Film mit Clark Gable, den sämtliche Damen verehrten. Als der Regen etwas aufhörte, huschten wir in die Autos, doch als wir beim Kino anlangten, goß es wieder so sehr, daß an ein Verlassen der Autos nicht zu denken war. Wir warteten fünf Minuten, dann fuhren wir wieder ins Hotel zurück, und eine der Damen begann, den übrigen Anwesenden aus den Karten zu weissagen.

Meine Erinnerungen an diesen letzten Teil des Abends sind nur undeutlich, denn ich war in einem Zustand, in dem ich meine ganze Willenskraft aufbieten mußte, um nicht im Sitzen einzuschlafen. Mit quälender Langsamkeit erfuhr jeder, was ihm bevorstand und welche schwarze Dame ihm in der nächsten Zeit begegnen würde. Bill trank noch immer Whisky und wurde von einem Glas zum anderen vergnügter. Endlich erhob sich der Gouverneur und erklärte, daß es an der Zeit sei, ins Bett zu gehen. Zu Hause konnte ich gerade noch meinen Smoking über einen Stuhl werfen, dann fiel ich in einen todähnlichen Schlaf. Ich sah den Gouverneur, wie er mit vielen bunten Fischen durch ein Riff schwamm und sich dauernd räusperte. Ich wollte ihm etwas zurufen, aber er hörte mich nicht. Dann deckte völlige Nacht alles zu.

## *Das Wrack*

Ich erwachte durch ein helles Klirren neben meinem Kopf. Mit einigen freundlichen gutturalen Lauten stellte Achmed eine kleine Kanne mit Tee und einen kleinen Teller mit drei süßen Biskuits auf meinen Nachttisch. Es war erst halb sieben. Ich hätte den Kerl am liebsten umgebracht. Ich war noch total zerschlagen und konnte jetzt bestimmt nicht wieder einschlafen.

In den bunten Gardinen spielten Sonnenreflexe. Durch die offene Balkontüre kam der Duft der blühenden Kletterpflanzen herein. Achmed hatte den großen Propeller, der auch in diesem Raum in der Mitte des Plafonds befestigt war, eingeschaltet, so daß er sich langsam drehte und einen kühlenden Lufthauch zu mir niedersandte.

Ich trat auf den Balkon. Unten im Garten begutachtete Bill im Schlafrock seine Blumen. Der Chauffeur, der ebenfalls Achmed hieß, putzte den Wagen und grüßte zu mir herauf.

„Wir frühstücken um acht!“ rief mir Bill zu, als er mich sah. „Wir haben den Gouverneur und seine Gattin zum Frühstück. Wie haben Sie geschlafen?“

„Ausgezeichnet. Nur leider zu kurz.“

Eine halbe Stunde später hatte sich Bill in große Gala geworfen. Er trug eine weiße Uniform mit goldenen Tressen und dazu Schuhe, die ihn jedoch zu drücken schienen. Wie er mir gestand, zog er diesen Putz nur zu besonderen Festlichkeiten an. Der Gouverneur sollte nachmittags nochmals zum Tee kommen und verließ abends wieder Port Sudan.

Das Frühstück verlief zeremoniell. Sehr interessierte mich, was mir der Gouverneur von einer Insel weiter im Norden erzählte, wo er vor zwei Jahren selbst gewesen war. Auf der einen Seite fiele dort eine über hundert Meter hohe Felswand senkrecht ins Meer. Von dort oben hinabschauend, hatte er gleichzeitig über hundert Haie beobachtet, die sich in dem flachen, sandigen Wasser tummelten.

„Über hundert?“ fragte ich bei allem Respekt.

Der Gouverneur räusperte sich.

„Sicher über hundert. Das Wasser war voll von ihnen. Ich habe übrigens etwas Ähnliches schon früher einmal gesehen, vor jetzt gut fünfzehn Jahren, bei der Insel Tallatalla, die weiter gegen Erythräa zu liegt. Das Wasser war dort so voll von Haien, daß man ein Ruder ins Wasser stechen konnte, und es blieb aufrecht stehen. Was sie taten, ob das vielleicht ihre Paarungszeit war, weiß ich nicht. Aber jedenfalls war das Meer ganz schön voll von ihnen.“

„Und bei der Insel hier, waren das große Haie?“

„Doch, da waren ganz schöne Burschen dabei. Sicher zwei und drei Meter lang. Ich bin überzeugt, wenn Sie dorthin fahren, würden Sie bestimmt allerlei zu sehen bekommen!“

„Das ist die beste Fischgegend an der ganzen Küste“, fügte Bill hinzu.

Die Insel lag, wie mir erklärt wurde, etwa hundert Meilen nördlich in der Nähe von Mohamed Gul. Im Geist machte ich mir eine Notiz, daß ich keinesfalls versäumen dürfe, diese Gegend zu besuchen. Während die Insel Tallatalla nur mit einem größeren Schiff zu erreichen war, konnte man mit einem Auto durch die Wüste bis Mohamed Gul fahren und von dort mit einem Boot zu dem Haifischeiland gelangen.

Der Polizeichef, zu dem mich Bill hinüberschickte, gab Order, man solle für mich ein geeignetes Boot suchen. Was den Preis betraf, so wollte er ihn selbst mit dem Besitzer für mich aushandeln, damit ich dabei nicht übervorteilt würde. Das Boot, eine Feluke, würde um ein Uhr für mich bereitstehen.

Bis dahin hatte ich noch allerlei zu tun. Im Red Sea Hotel, das nur einige hundert Meter vom Gouvernementsgebäude entfernt liegt, bestellte ich mir einen kalten Lunch als Proviant im Boot. Dann eilte ich zur Barclay’s Bank, wo ich erfuhr, daß mein aus Wien überwiesenes Geld ordnungsgemäß eingetroffen war. Ich erkundigte mich nach der größten Apotheke. Vielleicht konnte ich hier

„Soda and lime" auftreiben, das sich an Stelle von Atemkalk ebenfalls im Tauchgerät verwenden läßt.

In der Apotheke, einem großen muffigen Raum mit allerhand verstaubten Flaschen, gab es nichts, was ich für meine Tauchzwecke brauchen konnte. Der weißhaarige Apotheker blätterte nach und erklärte, das Gewünschte beschaffen zu können. Aber der kalkulierte Preis war so hoch und die wahrscheinliche Lieferzeit so ungewiß, daß ich mich bedankte und diesen Gedanken wieder aufgab.

Um ein Uhr fand ich mich mit meiner Ausrüstung und dem Lunchpäckchen bei der kleinen Mole im Hafen ein. Da nur eine Menge Ruderboote zu sehen waren, die als Fährboote quer über den Hafen dienten, fragte ich den schwarzen Militärposten, der in einem Schilderhaus Wache stand, ob er die erwartete Feluke irgendwo gesehen habe. Aber der Mann verstand kein Englisch. Und ich selbst konnte nur mit dem Wort „Felucca" dienen. Sämtliche Bootsbesitzer strömten herbei und erboten sich, mich zu billigsten Preisen über den Hafen zu rudern; aber irgendeine sachdienliche Auskunft war nicht zu erhalten.

In malerischen Stellungen lungerten einige Fuzzys auf der Mole herum. Zwischen bunten Algen an der Steinmauer tummelten sich die gleichen bunten Fischlein, die ich bereits kannte. Endlich kam ein größeres Boot herangesegelt. Es war von schnittiger Bauart, etwa fünf Meter lang und ziemlich schmal. Der Mast stand in arabischer Manier schräg vorwärts geneigt, das spitze Segel war verhältnismäßig klein. Als das Boot längsseits anlegte, sah ich, daß der Boden mit hübschen Matten ausgelegt war.

Die Besatzung bestand aus zwei tätowierten Eingeborenen, deren einer äußerst grimmig und der andere äußerst listig dreinsah. Der Listige war offensichtlich der Wortführer. Er sprang geschickt an Land, begrüßte mich, indem er die Hand an Brust und Stirne legte, und gab mir zu verstehen, daß er Machmoud heiße und ganz zu meinen Diensten sei.

Der zweite machte das Boot fest und begrüßte mich dann ebenfalls. Wie aus seinem unsicheren Grinsen zu ersehen, war es mit seinen geistigen Fähigkeiten nicht weit her. Dieser Mann war ein Unikum. Sah er ernst drein, dann konnte man sich vor ihm fürchten. Sprach man ihn an und zog sich sein Mund grinsend auseinander, dann sah er aus wie ein harmloser Idiot.

Wie Machmoud mir mitteilte, hieß sein Kollege O Sheik.

Meine Sachen wurden im Boot verstaut, und ich ließ mich auf der Matte nieder. Machmoud steuerte und kommandierte; O Sheik hockte vorne und zog das Segel stramm. Schon lösten wir uns vom Ufer, und die grinsende Zuschauermenge blieb hinter uns zurück. Mit geschwelltem Segel ging es quer durch den Hafen, die gleiche Route wie am Vortag mit dem Motorboot.

Als wir uns der äußeren Mole näherten, an der die unterseeischen Gärten liegen, gab Machmoud mir zu verstehen, daß hier ein guter Platz zum Tauchen sei. Ich antwortete ihm durch Gesten, daß ich nicht hier, sondern links draußen vor dem Hafen, an dem seitlichen Küstenriff, tauchen wolle. Die beiden zeigten sich darüber höchst bestürzt. Mit rollenden Augen biß Machmoud in die Luft und schüttelte heftig den Kopf, um mir anschaulich zu machen, was jeden erwarte, der dort ins Wasser steige. Sein Gesicht war eine Studie. Ich konnte darin deutlich lesen, wie erfreut er war, einen gutzahlenden Fremden gefunden zu haben, und wie besorgt, diesen alsogleich wieder zu verlieren.

„Girsch –! Girsch kabir –!!" wiederholte er immer wieder. Nach seinem Gebaren mußten dort wirklich sehr angriffslustige Haie sein.

„Kois, kalas", antwortete ich. Das waren die einzigen Worte, die ich bereits gelernt hatte. Sie bedeuteten: „Gut, geht in Ordnung."

Das linke Saumriff begann direkt vor der Mole und führte in einer langen, nur wenig geschwungenen Linie zur Küste parallel. Wie aus dem deutlichen Farbunterschied des Wassers zu ersehen war, brach das Riff entlang einer acht bis zehn Meter tief gelegenen Schwelle senkrecht in die Tiefe ab. Genau über dieser Linie, wo das Meer plötzlich tiefblau wurde, segelten wir dahin.

Ich ließ bei einer kleinen Buchtung, die in den geraden Verlauf des Riffes einschnitt, Anker werfen. Die beiden waren davon wenig erbaut. Sie befürchteten offenbar, daß der Anker nicht halten und der Wind das Schiff auf die seichten Felsen werfen würde. Aber ich beruhigte sie: ich würde den Anker persönlich auf dem Grund festmachen.

Und schon war ich über Bord.

Jetzt, im hellen Sonnenlicht des Mittags, wirkten die Korallen noch bedeutend farbenprächtiger als am Abend. Direkt unter mir leuchtete ein pfirsichroter Busch; nach den Beschreibungen in den Schriften Klunzingers erkannte ich sofort, daß dies eine Bechersternkoralle war. Griffelkorallen breiteten sich in veilchenblauen Buketten aus; zwischen ihnen entdeckte ich eine zinnoberrote Coenopsammia. Dutzende verschiedener Arten von Sternkorallen wucherten in bunten Kugeln und Wülsten, schneeweiße Distelkorallen erfüllten die Vertiefungen, Kronenkorallen streckten zierlich rosarote Astspitzen vor. Alles und jedes schien hier an Farbe zu wetteifern. Und dazu kamen noch die bunten Korallenfische, die sich wie Schmetterlinge über diesen elysäischen Gärten tummelten.

Die Stelle, wo wir den Anker geworfen hatten, lag keine zehn Meter weit vom Abbruch entfernt. Ich schwamm bis über die Schwelle vor. Die Riffmauer stürzte hier wirklich senkrecht in die Tiefe, und zwar so weit, daß ich trotz klaren Wassers das untere Ende nicht sehen konnte. Daß es hier Haie gab, wollte ich Machmoud gerne glauben. Ich beschloß, die nähere Erkundung dieses Absturzes auf ein andermal zu verschieben, wenn ich das Tauchgerät verwendete, und mich für diesmal auf die seichte Korallenzone zu beschränken.

Ich klemmte unseren Anker zwischen zwei großen Korallenbrocken fest, wo er sich unmöglich losreißen konnte, und kletterte wieder ins Boot zurück. Um vor Gebrauch die Hülle der Unterwasserkamera zu erproben, nahm ich die Kamera heraus, schraubte das Gehäuse leer zu und ließ es an einem Seil hinab. Nach einer Weile, als ich es öffnete, konnte ich feststellen, daß es dicht war. Jetzt nahm ich Block und Bleistift und notierte alle Aufnahmen, die ich knipsen wollte. Denn dieser erste Tag sollte dazu dienen, die Lichtverhältnisse und die Wirkung verschiedener Spezialfilter zu studieren.

Machmoud und O Sheik sahen mir bei allen Handhabungen aufmerksam zu. Besonders die wasserdichte Hülle schien ihre Phantasie zu beschäftigen. Als ich sie am Seil ins Wasser ließ, zog sich O Sheiks Mund breit auseinander. Trotz allen Respekts konnte er nicht umhin, schallend über das Gehaben des Fremden aufzulachen, der so naiv war, mit solchem Köder einen Fisch fangen zu wollen.

Sobald ich die Kamera fest eingebaut hatte, ließ ich mich wieder über Bord gleiten. Da ich, um die Filter zu wechseln, die Hülle jedesmal öffnen mußte, verging eine Stunde, ehe das Pensum erledigt war. Die Lichtverhältnisse waren hier durchaus nicht einfach. Während das Wasser in den tieferen Regionen schön klar war, schwebten unter der Oberfläche Myriaden mikroskopischer Organismen, die das Wasser in eine Grießsuppe verwandelten und, je nach der Dichte der einzelnen Wolken, das Sonnenlicht nur zum Teil durchließen. Mit geringem Vergnügen stellte ich fest, daß es auch hier jene unsichtbar kleinen Quallen gab, an denen man sich empfindlich verbrennt, ohne irgend etwas dagegen tun zu können. Während ich fotografierte, blickte ich dauernd nach rückwärts und nach allen Seiten. Es wäre mir lieber gewesen, der erste Hai wäre bereits aufgetaucht. Denn solange ich noch keinen gesehen hatte, wußte ich nicht, ob sich diese Haie hier wirklich anders verhalten würden.

Ich aß im Boot eine Kleinigkeit, dann legte ich einen neuen Film ein und ging auf Fotojagd. Sofort war mir das Glück hold. In herrlich blauen Farbtönen opalisierend, schwebte eine große tropische Meduse heran. Sie pulsierte mit rhythmischen Bewegungen ihrer Schwimmglocke durchs Wasser und zog eine Unmenge langer Nesselfäden hinter sich nach. Wie gelbe Blütendolden standen die Randquasten seitlich ab. Als ich näher heranschwamm, sah ich einige winzig kleine Fische, die unter dem großen Schirm zwischen den gefährlichen Fangarmen Verstecken spielten. Man nennt diese Art „Hirtenfische", und es ist ein interessantes Phänomen, daß die gierige Meduse sie verschont und sogar beschützt. Während ich fotografierte, kamen zwei oder drei aus dem Wald der langen Fäden hervorgeschwommen, betrachteten vorwitzig das glitzernde Objektiv und flüchteten, als ich mich bewegte, wieder in die sichere Hut.

Die starke Strömung trieb die Meduse gegen die seichten Riffe, und ich folgte ihr, bis sie strandete und an den scharfen Spitzen der abgestorbenen Korallenstöcke zerriß. Die kleinen Fischlein wußten jetzt nicht, wohin. Sie eilten um den Felsen und versteckten sich in den noch verbliebenen Fragmenten. Eine Tragödie im Kleinen, die sich in jeder Sekunde im Meer tausendfach wiederholt.

Plötzlich hörte ich einen gemeinsamen Schrei von Machmoud und O Sheik. Die beiden hatten es sich im Boot bequem gemacht; jetzt sah ich sie samt ihren weißen Nachthemden wie Pudel über Bord springen. Der eine hielt das Boot, der andere verschwand strampelnd unter Wasser und kam alsbald strampelnd und pustend an der Oberfläche wieder zum Vorschein. Der Anker war gerissen, das Seil hatte sich an den beiden Korallenstöcken abgescheuert. Ich eilte hin und half. Schon in wenigen Sekunden war das Boot ein gutes Stück gegen die seichten Klippen zu abgetrieben. Da beträchtlicher Wind gegen das Riff stand, mußten wir alle unsere Kräfte anspannen, um das Schiff vor dem Stranden zu bewahren.

Zu dritt wieder im Boot sitzend, lachten wir über die gemeinsame Aufregung. In guter Laune beging ich den Fauxpas, Machmoud eine Schinkensemmel anzubieten, die er als frommer Muselmane ebenso freundlich wie bestimmt zurückwies. Dagegen zog er eine kleine Dose mit Kautabak hervor, wovon er sich eine kräftige Prise in den Mund steckte. Er betastete meine Harpune und fragte durch eine Geste, wozu diese nützlich sei. – Das wollte ich ihm gern praktisch vorführen!

Mit meiner Fotoausbeute durfte ich für den ersten Tag zufrieden sein: jetzt sollte noch ein Fisch daran glauben. Achmed hatte mir am Morgen einen neuen Stock besorgt, so daß ich nicht mehr länger auf den Bilderrahmen angewiesen war. Ich ließ also die Kamera im Boot und tauchte mit vorsichtigen Bewegungen unter Wasser.

Aber es war durchaus nicht einfach, hier einen Fisch zu überlisten. Was ich erst wieder lernen mußte, waren die unhörbaren Bewegungen, mit denen man durchs Wasser schleichen muß. Jedes kleinste Plätschern erschreckt den Fisch, besonders in einer Gegend, wo es von Fischen wimmelt und wo es genügt, daß einer aufmerksam wird, um alle übrigen durch sein Erschrecken zu warnen.

Ich stach mehrmals daneben, dann sah ich einen großen roten Fisch unbeweglich unter einem Felsen stehen und wußte, daß dieser oder keiner für die abendliche Küche von Bill Clark bestimmt war. Ich schöpfte tief Atmen und tauchte ein Stück entfernt auf den Grund, wo ein Riffbrunnen wie ein senkrechtes Kanonenrohr die Riffkante durchschnitt. Durch diese Öffnung ließ ich mich hinabgleiten und pirschte von außen um den großen Korallenblock, an dessen gegenüberliegender Seite der Fisch in seinem Loch stand.

Auf halbem Weg kamen mir zwei kleine Papageienfische entgegen, und der eine stellte sich mir direkt vor die Harpune. Ich mußte mich an der Koralle festhalten und unbeweglich verharren, sonst erschreckte ich die Fische, und mit meinen Chancen war es vorbei. Aber die beiden schienen meine Situation zu durchschauen und belustigten sich damit, daß sie sich in munteren Kapriolen vor mir hin und her drehten. Endlich wurde es ihnen langweilig, und sie schwammen weiter. Schnell glitt ich um den Felsen. Der Fisch stand gottlob noch an der gleichen Stelle. Ein Stück hinter ihm saß ein kleiner Krebs und wühlte mit seinen Scheren in einem Loch voll Sand.

Vorsichtig schob ich mich zwischen zwei Korallen hindurch. Dann ließ ich die Harpune mit aller Macht vorschnellen. Dabei traf ich nicht nur den Fisch, den ich in der Mitte durchbohrte, sondern außerdem mit dem Ellbogen eine Koralle, daß mir Hören und Sehen verging.

Aber ich hatte nicht Zeit, mich damit zu beschäftigen, denn direkt über mir war ein dünner, langer Körper aufgetaucht, der mit spitzer Nase zu mir heruntersah. Ein Hai! Allerdings der kleinste, den ich jemals gesehen hatte. Er war nicht einmal einen Meter lang und glich eher einem frechen dicken Hecht. Er drehte sich und war wieder verschwunden. Da sich der Fisch mit der Leine in den Korallen verwickelt hatte, eilte ich hoch, um Luft zu holen. Dabei sah ich den Hai nochmals. Er glitt jetzt über den Korallenhang hinab und näherte sich von unten her wieder der Stelle, wo mein Fisch lag.

Womöglich wollte er ihn mir wegholen!

Schon war ich wieder unten und machte die Leine los. Machmoud war außer sich vor Freude, als ich mit der farbenprächtigen Beute ans Boot kam. Eine Stunde später saß ich mit Bill und dem Gouverneur beim Tee, und der Fisch machte unter den Anwesenden die Runde. Es war ein *Holocentrus* von etwa acht Pfund Gewicht. Wie Machmoud versicherte, gehörte er zu den besten Speisefischen.

### *An Bord der „Umbrea“*

„Und der Hai wollte Ihnen den Fisch wegschnappen?“ fragte die Gattin des Gouverneurs aufgeregt.

Ich antwortete ihr, daß man diesen Hai kaum als einen Hai bezeichnen konnte.

„Ach, Sie müßten einmal draußen bei der ‚*Umbrea*‘ tauchen!“ rief sie aus. „Ich bin überzeugt, Sie würden dort unglaubliche Erlebnisse haben!“

Bill erklärte mir, daß diese „*Umbrea*“ ein großes italienisches Schiff sei, das etwa eine Meile von Port Sudan entfernt auf dem Grund liege. Die Spitzen der beiden Masten ragten noch über Wasser. Es sei jedoch streng verboten, sich dem Wrack zu nähern.

„Ist denn soviel Gold darin?" fragte ich.

„Gold nicht, aber Dynamit. Nicht weniger als achtzehntausend Tonnen Munition und Explosivstoffe."

Der Gouverneur räusperte sich.

„Die ‚*Umbrea*' war mit ihrer Ladung nach Erythräa bestimmt", erzählte er. „Sie lag gerade an dem Tag hier vor Anker, als Italien gegen uns in den Krieg eintrat. Wir besetzten das Schiff, und die Italiener sollten von Bord gehen – plötzlich, große Aufregung, kam die Meldung, daß die ‚*Umbrea*' sinke. Die Italiener hatten es trotz unserer Wachen fertiggebracht, die Schotten zu sprengen. Das Schiff wäre noch leicht zu retten gewesen, aber sie behaupteten, Zeitminen angebracht zu haben, und so blieb nichts übrig, als es sinken zu lassen."

„Es liegt etwa zwanzig bis vierzig Meter tief", sagte Bill. „Man kann von oben durchs Wasser deutlich den Rumpf sehen. Übrigens sind auch noch für etwa eine halbe Million Mariatheresientaler darin. Erst letztes Jahr hat sich eine italienische Bergungsfirma darum beworben, das Schiff zu heben. Aber wir haben es abgelehnt."

„Und warum?"

„Weil nach Ansicht der Admiralität das Schiff heute noch plötzlich in die Luft fliegen kann."

„Explodieren ... unter Wasser?"

„Ja. Gewisse Zünder rosten im Laufe der Zeit durch, und dann besteht die Gefahr einer Selbstzündung. Gerade jetzt, nach zehn bis fünfzehn Jahren, ist nach Urteil der Sachverständigen die kritische Zeit. Wir haben schon erwogen, das Schiff selbst zu sprengen, denn es blockiert uns den ganzen Ankerplatz des äußeren Wingate, aber es geht nicht. Im Gouvernement haben wir ein siebzehn Seiten langes Gutachten, das von zwei Offizieren ausgearbeitet wurde, die extra zu diesem Zweck herkamen. Durch eine Explosion der ‚*Umbrea*' würde der ganze östliche Teil von Port Sudan überschwemmt werden. Achtzehntausend Tonnen sind schließlich keine Kleinigkeit."

Dieses Wrack ging mir nicht aus dem Sinn. Beim Abendessen kam ich nochmals darauf zu sprechen und fragte Bill, ob er nicht eine Taucherlaubnis für mich erwirken könne. Er wollte es gerne versuchen, erklärte mir aber gleich, daß ich mir keine großen Hoffnungen machen solle. Der Hafenmeister sei in diesem Punkt ein ganz eigener Mann. Er würde sicherlich befürchten, daß ich das Schiff samt Port Sudan in die Luft sprenge.

„Ich würde selbstverständlich nichts anrühren", sagte ich. „Es würde mich nur interessieren, ein paar Aufnahmen zu machen, die wissenschaftlich von großem

Interesse wären. Denn da bekannt ist, wie lange das Schiff auf dem Grund liegt, kann man sehen, wie schnell sich die einzelnen Korallen, die sich darauf festgesetzt haben, entwickeln. Und es wäre auch interessant, welche Fische sich da angesiedelt haben. Man kann daraus interessante Schlüsse ziehen."

Bill versprach, sein Bestes zu tun.

Am anderen Morgen ließ ich mich von meinen beiden Getreuen zu dem gleichen Riff führen, an dem ich am ersten Abend getaucht war. Von hier aus konnte ich in einiger Entfernung die beiden über Wasser lugenden Mastspitzen der *„Umbrea"* deutlich erkennen. Sie standen ziemlich schräg, etwa in einem fünfundvierziggradigen Winkel; das Schiff mußte also mit großer Schlagseite auf dem Grund liegen. Ich überlegte, ob ich auf die Genehmigung verzichten und hinfahren sollte; aber dann bezwang ich mich und gab statt dessen Auftrag, dem Riff, das wie eine lange gebogene Mauer durchs Meer zog, ein Stück weit zu folgen. Wir ankerten an einer sehr vielversprechenden Stelle.

Der Abbruch lag hier fast unmittelbar am Riff, so daß unser Boot keine zwei Meter von den Klippen entfernt schaukelte. Aber das Wasser war ruhig, und der mäßige Wind kam von der anderen Seite. Ich hatte diesmal das Tauchgerät mitgenommen, trotzdem verwendete ich es nicht. Ich schwamm die Klippen entlang, untersuchte Korallen und knipste mehrere Fische; insgeheim dachte ich immerzu an das versunkene Schiff. Da lag es so zum Greifen nahe, und wegen der dummen Verordnung konnte ich nicht hinfahren. In meiner Zerstreutheit drehte ich den Film nach den letzten Aufnahmen mit Gewalt weiter, so daß das Ende aus der Spule sprang. Wenn ich für weitere Aufnahmen noch einen neuen Film einlegen wollte, blieb mir nichts übrig, als die Kamera in meinem lichtdichten Wechselsack zu öffnen und zu versuchen, die Spule mit der Hand zurückzurollen. Ich stieg ins Boot und schlüpfte mit meinen Händen in den schwarzen Stoffschlauch, der beidseitig mit einem doppelten Gummizug versehen war, so daß nicht der geringste Lichtschimmer eindringen konnte. Das Rückrollen des Filmes gestaltete sich sehr schwierig. Das Ende hatte sich verklemmt und hing in der Kamera fest. Je länger ich mich bemühte, um so heißer brannte mir die Sonne auf den Rücken, und meine Hände begannen in dem abgeschnürten Sack zu schwitzen.

Ich fluchte im stillen. Jetzt hatte ich den Film teilweise heraus und konnte vor beendeter Arbeit mit den Händen nicht aus dem Sack. Ich begann nervös zu zerren. Dabei rann mir der Schweiß von den Fingern, und ich fühlte, wie ein Bild nach dem anderen durch Berührung mit meinen Fingern verdorben wurde. Schließlich war ich so ärgerlich, daß ich den ganzen dummen Film aus dem Wechselsack hervorriß und ihn im Bogen ins Meer warf. Die mühsame

Arbeit war umsonst gewesen! Und einen Sonnenbrand auf dem Rücken hatte ich auch noch bekommen!

„Segel in die Höhe!“ kommandierte ich. „Wir fahren jetzt dort hinüber.“ – Ich zeigte auf die Masten des versunkenen Schiffes.

Es war auch wirklich zu dumm. Port Sudan war von hier aus nur als ein rötlicher Strich zu sehen. Wie sollte man von dort aus sehen können, wo unsere Nußschale gerade schwamm.

Der Wind war günstig, mit geschwelltem Segel ging es dahin. Wir segelten durch eine Lücke in der langen Riffmauer, und in knapp zehn Minuten hatten wir das versunkene Schiff erreicht. Die Maststumpen, die schräg über Wasser ragten, waren, aus der Nähe betrachtet, bedeutend höher, als ich vermutet hatte. Die Oberseite des Eisens war vom Kot der vielen Vögel, die dort ständig saßen, weiß lackiert. Als wir heranfuhren und das Boot an einer niederhängenden Stahltrosse festmachten, flatterten sie auf und umkreisten uns mit großem Gekreisch.

Ich beugte mich über den Bootsrand. Trotz der Wellen konnte ich die Umrisse des mächtigen Schiffskörpers deutlich sehen. Ich kam mir vor wie ein Ritter in grauen Vorzeiten, der an ein verwunschenes Schloß geraten ist und nun darangeht, in dieses einzutreten.

Mit zitternden Händen schraubte ich die Unterwasserkamera zusammen und gürtete mir das Tauchgerät um. Doch nein, ich würde erst nur mit dem Speer hinuntertauchen und die Kamera vorerst oben lassen! Machmoud und O Sheik sahen mir mit großen Augen zu. Sie versuchten beide, mir etwas verständlich zu machen, was mit diesem Schiff zusammenhing. Soweit ich aus ihren Gesten entnehmen konnte, lebten dort unten irgendwelche weibliche Meeresgespenster, die sehr reizvoll sein mußten, aber auch sehr gefährlich. Nun schön, um so besser.

Machmoud half mir, die Gurte festzuschnallen, dann saugte ich den Atemsack leer, ließ aus der Flasche an meinem Gürtel Sauerstoff einschießen, setzte die Nasenklemme auf, spuckte in die Maske, spülte sie aus und zog sie über die Augen. Die Flossen hatte ich bereits an, den Speer reichte mir O Sheik.

Es war dies der erste Abstieg im Tauchgerät nach sieben Jahren. Daß er ausgerechnet auf ein gesunkenes Schiff führen würde, hatte ich mir in Wien wohl kaum gedacht. Der Genuß, wieder unter Wasser schweben und dabei frei atmen zu können, war herrlich. Mit diesem Gerät betritt man die Meeresabgründe nicht als ein plumper Taucher, sondern man verwandelt sich gleichsam selbst in einen Fisch, der schwerelos durch diese dreidimensionale Welt dahingleitet. An technischen Dingen ist dabei nicht viel zu beachten. Hat man zuwenig Luft im Sack, dann genügt ein Druck auf das Ventil am Gürtel, und neuer Sauerstoff schießt ein. Ebenso muß man verfahren, wenn man tiefer geht. Denn je tiefer man kommt, um so mehr preßt der Wasserdruck das Gas zusammen; der Auftrieb wird geringer, und man fällt, immer schwerer werdend, hinab. Schwimmt man wieder hoch, dann dehnt sich das Gas entsprechend aus, und man muß durch die Mundwinkel dauernd Luft ablassen, damit der prall aufgeblähte Sack nicht zerplatzt. Inmitten eines Blasenstromes, der sich auch selbst wieder ausdehnt und vergrößert, gelangt man wie ein Luftballon nach oben.

Ich schwebte über einem schwarzblauen Abgrund. Rechts unter mir lag das stark geneigte, steil absinkende Deck des Dampfers, dessen eine Seite verhältnismäßig hoch emporkam, während sich die andere im unsichtigen Abgrund verlor. Schräg seitlich aufragend, erhob sich der mächtige runde Schornstein, umgeben von allerlei Aufbauten und vielen abenteuerlich gekrümmten Dampfpfeifen und Lüftungsrohren. An den alten Eisenteilen und sogar an den gespannten Drahtseilen hatten sich überall Korallen festgesetzt und zu blütenhaftem Wuchs entwickelt. Dazwischen schwammen unzählige bunte Fische, die sich hier ebenso heimisch zu fühlen schienen wie in einem Korallenriff.

Ich beeilte mich, aus dem freien Wasser wegzukommen. Im schrägen Gleitflug segelte ich auf die Mitte des Decks hinab.

In zwanzig Meter Tiefe setzte ich wie ein Vogel schwerelos auf einer Dampfpfeife auf und verharrte hier einige Minuten, den Eindruck in seiner ganzen Größe in mich aufnehmend. Es war in der Tat ein mächtiges Schiff, das hier unten im Schoß des Meeres ruhte und von Korallen wie von einer Dornröschenhecke überwachsen wurde. Ich konnte mir gut vorstellen, wie es in fünfzig oder hundert Jahren hier aussehen würde. Dann hatten die Korallen wie Kletterpflanzen den ganzen Körper überdeckt und die meisten offenstehenden Türen und Luken verschlossen. Und in zweihundert Jahren war das Schiff nichts anderes mehr als ein merkwürdig geformtes Korallenriff, in dem allerdings genug Dynamit verborgen lag, um eine ganze Stadt in die Luft zu sprengen, und genug Silber, um einen guten Teil davon wieder aufzubauen.

Von meiner Dampfpfeife aus konnte ich bis zu den beiden Masten sehen, die schräg hochsteigend am Wellenhimmel ebenso plötzlich aufhörten, wie sie über Wasser auftauchten. Zwischen mir und der Silhouette des Bootes, das weit oben neben dem einen Mastende schwebte, hing unbeweglich ein großer Barrakuda. An anderen Fischen sah ich hauptsächlich blaue Seebader, Schmetterlingsfische, mannigfache Seepapageien und schwarzgelbe Engelsfische. Neben mir, um das Rund der benachbarten Dampfpfeifen, bildeten winzig kleine rote Fische jeweils einen Kranz. Nachdem ich alles betrachtet hatte, erhob ich mich und ließ mich durch die klaffenden Eisensparren auf das tiefer gelegene Deck hinabgleiten.

Dort war es schon etwas düster. Indem ich den Kopf schräg hielt, so daß der Gang gerade vor mir lag, versuchte ich mir vorzustellen, wie einstmals Matrosen hier auf und ab gingen. Rechts führte eine Tür in einen dunklen Innenraum. Ich wartete, bis sich meine Augen an die Dunkelheit gewöhnt hatten, dann trat ich ein. Der Raum war durch die Tür und durch zwei Fensteröffnungen spärlich erhellt. Da er, wie jeder Boden dieses Schiffes, schräg abwärts lag, hatte sich allerlei Gerümpel auf der gegenüberliegenden Seite angehäuft, wo es mit Schlamm überdeckt, an eine Familie häßlicher Tintenfische erinnerte. Ein Tisch in der Mitte war festgeschraubt und daher an seinem Platz verblieben. Ich schwebte bis zu ihm, da erblickte ich über mir etwas Rundes, Glitzerndes. Es war eine Glühlampe! Ich versuchte sie loszuschrauben, aber sie war schleimig und festgerostet.

Plötzlich verdunkelte sich die Tür.

Ein dicker Zackenbarsch stand dort und blickte herein. Sein Anblick brachte mir aus irgendeinem Grund das bedrückende Schweigen zu Bewußtsein, das über diesem toten Schiffskörper lastete. Vielleicht weil ich einen anderen Zackenbarsch gestern an dem rauschenden Korallenriff gesehen hatte. Hier war es völlig grabesstill. Während mir bisher die Zahl der Eindrücke gar nicht Zeit gelassen hatte, Angst zu empfinden, lief mir jetzt eine kalte Gänsehaut über den Körper. Das Wasser war hier auch merkbar kühler als außerhalb des Schiffes. Unschlüssig kam der Zackenbarsch durch die Tür, dann erschrak er und sauste mit einem plötzlichen Schwanzschlag wieder hinaus. Der deutlich hörbare Schock blieb in diesem bedrückenden Schweigen hängen.

Ich schüttelte die Beklemmung von mir ab. Durch eine seitliche Tür, die ich wegen der schrägen Lage mehr durch die Schmalseite als durch die Höhe durchschwamm, gelangte ich in den Nebenraum und von dort aus durch eine weitere Tür in ein winziges, fast völlig dunkles Badezimmer. Die Wanne war schön weiß emailliert und noch immer ziemlich blank; ihr Anblick kam mir so grotesk komisch vor, daß ich laut in meinen Atemschlauch lachte und sitzend in der Wanne Platz nahm. Am schrägen Plafond über mir hingen zwei dünne vorstehende Platten. Ich betastete sie vorsichtig. Im Gegensatz zu dem blinden Spiegel an der Wand rechts von mir gehörten diese plattenartigen Bildungen nicht zum einstigen Inventar. Es waren Muscheln. Und zwar echte Perlmuscheln, wie ich bei näherer Betrachtung sah. Ein Messer hatte ich bei mir; ich schnitt sie auf. Mit den Fingern tastete ich das blutende Fleisch ab, ob nicht am Ende eine Perle darin war. Das wäre ein Erlebnis gewesen, das mir kaum jemand geglaubt hätte; in einem versunkenen Schiff in einer Badewanne zu sitzen und aus einer Muschel am Plafond eine Perle zu lösen! Leider war keine darin. Dagegen tauchten jetzt kleine Fische auf, die sich im Dunkeln um das Muschelfleisch zu streiten begannen. Es war erstaunlich: selbst an einem Ort wie diesem, wo weit und breit nichts Lebendes gewesen war, genügte ein bißchen Blut, um gierige Mäuler aus ungewissen Verstecken hervorzuzaubern. Vielleicht saß direkt unter der Wanne eine Muräne, die bereits zu mir hochkroch! Schnell steckte ich die Muschelschalen in meine Brusttasche und verließ den Raum. Von den Schemen meiner eigenen Vorstellung verfolgt, jagte ich quer durch einen Saal, von dessen Decke zerrissene Planken niederhingen, und gelangte an ihnen vorbei, mich durch ein enges Fenster zwängend, wieder ins Freie.

Und atmete auf.

Dies war der Nachteil des Tauchgerätes: daß man nicht durch einen festen Anzug und Helm geschützt ist, sondern so nackt und leicht verletzbar wie kaum ein Fisch oder sonstiges Meerestier. Ich war, ohne es zu bemerken, an irgendwelchen scharfen Eisenteilen angekommen, und schon quollen Blutfähnchen aus mehreren langgezogenen Schnitten an meinen Armen und Beinen. Die außerordentliche Beweglichkeit bezahlte ich durch ein erhöhtes körperliches Risiko, dessen man sich in ungewohnter Situation besonders bewußt wird. Dazu kam noch, daß ich mit der Oberwelt in keiner Verbindung stand. Passierte mir etwas, dann gab es niemanden, der mir helfen konnte.

Mein Abstieg hatte bereits zwanzig Minuten gedauert; es war Zeit, daß ich hochschwamm und die Kamera holte. Machmoud und O Sheik atmeten sichtlich auf, als sie mich wiedersahen. Ich übergab ihnen den Speer und ließ mir die Kamera geben. Nein, Meerweibern war ich bisher noch nicht begegnet. Und schon glitt ich wieder hinunter in das blaudämmernde Dunkel, hinunter zu dem Schiff, das mir beinahe wie ein persönlicher Besitz vorkam, den ich mir erworben hatte.

Wäre ich Seemann, dann könnte ich besser den Weg beschreiben, der mich zum vorderen und dann bis zum rückwärtigen Schiffsende führte. Die Ausdehnungen dieses Dampfers waren enorm. Ich schwamm über die oberen und über die tiefer gelegenen Decks, spähte durch Luken und Türen in die Innenräume und gelangte zu einer offenen Ladeluke, durch die ich tief unten im Schiffsbauch die mächtigen Haufen der Munitionskisten sah. Ich mußte im stillen lächeln, wenn ich an Bill dachte, der vielleicht gerade jetzt mit dem Hafenmeister über mein Anliegen sprach. Nein, ich würde das Dynamit bestimmt nicht anrühren! Eher noch die Mariatheresientaler, wenn sie nicht in unzugänglichen Tresorräumen verschlossen lagen!

Es war ein Genuß sondergleichen, jedes fotografische Motiv in aller Ruhe aussuchen und begutachten zu können. Wollte ich zu einem Vorsprung fünf Meter über mir, dann gab ich mir einen kleinen Schubs, und schon stand ich oben. Wollte ich zehn Meter tiefer, dann beugte ich mich vor und glitt wie ein Vogel hinab. Nirgends wurde mir das Leben in der dritten Dimension so deutlich bewußt wie in diesem Wrack, wo jede Leiter und jede Tür den Vergleich mit einem normalen Schiff herausforderte. Kein Vogel, auch wenn er noch so geschickt durch das Tauwerk segelte, konnte mich übertreffen. Denn für mich gab es überhaupt keine Schwerkraft. Ich konnte schweben, wie und wohin es mir beliebte, und ich konnte ebensogut völlig unbeweglich im Raum stehen.

Ich stand gerade kopf, um durch wirres Gestänge einen dicken, knabbernden Papageienfisch zu fotografieren, da klemmte plötzlich die Kamera. Ich schüttelte sie, aber es half nichts. Mit bangem Verdacht blickte ich von vorne durch das Objektivfenster in das Innere des Kastens. Wasser war in die Hülle eingedrungen! Und sogar ziemlich viel. So schnell ich konnte, jagte ich mit peitschenden Flossenschlägen wieder zur Oberwelt.

Ich schwang mich über den Bootsrand und öffnete die Kamera. Ein gutes halbes Liter Salzwasser floß heraus! Die Kamera hatte bereits zum Teil im Wasser gestanden, der Film war bestimmt angegriffen worden. Ich riß ihn heraus und reinigte das Innere, so gut es ging, mit dem Taschentuch. Dann hielt ich die Kamera offen in die pralle Sonne und ließ fünf Minuten lang pausenlos den Verschluß abschnurren. Vielleicht trockneten so die Tropfen im Inneren des Mechanismus, ohne das Räderwerk durch Rost oder Salzspuren anzugreifen. Was es bedeutete, eine Kamera auseinandernehmen zu müssen, wußte ich noch von der Expedition nach Westindien. Aber es sah so aus, als hätte ich diesmal noch Glück gehabt. Die Kamera funktionierte wieder tadellos. Also legte ich einen neuen Film ein, und nachdem ich auch die Sauerstoffflasche und den Atemkalk erneuert hatte, glitt ich wieder hinunter zu meinem Schiff.

## *Begegnung mit dem Teufel*

„Warum sind Sie eigentlich nicht verheiratet?“ fragte ich Bill. Wir saßen im Salon und tranken Tee. Bill war gut gelaunt, er hatte ausnahmsweise beim Golf gewonnen. Tief in seinen Polsterstuhl zurückgelehnt, blies er eine Rauchwolke über sich und schaukelte den einen Pantoffel an der großen Zehe.

„Weil ...“ antwortete er bedächtig. „Die Frauen, die ich gern wollte, die hatten keine Lust, das Leben eines englischen Kolonialbeamten zu teilen. Und die, die Lust gehabt hätten ... na ja.“

„Im übrigen“, fügte er hinzu, „habe ich Achmed, und der macht mir genügend Sorgen.“

„Sorgen? Ich dachte, er ist eine Perle.“

„Schon, aber nicht immer.“ Das Barometer von Bills guter Laune senkte sich um einige Grade. „Gestern wollte ich nachsehen, wo meine rotseidenen Bettüberzüge sind, und sie sind weg. Dabei waren sie fast neu; ich habe sie vor Jahren einmal gekauft, als ein Freund mit seiner Frau auf der Hochzeitsreise durchkam, und seither habe ich sie nur ein paar Male verwendet. Und jetzt sind sie weg, einfach verschwunden. Dabei bin ich überzeugt, wenn ich nachsehen würde, hat sicher die Frau von Achmed sich Unterwäsche daraus gemacht. Aber wie soll ich nachsehen?"

Bill kramte umständlich in der großen Keksdose. Er behauptete zwar, daß Kekse der Tod für ihn seien, aber diesen Tod gönnte er sich gern.

Unvermittelt fragte er:

„Hätten Sie übrigens Lust, mit mir nach Khartum zu kommen?"

„Nach Khartum? Wann?"

„In zweieinhalb Wochen. Anläßlich des königlichen Geburtstages gibt es beim Generalgouverneur einen großen Empfang, bei dem alle Häuptlinge und Würdenträger des Sudans anwesend sind. Ich muß auch hinfahren und könnte Ihnen leicht eine Einladung verschaffen."

„Wie fährt man da?"

„Hin würden wir im Schlafwagen fahren, das dauert zwei Tage und eine Nacht, und zurück im Flugzeug. Ich glaube, die Sache würde sich bestimmt für Sie lohnen. Außerdem gibt es einen Ball."

„Aha!"

Bill war, wenn es gegen den Abend ging, die Unternehmungslust in Person. Morgens, wenn er die Blumen betrachtete, war er leidlich aufgelegt, doch wenn dann die Sonne höher stieg und die Amtszeit sich näherte, ließ seine Laune erheblich nach. Ich hatte schon Mittagessen erlebt, bei denen überhaupt kein Wort gesprochen wurde. Aber zur Teezeit stellte sich die gute Laune meist wieder ein. Nicht so sehr bei mir, denn Bill hatte für jeden Abend ein Programm, das mindestens bis um Mitternacht dauerte.

„Nun, Sie können es sich ja noch überlegen", fuhr Bill fort. „Heute werden Sie ein paar Kollegen kennenlernen. Wir sind erst auf einen Drink beim Portmanager und essen dann gemeinsam an Bord des Torpedobootes, das heute einlief. Wie mir der Kapitän sagte, sind alle seine Offiziere begeisterte Unterwasserjäger. Ich glaube, sie haben bei Malta und im Golf von Akaba, wo das Schiff die letzten Wochen lag, getaucht."

Das war interessant. Seit Tagen zerbrach ich mir den Kopf, wo ich jemanden herbekommen könnte, der mit mir unter Wasser ging. Ich brauchte für meine Aufnahmen einen Menschen als Größenvergleich zu den Korallen. Wenn ich immer Korallen und Fische allein fotografierte, konnte man niemals aus den Bildern ersehen, wie groß sie waren.

„Wie lange bleibt denn das Schiff?"

„Ich glaube, vier oder fünf Tage."

Wir gingen hinauf in unsere Zimmer, und ich hörte, wie Bill mit vielem Getöse sein Bad nahm. Dann hörte ich ihn singen und gurgeln, und alsbald kam er im weißen Smoking, frisch rasiert und mit Eau de Cologne bespritzt, wie ein junger Adonis wieder zum Vorschein.

Im Hause des Portmanagers, wo bereits eine Zahl von Gästen mit Whiskygläsern im Kreise saßen, wurde ich neben eine Dame gesetzt, die sich auf einem schwedischen Dampfer auf Durchreise befand. Man erklärte mir, sie spräche Deutsch, und so könnten wir uns gut in unserer Muttersprache verständigen.

„Ich höre, Sie sind aus Schweden, gnädige Frau, und nur für einige Tage auf Durchreise hier", begann ich höflich die Konversation.

„O jaaa! O jaaa!" antwortete sie freundlich nickend.

„Sind Sie direkt gefahren oder haben Sie in Italien Station gemacht?" Sie nickte.

„O jaaa! O jaaa!"

Offenbar hatte sie mich nicht verstanden.

„Fährt Ihr Schiff nach Indien oder nach Johannesburg?"

Sie nickte auf das freundlichste.

„O jaaa! O jaaa!"

Wie sich zeigte, sprach sie nur Schwedisch und kein Wort Deutsch. Der gute Bill hatte alles durcheinandergebracht. Als ich ihm später von meiner eigenartigen Konversation erzählte, konnte er sich vor Lachen kaum halten. Denn erst hatte er neben ihr gesessen, und da hatte sie auf alles „Oh yeees! Oh yeees!" gesagt. Darauf, um sie loszuwerden, hatte er sie mir übergeben.

An Bord des Torpedobootes war das Deck mit festlichen Flaggen geschmückt. Es gab hier einen Cocktail, der noch stärker war als der normale Whisky, den wir tranken. Die Offiziere befanden sich in angeregter Unterhaltung mit einigen Damen in langem Abendkleid. Als wir bekannt gemacht wurden, zeigten sie mir ihre Tauchmasken samt dem im Mittelmeer so beliebten Atemrauchfang. Sie hatten bei Malta einige Fische geschossen, im Golf von Akaba hatten sie jedoch nicht getaucht. Denn dort gab es Haifische.

Ich wandte mich an einen, der besonders groß und stark aussah, und fragte ihn, ob er nicht Lust hätte, einen Tag mit mir zu den Riffen zu fahren. Ich erklärte ihm, wie schön und ungefährlich es dort sei und wie sehr ich für meine Aufnahmen einen Menschen benötigte, der mir zu den Korallen ein Größenverhältnis abgab.

„Ein Größenverhältnis –?" Ein Mann mit buschigen Augenbrauen war herzugetreten. Das war der Kapitän. „Nein, zu diesem Zweck können wir Seiner Majestät Offiziere unmöglich von Haifischen auffressen lassen!"

„Aber es sind fast keine da!"

„Fast . . . dieses ‚Fast' genügt uns."

Die zahlreichen Paare, die sich unter den Lampionen im Takt wiegten, boten ein schönes Bild. Bill war hier der unbestrittene König des Parketts. Mit Sambaschritten, die Fred Astaire alle Ehre gemacht hätten, schwenkte er die Damen in kunstvollen Pirouetten. Als er ein wenig Pause machte, erklärte er mir, daß an einem Tisch auf der anderen Seite Herr Row, der Taucher von Port Sudan, säße. Diesen müßte ich unbedingt kennenlernen.

„Ich habe ihm unlängst von Ihnen erzählt, und er glaubte kein Wort. Sie werden sicher Spaß haben, mit ihm zu sprechen. Er ist ein etwas merkwürdiger Kauz."

Wir gingen gemeinsam hinüber, und Bill stellte mich vor. Herr Row war ein kleiner, untersetzter Mann, der ein großes, fast geleertes Bierglas vor sich stehen hatte.

„Ach, Sie sind der famose Taucher", erklärte er mit sympathischer Offenheit. „Ich habe Herrn Clark schon letztes Mal gesagt, daß ich kein Wort von dem, was Sie erzählen, glaube."

Bill ließ uns allein, und wir kamen schnell ins Gespräch. Herr Row war schon eine Reihe von Jahren hier tätig und kannte im Hafen, wo er nach Bedarf bei den Schiffen und an der Kaimauer tauchte, jeden Stein.

„Was glauben Sie nicht?" fragte ich ihn.

„Daß Sie in der Badehose hier bei den Riffen herumschwimmen. Ich kenne nämlich die Haie, mir können sie nichts erzählen."

Wir vereinbarten, daß ich ihn einmal im Hafen besuchen würde. Ich hatte sowieso die Absicht, einmal bei den unterseeischen Gärten in der Einfahrt zu tauchen; da wollte ich ihn verständigen, und er wollte dann dabei zusehen.

Der Tanz ging noch lange weiter, ich konnte wieder einmal die Augen kaum offenhalten. Endlich, um zwölf, hatte Bill genug, und wir fuhren zurück. Am anderen Morgen erklärte mir Machmoud, daß wir nicht ausfahren könnten; der Wind sei so stark, daß wir unmöglich bis Wingate kämen. Ich beschloß darum, den Vormittag für meine Korrespondenz zu verwenden und dann gegen Mittag bei den unterseeischen Gärten zu tauchen. Im Schutz der Mole würde trotz des Windes das Wasser noch ruhig und klar sein.

Herr Row holte mich im Auto ab. Als ich ihm die Maske, die Flossen und das Tauchgerät zeigte, betrachtete er diese Objekte wie ein Lokomotivführer, der eine Spielzeugeisenbahn in Händen hält. Er selbst tauchte in einem Taucheranzug, mit einem Kupferhelm und schweren Bleischuhen an den Füßen. Während wir rings um den Hafen fuhren, erzählte er mir von riesigen Steinquadern, die er gerade im hinteren Teil des Hafens berge. Sie stammten von der alten Kaimauer, und ich müßte davon unbedingt Aufnahmen machen. So große Steinblöcke seien bestimmt noch nie unter Wasser fotografiert worden.

Wir passierten die Zollwache und fuhren bis zum letzten der am Kai vor Anker liegenden Schiffe. Es wurden hier große Baumwollballen eingeladen. Direkt hinter dem Ende des Schiffes, in der Nähe des Heiligengrabes, von wo aus mir mehrere verschleierte Damen zusahen, gürtete ich mir das Tauchgerät um. Während Herr Row am Kai auf und ab ging und mir noch Ratschläge gab, kletterte ich über eine Stiege hinunter und ließ mich unter Wasser gleiten.

Abgesehen von einer Ölschicht an der Oberfläche war es ziemlich klar. Die Kaimauer reichte etwa zehn Meter tief und war mit zahlreichen Muscheln und bunten Gewächsen überkrustet. Was mich jedoch mehr interessierte, war der deutlich sichtbare Schiffskörper mit der großen Schraube und ein Schwarm stattlicher Goldbarsche, die in einer unbeweglichen Wolke direkt hinter dem Kiel standen.

Die Harpune hatte ich mitgenommen. Ich schwamm vorsichtig an der Kaimauer ein Stück zurück, dann hinüber unter das Schiff und pirschte am Kiel entlang gegen die Schraube. Hier, aus dem Schatten des Schiffes, erschien das Wasser ringsum wie ein hellgrüner Vorhang. Der Fischschwarm stand noch immer regungslos. Erst als ich schon ganz nahe war, setzte er sich langsam in Bewegung. Dicht an der mächtigen Schraube vorbei harpunierte ich. Schuppen flogen, die Harpune wurde mir beinahe aus der Hand gezerrt. Dann hing meine Spitze frei im Wasser, und ein Fisch mit einem großen Loch in der Seite suchte das Weite.

Fast gleichzeitig tauchte aus dem tiefen Wasser, wo es ziemlich schlammig und trüb wurde, der große Kopf eines Judenfisches auf. Er kam ein Stück hochgeschwommen und blieb im freien Wasser stehen. Gegen den Hintergrund des hellgrünen Vorhanges hob er sich prächtig ab. Kurzentschlossen tauchte ich zurück zur Oberfläche, übergab Herrn Row den Speer, an dessen Spitze noch ein Hautfetzen hing, und übernahm die Kamera. Natürlich war, als ich zurückkehrte, der Judenfisch wieder verschwunden.

Die unterseeischen Gärten lagen ein Stück weiter an der Mole gegen das offene Meer. Ich folgte dem Abhang in zehn Meter Tiefe. Schräg durch die vom Öl geglättete Oberfläche konnte ich etwas verzerrt Herrn Row und zwei der verschleierten Frauen sehen. Auch einige Hafenarbeiter standen dort und starrten zu mir herab. Auf dem Grund lag zwischen Korallen allerlei Abfall: alte Eisenteile, Körbe, ein Gummireifen und eine Anzahl von Töpfen. Erstaunlich war der Reichtum an Fischen und sonstigem Getier. In einer Spalte entdeckte ich zwei Krebse, die endlos lange weiße Fühler von sich streckten und auf hohen Spinnenfüßen stelzten. Der Absturz sah im übrigen durchaus nicht vertrauenerweckend aus. Da in den Tropen fast immer Haie den Schiffen folgen, war es wohl möglich, daß plötzlich einer aus trübem Wasser auftauchte. Ich hielt mich deshalb nahe an die Korallen und blickte regelmäßig nach rückwärts und zur Seite. So mochte ich etwa zwanzig Minuten geschwommen sein, da erblickte ich über mir einen großen Schatten.

Es war ein Boot. Allerdings ein sehr seltsames, denn in der Mitte des Bodens war ein großes viereckiges Fenster, und durch dieses blickten mehrere Köpfe auf den Meeresgrund herab. Das Glasbodenboot! Ich hatte es nicht gesehen, als ich beim Schiff ins Wasser gestiegen war. Also war es inzwischen wieder repariert und im Einsatz. Und ich selbst hatte somit die vielgepriesenen unterseeischen Gärten erreicht!

Sie sahen nicht anders aus als der sonstige Korallenboden hier im Hafen. Mit den Riffen draußen konnten sie sich nicht vergleichen. Vom Boot aus war ich inzwischen bemerkt worden. Ich sah, wie die Köpfe aufgeregt hin und her rückten, und so schwamm ich hoch und fotografierte die Herabstarrenden von unten her durch die Glasscheibe.

An der Oberfläche begrüßte mich großes Hallo. Es stellte sich heraus, daß die Jaaa-Jaaa-Dame unter den Gästen war; sie stellte mich, während ich am Bootsrand hing, den übrigen Personen vor. Eine junge Dame bat mich, ob ich ihr nicht eine Muschel herauftauchen könnte; anschließend lud sie mich ein, sie doch an Bord zu besuchen. Da ihr Schiff bald abfuhr, sagte ich lieber ab. Herr Row war inzwischen verschwunden. Das Warten war ihm offenbar zu langweilig geworden. Als ich Bill abends von der jungen Dame und ihren Avancen erzählte, erklärte er mir, daß ich ein großer Idiot sei.

„Wollen Sie wissen, wer das war?“

„Nun?“

„Ich hörte es durch den Mann der Yeees-Yeees-Dame, der auch im Boot war und Sie sehr bestaunt hat. Das Mädchen war die Tochter des Besitzers einer der größten Diamantenminen in Johannesburg. Wenn Sie der bloß ein bißchen den Hof gemacht hätten, hätte Ihnen der Papa bestimmt eine Expedition finanziert, und sie selbst hätte auch noch daran teilgenommen.“

„Lieber vom Ruderboot aus tauchen als eine Frau auf einer Expedition“, erwiderte ich. In diesem Punkt sollte ich allerdings meine Meinung noch ändern. Als ich drei Monate später zum zweitenmal ans Rote Meer kam und mit mehreren Mitarbeitern die gleichen Riffe durchstreifte, war einer der mutigsten unter diesen Tauchern – Lotte.

Abends begann es zu regnen. Wir hatten Gäste, und Bill verblüffte wieder einmal durch sein gesellschaftliches Talent. Er war zu spät vom Amt gekommen und hatte nicht mehr Zeit gehabt, sich umzuziehen. Also saß er in völliger Zwanglosigkeit in Shorts und einem Polohemd am Präsidium einer Tafel, die ringsum mit schwarzen Binden und tiefen Brustausschnitten verziert war.

Zwei Plätze waren leer geblieben. So nebenbei erinnerte sich Bill daran, daß er vergessen hatte, den Besitzer der Saline und dessen Gattin einzuladen. Das Gespräch drehte sich erst um mich und die Dollarprinzessin, dann um einen alten englischen Erzbischof, der während der Messe zwei Seiten überblätterte, und schließlich über Seeleute und das Raufen im allgemeinen. Bill hatte zu allem Überdruß auch keinen Appetit und rauchte, während wir Filetbeefsteak aßen, eine Zigarette.

„Einmal saß ich im Shepheard's, in der Bar", erzählte er, „da steht von einem anderen Tisch einer auf und kommt her und sagt zu mir, die Art, wie ich ihn angesehen hätte, gefiele ihm nicht. Das tut mir wirklich leid, antwortete ich ihm, aber ich versichere Sie, daß ich Sie bisher überhaupt nicht bemerkt habe. Sie denken wohl, daß ich nicht hierher gehöre? fragt er darauf. O nein, durchaus nicht; und ich lud ihn auf einen Whisky ein. Und was sagt darauf der Kerl? Er war ein Seemann. Er bleibt lange still und denkt nach. Und dann sagt er: Nein, gehen wir lieber hinaus. Ich will keinen Drink. Ich will Sie prügeln."

Um auch zur Unterhaltung unserer Gäste beizutragen, erzählte ich von Machmoud und seinem Gesicht, als ich ihm die Schinkensemmel anbot.

„In Saudi-Arabien", sagte Bill, „ist die Einfuhr von Schinken generell verboten. Ich muß unserem dortigen Gesandten den Schinken im Kuriergepäck senden."

Am Abend des nächsten Tages brach ein furchtbares Ungewitter los. Es goß wie aus Kübeln, dazu blitzte und donnerte es, daß es ein Vergnügen war. Bill und ich hatten ausnahmsweise einen stillen Abend; wir saßen in der Bibliothek, und Bill las mir vor, was Bertrand Russell über Friedrich Nietzsche dachte. Am Nachmittag war ein kleines Päckchen für mich abgegeben worden. Es enthielt in einer Zündholzschachtel einen lebenden gelbumrandeten Wasserkäfer und dazu ein Briefchen, in dem eine der Damen von Port Sudan bei mir anfragte, ob ich ihr nicht sagen könnte, was das sei. Sie habe es im Schwimmbad gefangen. Es lag entschieden Elektrizität in der Luft.

„Wenn es so weitergeht", sagte Bill, „werden wir zwei Wochen keine Post bekommen. Unser Flugplatz hält nicht viel Regen aus."

Als ich am anderen Morgen erwachte und auf den Balkon trat, traute ich meinen Augen nicht. Unser ganzer schöner Garten war unter Wasser! Vom Rasen waren nur einige Inseln übriggeblieben. Zwischen der Stiegenauffahrt und dem Gartentor erstreckte sich ein einziger, über alle Beete ausgedehnter Teich.

Bill stand mit dem Gärtner auf einer vorgeschobenen Landzunge. Als er mich sah, rief er kläglich herauf:

„Was sagen Sie! Alle unsere frisch gepflanzten Blumen sind kaputt! Und der schöne Rasen, der soviel gekostet hat, ist sicher auch hin!"

Mit geringen Pausen regnete es den ganzen Tag über weiter. Auch die ganze Nacht und auch den nächsten Tag. Hintereinander kamen Alarmnachrichten. Am Südrand war die Straße nach Suakin unterbrochen; das Wasser stand dort einen Meter hoch, und die reißende Strömung hatte ein Taxi weggespült und umgeworfen. Der Flugplatz hatte sich für Wochen in einen Sumpf verwandelt. Im Westafrikanischen Dorf waren mehrere Häuser durch den Regen eingestürzt und weggeschwemmt worden. Drei Menschen waren in dem Regen ertrunken, darunter der Koch des Red Sea Hotel. Seine Leiche war bis ins Meer gespült worden, und als man sie endlich fand, hatte ein Hai ihr bereits den Kopf abgebissen.

Bill jammerte besonders um den Golfplatz.

„Das kostet uns mindestens hundert Pfund, um den wieder herzurichten", sagte er.

Ich ging am zweiten Tag zum Hafen und wanderte auf die Mole hinaus. Das Meer bot einen schaurig-schönen Anblick. Mit Riesenwellen brach es über die hohe Steinbarriere, und draußen über dem Bogen der Riffe war es pechschwarz.

Ich konnte mir gut vorstellen, welche ungeheuere Aufregung dort unter Wasser herrschte. Dort gab es ein Festmahl, bei dem niemand wußte, wer selbst auf den Tisch kam und wer übrigblieb. In jeder Sekunde wurden in den Brechern Tausende von Lebewesen getötet, und Zehntausende stritten sich um diese Bissen und setzten sich selbst wieder dem Risiko aus. Da prüfte die natürliche Auslese schärfer und unerbittlicher denn je. Was nicht ganz gesund und widerstandskräftig war, mußte in diesem äußersten Kampf ums Dasein zugrunde gehen. Und dann, in ein paar Tagen, würde sich das Meer wieder beruhigen, und im Nu war alles wieder aufgeräumt und lieblich wie zuvor. Nur die dicken Bäuche der Überlebenden verrieten dann noch, was geschehen war.

Im Hafen trieben Tangfelder an der Oberfläche, dazwischen pulsierten durchsichtige kleine Medusen. Bei den Schiffen standen hundert Meter weit ausgedehnte Schwärme von Sardellen so dicht aneinander, daß es von oben wie eine kompakte Masse aussah. Ich machte mir den Spaß, trotz des getrübten Wassers zwischen die Fische zu tauchen. Wenn ich mich ruhig verhielt, schlossen sie mich völlig ein, und ich fühlte die Bewegung der vielen kleinen Körper an der Haut. Bewegte ich mich, dann wich die lebende Wand wie vor einem Zauberstab zurück. Hier gab es kein Individuum mehr; der ganze Schwarm war eine große überindividuelle Einheit, in der sich die Teilchen nach einem höheren Willen zu bewegen schienen. Nicht einer fiel aus der Reihe, wenn die Gemeinschaft eine Schwenkung vollführte. Mit ihren für Schwingungen fein empfindlichen Seitenorganen standen die Tiere wie gekoppelte elektrische Geräte miteinander in Verbindung, und jeder Impuls wurde zu einem Funken, der alle Bewegungen gemeinsam lenkte. Hielt ich still, dann kam das Individuum wieder zum Vorschein, und mit hundert neugierigen Augen rückte der Schwarm an mich heran.

Endlich, am vierten Tag nach dem großen Regen, hatte sich das Meer so weit beruhigt, daß wieder an eine Ausfahrt zu denken war. Machmoud war nirgends zu finden. Als Achmed ihn endlich herbeischaffte, behauptete er, das Boot müsse gerade heute aus dem Wasser gezogen und gereinigt werden. Ich tobte, und nach einer Stunde war alles in Ordnung. Von einem mäßigen Wind geschoben, setzten wir uns über die noch immer weitschwingende Dünung in Bewegung.

Während das Wasser im Hafen noch völlig gelb war, nahm es draußen, jenseits einer scharf gezogenen Linie, wieder eine grünblaue Färbung an. Ich warf einige Steine, die im Boot lagen, ins Wasser, um an ihrem Tiefersinken zu sehen, wie weit es schon klar war. Wir fuhren zur „*Umbrea*“ und machten wieder am gleichen Mast fest. Inzwischen hatte ich die Taucherlaubnis erhalten.

Auch hier war das Wasser noch sehr trübe. Wenn ich acht oder zehn Meter tief tauchte, wurde es etwas klarer, und der milchige Nebel blieb wie eine Wolke über mir. Aber auch unter dieser Wolkendecke konnte ich höchstens zehn oder zwölf Meter weit sehen. Der Sturm hatte allerlei Schaden angerichtet. Der Scheinwerferturm am rückwärtigen Teil des Decks war umgebrochen. Der Hafenmeister hatte mir das Versprechen abgenommen, nichts an dem Schiff zu berühren, damit es ja nicht explodiere. Aber so kräftig wie der Sturm daran gerüttelt hatte, hätte ich es selbst mit tausend Armen nicht vermocht.

In dem trüben Wasser fühlte ich mich auf dem Schiff nicht wohl. Ich ließ wieder das Segel setzen, und wir fuhren zum Ende des Wingateriffs, wo ich am ersten Nachmittag getaucht war und wo ich inzwischen schon jedes Eckchen kannte. Dicht am Korallenfelsen war das Wasser hier verhältnismäßig klar, doch wenn ich bloß zehn Meter gegen die Tiefe hinausschwamm, geriet ich sogleich in einen milchigen Schleier. Möglicherweise war diese Klärung auf die Korallen selbst zurückzuführen; vielleicht reinigten die kleinen Polypen mit ihren winzigen Fangarmen das Wasser.

Ich hatte diesmal die Filmkamera mitgenommen und drehte im Seichten Großaufnahmen von Schmetterlingsfischen und Korallen. Plötzlich hörte ich aufgeregtes Geschrei vom Boot. Machmoud und O Sheik standen aufrecht und deuteten über mich hinweg aufs Meer hinaus. Da in der gleichen Richtung auch die Sonne stand, sah ich dort nichts weiter als glitzerndes blendendes Wasser.

„Girsch! Girsch!“ schrien sie aufgeregt. Das bedeutete: „Haie! Haie!“

Der große Augenblick war somit gekommen. Daß dies gerade bei so trübem Wasser geschah, kam mir wenig gelegen. Unwillkürlich begannen mir die Knie zu zittern, und ich drückte mich gegen das Seichte. Aber dann bezwang ich mich und schwamm leidlich langsam und gelassen zum Boot, wo ich mit einiger Erleichterung an Bord kletterte.

Da ich die ganze Zeit immer gepredigt hatte, ich wolle Haie sehen, war meine Situation ein wenig problematisch. Wenn jetzt wirklich Haie da waren, konnte ich nicht gut umhin, ins Wasser zu steigen und hinauszuschwimmen, sonst machte ich mich vor den beiden lächerlich. Aber in so trübem Wasser das ungewisse Risiko zu bestehen, war heller Wahnsinn. Zum zweiten Male auf dieser Reise sah ich mich gegen meinen Willen zu einem Entschluß gedrängt.

Die beiden zeigten auf eine bestimmte Stelle, etwa hundert Meter weit von dem Platz entfernt, wo ich gefilmt hatte. Da auch von hier aus die Sonne blendete, dauerte es eine Weile, ehe ich irgend etwas sah. In der Tat durchschnitten dort zwei Rückenflossen spielerisch das Wasser. Sie waren merkwürdig weich und biegsam und hielten immer den gleichen Abstand. Offenbar spielten dort zwei Haie dicht unter der Oberfläche.

Je länger ich hinsah, um so merkwürdiger kam mir die Sache vor. Einmal erschien die eine Flosse, dann wieder die andere, dann beide zugleich, und immer hielten sie den gleichen Abstand von etwa fünf Meter.

„Girsch kabir?“ fragte ich.

„Kabir! Kabir!“ antworteten die beiden gleichzeitig. Nach ihren Gesten mußten diese Haie riesig groß sein. Machmoud versuchte mir außerdem noch etwas von einem langen Stachel und von Teufelshörnern zu erklären, aber da sprach wohl seine blütenreiche Phantasie aus ihm. Wahrscheinlich befanden sich diese beiden Tiere in einer Art Liebeszeremonie. Merkwürdig war nur die weiche, lappige Konsistenz ihrer Rückenflossen.

„Anker herauf!“ befahl ich. Immerhin konnten wir ein Stück näher rudern, dann konnte ich immer noch entscheiden, ob ich ins Wasser ging oder nicht. Ich versuchte, meiner Erregung Herr zu werden. Aber ich konnte mir nicht helfen, irgendwie kam es mir so vor, als sei ich bisher sehr glücklich über dünnes Eis gegangen, und dieses bekäme nun plötzlich Risse.

Der Anker hatte sich in den Korallen verklemmt; trotz angestrengten Zerrens brachten ihn die beiden nicht los. Ich schwang mich über Bord und tauchte hinunter. Dabei überraschte ich mich, wie ich mehrfach gegen das tiefe Wasser zu ausspähte. Ich mußte jetzt meine Nerven bewahren! Schnell befreite ich den Anker und tauchte wieder hinauf zum Boot.

Ich befahl, ganz vorsichtig und ohne Plätschern zu rudern. Die beiden Flossen waren etwas weiter in die Ferne gerückt, aber sie waren noch immer deutlich sichtbar. In fiebernder Eile legte ich einen neuen Film in die Fotokamera. – Plötzlich waren die beiden Flossen verschwunden.

Ich wußte nicht, ob ich enttäuscht oder erleichtert war. Mein Interesse, was für Haie das sein mochten und was sie da trieben, war brennend geworden. Aber gleichzeitig sagte ich mir, daß unter den gegebenen Umständen diese Lösung doch die beste war.

Da tauchten die Flossen wieder auf.

Machmoud und O Sheik sahen mich erwartungsvoll an. Gut, sollte es eben sein! Meine Flossen hatte ich schon an den Beinen, das Messer hatte ich umgegürtet. Schnell legte ich mir den Träger der Kamera um den Hals, schob die Maske über die Augen und glitt unter Wasser.

Ringsum war alles grünlich und trübe. Am dunklen Körper unseres Bootes konnte ich einigermaßen abschätzen, wie weit ich in diesem Wasser sah. Etwa sechs bis acht Meter bestenfalls. Immerhin, wenn ich nahe genug herankam, konnte ich vielleicht gerade in diesem Nebel sehr eindrucksvolle Bilder machen. Vorausgesetzt allerdings, daß ich dann noch meine heilen Glieder hatte.

Während ich in die Richtung schwamm, wo über den Wellen die auf und ab tauchenden weichen Flossenspitzen deutlich zu sehen waren, starrte ich unter Wasser voraus, daß mich die Augen schmerzten. Nachdem ich einmal den Entschluß gefaßt hatte, hinzuschwimmen, war kein Platz mehr für Bedenken und Angst. Aber sehen wollte ich endlich. Alles Weitere würde sich dann von selbst ergeben.

Plötzlich waren die Flossen verschwunden.

Ich mußte in unmittelbarer Nähe der Tiere sein, das sagte mir ein inneres Gefühl, aber wo sie sich befanden, war mir verborgen. Einsam in dem gelbgrünen Nebel schwebend, blickte ich zum Boot. Machmoud und O Sheik standen aufrecht und starrten aufs Wasser. Auch sie sahen nichts. Um nicht überrascht zu werden, drehte ich mich und blickte unter Wasser im Kreis. Dazwischen schnappte ich immer nur kurz nach Luft. Die Situation war quälend. Die Augen tränten mir vom angestrengten Schauen. Da fühlte ich, daß sich von links eine große Bewegung mir näherte.

Es war ein körperliches Wahrnehmen, ehe ich irgend etwas sah. Dann dämmerte ein Umriß auf, der eher einer riesigen Decke glich als einem Wesen. Alles in mir starrte diesem Monstrum, das langsam näherrückte, entgegen. In der Mitte des ungeheuerlichen Leibes klaffte bewegungslos ein viereckiges riesengroßes Maul. Endlich ging mir das Licht auf! Die zwei Flossen, die wir sahen, die immer fünf Meter Abstand hielten, gehörten nicht zwei Haien, sondern zu einem einzigen monströsen Wesen, das in diesem unsichtigen Wasser überhaupt kein Ende zu nehmen schien.

Gerade jetzt, im schlechtesten Augenblick, mußte ich unbedingt Luft holen. Ich tauchte über Wasser und war sofort wieder unten und starrte voraus. Was ich jetzt sah, konnte ich beinahe selbst nicht glauben. Das Ungeheuer war noch näher gekommen, hatte sich etwas gedreht, und ich sah ein Auge und darüber ... zwei vorstehende Teufelshörner!

Nur für den Bruchteil einer Sekunde sah ich es. Dann verwandelte sich das Wasser vor mir in eine mächtige schäumende Bewegung. Ein breiter schwingender Flügel drückte mich zur Seite; ich wurde von Wirbeln erfaßt und in einem Blasenschwall herumgedreht. Ein dünnes schwarzes Ding glitt an mir vorbei ... und die Erscheinung war verschwunden.

Nur die langsam hochsteigenden Luftblasen bezeugten, daß es nicht bloß eine Einbildung gewesen war. Im Boot dauerte es eine ganze Weile, ehe ich mich von der Aufregung wieder erholte. Was es wirklich gewesen war, sollte ich erst eine Woche später erfahren.

## *Die ersten Haie*

Neben meinem Kopf klirrte es. Achmed stellte das Kännchen mit dem Tee und den kleinen Teller mit den drei süßen Biskuits auf den Nachttisch. Dann zog er die Vorhänge zur Seite. Es war Sonntag. Der dritte, den ich hier erlebte. Ein besonderer Tag. Bill wollte mich heute zu einem weit entfernten Riff führen, wo es besonders viele Haifische gab.

Verschlafen steckte Bill den Kopf ins Zimmer.

„Verfluchter Whisky!“ erklärte er.

„Verfluchte Einladungen!“ stimmte ich ihm bei.

Obwohl wir nur vier Stunden geschlafen hatten, waren wir schnell fertig und bald am Hafen. Machmoud hatte einen doppelt so hohen Mast als gewöhnlich ins Boot gepflanzt; ein großer Schrägbaum trug ein Segel von außerordentlichen Dimensionen. Da das schlanke Boot nur einen ganz kleinen Holzkiel hatte, war es ziemlich rätselhaft, wie wir unter dieser Segelfläche nicht umkippen sollten.

Zu Ehren der hohen Anwesenheit war das Boot auf das peinlichste gesäubert worden und mit köstlichen Matten ausgelegt. Bill hatte überdies eine Anzahl Polster mitgenommen, auf denen wir es uns im Mittelteil bequem machten. Es war noch ziemlich früh, und der Hafen lag völlig verlassen und tot da. Obwohl sich kein Lüftchen regte, setzten wir uns, sobald das Segel geöffnet wurde, sofort in Bewegung.

Dieses Segel war ein Wunderding. Es schien mit behutsamen Händen den leisesten Lufthauch aus dem Himmel einzufangen. Geräuschlos und spielend schnell glitten wir dahin.

Während Bill an seinen unvermeidlichen Zigaretten qualmte, lag ich auf dem Rücken und beobachtete, wie die Mastspitze im hellblauen Morgenhimmel hin und her schwankte. Ich versuchte, mir den ganzen ungeheuren Meeresraum vorzustellen, mit allen seinen unterseeischen Türmen und Bastionen, und mich selbst, wie ich weit oben schwebte, kleinwinzig, am letzten äußersten Zipfel dieses unermeßlichen Raumes. Ich sah die Fischheere, wie sie dahinfluteten; die

Im Inneren einer Höhle des Miladummadulu-Atolls in den Malediven gelang Doktor Irenaeus Eibl-Eibesfeldt dieses besonders interessante Bild. Die im oberen Grottenteil schwimmenden Husarenfische (Myripristis murdjan) wenden den Bauch aufwärts. Sie orientieren sich dem nächstliegenden Felsen zu. Für sie gibt es kein „oben" und „unten" in unserem Sinn: Das Seitenlinienorgan ermöglicht den Fischen, auch im dunklen oder trüben Wasser in die Ferne zu tasten; es steuert hier die Körperlage, was sonst vom Gleichgewichtsorgan aus in Verbindung mit den Augen geschieht.

Der mit Recht gefürchtete Steinfisch (Synanceja verrucosa) ist selbst für erfahrene Taucher schwierig zu erkennen. In der Bildmitte ist das rechte Auge sichtbar, rechts davon das geschlossene Maul, schräg links darunter die gebogenen Strahlen der Brustflosse. Der Stich der Rückenflossenstacheln kann von tödlicher Wirkung sein. Selbst bei Annäherung bewegt sich das Tier nicht vom Platz. Will man sich darum auf eine Koralle setzen – etwa um zu filmen –, dann empfiehlt es sich, erst mit dem Haifischstock auf sie zu klopfen. Ich habe erlebt, daß sich dann ein Teil der vermeintlichen „Koralle“ in Bewegung setzte und davonschwamm.

Zu den wenigen Haifischarten, die gelegentlich Menschen angreifen, gehört der bis zu 6 Meter lange Hammerhai (Sphyrna levini). Sein Kopf ist beiderseits ausgeweitet, und an den Enden dieses „Hammers“ befinden sich die Augen und die Nasenöffnungen. Da diese Abnormität aber dem Tier offenbar keinen Nachteil bringt, konnte sie sich – wie so manche andere nicht fördernde Mutation – in der Evolution behaupten.

*Linke Seite:* Die Cheviot-Bay, in welcher der australische Premierminister Harold Holt, ein begeisterter Sporttaucher, den Tod fand. Der Unfall ereignete sich bei den unter der Bildmitte sichtbaren Kanälen, die im spitzen Winkel zusammenlaufen. Werden bei Flut die Riffe überschwemmt, fließt das Wasser durch diese Kanäle ins Meer zurück und erreicht bis zu acht Knoten Geschwindigkeit. Mit meinem Sohn Hans (oben) untersuchte ich die sehr unberechenbaren Strömungen. Holt ging an jenem Tag mit Freunden an der Küste entlang: Obwohl die Brandung 10 Meter hoch war, wollte er sich im Seichtwasser abkühlen. Er schwamm etwas zu weit, wurde von den Strömungen erfaßt und ging in der Brandung zugrunde.

*Linke Seite:* Das größte Meeresraubtier ist der Pottwal. Er wird bis zu 23 Meter lang und taucht mehrere hundert Meter tief, wo er nach Tintenfischen jagt. Nach ca. einer halben Stunde kommt das warmblütige Säugetier wieder empor und schöpft 60- bis 80mal Atem. Bei den Azoren jagt man Pottwale noch heute vom Ruderboot aus mit der Handharpune. Wir begleiteten solche Fischer, und es gelang uns, Pottwale unter Wasser zu fotografieren. Auch den Todeskampf harpunierter Exemplare konnten wir filmen. Dann strömten ungeheure Mengen Blut ins Meer aus und lockten Haie an. Wir hörten bei dieser Gelegenheit den Schrei des Pottwals: er erinnert an das Knarren eines alten Scheunentores (oben).

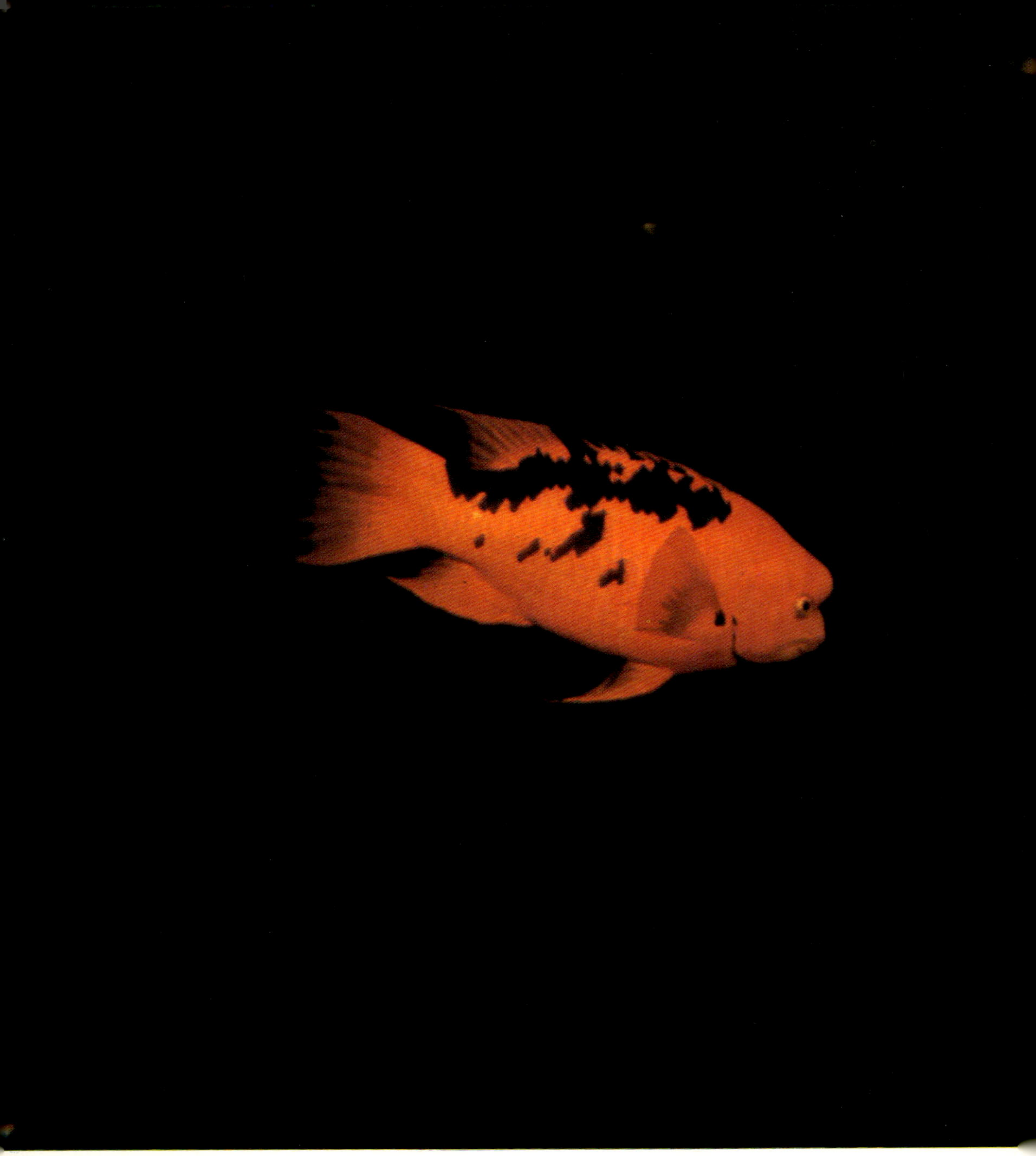

Ein Dickkopf-Lippfisch (Bodianus eclancheris) in den düsteren Gewässern des Galapagos-Archipels. Wie Feuer leuchtet das Tier bei aufflammendem Blitzlicht in der Dunkelheit. Während es an Land kaum mehr Plätze gibt, wo man ins Unbekannte vorstoßen und noch nie Geschautes betrachten kann, bieten die Meeresabgründe diese Möglichkeit noch lange.

Schwärme von Medusen und Kopffüßlern und das bunte Gewimmel in den einzelnen Wassertropfen. Selbst wenn ich auf zweihundert oder dreihundert Meter Tiefe kommen könnte, stand ich noch immer an der obersten Kante dieses alle Vorstellungen übersteigenden Abgrundes. Nicht weniger als viertausend Meter beträgt die durchschnittliche Tiefe der Weltmeere! Welche Geheimnisse, wie viele Lebewesen, die noch kein Menschenauge sah, mochten in diesen endlosen Weiten verborgen sein!

Ich versuchte, mir vorzustellen, wie einst die ersten Tiere aus dem Meer an Land krochen und wie aus ihnen allmählich die ganze Fülle der Landlebewesen und auch der Mensch sich entwickelte. Jetzt regierte dieser Mensch das Festland, und alle anderen Kreaturen waren zu Geschöpfen seines Willens geworden, die er leben ließ oder züchtete, wenn es ihm beliebte, oder einsperrte und ausrottete, wenn es ihm gefiel. Im Meer war sein Wille noch unbekannt. Scheu und doch zutraulich betrachteten mich die Fische, die noch nie vor mir einen Menschen gesehen hatten. Was ahnten sie! Welch merkwürdiger Kreis, wenn nach Millionen von Jahren das Leben als Mensch wieder in seine ursprüngliche Heimat zurückkam . . .

Port Sudan war weit hinter uns zurückgeblieben. Wir folgten der Küste in nördlicher Richtung und entfernten uns von ihr im schrägen Winkel. Die Bergesketten waren kaum noch von den fernen Wolkenbänken zu unterscheiden. Hier und dort kräuselten die ersten Windfahnen das ruhige Wasser. Es sah aus, als wollte der Wind das Meer aus seiner Trägheit aufkitzeln.

Bill plauderte mit Machmoud, der am Steuer saß.

„Was sagt er denn?" erkundigte ich mich, als sie eine Pause machten.

„Lokale Neuigkeiten", antwortete Bill. „Die Bahn fuhr gestern wieder zum ersten Male, und dabei wurde ein Fuzzy überfahren. Es ist ein Jammer mit diesen Kerlen, aber man kann es ihnen nicht abgewöhnen. Wenn sie müde sind, verwenden sie die Schienen als Kopfpolster."

„Die Schienen als Kopfpolster? Die Eisenbahnschienen –?"

„Ja. In der Wüste ist ja sonst nichts, worauf sie den Kopf so schön legen könnten. Und leider haben sie einen sehr gesunden Schlaf. Im übrigen erzählte mir Machmoud, daß das Boot unbedingt hätte an Land gebracht und gereinigt werden müssen. Er wisse nun genau, daß das Boot kaputt sei und er und seine Kinder verhungern müssen, aber um des Sudans willen und besonders um Seiner Exzellenz dem Gast zu dienen . . . usw."

„Aber das Boot gehört doch gar nicht ihm!"

„Natürlich nicht. Er ist eben ein Halunke."

Am Horizont, mitten im offenen Meer, stand eine undeutliche Form, die wie eine verkleinerte Silhouette des Eiffelturmes aussah. Bill erklärte mir, daß dies der Leuchtturm von Sanganab sei, ein Atoll, das sich am äußersten Saum der

Korallenriffe befinde. Wenn ich Lust hätte, könnte ich an einem Donnerstag mit dem Versorgungsschiff hinausfahren. Der Leuchtturm würde von einigen Ägyptern bedient, die alle vier Monate abgelöst würden und über jeden Besuch sehr erfreut seien.

„Wenn Sie wirklich mit einer größeren Expedition nochmals herkommen, dann könnten Sie dort draußen sehr gut kampieren. In dem Leuchtturm ist eine Unmenge Platz, und das Atoll ist äußerst interessant. Es gibt dort zahlreiche Hammerhaie."

Ich bat Bill, Machmoud zu fragen, ob bei dem Riff, zu dem wir fuhren, wirklich Haie zu erwarten seien.

„Da brauche ich ihn gar nicht zu fragen", antwortete Bill. „Dort gibt es massenhaft Haie, das weiß ich selbst. Als wir letztes Mal dort waren und ich einen Bajard fing, hatten wir nicht weniger als sechs, die ich zählte, rings ums Boot."

„Wie groß?"

„Zwischen zwei und drei Meter. Einer war vielleicht noch größer."

„Graue Haie?"

„So genau habe ich nicht hingesehen. Ich glaube schon. Der eine hatte jedenfalls einen schauerlichen Rachen und war so frech, daß wir ihn mit dem Ruder vom Boot fernhalten mußten."

Der Wind hatte aufgefrischt, unsere Fahrt wurde immer flotter. Auf ein Kommando Machmouds befestigte O Sheik eine Planke am Schiffsboden, so daß sie seitlich gut eineinhalb Meter weit über den Bootsrand vorragte. Auf diese Latte kroch er hinaus. So bot er dem Segel ein Gegengewicht.

„Dort! Schauen Sie! Dort –!"

Bill war aufgesprungen, und ich konnte gerade noch einen großen Schwanz sehen, der im Meer verschwand. Kurz darauf sprang der Fisch zum zweiten Male. Es war ein Segelfisch! Das von seinem Kopf vorstehende Schwert miteinbegriffen, war er sicher über zwei Meter lang. Prächtig in der Sonne glitzernd, vibrierte das vom Rücken aufragende gezackte Segel. Für eine Sekunde schwebte er wie aus Metall gegossen kaum zwanzig Meter vom Boot entfernt durch die Luft. Dann stürzte er, das Schwert voran, ins Wasser zurück, und ein Schaumkreis war alles, was übrigblieb.

Hastig kramte Bill aus der Blechschachtel, die alle seine Haken enthielt, den größten Löffelspinner und machte ihn an der Angel fest. Bald nachdem er ausgeworfen hatte, kreischte die Rolle auf, und nach kurzem heftigem Kampf landeten wir einen kapitalen Caranx. Es war erstaunlich, mit welcher Sicherheit Machmoud uns zwischen den immer zahlreicher werdenden Riffen hindurchsteuerte. Manche waren an den Schaumkronen zu erkennen, aber es gab auch zahlreiche, die in dem glitzernden Wasser überhaupt nicht zu sehen waren. Einmal steuerte er uns in brausender Fahrt durch einen Engpaß, der sicher nicht mehr als zehn Meter breit war.

Die Sonne stand schon ziemlich hoch, als wir nach zweieinhalbstündiger Fahrt endlich unser Ziel erreichten. Etwas abseits von einer langen Riffmauer gingen wir in tiefem Wasser vor Anker. Auf Bills Geheiß hatte O Sheik ein Stück Fleisch aus dem Caranx herausgeschnitten; dieses befestigte Bill an einer Handleine, die er in die Tiefe ließ.

„Mit Speck fängt man Mäuse", sagte er. „Wenn wir Haie wollen, können wir sie nicht besser herbeirufen, als wenn wir einen der großen Barsche, die hier so zahlreich . . . Au! Schnell, schnell! Nimm sie! Nimm sie!"

Mit einem mächtigen Riß hatte sich die Leine plötzlich auf den Weg gemacht. Bill versuchte sie festzuhalten, aber der Zug war zu stark, und ein Stück Haut ging mit. Machmoud und O Sheik griffen fast gleichzeitig zu. Im selben Moment gingen sie beide, der Leine folgend, Kopf voran, über Bord. Machmoud gelang es, sich mit einer Hand am Bootsrand festzuklammern, während er mit der anderen die Leine eisern festhielt. Entweder der Fisch zog auch noch das Boot mit sich hinunter in die Tiefe, oder Machmouds Verzweiflungstat mußte ihn bremsen.

Wir schwankten wie in einem Sturm. Aber der Fisch war wirklich gebremst. Nachdem der erste Ansturm gebrochen war, verteidigte er sich nur noch halb so wild. Während Bill und ich die Leine fixierten, kletterten die beiden, so schnell sie konnten, wieder ins Boot. Da bemerkte Machmoud, daß er den Turban verloren hatte, und sprang noch einmal ins Wasser. Von Haifischen war noch nichts zu sehen. Nachdem wir uns vom Schrecken etwas erholt hatten, lachten wir, während wir den Fisch einholten, aus vollen Kehlen.

In Bills Lachen mengte sich allerdings auch sein Stöhnen über die aufgerissene Handfläche. Stück für Stück brachten wir den Fisch bis ans Boot, und Machmoud holte ihn mit der Guff herein. Es war ein prächtig rotblau gepunkteter Barsch von gut zwanzig oder dreißig Kilogramm Gewicht. Machmoud hatte ihn gerade noch rechtzeitig gestoppt. Denn hätte er sein Loch in den Felsen erreicht, dann hätten wir ihn kaum noch hervorbekommen.

Wir legten das Boot jetzt näher an die Riffkante, und ich erkundete freitauchend die Unterwasserwelt. Bill sah mir mit einem sauren Lächeln zu. Offensichtlich beneidete er mich um mein Bad.

„So kommen Sie doch!" rief ich ihm zu. „Es kann Ihnen bestimmt nichts passieren. Nehmen Sie meine zweite Maske und kommen Sie!"

„Ich bin ja nicht total verrückt!" rief Bill zurück. Aber dann schien er sich doch anders zu entschließen. Ich sah, daß er die Maske probierte; aber er schob sie gleich wieder auf die Stirn hoch.

„Da erstickt man ja! Wie soll ich da atmen?"

„Durch den Mund. Und erst müssen Sie noch das Glas anspucken, damit abreiben und wieder abwaschen. Sonst beschlägt es unter Wasser."

Bill spuckte kopfschüttelnd und turnte alsbald über den Bootsrand. Schon der erste Blick, den er unter Wasser warf, ließ ihn sämtliche Haie und sonstigen Ungeheuer vergessen. Er ließ sich von Machmoud meine Reserveflossen geben und tauchte bald selbst in den seichten Riffen.

Die ganze Seite eines Felsens war von einer Riesenanemone überzogen. Zwischen ihren vielen hundert Fangarmen, die für jeden Fisch den Tod bedeuteten, tummelten sich kleine *Pomacentriden,* als wären sie hier bestens zu Hause. Das besonders Rätselhafte an dieser Freundschaft war: wie erkannte die Seeanemone diese Fischchen, während sie alle übrigen verschlang? Die Freundschaft ging so weit, daß sich die Fischchen bei Gefahr sogar in den Magen der Seeanemone flüchteten – also dorthin, wo alle übrigen Fische verdaut wurden.

„Sie putzen die Seeanemone", erklärte ich Bill. „Sie fressen alle möglichen Parasiten, und sozusagen als Gegenleistung dürfen sie sich bei ihr verstecken."

Bill war überhaupt nicht mehr aus dem Wasser herauszubekommen. Zwischen zwei Felsen entdeckte er einen Seeigel mit roten Keulenstacheln und versuchte, ihn hervorzuziehen. Pustend und schnaubend tauchte er auf und nieder.

Da die Kamera wieder einmal nicht funktionierte, beschloß ich, im Tauchgerät und mit dem Speer auf die Jagd zu gehen. Die Gegend sah vielversprechend aus. Es gab hier wesentlich mehr Fische als am Wingateriff, und aus der blauen Tiefe des Abgrundes dämmerten Korallenbildungen empor, wie ich ihresgleichen noch nirgends gesehen hatte.

Alsbald schwebte ich hinab.

Es sah aus wie eine orientalische Tempelstadt, die auf den Meeresgrund versunken war und über deren Trümmer hundertfarbige Schlingpflanzen wucherten. Zehn und zwölf Meter hoch ragten Korallenburgen auf, deren prächtig verzierte Fassaden mit zahlreichen Türmchen geschmückt waren. Dazwischen führten senkrechte Schluchten wie Straßen durch das Gestein. Was dem Bild seine erstaunliche Farbe gab, war das ungemein üppige Wachstum von Lederkorallen, die sich wie ein Urwald blühender Pflanzen über alles ausbreiteten. Im Gegensatz zu den Steinkorallen schieden sie kein Kalkskelett ab, und ihre Polypen trugen nicht sechs, sondern acht Fangarme, die außerdem gefiedert waren. In vielen tausend kleinen Sternchen öffneten sie sich, pulsierten rhythmisch und zogen ihr Köpfchen zurück, sobald ich mich näherte. Braungelbe Kätzchenbäume wucherten wie fleischige Farnkrautbüschel.

Unter den zahlreichen Fischen, die wie Insekten und Vögel um die Trümmer dieser versunkenen Stadt spielten, interessierten sich besonders zwei große dunkle Groper für mein Erscheinen, streckten mir neugierig ihre dicken wulstigen Lippen entgegen und betrachteten mich melancholisch mit ihren Glotzaugen.

Trotz solcher Freundschaftsbeweise hielten sie sich jedoch in sicherem Abstand von meiner Harpune, während strahlend gelbe Engelsfische bis dicht an mich herantanzten, um mich in Muße zu betrachten.

Die Straßen der Korallenstadt führten schräg abwärts und endeten an einem Abhang, der fast senkrecht in die Tiefe fiel. Als ich hier zwischen den Stöcken hervortrat, erschienen aus dem tiefen Wasser zwanzig oder dreißig schwarzblaue Fische, deren Form und doppelter Schwanzkiel eine nahe Verwandschaft zu den grünen Nashornfischen bekundete, deren Stirnhorn ihnen jedoch fehlte. Ich taufte sie „Tölpelfische", denn sie waren wirklich äußerst dumm. Mit unverhohlener Neugier schwammen sie direkt auf die glänzende Harpunenspitze los, betrachteten sie mit dreisten Augen, schwenkten den Körper hin und her und spitzten dazu ihr kleines Mäulchen, als wollten sie auf der Harpunenspitze Flöte blasen.

Ich zögerte nicht lange und bohrte dem ersten die Harpunenspitze durch den Leib. Die Spitze löste sich, es rüttelte mit ungestümer Kraft an der Harpune, und ich wurde hinter dem Stock durch die Korallen gezogen. Der Fisch entwickelte eine erstaunliche Kraft. Nachdem er einige blitzschnelle Achterschleifen geschwommen war, riß der Draht, der die Spitze mit dem kurzen Seil am Harpunenstock verband, und der Fisch entschwand in einer Seitengasse.

Die übrigen Angehörigen des Schwarms umkreisten mich in größter Aufregung. Wäre auf meiner Harpune noch eine Spitze gewesen, dann hätte ich jeden beliebigen durchbohren können. Aber meine schöne Spitze war nun leider dahin. Ich mußte hochschwimmen und mir eine andere holen.

Bill war nicht wenig erstaunt, als er mich so schnell wieder am Bootsrand auftauchen sah.

„Ist etwas nicht in Ordnung?" rief er.

„O nein. Alles ist sogar sehr in Ordnung!" rief ich außer Atem zurück. Und ich schwenkte den abgerissenen Draht und erzählte ihm von meinem Erlebnis.

Da auch an den übrigen Spitzen der Draht nicht mehr neu, sondern ziemlich verrostet war, schwang ich mich samt dem schweren Tauchgerät ins Boot und drehte neue Schleifen aus gutem Draht. Außerdem nahm ich diesmal eine doppelte Leine zur Befestigung am Stock. Jetzt sollten mir diese blauen Fische nicht wieder entkommen.

Tatsächlich waren sie wieder da, als ich hinabkam. Aber ihr Verhalten war wesentlich scheuer geworden. Möglicherweise spielten dabei jene „Schreckstoffe" eine Rolle, die bei Verletzung eines Fisches aus seiner Haut ins Wasser austreten, sich allmählich verbreiten und die Artgenossen warnen, daß im Umkreis eine Gefahr droht.

Ich beschloß, am Abgrund ein Stück weiterzuschwimmen, bis ich wieder in unberührte Gebiete kam. Der Korallenwuchs war hier überall gleich phantastisch.

Mehrere Fische, an denen ich vorbeischwamm, sahen mir aus ihren Löchern wie einem räuberischen Meereswesen nach. Und als ein solches fühlte ich mich auch, wie ich da mit stoßbereiter Harpune jagdlustig neuen Abenteuern entgegenschwamm. Unter einem hohen, überhängenden Felsen machte ich halt. Ich hatte von hier aus einen guten Ausblick auf die Korallen rechts und links und auf den Abgrund. Daß dieser Felsen um ein Haar zu meinem Grabstein werden sollte, konnte ich zu diesem Zeitpunkt noch nicht wissen.

Im rückwärtigen Teil der nischenartigen Vertiefung erspähte ich einen schönen Goldbarsch, der unbeweglich in einer Ecke stand und mich ruhig ansah. Da er keine Möglichkeit hatte, zu entfliehen, hätte ich ihn leicht harpunieren können. Aber ich hatte nicht die geringste Lust dazu. Was mich ausschließlich interessierte, waren die dummen Tölpelfische, die sich so dreist vor der Harpune hin und her drehten.

Ich brauchte nicht lange auf sie zu warten. Auch hier gab es einen Schwarm, der mich bereits erspäht hatte und mit tänzelnden Bewegungen näherkam. Ich nahm mir den dicksten aufs Korn und harpunierte ihn. Wieder tobte der Fisch davon, aber diesmal hielten Draht und Leine, und ich selbst hatte mich mit den Beinen in den Korallen verspreizt, so daß er ziehen und zappeln mochte, soviel er wollte, er kam doch nicht weiter, sondern hing wie eine wehende Fahne am Ende der gespannten Leine frei im Raum.

Ein Wasserfall von Fischen ergoß sich über uns, während ich bemüht war, ihn näherzuziehen und zu ergreifen. Endlich hatte ich ihn am Schwanz gepackt und tötete ihn mit meinem Messer. Eine Blutwolke breitete sich über uns aus. – Da schob sich ein schwarzer Schatten schräg seitlich heran.

Ich war so sehr damit beschäftigt, die Spitze, die sich im Fisch verklemmt hatte, freizubekommen, daß ich die Wolke erst bemerkte, als sie bereits auf zwei Meter an mich herangekommen war. Als ich aufblickte, sah ich in eine Phalanx drohend auf mich gerichteter Augenpaare. Nicht weniger als vierzig Barrakudas von eineinhalb Meter Länge rückten in schweigender Formation an mich heran.

Ich kannte diese gefürchteten Raubfische aus Westindien. Wir waren dort noch größeren Exemplaren begegnet, jedoch durchwegs Einzelgängern, die uns nicht angegriffen hatten. Einen solchen Schwarm hatte ich noch nie zu Gesicht bekommen; vielleicht hatten Bill, Machmoud und alle übrigen doch nicht so unrecht, wenn sie mich vor Barrakudas ebenso dringend wie vor Haien gewarnt hatten. Zwar können Barrakudas nicht, wie die Haie es mit Vorliebe tun, ganze Gliedmaßen wegbeißen, doch stürzen sie sich von allen Seiten auf ihr Opfer und reißen ihm das Fleisch in Fetzen vom Körper, wobei der Blutgeschmack sie völlig zur Raserei bringt. Eine Dame, die ich kannte, war in Bali zehn Meter von einem Mann entfernt gewesen, als dieser im nur hüfttiefen Wasser von Barrakudas angefallen wurde. Obwohl mehrere Personen ihm sofort zu Hilfe eilten und ihn an Land zogen, waren seine Wunden so bedeutend, daß ihm ein Bein amputiert werden mußte und er anschließend starb. Wie unzählige kleine Dolche sitzen die Zähne im Rachen des Barrakudas. Daran dachte ich mit Unbehagen, als die Tiere mit starren ausdruckslosen Augen an mich heranrückten.

Den Harpunenstock vor mich haltend – die Spitze steckte noch in dem Tölpelfisch, der zu meinen Füßen in den Korallen lag – zog ich mich rücklings in die Nische zurück. Hier war ich nun wie in einem Mauseloch gefangen.

Unermüdlich patrouillierten die Barrakudas vor mir auf und ab und kamen mir bei jeder Wendung ein Stück näher. Es war eine richtige Belagerung. Nur der erste Entschluß, das Signal zum Angriff, fehlte noch. Genau wie damals unter den Schwärmen im Hafen hatte ich auch hier das Gefühl, nicht einzelnen Tieren gegenüberzustehen, sondern einer großen überindividuellen Einheit, deren gemeinsamer Wille ständig anwuchs. Da ich nirgends einen Ausweg sah, verlor ich die Nerven. Wütend mit dem stumpfen Eisenschaft um mich spießend, traf ich diesen und jenen Fisch.

Ich verletzte einige, doch erhöhte die Reaktion das Umheimliche noch mehr. Blitzschnell schlugen sie einen Kreis und waren schon im nächsten Augenblick wieder auf dem früheren Platz, ganz so, als umspanne sie alle ein elektrisches Feld, das jedem Einzelfisch unerbittlich seinen Platz zuwies.

In dieser Situation wurde mir unerwartete Hilfe zuteil. Quer durch die Barrakudas sah ich eine große graue Form, der dichtauf eine zweite folgte. Es waren Haie! Sie waren etwa zweieinhalb Meter lang, wohl proportioniert und trugen auf den Rücken- und Schwanzflossen weiße Spitzen. Ihr Anblick ließ die Barrakudas zwergenhaft zusammenschrumpfen. Für einen Augenblick verlor ich meine Angst, und das genügte. Mit einer plötzlichen Bewegung schnellte ich mich, während ich gleichzeitg brüllend Luft ausstieß, zwischen die Barrakudas. Der Schwarm stob auseinander, und ehe er sich wieder sammeln konnte, hatte ich die Fische nach allen Richtungen auseinandergejagt, und der gemeinsame Wille, der als ein unsichtbares Etwas über ihnen gewaltet hatte, war zerstört.

Haie! Da waren sie endlich! Von links näherte sich gerade ein dritter, der wie ein Flugzeug zwischen zwei Türmen auftauchte. Er schwebte über einer Korallengasse näher und schwamm knapp zwei Meter über mir vorbei. Dabei drehte er sich, um mit den seitlich gestellten Augen zu mir herabzusehen. Es war das erste Mal, daß ich einen Hai senkrecht von unten sah. Sein Bauch, von dem die Brustflossen wie spitze Flügel abstanden, war schneeweiß, und vorne, hinter der spitz zulaufenden Nase, war ein klargeschnittener Halbmond gezeichnet . . . das Maul.

Ein wunderbares Gefühl der Sicherheit überkam mich. Nein, diese Haie, das sah und fühlte ich sofort, waren nicht anders als jene, die ich schon kannte. Es waren gute Freunde sozusagen, deren Bewegungen und Verhalten mir bestens vertraut war. Endlich war die große Ungewißheit, unter der ich ständig gelitten hatte, zerrissen, und aus fabelhaften Schreckgespenstern, bei denen alles denkbar gewesen war, wurden Lebewesen aus Fleisch und Blut, die ich aus Hunderten von Begegnungen bereits kannte. Zum ersten Male fühlte ich mich in diesen Riffen nicht mehr als ein heimlicher Eindringling, sondern als Herr. Wie ein fester Panzer, der mich schützte, legte sich ein Gefühl von Kraft und Sicherheit um mich.

Die drei ersten Haie waren wieder verschwunden, ein kleiner, dunkel gefärbter war aus dem Abgrund emporgekommen. Ich schwamm ihm entgegen, und er drehte gemächlich ab. Die Schlacht war vorbei! Die Barrakudas standen in einer regungslosen Wolke etwa dreißig Meter weit draußen im tiefen Wasser. Ich trat bis an den Abgrund vor und blickte in die schwarze Ungewißheit, in der ich die Konturen einiger weiterer Haie sah. Dann ebbte die Woge meiner Sicherheit wieder zurück, und ich ließ es genug sein. Unter dem Felsen, wo noch immer der Goldbarsch stand, holte ich mir den toten Tölpelfisch, der gut acht oder zehn Kilo schwer sein mochte, und glitt erleichtert über den Korallenhang wieder empor.

Ich konnte nicht anders, ich mußte ständig in den Atemschlauch hineinlachen. Vielleicht war es die Reaktion der Aufregung. Am Weg fand ich unversehens den Anker unseres Bootes mit einem Stück abgescheuerten Seiles. Ich schleppte ihn bis zur Riffkante hoch und blickte über Wasser, wo unser Boot ziemlich weit abgetrieben war. Auf mein Geschrei kam Machmoud herangerudert, und wir knüpften das Seil wieder zusammen. Bill sah mich ziemlich entgeistert an, als ich ihm unter Lachen von den Haien und Barrakudas erzählte.

„Sie meinen doch nicht im Ernst, daß Haie da waren, während ich im Wasser herumschwamm?“

„Doch, doch!“ lachte ich. „Und ein Rudel von Barrakudas auch noch!“ Erst im Boot, als ich alles erzählte, gewann ich meine Fassung allmählich wieder. Machmoud, dem Bill meine Worte verdolmetschte, rollte mit den Augen und schüttelte den Kopf. Er gab meine Erzählung an O Sheik weiter, der nur Fuzzy Wuzzy verstand und bei dem meine Haie wahrscheinlich in doppelter Größe anlangten. Als ich geendet hatte, trat Machmoud feierlich auf mich zu, legte mir die Hand auf die Schulter und erklärte, daß ich „Big Shark“ sei, der „Große Hai“. Dieser Name ist mir dann unter den Eingeborenen geblieben.

Ich konnte in der Nacht lange nicht einschlafen. Die Haie, die ich gesehen hatte, gingen mir ständig im Kopf herum. Ich verglich sie mit früheren Haien, versuchte, mir jede Kleinigkeit in ihrem Verhalten und in ihren Bewegungen wieder in die Erinnerung zu rufen, und entwarf einen Schlachtplan, wie ich sie fotografieren wollte. Am gleichen Platz wollte ich mich auf eine geeignete Koralle setzen und an der Spitze ein längeres Seil festmachen, das nicht mehr mit dem

Harpunenstock verbunden war, sondern dessen Ende ich neben mir an den Korallen festmachte. Dann wollte ich wieder einen Tölpelfisch harpunieren. Er hing mit dem Seil an der Koralle, störte mich nicht durch sein Gezappel und lockte mir Haie und Barrakudas herbei, während ich die Kamera schußbereit in Händen hielt. Den Harpunenstock wollte ich, so wie sonst den Maßstab, an meiner Schulter befestigen, dann hatte ich ihn, wenn ich ihn brauchte, sofort zur Hand. Außerdem wollte ich in meiner Brusttasche eine Reservespitze mit aufgerollter Leine mitnehmen. Genügte dann der eine Tölpelfisch nicht, so knüpfte ich schnell noch die zweite Leine an den Felsen und stach einen der Fische, die mich umkreisten.

Am anderen Tag, um elf Uhr, lagen wir wieder am Haifischplatz vor Anker. Bill, der zufällig einen freien Tag hatte, war wieder mitgekommen. Wir waren diesmal mit einem Glaskasten ausgerüstet, mit dem er mich vom Boot aus beobachten wollte. Wenn ich mich auf den oberen Teil einer der Korallenburgen setzte, konnte er mich von oben gerade noch sehen.

Wie ein Christbaum behangen, schwebte ich in die Tiefe. Vor der Brust hing mir die Unterwasserkamera und der Unterwasserbelichtungsmesser, und in der Rechten hielt ich den Speer, an dem zwei Leinen hingen, eine lange, die ich an den Korallen festmachen wollte, und eine kurze, mit der der Stock an meiner Schulter befestigt war. Nach kurzem Suchen fand ich einen Korallenstock, der wie ein Lehnsessel aussah. Ich überzeugte mich durch Abtasten, daß er nicht mit brennenden Moostierchen gepolstert war, und setzte mich hinein.

Dem vorbedachten Schlachtplan folgend, machte ich die Leine rechts an einem Vorsprung fest. Der Belichtungsmesser zeigte mir die richtige Blende; die Entfernung stellte ich auf zwei Meter: so nahe würden, so hoffte ich, die Haie kommen. Was ich im stillen außerdem hoffte, war, daß einer der Haie den harpunierten, frei im Raum zappelnden Fisch anbeißen würde. Gelang es mir, diesen Augenblick zu fotografieren, dann kam ich dem ersehnten Ziel, meinem Forschungsschiff, ein gutes Stück näher. Ein solches Bild würde nicht nur überall veröffentlicht werden und Geld bringen, sondern es würde auch seinen Eindruck auf die Filmverleiher, von deren Interesse mein nächstes Projekt abhing, bestimmt nicht verfehlen.

Programmgemäß näherte sich ein Schwarm von Tölpelfischen. Ich suchte mir den dicksten aus, war meiner Sache aber etwas zu sicher, harpunierte zu früh und kam zu kurz. Erschreckt schwammen die Fische davon. Sie kehrten dann wieder zurück und umkreisten mich in zwei bis drei Meter Entfernung, aber näher wollten sie nicht mehr herankommen. Da ich nicht allein war, sondern jede meiner Bewegungen von oben durch den Glaskasten beobachtet wurde, war mir dieser Mißerfolg doppelt peinlich.

Um die Neugierde der Tiere wieder auf mich zu lenken, erhob ich mich in meinem Sessel und begann alle möglichen Verrenkungen auszuführen. Machmoud und O Sheik waren darüber, wie mir Bill später erzählte, restlos entzückt. Auch den Tölpelfischen gefiel meine Darbietung sichtlich. Aber näher kommen wollten sie trotzdem nicht.

Der Ärger und die Anstrengung ließen mich schneller atmen. Diese Fische waren wirklich grenzenlos dumm! Statt ein kleines Stück näher zu kommen, schaukelten sie unentschlossen hin und her und spitzten dazu das Mäulchen. Ich versuchte schwimmend mit der Harpune an sie heranzukommen, aber sie zogen sich im gleichen Maß von mir zurück. Außerdem war ich mit der Leine am Korallenstock festgebunden und hatte nur einen beschränkten Aktionskreis, Die ganze Situation war völlig verunglückt!

Ich mußte Luft ausblasen, um wieder in Balance zu kommen. Da wurde meine Geduld und Ungeduld von anderer Seite her belohnt. Aus der Ferne erschienen zwei große Bajards, die miteinander spielten. Sie schwammen geradewegs zu mir her, und obwohl der größere sicher zwanzig Kilo hatte, zögerte ich nicht, ihn mit klarem Stich zu durchbohren.

Er tobte davon, und es begann der gewohnte Rundtanz von Fischen. Ich war über die Tölpelfische noch immer so ärgerlich, daß ich schnell die zweite Leine an meinem Gürtel befestigte, die Spitze aufsteckte und sie dem nächstbesten durch den Körper stieß. Ehe ich mich versah, hatte mich der Kerl vom Stock heruntergezerrt. Dabei blieb meine linke Flosse in der anderen Leine, an der der große Bajard zappelte, hängen, und so fand ich mich rücklings neben dem Korallenturm im freien Wasser schwebend, während zwei machtvolle Fische nach verschiedener Richtung an mir zerrten. Wasser war mir in die Maske gekommen, und der Belichtungsmesser klemmte mir den Atemschlauch ab. Wenn jetzt angreifende Haie oder Barrakudas kamen, konnten sie nach Belieben von mir abbeißen.

Gemeinsam mit den zappelnden Fischen sank ich acht Meter tief bis auf den Fuß des Korallenstockes. Da ich in den verschiedenen Seilen total verheddert war und verzweifelt versuchte, mein Messer aus der Gummischeide hervorzuzwängen, in die es etwas zu tief hineingeschlüpft war, hatte ich keine Möglichkeit, das Atemventil zu bedienen. Durch den Sturz und den damit verbundenen Druckunterschied war mein Atemsack völlig zusammengepreßt, ich bekam überhaupt keine Luft mehr und glaubte zu ersticken. Ein unendlich leeres Gefühl stieg mir vom Magen in die Brust, die konvulsivisch zu arbeiten begann. Endlich hatte ich das Messer frei und schnitt eine meiner Fesseln durch. Da die Maske mit Wasser gefüllt war, konnte ich fast überhaupt nichts sehen. Ich glaubte, einen Hai zu erkennen, schlug verzweifelt um mich und drückte mehrmals auf das Ventil, ehe ich begriff, daß die Flasche total leer war und kein Sauerstoff mehr kam. Das bedeutete, daß ich nun um etliche Kilo zu schwer war und mich mit

Macht erst wieder nach oben zurückkämpfen mußte. Ich stieß hart gegen den Felsen, dann fühlte ich, wie die gefangene Flosse sich aus dem zweiten Seil löste. Die Unterwasserkamera war mir auf den Rücken gerutscht und strangulierte mich. Aber jetzt gab es nur noch eines . . . nach oben! Es war mir so heiß, daß alles an mir zu zittern begann. Dann, nach unendlich langer Zeit, sah ich, daß es heller wurde, ich stieß durch die Oberfläche, riß mir den Atemschlauch aus dem Mund und die Maske von den Augen, versank nach einem kräftigen Atemzug, der mir beinahe die Besinnung raubte, kam wieder hoch und kämpfte mich mit letzter Kraft bis zu den Riffelsen. Dort klammerte ich mich völlig erschöpft fest, bis das Boot heranruderte und mich aufnahm.

„Das war wirklich wundervoll!“ war das erste, was ich von Bill hörte. „So etwas habe ich noch nie gesehen!“

Aus der Vogelperspektive mußte das Ganze wie ein rühmlicher Kampf ausgesehen haben. Außer Atem erzählte mir Bill von zwei Haien, die ganz nahe an mich herankamen und ebenfalls „zugesehen hätten“. Flach im Boot auf dem Rücken liegend, erholte ich mich nur sehr allmählich. Ich hatte beim Auftauchen ziemlich viel Wasser geschluckt, und mir war totenübel. Mein Herz klopfte zum Zerspringen. Wenn ich die Augen schloß, sah ich zahllose Fische, die unter mir, neben mir und über mir kreisten.

Erst nach unserem Mittagessen im Boot war ich wieder so weit, daß ich Lust hatte, nochmals ins Wasser zu gehen. Die beiden Leinen mit den daranhängenden Fischen waren noch immer unten in den Korallen. Wie Machmoud durch den Guckkasten feststellte, hatte sich auch die abgeschnittene Leine wieder in den Korallen verwickelt. Beide Leinen führten unter Felsen; von den daranhängenden Fischen war nichts zu sehen.

Da die Stelle nur achtzehn bis zwanzig Meter tief lag, konnte ich zur Not auch freitauchend hinunterkommen. In zwölf Meter Tiefe hielt ich inne und schluckte; da löste sich der Druck, und es ging wieder ein Stück weiter. Wenn die Ohren gesund sind und die Eustachische Röhre nicht durch einen Katarrh verlegt ist, kann man mit zwei solcher Stationen bis zwanzig und fünfundzwanzig Meter Tiefe kommen.

Ich schnitt erst die Leine los, die am Felsen befestigt war und an der der Bajard hing. Beim zweiten Male gelang es mir, den Fisch aus dem Loch am Fuße des Korallenstockes hervorzuziehen. Nur eine schwache Hälfte von ihm war übriggeblieben. Den Rest hatte sich eine Muräne oder ein anderer Fisch zu Gemüte geführt.

Während ich versuchte, auch den Tölpelfisch freizubekommen – er war, bevor sich die Leine wieder verhängt hatte, durch mehrere Löcher geschwommen –, sah ich, daß draußen im Tiefen Barrakudas standen. Schnell holte ich die Kamera und schwamm freitauchend zu ihnen hinab. In einiger Entfernung von ihnen verharrte ich unbeweglich, da drehten sie, kamen näher, und ich konnte einige gute Aufnahmen machen. Daraufhin legte ich im Boot einen Farbfilm ein und wiederholte alle Aufnahmen nochmals in Farbe.

Dann hatte ich genug.

Bei anbrechender Dunkelheit waren wir wieder in Port Sudan. Zu Hause fand ich auf meinem Bett einen großen offiziellen Umschlag vor. Er enthielt die sehr formelle Einladung von Seiner Exzellenz dem britischen Generalgouverneur zum Empfang in Khartum. Dieser sollte in sechs Tagen stattfinden.

## *Der Geburtstag des Königs*

Ich sah jetzt täglich Haie und hatte mehrmals gute Gelegenheit, sie zu fotografieren. Es sah wirklich so aus, als wären sie irgendwo fortgewesen und kehrten jetzt an ihre Standplätze zurück. Besonders gegen Abend, wenn das Licht unter Wasser einen eigenartig kalkigen Ton annahm, konnte ich kaum verfehlen, ihnen zu begegnen. Es kam vor, daß ich mich unversehens umdrehte, und ein Hai stand hinter mir. Doch selbst, wenn ich über ihr plötzliches Auftauchen erschrak, war ihr Anblick mir stets eine Augenweide. Kein anderes Meerestier kann sich in der Schönheit von Gestalt und Bewegung mit dem Hai messen. Delphine wirken unter Wasser unruhig und unharmonisch; Thunfische sehen wie Roboter aus, die sinnlos dahineilen, weil sie nun einmal aufgezogen sind; Rochen bieten immer den Eindruck einer unheimlichen Mißgestalt. Der Hai dagegen und das ihn umgebende Wasser sind eins. Es schiebt ihn gleichsam vorwärts, wenn er in prächtiger Vollendung dahinschwebt.

So wie ich in den ersten Tagen meine Streifzüge immer weiter in die Tiefe ausgedehnt hatte, so eroberte ich mir jetzt die Stunden vor Einbruch der Nacht. Je tiefer die Sonne sank, um so lebendiger wurde es auf dem Meeresgrund. Unabsehbare Schwärme strömten aus dem tiefen Wasser empor; manchmal sah es so aus, als ob die einzelnen Tiere wie in einem Tanz hin und her zuckten; dann jagten sie nach kleinen, im Wasser schwebenden Organismen. Schlanke, langgestreckte Lajangs jagten mit geblähten Kiemen in silbrigen Geschwadern vorbei. Zu Hunderten und Tausenden standen die gespenstischen Silhouetten von Nashornfischen vor dem dunklen Hintergrund der Tiefe, und unförmige Riesenbarsche hingen wie Bojen unbeweglich im freien Wasser.

Mehr als einmal überkam mich Angst, wenn ich die großen schwarzen Felsen rings um mich sah und mir bewußt wurde, wo und unter welchen Voraussetzungen ich mich befand. Nie jedoch waren Haie daran schuld, wenn ich mich geschlagen gab und die immer schwärzere Düsterheit hinter mir ließ. Gerade in nächtlicher Stunde sah nichts schöner und ungefährlicher aus als ein Hai, wenn er, aus dem Ungewissen auftauchend, Gestalt annahm und mit sicherer Bestimmtheit über diese Landschaften hinwegglitt, an denen nichts so unheimlich war wie die Unbestimmtheit ihrer schwarzen Schatten, aus denen jeden Augenblick irgendein Untier hervorkommen konnte.

Am Abend vor meiner Abreise nach Khartum segelten wir knapp vor Sonnenuntergang dem Wingateriff entlang heimwärts, da sah ich zwei weiche Flossenspitzen, die über Wasser spielten und einen Abstand von fünf Meter hielten. Es war an der gleichen Stelle! Und diesmal war das Wasser klar!

Sofort war das Segel herunter, und wir näherten uns mit vorsichtigen Ruderschlägen. So schnell ich konnte, legte ich einen besonders lichtempfindlichen Film in die Kamera ein. Ich betete, daß ich noch zurechtkam. Die Sonne stand am oberen Rand einer schwarzen Wolkenwand, unter der sie in den nächsten zehn Minuten verschwinden mußte, um an diesem Tag nicht wieder zu erscheinen.

Als ich über Bord glitt, waren die Flossen über Wasser nicht mehr zu sehen. Ich schwamm in die Richtung, wo sie zuletzt aufgetaucht waren. Das Wasser war grundlos. Plötzlich versank die Sonne hinter den Wolken, und es wurde total finster. Aber es gab noch ein kleines Fenster, auf das der durch die Wolken durchscheinende Glutball zusteuerte. Dann mochte es nochmals für zwei oder drei Minuten hell werden.

Ich schwamm unentschlossen im Kreis, da erblickte ich weit zur Linken eine große Bewegung. Es sah so aus, als spiele dort ein ungeheurer Schmetterling unter den Wellen. In diesem Augenblick trat die Sonne in das segensreiche Loch. So schnell ich konnte, schwamm ich in Richtung auf den Schmetterling. Es war, wie ich im stillen schon vermutet hatte, ein riesiger Manta. Ein Rochen, der wegen seiner merkwürdigen Hörner „Der Teufel" genannt wird. Ich hatte nicht gewußt, daß diese Ungeheuer im Roten Meer vorkommen; sie sind die größten Rochen überhaupt und erreichen bis neun Meter Spannweite und ein Gewicht von dreitausend Kilogramm.

Nie – mit Ausnahme der graziösen Spiele mancher Haie – sah ich ein Lebewesen seiner Freude am Dasein so deutlich Ausdruck verleihen wie dieses Tier. Seine ungeheuren Flügel auf- und niederschwingend – ihre äußersten Spitzen waren es, die abwechselnd oder gleichzeitig über Wasser erschienen – gaukelte dieser Teufel in kleinen Kreisen und schien mit sich selbst und seinem Vergnügen ebenso ausgefüllt zu sein wie jene in den Riffen häufigen Mopsfische, die aus reinem Übermut nach ihren eigenen Schwänzchen jagen und sich dabei wie ein Kreisel um sich selbst drehen.

Dann bemerkte er mich.

Er hielt inne. Drehte sich. Blickte her. Wurde unruhig. Ringelte die vorstehenden Hörner . . . Und mit plötzlichem Entschluß kam er direkt in meine Richtung.

Ich zwang mich zur Ruhe, stellte die Kamera ein. In der Mitte der riesigen schwingenden Gestalt klaffte ein viereckiges Loch: das Maul. Seitlich darüber standen die Hörner, die er steif und gerade vorstreckte. In halber Entfernung drehte er plötzlich und schwamm in einem großen Bogen rings um mich, wobei das eine Auge mich unablässig betrachtete und er wie in einer Spirale immer näher an mich herankam. Er schien noch immer in froher Stimmung zu sein und ringelte, während er schwamm, seine merkwürdigen Hörner.

In Wahrheit waren es zwei dicke Lappen, die rechts und links vom Maul vorstanden und offenbar die Bedeutung hatten, dieses bei Bedarf wie durch eine Doppeltüre abzuschließen. Denn das große Maul durfte nicht trügen: trotz seiner enormen Größe ist der Manta harmlos und ernährt sich gleich vielen Walen von kleinen Schwebetierchen des Meeres. Winzige Garnelen und Flügelschnecken waren die Leckerbissen, denen dieser Riesenschmetterling nachstellte. Wenn der Manta trotzdem – wie ich später erfuhr – bei den Fischern gehaßt und gefürchtet ist, dann liegt dem ein Mißverständnis zugrunde.

So wie keinem Wesen in der Welt sorgloser Friede zuteil wird, so setzen sich auch beim Manta Quälgeister fest, und zwar an der Innenseite der Hörner, wo sie ihn jucken. Um dieser lästigen Plage Herr zu werden, kratzt sich der Manta auf seine Weise. Wenn er an einem Fischkutter vorbeikommt, der an einer Kette vor Anker liegt, nimmt er diese willkommene Kette zwischen die Hörner und saust an ihr entlang, bis alle lästigen Parasiten zerquetscht sind. Leider, als Nebenerscheinung dieser Kosmetik, reißt er nicht selten den Anker vom Boden los, und dieser verhängt sich in seinem Kopf, worauf er in Angst und Schrecken ins Meer hinausjagt und dabei die ganze Barke hinter sich nachzieht. Mehr als ein Fischer soll auf diese Weise in arge Bedrängnis gekommen sein; kein Wunder, wenn der Manta nicht nur wegen seiner Hörner als „Der Teufel" bezeichnet wird.

Ich fotografierte, drehte weiter, fotografierte nochmals . . . dann war der Rochen so nahe, daß sein Flügel mich beinahe berührte. Ebenso wie bei der ersten Bewegung erschrak er plötzlich. Ich wurde von einem mächtigen Strudel erfaßt und zur Seite gewirbelt; der dünne schwarze Schwanzstummel glitt an mir vorbei . . . und die Sonne verlöschte. Niemals hatte eine Regie genauer geklappt als hier!

Am anderen Tag, um vier Uhr nachmittags, führte Achmed uns zum Bahnhof, wo zahlreiche weißvermummte Gestalten sich um einen langen Zug mit weißen Waggons drängten. Die Fenster waren gegen das grelle Wüstenlicht durch angenehm getöntes Neophanglas geschützt. Bill und ich stiegen ein, und der Zug setzte sich in Richtung auf die Berge in Bewegung.

Es war schon finstere Nacht, als wir endlich in Khartum ankamen. Ein Freund Bills holte uns im Auto ab. Während Bill bei ihm wohnte, war für mich im Grand Nil Hotel ein Zimmer reserviert worden. Man setzte mich dort ab. Es sah ähnlich aus wie das Red Sea Hotel, nur war es wesentlich größer.

Ich saß noch im Bad, als Bill anrief. Er sei untröstlich, aber die Gesellschaft, wo er eingeladen sei, bestünde aus zwölf Personen, und die Hausfrau wolle durchaus keinen dreizehnten am Tisch. Eine vierzehnte Dame für mich aufzutreiben wäre leider nicht gelungen. Er werde absagen und den Abend mit mir verbringen.

Ich bat ihn dringend, auf mich keine Rücksicht zu nehmen. Ich war todmüde und heilfroh, daß ich den Smoking wieder in den Kasten legen konnte. Am anderen Morgen holte mich Bill um elf Uhr ab, und wir aßen bei seinem Freund zu Mittag. Dann erschien eine mit rotem Plüsch gepolsterte Staatskarosse und holte uns ab.

Um Punkt zwölf Uhr betraten wir den Palast des Generalgouverneurs und wurden in den ersten Stock geführt, wo Lady Howe uns begrüßte. Bald kam auch der Generalgouverneur in Begleitung von zwei Adjutanten und des Gouverneurs von Aden, und wir wanderten in einen hohen Saal, wo zahlreiche düstere Gemälde auf uns niederschauten. Das Menü unterschied sich in keiner Weise von jenem in Bills Haus, nur folgten hier auf den gebackenen Fisch und den gebratenen Hammel sehr schmackhafte Krapfen und anschließend ein Käse, der so hart war, daß wir hauchdünne Scheibchen davon abschnitten. Ich saß zur Rechten von Seiner Exzellenz, und da Sir Howe mehrere Jahre lang in China Botschafter gewesen war, ergaben sich einige Berührungspunkte.

Beim Kaffee auf der Terrasse betrachtete Sir Howe die mitgebrachten Unterwasseraufnahmen, und ich benützte die Gelegenheit, ihm von der beabsichtigten größeren Expedition zu erzählen. Nach einigen Fragen stellte mir Seine Exzellenz seine Unterstützung in Aussicht. Den Antrag auf Erteilung des Visums für die diversen Teilnehmer sollte ich direkt an ihn richten, und hinsichtlich der Zollformalitäten sollte ich ein genaues Inventar aller mitzubringenden Ausrüstungen und Geräte einsenden. Er wollte dann eine entgegenkommende Abfertigung befürworten. Sehr freundlich schüttelte er mir, als wir uns verabschiedeten, die Hand.

Abends betraten Bill und ich im Smoking einen langgestreckten Raum, der eher wie die orientalische Dekoration eines billigen Vorstadttheaters aussah als wie der Speisesaal eines wohlhabenden Sudanesen. Die Wände waren mit auf Stoff gemalten Bildern behangen, über der Eingangstür befanden sich bemalte Glasfenster. Rechts hinter der langen gedeckten Tafel stand eine Anrichte und hinter einem Paravent ein billiger Waschtisch. Links hinten, auf breiten

Sofas, saßen an kleinen türkischen Tischen mehrere Sudanesen und zogen an langen Wasserpfeifen.

Nachdem wir ziemlich lange auf den letzten Gast gewartet hatten, setzten wir uns zu Tisch. Es gab eine dünne Suppe, in der Brotstücke schwammen, dann eine Fischmayonnaise, die weder nach Fisch noch nach Mayonnaise schmeckte, und schließlich einen gebratenen Hammel, der in einem Stück hereingebracht wurde und aus dem der Hausherr große Stücke herausriß, die er den Gästen auf die Teller legte. Nach vier Wochen Sudan durfte ich mich in bezug auf Hammel bereits als Kenner bezeichnen, doch dies war bei weitem der zäheste, den ich unter die Zähne bekam. Gekrönt wurde das Mahl durch ein synthetisches Fruchtgelee. Da ich im übrigen kein Wort von der angeregten Konversation verstand, war ich heilfroh, als ich, ohne mir einen Zahn ausgebissen zu haben, wieder auf der Straße stand.

„Normalerweise ißt der Sudanese mit den Händen“, erklärte mir Bill, während wir im Auto weiterfuhren. „Der Gastgeber knetet aus Reis und Bratensaft einen Knödel und steckt ihn dem geschätzten Gast in den Mund.“

„Und wie ist das bei Toni –?“ fragte ich.

„Toni ist etwas ganz anderes“, beruhigte mich Bill. „Toni ist ein Grieche, und seine Partys sind die nettesten im Sudan. Er ist Besitzer aller Kinos und weiß sein Geld mit Geschmack auszugeben.“

Wir hielten vor einem Haus, aus dem Tanzmusik und Frauenlachen klangen. Durch die Tür sahen wir auf eine kleine Bar, an der der Hausherr gerade einige Damen bewirtete. Als er Bill sah, breitete er die Arme aus und kam uns in einer seligen Schwerelosigkeit entgegen, die ich erst der Sektflasche zuschrieb, die er in Händen hielt, während ich später erkannte, daß sie der normale Ausdruck seines schwerelosen Wesens war. Wir erhielten ein Glas in die Hand gedrückt und gehörten bald selbst in den unwirklich sorglosen Kreis. Getanzt wurde im Garten zwischen Blütensträuchern und bei Mondschein; zwischendurch traf man sich an einem Büfett, an dem es neben Spanferkel, Hummer und Kaviar die erlesensten griechischen Leckerbissen gab. Bill und ich tauschten traurige Blicke, weil wir unsere Mägen mit zähem Hammel und synthetischem Fruchtgelee beschwert hatten. Toni war der ideale Hausherr. Er erschien überall, wo gerade ein Glas leer war oder eine Konversation verstummte.

Um sechs Uhr früh rüttelte mich der Hoteldiener aus dem Bett. Um halb acht Uhr stiegen Bill und ich in das kleine Flugzeug, das den Verkehr zur Küste besorgte. Um halb zehn Uhr waren wir ausgeschlafen und kreisten bereits über Port Sudan.

Unter uns ballten sich die schwefelgelben Wolken eines Sandsturmes. Hier und dort waren noch offene Stellen, durch die man undeutlich den Boden sah, aber diese wanderten schnell und wurden sichtlich kleiner. Wie wir später erfuhren, war der Pilot nahe daran, nach Khartum zurückzufliegen. Er zog drei große Kreise, dann nahm er sich ein Herz, und wir tauchten durch das letzte Loch abwärts. Unmittelbar nachdem die Maschine stand, verwandelte sich die Gegend in gelbgrauen Nebel.

Aus dieser Wand erschienen Achmed, der Chauffeur, und ein Polizeioffizier, der Bill im Auto seinen Bericht erstattete. Zu Haus frühstückten wir, dann nahm Bill sein Köfferchen und fuhr ins Büro.

„Das Leben geht weiter“, sagte er unlustig. Seine Laune stand wieder einmal auf dem Nullpunkt.

## *Im Schwarm der Ungeheuer*

Ich setzte mich ins Bad und las die zahlreiche Post, die endlich gekommen war. Lotte schrieb sehr besorgt, sie habe eine neue Leica aufgetrieben, aber die Ausfuhrerlaubnis mache Schwierigkeit. Im übrigen sei seit drei Wochen keine Post mehr gekommen, und man hielte mich bereits für tot. Eine Zeitung schrieb, ich solle dringend einen Bericht senden. Eine Agentur schrieb, man könne mir keinen Vorschuß gewähren. Von zu Hause schrieb man, ich solle um Himmels willen schreiben. Ein Bekannter schrieb, daß eine Bekannte geheiratet hatte. Was mich am meisten interessierte, war ein Paket von Mister Millword. Es enthielt ein Buch von Crossland und seine eigene Broschüre über die Perlenbänke von Dongonab, nördlich von Mohamed Gul.

Ich las mit steigendem Interesse. Als ich fertig war, stand für mich fest, daß ich unbedingt dort tauchen mußte. Ich nahm sofort alle Vorbereitungen für die Fahrt nach Mohamed Gul in Angriff, und vier Tage später rollte ich, gemeinsam mit Machmoud auf einem beladenen Lastwagen sitzend, aus Port Sudan.

Machmoud war in ein ungeheures weißes Tuch gehüllt, das, wie ich später erfahren sollte, nicht nur zu Zwecken der Repräsentation diente, sondern zugleich auch während der Nacht als Bett.

Mohamed Gul, wo wir die Nacht verbrachten, bestand aus einem alten Fort mit ein paar armseligen Holzhütten ringsum – in Dongonab gab es nur halb so viele Hütten, und diese bestanden mehr aus Zwischenräumen denn aus Holz. Einige Fischer begrüßten uns mit freundlichem Handschlag und baten uns, in die „Rasthütte“ des Ortes einzutreten: einen niedrigen Raum mit einigen Pritschen entlang der Wand.

Wie sich herausstellte, war das einzige verfügbare Boot ein ganz schmaler Einbaum, in dem bestenfalls drei Mann hintereinander sitzen konnten. Ich mietete es trotzdem, legte mein Tauchgerät an, setzte mich – die Flossen an den Füßen, den Speer in der Rechten – in die Mitte, und los ging's. Machmoud paddelte hinten, der Fischer, dem der Einbaum gehörte, vorn. Nach einer ziemlichen Strecke blieben wir stehen, und der Fischer – ein Mann mit ungemein intelligenten Zügen – bedeutete mir, daß hier unten so viele Muscheln seien, als ich nur wünschen konnte. Die beiden lehnten sich nach links, ich kletterte nach rechts über die niedrige Seitenwand und ließ mich langsam ins Wasser gleiten, das ziemlich trüb war.

Wie Flocken wirbelten kleine Gallerttierchen rings um mich. Ich schwamm abwärts. Erst als ich die Oberfläche schon nicht mehr sah, dämmerte der Grund unter mir auf. Er war flach und sandig und fiel mäßig ab. Als ich unten ankam, sah ich, daß er weithin mit grünen Gewächsen und niedrigen Korallenstöcken bedeckt war.

Es dauerte eine Weile, ehe ich die erste Perlmuschel entdeckte... Dann aber sah ich sie überall. Sie waren nicht sehr groß und standen meist aufrecht, mit leicht geöffneter Schale. Manchmal hingen vier oder fünf in einem Büschel zusammen. Die meisten wuchsen auf Korallen oder Steinen.

Mit dem gezückten Messer schwamm ich von einer zur anderen, und ehe sie Zeit fanden, sich zu schließen, hatte ich ihren Muskel durchschnitten und zog die Schalen auseinander. Das Fieber des Gold- oder Edelsteinsuchers hatte mich gepackt. Mit zitternden Händen tastete ich das Fleisch jeder einzelnen Muschel ab, ob nicht vielleicht eine Perle darin war. Eine immer größer werdende Schar von Fischen, die sich um die toten Muscheln balgten, folgte mir. Wäre jetzt ein Hai gekommen, ich hätte ihn bestimmt nicht bemerkt.

Nach der ersten Viertelstunde wurde ich etwas ruhiger. Ich untersuchte nun genauer das Vorkommen und den Wuchs und bildete mir nicht mehr ein, daß ich unbedingt sofort ein prächtiges Ohrgehänge finden müßte. In einigen Muscheln fand ich wirklich kleine Perlen, aber sie waren mit der Schale fest verbunden und deshalb wertlos. Manche Schalen zeigten krankhafte Wucherungen. Am Ende fand ich noch eine größere Perle, die nur an einer kleinen Stelle mit der Schale verwachsen war.

Ich traute meinen Augen nicht, als plötzlich ein Haifisch vor mir stand. Er war hellgrau mit spitzer Nase, ziemlich dick und sicher über drei Meter lang. Unter seinem Bauch schwammen zwei große Saugfische. Ich schrak zusammen wie ein Junge, der beim Stehlen in der Speisekammer überrascht wird. Und darüber erschrak wieder der Hai. Es riß ihn herum, und im nächsten Augenblick war er wie ein Phantom wieder verschwunden.

Der aufgewühlte Sand im Wasser, der langsam wieder niederrieselte, zeigte die Stelle, wo er eben noch gestanden hatte.

Ich blieb so lange unten, bis mein Sauerstoff zu Ende war. Nachdem ich ein Stück dieser Bänke gesehen hatte, konnte ich mir gut vorstellen, wie alle übrigen aussahen. Es gab Plätze, wo ich schon jetzt im voraus wußte, daß ich dort bestimmt eine Muschel finden würde. Es war hier nicht anders als beim Pilzesuchen, wo der Fachmann auch bald weiß, bei welchem Baum und welchem Strauch er nachzusehen hat.

Erst beim Hochschwimmen bemerkte ich, daß ich wesentlich tiefer gekommen war, als ich gedacht hatte. In der trüben Dunkelheit hatte ich alle Orientierung verloren. Ziemlich weit vom Boot entfernt, stieß ich durch die Oberfläche. Machmoud und der Fischer schienen zu schlafen. Als ich nach ihnen rief, setzten sich die beiden im Einbaum auf und paddelten zu mir heran.

Weit ergiebiger und wissenschaftlich interessanter als diese Bekanntschaft mit der Perlenbucht von Dongonab war jedoch mein Erlebnis bei der kleinen Insel Om Grush, südöstlich von Dongonab am Rande eines Atolls. Ihr Name bedeutet „Mutter der Haie", und als ich dem Fischer ankündigte, daß wir am anderen Morgen mit seinem Einbaum dorthin segeln würden, quittierte er dies mit steinernem Ausdruck im Gesicht, während Machmoud etwas sonderbar dreinblickte. Er versprach, mich beim ersten Lufthauch zu wecken...

Om Grush erwies sich als ein halbrunder Geröllhaufen von höchstens dreißig Meter Durchmesser mit einer kleinen Steinpyramide in der Mitte und einer äußerst starken Brandung ringsherum. Wenn wir irgendwo festmachen wollten, dann war dies nur auf der dem Wind abgekehrten Seite möglich, wo die Wellen von rechts und links in einem unruhigen Feld übereinanderschlugen. Weiß Gott, was mit Machmoud los war: neben der Insel kippten wir beinahe um. Eine Gegenwelle drehte uns, das Segel flog herüber, ein riesiger Brecher faßte uns von der Seite, und ein Sturz Wasser ergoß sich über die Bootswand. Im letzten Augenblick richtete sich das Boot wieder auf, und wir waren nun glücklich in dem geringen Stromschatten der Insel. Nach heftigem Rudern erreichten wir die Stelle an der Riffkante, wo die beiden Wellenrichtungen sich hinter der Insel trafen. Da diese jedoch nie gleichzeitig ankamen, wurde das Boot ständig hin und her gespült.

Ich sprang auf die seichte Riffplatte, machte den Anker noch besser fest und eilte durch das hüfttiefe Wasser auf die Insel. Sie bestand zur Gänze aus rundgewaschenem Korallengeröll, dazwischen lagen schöne rote Brocken der Orgelkoralle.

Ich nahm die Maske und tauchte unter die Gischtwolken der Brandung. Sobald sich die Sicht klärte, sah ich auf zahllose, leuchtend rote Fische, die über rundlich vorragenden, grünen Korallen schwebten. Ein Stück weiter unten schwammen achtzig oder hundert Tölpelfische. Das Erstaunliche an dem Anblick war, daß ich über die vorspringenden Korallen ins Bodenlose hinabsah.

Von einer darunterliegenden Riffmauer war nichts zu sehen. Es sah aus, als schwimme die Insel frei im Meer — auch unter ihr tat sich grenzenloses blaues Wasser auf.

In Wahrheit verhielt es sich so, daß die in der Brandungszone vorwuchernden Korallen einen Überhang von mehreren Metern bildeten, unter den ich tauchen mußte, um die darunterliegende lotrechte Wand zu sehen. Die kleine Insel glich auf dieser Seite einem Turm, der wie der Stamm eines Pilzes aus der Tiefe emporstieg. Es war denkbar, daß von einer auf dem Meeresgrund gelegenen Erhebung ganz von selbst ein solches Bauwerk entstand. Wenn es nicht die Form einer Pyramide annahm, sondern mit lotrechten Mauern hochstieg, dann konnte das daran liegen, daß die Korallen am Rand am besten gediehen und deshalb in einem Überhang vorwuchsen. Wurden sie überwuchert und starben sie ab, dann bröckelte dieser Überhang ab, und es blieb – eine senkrechte Mauer.

So weit hatte ich gedacht, als ein unbestimmtes Gefühl mir sagte, ich sollte mich umdrehen. Hinter mir war ein Koloß von einem Haifisch aufgetaucht, sicher vier Meter lang. Er schwebte wie ein glänzendes Geschoß langsam durchs Wasser und blickte lauernd in meine Richtung. Schnell stellte ich ein und fotografierte ihn. Dann jagte ich hoch, stieß durch die Schaumdecke, schnappte Luft, drehte weiter und jagte wieder abwärts.

Zu einer zweiten Aufnahme sollte es jedoch nicht mehr kommen. Der Hai hatte inzwischen gedreht und kam direkt auf mich los. Und zwar nicht – wie es kleinere Haie mit Vorliebe tun – aus Neugier oder Übermut, um dann in einiger Entfernung von selbst wieder abzudrehen, sondern in unverkennbarer Absicht, mich anzugreifen: mit Schwanzschlägen, deren Geschwindigkeit sich steigerte.

Der ganze große Körper war eine einzige auf mich gerichtete Bewegung, aus der sich vorn das sichelartige Maul abzeichnete. Ich schwamm ihm entgegen, wußte aber sofort, daß ich diese Bestie auf solche Art nicht abschrecken konnte. Da blieb nur die zweite Waffe, die mich noch retten konnte. Mit einem gellenden Schrei stieß ich Luft ins Wasser.

Ein Wasserschwall warf mich zurück. Trotz seines Tempos hatte der Hai knapp vor mir seinen Körper herumgeworfen und jagte – genauso wie die Haie im Karibischen Meer – mit erschreckten Flossenschlägen in die Tiefe. Aber schon machte er kehrt und kam in einem neuen Angriff empor. Da ich zu einem zweiten Schrei keine Luft mehr hatte und es außerdem sehr fraglich war, ob dieser noch helfen würde, konnte mich nur noch die eilige Flucht retten.

Mit äußerster Kraftanstrengung durchschnellte ich die wenigen Meter bis zum Boot und warf mich mit einem halben Sprung über die Bordwand. Machmoud packte meine zappelnden Beine und zog sie herein. Mit dem Kopf war ich geradewegs auf dem Holzkohlenbecken gelandet. Da rauschte es an der Oberfläche, und der Hai stieß an das Boot.

„Miskois! Miskois!“ erklärte Machmoud kopfschüttelnd. Dann nahm er das Ruder und stieß es mit ebensolcher Entschlossenheit ins Wasser, wie er in Port Sudan einen anderen Felukenbesitzer, der mir einen billigeren Kahn anbot, bekämpft hatte.

Der Hai tauchte unter dem Boot durch, er war sichtlich verärgert, daß ihm der Bissen entgangen war. Ich sagte nichts, als der alte Fischer ohne meinen Befehl das Boot löste. Der Junge zog das Segel hoch, und wir fuhren ab. Mit einer wachsenden Beule am Kopf sah ich die „Mutter der Haifische“ hinter uns verschwinden.

Daß es gegen die „Tiger des Meeres“ keine absolute Sicherheit gab, wußte ich schon seit der Expedition nach Griechenland, wo nicht einmal der Schrei gewirkt hatte, weil die Haie sich dort an die Explosionen von Bomben, die man unerlaubterweise zum Fischfang verwendete, gewöhnt hatten. Hier hatte mich der Schrei gerade noch wieder gerettet. Ein gewisses Risiko war mit dieser Methode der Meeresforschung eben unlösbar verbunden und würde es wahrscheinlich auch immer sein. Denn mit chemischen Mitteln, wie die amerikanische Marine sie zum Schutz abgeschossener Flieger entwickelte, konnte man Haie, die mit solcher Schnelligkeit und Entschlossenheit angriffen, bestimmt nicht abwehren; und selbst wenn es gelang, besondere Gift-, Explosiv- oder Raketenwaffen zu konstruieren, mit denen man Haie töten konnte, kam man dadurch nach meiner Erfahrung vom Regen nur noch in die Traufe. Denn ein sterbend um sich schlagender Hai lockt mit Sicherheit in Sekunden andere, noch wildere zur Stelle...

Fünf Stunden waren wir bis zum Atoll gesegelt; fünf Stunden segelten wir wieder zurück. Die Dämmerung war schon hereingebrochen, und Mohamed Gul war schon in unserer Sicht, da kamen wir an einem Meeresstück vorbei, wo zahlreiche spitze Wellen über das Wasser züngelten. Als ich näher hinsah, erkannte ich, daß es nicht Wellen, sondern kleine spitze Flossen waren. Nicht weniger als vierzig Mantas hatten sich hier in einem riesigen Schwarm versammelt!

Ich sprang über Bord und sah aus der Ferne zwei große weiße Bäuche, die sich einander zudrehten. Aber es war schon zu spät. Unter Wasser war es zum Fotografieren und Beobachten schon viel zu dunkel. Als ich wieder ins Boot kletterte, beruhigte mich Machmoud mit der Geste des Wettergottes. Ich dürfte beruhigt sein, die Mantas wären bestimmt morgen auch noch da. Wenn er es mir sagte, könne ich mich darauf verlassen.

Schlaflos wälzte ich mich in dieser Nacht im Bett herum. Am Morgen war der Himmel stark bedeckt. Als ich aufstand, sah ich, daß das Meer ohne die geringste Welle wie stumpfes Blei ausgebreitet lag. Ein Fischer reinigte seinen

Einbaum, einige Frauen wanderten in die Wüste. Das Dorf erwachte. Ich legte mich nochmals nieder und schlief, als wäre ich tot. Um neun Uhr weckte mich Machmoud, wir machten alles fertig und fuhren los.

Auf einer in der Nähe des Mantaplatzes gelegenen Sandinsel zogen wir das Boot an Land. Machmoud meinte, daß wir von hier aus am besten sehen könnten, wenn sie wieder auftauchten. Während er und der kleine Junge ein Feuer bereiteten, wanderte ich um die Insel, hielt Ausschau und sammelte einige hübsche Muscheln.

Ich begann unruhig zu werden. Wo waren die Mantas? Machmoud hatte mir bedeutet, daß erst gegen Mittag mit ihnen zu rechnen sei. Das konnte stimmen oder auch nicht.

Bei dem kleinen Feuer fand ich eine gemütliche Kaffeerunde vor. Ich wurde genötigt, mich zu setzen, und erhielt eine jener kleinen Schälchen ohne Henkel, die in Port Sudan zwei Piaster das Stück kosten und zum ständigen Inventar jedes Fischerbootes gehören. Während mir Machmoud geröstete klebrige Datteln aufwartete, hielt er den rechten Fuß von sich gespreizt. An der großen Zehe hatte er das Ende einer Angelschnur befestigt, die ins seichte Wasser führte. Ich bemerkte das erst in dem Augenblick, als die Zehe plötzlich weggezogen wurde.

Auf einem Bein hüpfend folgte Machmoud. Er packte die Leine, und im Seichten schlug ein großes Tier um sich. Es mußte ein Rochen sein! Machmoud zog und zerrte nach Leibeskräften ... da taumelte er zurück, und die Leine war wieder schlaff.

Die Maske hatte ich zur Hand; mit großen Sprüngen eilte ich ins Wasser. An der aufgewühlten Sandspur sah ich deutlich den Weg des flüchtenden Tieres. Plötzlich – in zwei Meter tiefem Wasser – hörte die Spur auf.

Wo war der Kerl bloß hingekommen? Ich betrachtete den Sandboden genauer – da erkannte ich zwei Augen, die kaum sichtbar über den Sand vorlugten. Und jetzt sah ich auch den Umriß, der sich durch eine etwas gewölbte Linie abzeichnete. Das Tier hatte sich mit einer geschickten Bewegung eingegraben. Es war ein Halavi. Ein Geigenrochen. Ein merkwürdiges Mittelding zwischen einem Rochen und einem Hai.

Ich wollte die Harpune holen, dann entschied ich mich eines Besseren. Vorsichtig pirschte ich näher an die Stelle, wo der ziemlich lange Schwanz durch drei Flossen verraten wurde, die unauffällig über den Sand ragten. Mit schneller Bewegung griff ich zu. Und hatte ihn! Der Halavi zappelte und schlug um sich, aber ich hielt ihn fest. Dabei mußte ich aufpassen, daß mich der kleine Teufel nicht biß. Von seinem Kopf stand eine gallertig durchsichtige, schaufelartige Nase vor, mit der er heftig um sich schlug. Er zog mich hinunter, und ich zog ihn hinauf. Dann war er überwältigt, und ich zog ihn ins seichte Wasser, wo Machmoud ihn mit großer Freude in Empfang nahm.

Von den Mantas war noch immer nichts zu sehen. In ziemlich weiter Entfernung flatterten schon seit einiger Zeit Vögel immer an der gleichen Stelle über dem Wasser. Da fiel mir ein, daß ich gestern ebensolche Vögel über dem Mantafeld gesehen hatte. Schnell ließ ich alles ins Boot räumen, und wir ruderten in die betreffende Richtung.

Es dauerte über eine Stunde. Langsam rückten wir dem Mantafeld näher. Das ganze Meer schien hier zu kochen. Kreischend gaben uns die zahlreichen Vögel zu verstehen, daß wir durchaus nicht willkommen seien. Überall sprangen kleine Fische über die Oberfläche, die von den Vögeln gepackt und verschlungen wurden. Und überall pflügten unter der Oberfläche riesige Mäuler, die alles zu verschlingen schienen, was ihnen in den Weg kam.

Ich knipste vom Boot aus mehrere Aufnahmen, dann schlüpfte ich unter Wasser. Zuerst sah ich nur unzählige Fische, die in aufgeregten Schwärmen kreuz und quer fluteten. Sie wurden nicht nur von den Mantas und den Vögeln, sondern auch noch von Makrelen und langen silberglänzenden Fischen gejagt. Da teilte sich links von mir die Fischwand, und ein großer Manta schwamm geradewegs auf mich zu.

Er schien mich überhaupt nicht zu sehen. Wie in einem seligen Traum flatterte er heran. Ich knipste mehrmals, stellte auf immer näher ein . . . knipste das viereckige Maul . . . aber der Riese schwamm immer noch ruhig weiter. Die Augen starr und glasig, schwamm er einfach über mich hinweg. Dabei berührte er mich . . . und im gleichen Augenblick wälzte er sich, mit den Flügeln peitschend, herum und traf mich mit einem furchtbaren Schlag über den Rücken. Ich glaubte, meine Wirbelsäule sei entzwei. Wenn das Maul dieser Tiere auch nicht gefährlich war – ich hatte jetzt genau nachgesehen, es befand sich nur auf dem Unterkiefer eine schüttere Zahnreihe –, so war es das Erschrecken und die Bewegung dieses Riesen um so mehr. Eine kurze Betäubung hätte genügt, und ich wäre verloren gewesen. Das Wasser, über dem ich schwamm, war abgrundtief.

Die meisten dieser Mantas waren braun; einige waren pechschwarz; bei einem Manta sah ich eine eigenartig verfärbte Fläche auf seinem Rücken. Sie schwammen einzeln, paarweise oder in ganzen Familien zu dritt oder zu viert und räumten eifrig unter den Fischen und den zahllosen Flügelschnecken, die im Wasser schwebten, auf. Das Mißverhältnis zwischen ihrem furchtbaren Rachen und der winzigen Beute, der sie nachstellten, war ebenso grotesk wie zwischen dem Rüssel eines Elefanten und dem Zuckerstück, das man ihm zuwirft. Wie phantastische Riesenvögel schwangen sie mit gleichmäßig auf und nieder schlagenden Flügeln durchs Wasser und fächelten dabei mit ihren grotesken Kopflappen, die sie zeitweise vorstreckten und dann wieder, um Tiere damit einzufangen, vor dem Maul schlossen.

Bei zwei Exemplaren, die ich an äußeren Merkmalen unterscheiden konnte, sah ich deutlich, daß sie mich bereits nach der dritten oder vierten Begegnung wiedererkannten. Bei Knochenfischen – obwohl diese in der Stufenleiter der Tierentwicklung höher stehen – hatte ich ähnliches noch nie beobachtet. Interessanterweise scheinen die geistigen Fähigkeiten der Knorpelfische (Rochen und Haie) in dieser Beziehung jene der anderen Fische zu übertreffen ...

Ich warf mich gerade noch zur Seite, als ein völlig wild gewordenes Mantapärchen an mir vorbeirauschte. Ich konnte mir jetzt gut vorstellen, was während der Paarungszeit in so einem Schwarm vor sich ging. Schon das kurze Spiel, dessen Zeuge ich wurde, war so wild, daß die beiden Tiere alles, was ihnen in den Weg kam, einfach überrannten.

Im Boot, das dem Schwarm ständig folgte, legte ich einen neuen Film ein und war gleich wieder im Wasser. Was ich hier in aller Wirklichkeit erlebte, war so phantastisch, daß ich beinahe zweifelte, ob ich nicht schlief und alles nur träumte. Noch nie hatte ich mich in körperlich besserer Kondition gefühlt als in dieser Stunde. Angst hatte ich überhaupt nicht, und die gemeinsame Ausstrahlung der vielen wogenden Körper riß mich mit, als gehörte ich selbst zu dem Schwarm. Es war ein Fieber, ein Taumel der Sicherheit, wie ich etwas Ähnliches noch nicht erlebt hatte. Kaum bemerkte ich es noch, wenn ich für kurze Augenblicke luftschöpfend an der Oberfläche erschien.

Später, als ein anderer Manta in fünf Meter Tiefe schwamm, schob ich mich zwischen den schwingenden Flügeln über seinem Rücken vor und kam mit der Kamera bis über die Kante des Maules. Der Manta bemerkte mich erst, als ich schon geknipst hatte. Ich rollte mich zusammen und ließ das Donnerwetter über mich hinweggehen.

Anschließend legte ich einen Farbfilm ein und wiederholte die Aufnahmen. Dann nahm ich die Filmkamera und drehte eine lange Szene, wie das Maul eines Mantas direkt auf die Kamera zukam. Ich war jetzt schon zwei Stunden zwischen den Mantas, und diese begannen, sich allmählich zu zerstreuen. Ein Tier, das eine unförmige Geschwulst auf dem Kopf hatte, verhielt sich merkwürdig. Es schüttelte sich, als wollte es etwas loswerden, und versuchte, mich durch direktes Anschwimmen zu verjagen.

Da kam mir der Gedanke, ob ich dieses Ungetüm, um es zu untersuchen, nicht erlegen konnte. Wenn ich die Harpunenspitze mit einem längeren Seil am Boot festmachte und den Manta durch den Flügel harpunierte, so daß er bei der Flucht einseitig behindert war, konnte es gelingen.

Schon war ich im Boot und drehte aus dem gesamten Reservedraht ein langes Vorfach. Alle Leinen, die ich mit hatte, verband ich mit dem Ankerseil zu einem festen Strick. Wenn mir mein Vorhaben gelang, konnte ich die Haut einem Museum mitbringen. Das Tier wog sicher sechshundert Kilo, aber ein Unmöglich gab es in dieser Stunde für mich nicht.

Ich brauchte nicht lange um das Boot zu schwimmen, da kam der schwarze Kerl wieder in meine Sicht. Etwas rechts von mir tauchte er ab, ich folgte ihm und schmetterte ihm die Harpune quer durch den einen Flügel. Im nächsten Augenblick war der Eisenschaft rechtwinkelig abgebogen, und das Seil zog mit vehementer Geschwindigkeit davon. An der Oberfläche sah ich, wie sich das Boot plötzlich drehte und davonfuhr. Machmoud, der alte Fischer und der Junge schrien und gestikulierten. Es sah aus, als hätte das Boot plötzlich einen Motor bekommen.

Dann blieb es stehen und begann sich zu drehen. Der Manta wollte offenbar senkrecht in die Tiefe, und Machmoud bemühte sich, das Seil zu fassen und hochzuziehen. Da das Hauptgewicht vorn lag und der Rochen abwärts zog, tauchte der Bug tief ein, während das Hinterteil höher aus dem Wasser stand. Und da der Manta offenbar mit ständigen Flügelschlägen im Kreis schwamm, drehte sich auch das Boot und wippte dabei auf und nieder.

Ich schwamm so schnell ich konnte in Richtung zum Boot und war entschlossen, mich mit dem Messer an dem Seil hinunterzuhanteln. Aber dazu sollte es nicht mehr kommen. Ich sah einen Hai, der ebenfalls in Richtung auf das Boot vorbeihuschte, und fast gleichzeitig sah ich den Manta dicht neben dem Boot aus dem Wasser springen. Machmoud versuchte, das Seil einzuholen, aber da wurde es ihm aus der Hand gerissen; es gab einen Ruck und einen Knall, und das Seil war entzwei.

„Big Shark!“ strahlte Machmoud, als ich ins Boot kletterte.

„Big Bakschisch!“ antwortete ich ihm in bester Laune.

Noch fühlte ich nicht die Erschöpfung, die zum Ausgleich kommen mußte. Ich war mehr als zwei Stunden zwischen den Mantas geschwommen und hatte alles fotografiert, was zu fotografieren war. Ich durfte zufrieden sein. Diese Bilder würden mir bestimmt die neue Expedition sichern. Mit geschwellten Segeln sah ich mein ersehntes Forschungsschiff wieder näherrücken.

## *Der letzte Tag*

Bei „Ramona“, dem nettesten Restaurant von Port Sudan, hatte ich für Bill und mich ein Abschiedssouper bestellt. Der Regen hatte wieder aufgehört, und wir konnten an einem der Tische entlang der Straße essen. Gemeinsam rechneten wir nach, daß ich vor siebenunddreißig Tagen nach Port Sudan gekommen war. Während Bill die Zeitspanne kürzer erschien, hatte ich das Empfinden, ich wäre mehrere Monate hier gewesen.

Die vorbeigehenden weißen Gestalten hoben sich plastisch von dem dunklen

Hintergrund des Parkes ab. Aus der Ferne tönte das rhythmische Geschrei der Gläubigen; aus einem nahegelegenen Café kreischte eine arabische Schallplatte. Ein armloser Bettler – ein alter Bekannter – zwängte sich zwischen den Tischen durch. Als er mich sah, hockte er sich sofort auf den Boden und zog mit den Zehen sein schmieriges Kartenspiel aus der Tasche...

Übermorgen sollte ich wieder in Wien sein! Ich wußte schon jetzt, daß ich Heimweh haben würde. Heimweh nach allem, was in den Minuten des Schweigens wie ein großer, bunter, reicher Film an mir vorüberzog, mit tausend und abertausend Bildern ... auch die dieses letzten Tages waren darunter. Ich hatte das Wrack eines russischen Schiffes besichtigt, das vor sechzig Jahren auf halbem Weg nach Suakin gesunken war. Eine junge, lebenslustige Geographieprofessorin aus Khartum, mit der ich bei einem Galasouper im Red Sea Hotel tanzte, hatte mir von dem Schiff erzählt, sie war beim Studium alter Chroniken in der Gouvernementsbibliothek darauf gestoßen. Wir fuhren zu viert hin, die Professorin, ihr Gatte, seines Zeichens Botaniker, Machmoud und ich: zuerst per Lastauto auf der Straße nach Suakin bis zu einer kleinen Fischersiedlung, dann von dort mit einer Feluke an die Stelle, wo Machmoud das Wrack wußte. Das russische Schiff lag in zwanzig bis dreißig Meter Tiefe und war total zerbrochen. Quer über das düstere Trümmerfeld, das einmal ein Dampfer gewesen war, schwamm ich abwärts ... Eine dick überwachsene Leiter ... die Rundung eines Kessels ... längs- und querlaufend über dem Schiffsrumpf die Eisentraversen des Decks, zwischen denen das Holz längst weggefault war ... ein Stück der Reling – alles und jedes mit üppigem Korallenwuchs bedeckt. Über der Mitte des einstigen Decks hatten Madreporen mehrere kreisrunde Tische von über zwei Meter Durchmesser gebildet. Das ganze Eisengerippe sah wie von Millionen kleiner Blüten überwuchert aus ... Ich gelangte bis hinter das freistehende Schiffsende, dessen Eisenwand mit faustgroßen Muscheln überkrustet war. Um den Schiffsnamen lesen zu können, hätte ich hier Hammer und Meißel verwenden müssen. Dann biß ich die Zähne zusammen und schwamm zwischen zwei Traversen in den Innenraum.

Ein großer Zackenbarsch empfing mich und begleitete mich durch den zweistöckigen Schiffsbauch. Vier Monate später, als ich bei freundlichem Sonnenlicht wieder zur selben Stelle kam, sollte er mich ebendort wieder empfangen. Er fühlte sich als Herr dieses Schiffes und fletschte ärgerlich seine Zähne, als ich ihn porträtierte ... Alles erst ein paar Stunden her und dennoch schon unwiederbringliche Vergangenheit, nur noch schöne Erinnerung – auch der Sturm, der uns in unserer Feluke in einer so wilden Berg- und Talfahrt gegen die Küste jagte, daß Machmoud Allah und die guten Geister anrief. Als wir das Ufer erreichten, fing es wie aus Kübeln zu gießen an, und der Wind heulte durch die Mangroven ...

Am anderen Morgen brachte mich Bill zum Flugplatz, wo Machmoud, den ich reichlich entschädigt hatte, und seine vier Kinder von mir Abschied nahmen. Es nützte nichts, ich mußte nun jedem Kind auch noch ein Bakschisch geben. Wenn ich wiederkäme, meinte er, könnte ich mich ganz auf ihn verlassen.

Wir nahmen Abschied. „Also in drei Monaten?" sagte Bill, während wir uns die Hände schüttelten.

„Ja, in drei Monaten. Spätestens Mitte April."

Er erklärte mir, daß er seinen Urlaub auf Juli verschieben würde; ich dankte ihm ein letztes Mal, stieg ein, und die Maschine flog ab. Ich sah noch, wie Bill mir mit der Hand nachwinkte und wie sämtliche vier Kinder des Machmoud Taschentücher schwenkten. Dann erhoben wir uns in einem großen Kreis über dem Schachbrettmuster der Stadt und über den weißgezeichneten Linien der Korallenriffe im Meer. Entlang der Küste fliegend, sah ich noch auf die Inseln Makaua und Mayetib hinab und versuchte, das Atoll mit der kleinen Insel Om Grush zu unterscheiden. Dann legte ich mich in meinen Sitz zurück und schloß die Augen. Etwas Ganzes, Abgeschlossenes lag hinter mir. Ein Abenteuer, wie ich ein so schönes vielleicht nie wieder erleben würde.

Bald nach meiner Rückkehr nach Wien organisierte der Vorstand des Wiener Zoologischen Instituts, Prof. Dr. Storch, einen Vortrag im Auditorium maximum der Universität: ich sollte dort über meine Erfahrungen berichten. Es kamen etwa doppelt soviel Leute, wie in dem Saal Platz hatten. In der ersten Reihe erkannte ich auch den Unterrichtsminister.

Ich überlegte nicht lange und begann mit folgenden Worten: „Meine verehrten Damen und Herren. Ehe ich Ihnen von meiner Expedition ans Rote Meer berichte, möchte ich jenen danken, die mir finanziell geholfen haben, diese Reise auszuführen. Es waren dies mehrere Klassen von Wiener Mädchenschulen, und ganz besonders half mir I. K., der Unbekannte."

Dazu ist folgendes nachzutragen. In Wien werden auf dem Platz des Wiener Eislaufvereines Freistilringkämpfe durchgeführt, und dabei hatte es eine Sensation gegeben. Ein unbekannter Mann mit Maske war aufgetaucht, er nannte sich I. K. und hatte die Besten in diesem Turnier herausgefordert. Er war geschmeidig wie ein Panther, sprang die anderen an und warf mit einem besonderen Würgegriff einen dieser Brocken nach dem anderen „leblos" zu Boden. Anfangs war er beliebt, doch als er eines Tages den Liebling des Turniers auf die gleiche Art zur Strecke brachte, wurde das Publikum ärgerlich, und ein Teil der Sitzeinrichtung mußte daran glauben. Da der Eislaufverein sehr gute Geschäfte machte, wollte man verhindern, daß die Polizei die weiteren Kämpfe untersagte. Also erhielt das größte Wiener Boulevardblatt von J. K. einen Brief, in welchem stand, I. K. kämpfe ja ohne jedes Honorar, eigentlich stünde ihm aber eines zu, und deshalb habe er dem Eislaufverein nahegelegt, 10.000 Schilling einem volksbildenden Zweck zu widmen, und er schlage vor, diesen Betrag der nächsten Tauchexpedition des Dr. Hass zur Verfügung zu stellen. Daraufhin wurde mir dann im Ring von diesem pantherhaften Mann persönlich ein Umschlag mit dem Geld überreicht. Das Publikum war nun wieder freundlicher gestimmt, und die Kämpfe gingen weiter. Ich sah deutlich, wie der Herr Unterrichtsminister bei der Nennung des anonymen Würgers zusammenzuckte. Am nächsten Tag bekam ich einen Anruf aus seinem Ministerium: man wäre gerne bereit, einer Förderung meiner Arbeiten näherzutreten.

Ich erhielt denn auch einen dankenswerten Zuschuß. Aber damit waren unsere finanziellen Probleme noch lange nicht gelöst.

Um die enormen Mittel für ein neues Schiff zu verdienen, sah ich keinen anderen Weg als den über einen erfolgreichen Film. Für einen solchen mußte ich jedoch vier bis fünf Männer nach Port Sudan mitnehmen und eine Arbeitszeit von etwa drei Monaten ansetzen. Ein Schiff mußte gemietet werden. Meine Aufnahmen von den Korallenriffen und vor allem jene von den Mantas wurden in den meisten größeren Ländern von den führenden Illustrierten veröffentlicht. Das brachte eine erkleckliche Summe – aber auch damit war das nötige Budget noch lange nicht gedeckt.

Ich verhandelte mit einem Wiener Verleih, der an meinem Projekt interessiert war. Der Direktor, Herr Schuchmann, war mir sehr freundlich gesinnt, aber er meinte, für Kulturfilme gäbe es eben nur einen beschränkten Markt. „Etwas ganz anderes wäre es, wenn Sie eine Art von Spielhandlung einbauen könnten." Er blickte plötzlich auf Lotte, meine Sekretärin, die mit mir war. „Warum nehmen Sie eigentlich nicht Ihr Fräulein Lotte mit?" So kam es, daß Lotte ihren sehnlichen Wunsch erfüllt bekam. Sie war bereits vor zwei Jahren als wissenschaftliche Assistentin und Sekretärin an mein Wiener Institut gekommen, jedoch mit der heimlichen Absicht, auf eine Expedition mitgenommen zu werden. Diesen Wunschtraum zerstörte ich ihr schnell, nicht weil ich einem Mädchen entsprechende Fähigkeiten nicht zutraute, sondern weil ich voraussah, daß sich daraus nur Spannungen ergeben könnten. Lotte fügte sich in ihr Schicksal, oder zumindest tat sie so. Wie ich später erfuhr, trainierte sie, ehe sie ins Büro kam, dreimal in der Woche in einem Schwimmbad, und als ich einmal zu Vorträgen abwesend war, lieh sie sich meine Unterwasserkamera und machte recht hübsche Aufnahmen von Fischen und Algen in einem Seitenarm der Donau. Das Wasser war eiskalt und deshalb sehr klar. Unter der Überschrift „Expedition ins Wiener Eismeer“ veröffentlichte sie einen Bildbericht in einer österreichischen Illustrierten. Das alles hatte sich zugetragen, noch bevor ich ans Rote Meer fuhr. Die Idee des Verleihdirektors war somit durchaus naheliegend, und mir wurde plötzlich klar, daß ich wirklich nur durch eine Mischung von Kultur- und Spielfilm die nötigen Mittel für mein Projekt aufbringen und auf diese Weise dann vielleicht zu einem neuen Schiff gelangen konnte. Ich stimmte also zu.

Lotte hat in einem eigenen Buch *(Ein Mädchen auf dem Meeresgrund)* ihre Erlebnisse auf der nicht eben einfach und glücklich verlaufenen Reise geschildert. Was ich nicht voraussah, war, daß wir durch ihre Teilnahme einen wirklich erstklassigen und unglaublich mutigen Taucher hinzugewannen. Ich hatte, als ich ja sagte, die Absicht, sie eben nolens volens mitzunehmen und im seichten Wasser ein paar nette Aufnahmen von ihr zu drehen. Die Sache entwickelte sich dann aber ganz anders . . .

Neben meiner Hoffnung auf den Film hatte ich noch ein zweites Eisen im Feuer. Es bestand nämlich auch die Möglichkeit, zu dem geplanten Forschungsschiff auf dem Weg einer kommerziellen Meereserschließung zu gelangen. Alle meine bisherigen Beobachtungen legten den Gedanken nahe, daß die Fische einander an der Art ihrer Flossenbewegungen erkannten – ganz besonders im dunklen und trüben Wasser – und daß man deshalb durch Aufzeichnung dieser Schwingungen und deren künstlicher Ausstrahlung ins Meer Wirkungen auslösen konnte, die der Fischerei neue Möglichkeiten eröffneten. Bei im Schwarm lebenden Fischen wird das Individuum durch die vom Schwarm ausgesandte Schwingungsmelodie angelockt und am Schwarm gehalten. Gelang es, dieses Geräusch künstlich auszusenden, dann konnten Fische – etwa Heringe – dazu gebracht werden, um einen Lautsprecher Schwärme zu bilden, und konnten so bequem in ein Netz geleitet werden. Fische, die im Liebesspiel besondere Schwingungsmelodien aussenden, konnten durch künstliche Abstrahlung solcher Schwingungen ebenfalls – zum Vorteil kommerzieller Fischerei – getäuscht werden. Und ebenso konnten Raubfische, die ihre Beute an den Flossenbewegungen erkannten, durch Aussendung solcher Impulse angelockt werden. Diese letzte Möglichkeit ließ sich vielleicht am allerleichtesten realisieren. Haie kamen nach unseren Erfahrungen plötzlich aus dem tiefen Meer, wenn harpunierte Fische zappelten. Dieses Gezappel mußte sich doch auf Tonband aufnehmen und dann verstärkt ins Meer abstrahlen lassen. Gelang dies, dann bot das dem gewerblichen Haifang – ebenso aber auch den Bemühungen der Haifischvertilgung im Bereich von Badeorten – sehr konkrete neue Möglichkeiten.

Ich hatte diesbezügliche Patente angemeldet und bei Spezialfirmen für akustische Geräte ein Unterwassermikrophon und einen Unterwasserlautsprecher anfertigen lassen. Philips hatte mir für meine geplanten Untersuchungen eine

Studiomagnetophonanlage zur Verfügung gestellt. Ein eigener Tontechniker, zur Bedienung der Anlage, sollte uns begleiten. Freilich brauchten wir am Roten Meer ein Schiff, das wir an Plätzen verankern konnten, wo es große Fische zu harpunieren und Haie anzulocken gab. Und auch einen transportablen Generator mußte ich dort auftreiben. Aber diese Bemühungen konnten zugleich wieder Teil der Filmhandlung sein. Ich kombinierte also die beiden möglichen Einnahmsquellen. Als Hintergrund für die Filmstory schien mir die verlassene Stadt Suakin sehr geeignet beziehungweise die Korallenriffe, die den Hafen dieses einst blühenden Handelsortes abgewürgt hatten. Der rote Faden des Films sollte die Suche nach den von den Einheimischen so gefürchteten Mantas sein. Lotte als das erste im Roten Meer tauchende Mädchen und das geplante Anlocken von Haien waren weitere Elemente der Handlung. Alles übrige mußte sich von selbst ergeben aus dem, was wir an Ort und Stelle eben erleben würden. Ich sah voraus, daß das Rote Meer uns noch so manches zu zeigen hatte, was mir bei meinem ersten Aufenthalt verborgen geblieben war – und ich sollte recht behalten.

# FILMPRODUKTION MIT HINDERNISSEN

## *Der Ritt auf dem Hai*

Das Meer gibt nur ungern seine Geheimnisse preis. Man hat uns oft gefragt, wie wir es bei unseren Tauchabstiegen angestellt haben, uns der großen Meerestiere zu erwehren. In Wahrheit war das wesentlich einfacher, als sie überhaupt zu finden. Nach manchen haben wir jahrelang in den verschiedenen Meeren der Welt gesucht. Wir tauchten an Plätzen, wo uns die Eingeborenen angsterfüllt zusahen, genau dort, wo sie uns einen sicheren und schnellen Tod prophezeiten – und nichts geschah. Wir mußten ungeheure Strecken absuchen, ehe wir diesem oder jenem der sagenhaften Ungeheuer begegneten.

Ein solcher seltener Tag war der 7. Mai 1950.

Es war zu Beginn meiner zweiten Expedition zum Roten Meer. Wir waren zeitig morgens von Suakin ausgefahren, und die flache, wüstenhafte Küste mit der einsamen Silhouette der alten Ruinenstadt war in der diesigen Luft hinter uns zerflossen. Wir fuhren etwa acht Meilen von der Küste entfernt über eine Spiegelfläche, die sich fast ohne Horizont in den Himmel aufwölbte. Durch die feinen, in der Luft hängenden Dunsttropfen sah die noch tief stehende Sonne wie ein undeutlicher Lampion hinter einer Milchglasscheibe aus.

Wir fuhren zu fünft im Boot: Ingenieur Wawrowetz, Gerry Weidler, Lotte, Machmoud und ich. Ziemlich verschlafen, die Männer unrasiert, spähten wir nach allen Seiten. Wir erwarteten jeden Augenblick, die sichelartigen Flügelspitzen von großen Mantarochen an der Oberfläche auftauchen zu sehen.

Bei meinem ersten Aufenthalt in diesen Gewässern war es mir gelungen, dicht an diese Tiere heranzuschwimmen und sie unter Wasser zu fotografieren. Meine Aufnahmen von diesen Tieren bei meinem ersten Aufenthalt waren durch die illustrierten Zeitschriften der Welt gegangen, diesmal sollten sie zu den Hauptdarstellern unseres Expeditionsfilmes werden. Lotte stand mit schußbereiter Kamera neben mir am Bug. Hinter uns lagen säuberlich zum Einsatz bereit: Masken, Harpunen, Tauchgeräte und Unterwasserkameras.

Das Meer war völlig tot. Wir konnten tief in das klare Wasser hinabblicken, aber nirgends war ein Fisch zu sehen. Nur kleine Flügelschnecken trieben an uns vorbei. Ich fischte einige mit der Hand auf. Im Wasser auf meiner Handfläche flatterten sie lustig weiter, schwangen wie kleine Schmetterlinge ihre lappenartigen Flügel.

„Kein schlechtes Zeichen", sagte ich zu Lotte. „Damals war es genauso. Von solchen Flügelschnecken scheinen sich die Mantas mit besonderer Vorliebe zu ernähren."

Bald darauf sahen wir in der Ferne einen Schaumstreifen, über dem zahlreiche Vögel auf- und niederflatterten. Wir fuhren näher. Undeutlich sahen wir einen großen schwarzen Schatten unter dem aufgequirlten Wasser. Die Schaumlinie bewegte sich langsam weiter. Plötzlich erschraken die Vögel, stoben auseinander. Der Schaum glättete sich. Als wir hinkamen, war nichts mehr zu sehen.

Wir kreuzten über dem Punkt hin und her, starrten in das abgrundtiefe klare Wasser. Da gab es nur Flügelschnecken. Die aufgescheuchten Vögel sammelten sich inzwischen ein Stück weiter über einer neuen Stelle. Wir fuhren ihnen nach. Etwa fünf Minuten später packte mich Machmoud aufgeregt an der Schulter.

Wir blickten zurück. Ein Stück hinter uns, fast genau dort, wo wir eben hin- und hergefahren waren, stand ein hohes schwarzes Dreieck an der Oberfläche. Es sah wie die Rückenfinne eines Haies aus, nur war es viel größer. Es mochte ein Holzstück sein, das hochgetaucht war. Doch woher? Das Meer war hier fünfhundert Meter tief! Außerdem bewegte sich das Dreieck langsam an der Oberfläche weiter.

Wir drehten und fuhren zurück. Allmählich wurde uns klar, daß es doch ein Tier sein mußte, das dort schwamm. Ein Tier von ungewöhnlichen Dimensionen! Durch das stille Wasser konnten wir deutlich einen Schatten sehen, der kein Ende nahm. Ich ließ in hundert Meter Entfernung den Motor abstellen und schlüpfte in meine Flossen.

Machmoud kugelte die Augen und begann mit einem erregten Palaver. Er bückte sich, als wollte er eine schwere Last auf seine Schulter nehmen, hob sie hoch, wie Atlas die Erdkugel, und ließ sie seitlich herunterpurzeln. Das wieder-

*Rechte Seite:* An einem Riffabsturz der Malediven töteten Dr. Eibl und ich Fische und versteckten sie in den Korallen. Es dauerte ein bis zwei Minuten, ehe Haie, die in 30–40 Meter Entfernung schwammen, den Geruch wahrnahmen. Dann kamen sie zielstrebig heran, stritten um die Brocken, kümmerten sich jedoch nicht um uns, obwohl wir direkt daneben standen und ungedeckt waren. Auch Schiffbrüchige machten die Erfahrung, daß sich die Angriffe von Haien immer wieder gegen bereits Verletzte richten. Bei unseren Versuchen haben wir nie Eisenkäfige verwendet, da nur der unmittelbare Kontakt über das tatsächliche Verhalten gegenüber dem Menschen Aufschluß geben kann.

Die von uns ab 1941 verwendeten Sauerstoffgeräte waren handlich und verursachten keine Geräusche durch Blasenbildung, erlaubten jedoch nur beschränkte Tauchtiefen. Der hervorragende Taucher Commander Jimmy Hodges (dritter von links) fand bei einem zu tiefen Abstieg den Tod.

*Links:* Kapitän Johannes Diebitsch, der erste Kapitän der „Xarifa", dem im Anschluß an unsere Galapagos-Expedition das Kommando des Segelschulschiffes „Pamir" übertragen wurde. In der Nähe der Azoren – wo wir mit der „Xarifa" in einen schweren Sturm gekommen waren – ging die „Pamir" in einem Hurrikan unter.

*Rechte Seite:* Die „Xarifa" am Landungssteg des Sanganeb-Atolls im Roten Meer an der Stelle, wo ich 10 Jahre vorher eine Begegnung mit einem Weißen Hai hatte.

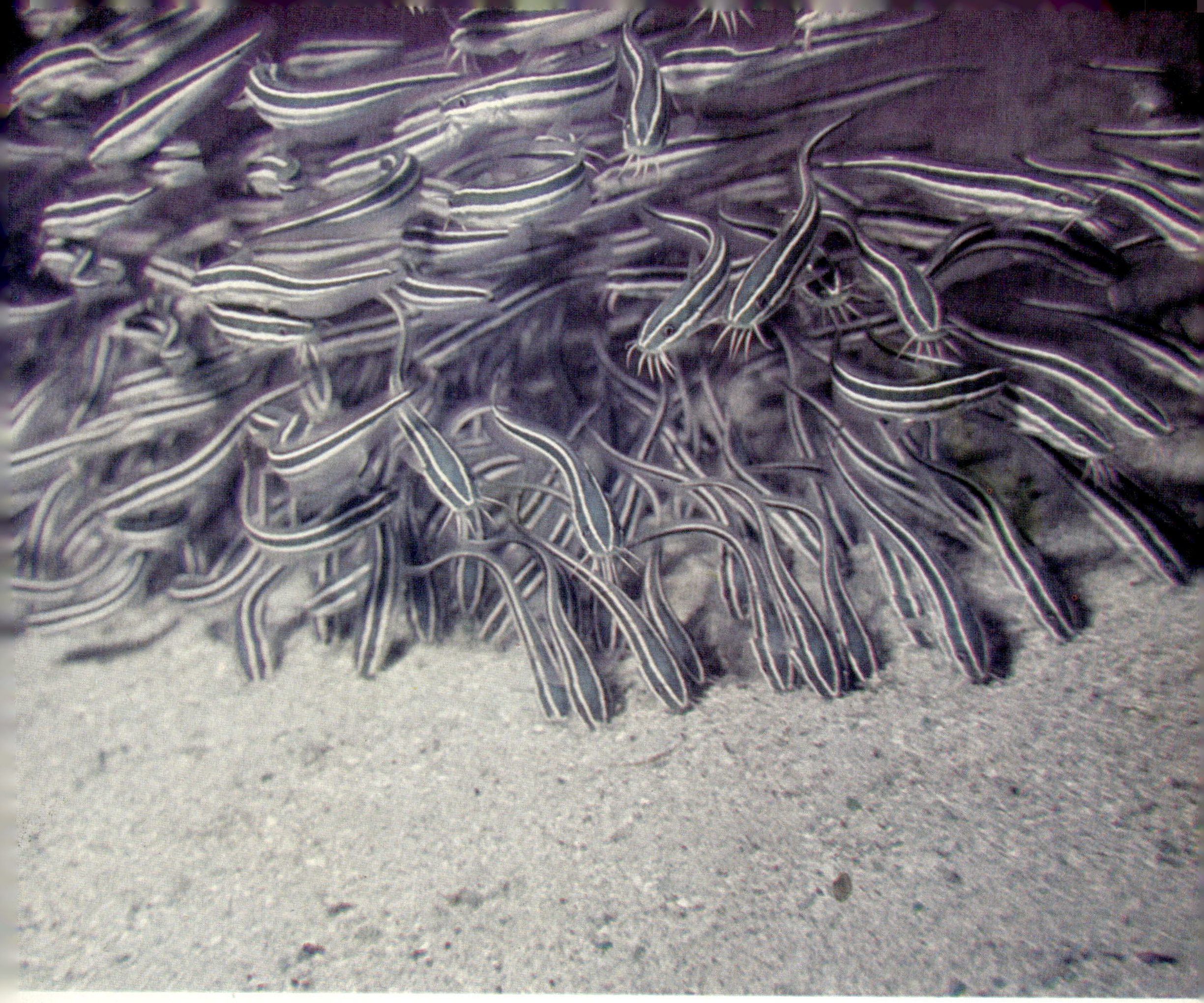

*Oben:* Ein Schwarm von kleinen Korallenwelsen (Plotosus lineatus), der wie ein Raupenschlepper über den Sandboden rollt. Die jeweils hinten befindlichen Fische schwimmen über das Rudel hinweg nach vorne: So wird der Sandboden sehr rationell nach Nahrung abgesucht.
*Linke Seite:* Der scheue und sehr unruhige Pfauenfisch (Pygoplites diacanthus).

„Jedes gute Aquariumbild ist von höherem wissenschaftlichen und didaktischem Wert als solche Naturkunden, selbst wenn sie unter Lebensgefahr gewonnen sein sollten", schrieb eine namhafte deutsche Zoologin kritisch über meine ersten Fischaufnahmen. Die Ansichten haben sich geändert: Nur Aufnahmen im natürlichen Lebensraum erlauben, die Lebensgemeinschaften zu beurteilen.

*Oben:* Bewuchs einer überhängenden Korallenwand im Indischen Ozean in 30 Meter Tiefe.

*Rechts:* Ein Großaugenbarsch (Priacanthus) zwischen den entfalteten Polypen einer Lederkoralle (Alcyonarie) im Roten Meer. Die besonders großen Augen weisen auf eine Lebensweise in dunklen Höhlen hin.

Ein 60 cm hoher, sehr farbenprächtiger Schwamm aus der Familie der Demospongidae. Ebenso wie die pflanzenhaft festsitzenden Korallen werden auch die Schwämme auf Grund ihrer Ernährungsweise als Tiere eingestuft. Durch ein Röhrensystem saugen sie Wasser in ihren Körper ein und verdauen das darin enthaltene Plankton.

holte er mehrmals und rollte dazu mit den Augen. Er war ganz verzweifelt, daß ich nicht verstand, was er meinte.

„Sollen wir nachrudern?" fragte Gerry.

„Ja, aber nur ganz behutsam und leise."

„Er hat irgendwelche Flecken oder Streifen", sagte Wawrowetz.

Ich hängte mir die Unterwasserkamera um den Hals und ließ mich ins Meer gleiten. Meine Harpune war mit einer Schlinge an der Schulter befestigt. So hatte ich die Hände zum Schwimmen und Fotografieren frei und konnte jederzeit den Speer packen, wenn ich ihn brauchte.

Das Wasser war angenehm warm. Unter mir öffnete sich ein Abgrund sondergleichen. Ich verließ das Boot und schwamm auf die Flosse zu. Sie bewegte sich nur ganz langsam an der Oberfläche weiter. Ihre rückwärtige Kante war ausgefranst.

Je näher ich kam, desto schwerer wurde es mir, mit der Angst fertig zu werden. Keine wirkliche Gefahr ist so schlimm wie das, was man noch nicht kennt und nicht sehen kann und was die Phantasie unwillkürlich mit phantastischen Einzelheiten ausschmückt. Über Wasser war die geheimnisvolle Flosse schon zum Greifen nah, aber unter Wasser sah ich noch immer nichts. Nur leeres, blaues, abgrundtiefes Meer. Die silbernen Pfeile der Sonnenstrahlen waren meine einzigen Begleiter. In pulsierenden Bündeln strömten sie von allen Seiten in die Tiefe und trafen sich weit, weit unten, genau an dem Punkt, auf den mein eigener Schatten fiel.

Endlich konnte ich die ersten undeutlichen Umrisse unterscheiden. Dann löste sich der Schleier völlig, und ich sah klar. Was ich sah, war so ungewöhnlich, daß ich bewegungslos im Wasser hängenblieb: Dort vorn schwamm ein Hai von sicher acht Meter Länge! Sein ganzer riesiger Leib war mit Hunderten von weißen Punkten bedeckt.

Der Körper hing fast regungslos unter der Oberfläche. Nur ganz langsam schwang die große halbmondförmige Schwanzflosse hin und her. Die Punkte waren vorn klein und zahlreich, nach hinten zu wurden sie größer und ordneten sich zu Reihen. Dazwischen verliefen vorstehende Kanten. Die stärkste endete in der Wurzel des Schwanzes.

Das Ungewöhnlichste an dem Tier war sein Maul. Im Gegensatz zu allen anderen Haien stand es nicht an der Bauchseite, ein Stück hinter der Nase zurück, sondern ganz vorn, am vordersten Ende des Kopfes. Es war leicht geöffnet und hatte Lippen. Trotz seiner Riesengröße sah das ganze Tier gutmütig und harmlos aus. Wie ein mit Margeriten überdecktes Beet schwebte der Riese unter der Oberfläche.

Nach Abbildungen in wissenschaftlichen Werken erkannte ich den Hai sofort. Auch im Londoner Naturhistorischen Museum hatte ich ein ausgestopftes Exemplar gesehen. Es war der größte aller Haie, ein Rauhhai. Seit seiner ersten Beschreibung durch einen südafrikanischen Zoologen im Jahre 1849 war er nur etwa hundertmal von Schiffen aus gesichtet worden. Er lebt in den tropischen Meeren: im Indischen Ozean, bei den Philippinen und bei Niederkalifornien. Einige der beobachteten Tiere hatten die unglaubliche Länge von zwanzig Metern und ein Gewicht bis zu zehn Tonnen erreicht. Meist waren sie ruhig und langsam dicht unter der Oberfläche geschwommen. Sie waren harmlos.

Ebenso wie die größten Rochen – die Mantas – ernähren sie sich von Plankton, das sie mit ihren gefiederten Kiemenbögen aus dem Wasser filtern. Der amerikanische Forscher William Beebe ist auf seiner Zaca-Expedition einem zwölf Meter langen Rauhhai begegnet, und einer der Leute harpunierte das Tier vom Boot aus. Der Hai tauchte ab, kam nach einer Viertelstunde wieder nach oben, und man versuchte, weitere Harpunen in seinen Körper zu bohren. Aber die Haut hatte sich innerlich gestrafft und in einen Panzer verwandelt, an dem sich die stählernen Harpunenspitzen verbogen. Beebe schoß ihm aus der Nähe zwei Revolverkugeln in den Kopf, doch der Riese schwamm ruhig seines Weges weiter. Man machte das Seil der ersten Harpune am Expeditionsschiff fest, aber der Widerstand wurde zu groß, die Spitze riß aus dem Körper aus. Mit immer gleichmäßigen Schwanzschlägen entschwand das Ungetüm langsam in der Ferne.

Auch der Amerikaner Williamson war mit seinem Tauchboot an einen Rauhhai herangekommen und hatte die gefleckte Haut durch das Fenster gefilmt. Aber noch nie hatte meines Wissens ein schwimmender Mensch dieses Tier unter Wasser beobachtet!

Mein Rauhhai hatte mich inzwischen bemerkt. Er hing wie an der Rückenflosse aufgehängt unter der Oberfläche und sah mit seinem kleinen Auge zu mir herüber. Es schien ihn nicht weiter zu stören, als ich näher an ihn heranschwamm.

Ich war so aufgeregt, daß ich erst einige völlig sinnlose Bilder verschoß. Ich vergaß die Einstellung der Entfernung und die Parallaxe des Suchers. Keine der Aufnahmen war später zu gebrauchen. Ständig verfolgte mich der Gedanke, daß das Tier über mich erschrecken und plötzlich wegtauchen würde. Aber der Riese erschrak nicht und tauchte auch nicht weg. Ganz langsam, mit einer wunderbaren Gelassenheit, schwamm er weiter.

Jedesmal, wenn ich auftauchte, hörte ich aufgeregtes Geschrei vom Boot. Alle wollten wissen, was ich sah. Gerry stand mit gezücktem Speer im Bug und brüllte, ob er mir zu Hilfe kommen sollte.

Ich rief zurück, daß der Hai völlig harmlos sei, Gerry solle aber trotzdem kommen. Jetzt war ich keine zwei Meter von dem Körper entfernt. Es war erstaunlich, aber meine Anwesenheit störte das Tier nicht im geringsten. Ich schwamm neben ihm und berührte seine Haut. Sie war rauh wie mittelgrobes

Sandpapier, und die weißen Tupfen waren wie mit einem derben Pinsel daraufgemalt. Zwischen den Punkten verliefen außerdem noch schmale weiße Wellenlinien, die zum Verwechseln an Sonnenreflexe erinnerten.

Langsam glitt der Körper an mir vorbei, und die große Schwanzflosse schwang zu mir herüber. Da packte mich der Übermut. Ich ergriff das obere Ende mit beiden Händen. Sofort wurde ich von einer ruhigen sicheren Kraft durchs Meer gezogen. Es ging in einer großen Schlangenlinie erst drei Meter nach rechts, dann drei Meter nach links. Aber die Bewegung wurde sichtlich mißmutig und schneller.

Rasch ließ ich los. Ich hatte den gemütlichen Gesellen nun doch erschreckt! Aber seine Bewegungen wurden gleich wieder langsam. Der Hai schwamm ruhig wie zuvor.

In einiger Entfernung hing Gerry unter der Oberfläche. Er war ein guter Schwimmer, der sich aus Abenteuerlust zur Teilnahme an meiner Expedition gemeldet hatte. Daß er allerdings schon in der dritten Woche im abgrundtiefen Meer neben einem acht Meter langen Hai schwimmen würde, hatte er sich kaum gedacht. Ich winkte ihm, näher zu kommen, und wir nahmen den Hai in die Mitte.

Nun gelangen mir Aufnahmen, die das Tier im Größenverhältnis zum Menschen zeigten. Ich hatte meine Ruhe wiedergewonnen und arbeitete mit Konzentration. Planmäßig fotografierte ich den Hai von allen Seiten. Wie wir später an den Bildern sahen, hatte man bis dahin keine ganz richtige Vorstellung von der Form seines Kopfes. Auf den meisten Zeichnungen ist dieser so wiedergegeben, als hätte er eine erhöhte Stirn. Wahrscheinlich sind die Tiere nach toten, an Land gezogenen Exemplaren gezeichnet worden, bei denen der Kopf wegen seines Eigengewichtes auf den Boden herabgesunken war. Mein Rauhhai hatte nicht die Spur einer solchen Denkerstirn. Der Rücken verlief völlig gerade bis zur Oberlippe, während sich der Bauch in einer großen „Kehle“ zur Unterlippe aufwölbte. Dadurch lag das Maul direkt unter der Wasseroberfläche – sehr zweckmäßig, weil dort auch das meiste Plankton im Wasser ist.

Der Rauhhai hatte nun auch das Boot bemerkt und näherte sich ihm in einem großen Bogen. In unserer Nußschale ging es drunter und drüber. Lotte und Wawrowetz kletterten über die Bänke, wechselten Filme und Objektive. Auch von ihren ersten Aufnahmen war – wie wir später feststellten – keine einzige zu gebrauchen.

Ich schwamm hin und holte mir die Filmkamera.

Ich brüllte zu Gerry hinüber, er solle neben den Hai tauchen, neben ihm schwimmen, ihn aber nicht berühren.

„Von vorn oder von der Seite?“

„Schräg von hinten!“

Schon waren wir unter Wasser. Ich hielt den Atem an: ich hatte das Bild meines Lebens im Sucher! Vorn, wie ein U-Boot, der Hai – und daneben das kleine Menschlein, das an ihn heranschwimmt.

Das Laufwerk der Kamera surrte – plötzlich blieb es stehen. Ich drehte an der Kurbel, schüttelte – nichts. Ich schlug mit der Faust darauf – der Mechanismus war tot. Der Film mußte sich verklemmt haben. Mit einem Fluch schwamm ich zum Boot und drückte Wawrowetz den Apparat in die Hand.

„Nehmen Sie inzwischen die andere!" sagte Lotte und reichte mir unsere zweite Filmkamera. Ich packte sie und schwamm zurück zum Rauhhai.

Die Situation war grotesk. Unsere zweite Kamera war mit einem Teleobjektiv versehen. Wir verwendeten sie für Nahaufnahmen, hauptsächlich für Großeinstellungen von kleinen Fischen. Da hatte ich nun dieses einmalige Riesentier, hatte besonders klares Wasser und strahlende Sonne – und in den Händen hielt ich eine Kamera, mit der ich bestenfalls ein Drittel des Ungetüms auf mein Bild bekommen konnte. Auch wenn ich mich bis an die Grenze der Sichtweite entfernte, hatte ich gerade nur den halben Leib im Bild.

Der Rauhhai war ein wenig abgetaucht und schwamm jetzt in drei Meter Tiefe. Ich nahm mir als erstes eines der Augen vor. Es war klein und sehr beweglich. Es erinnerte mich an das Auge eines Elefanten. Hier wie dort eine riesige Fleischmasse mit einer dicken Haut und darin ein kleines Guckloch, aus dem das Ich des Tieres in die Welt sieht. Sein Ausdruck war intelligent und verständig. Während ich mit der Kamera darauf zuschwamm und gleichzeitig die Schärfe nachstellte, sah es mir interessiert zu. Ich hielt inne und ließ den Hai an mir vorbeischwimmen. Dabei konnte ich sehen, wie sein Auge weiter auf die Kamera geheftet blieb und sich bis weit nach hinten verdrehte. Es sah aus, als gehörte dieses Auge dem Fahrgast eines U-Bootes, der aus einer Luke blickte und mir neugierig nachsah.

Schnell zog ich das Federwerk der Kamera neu auf und schwamm dem Hai ein Stück voraus. Die nächste Szene begann ich wieder vor dem Kopf, aber diesmal ließ ich die Entfernung auf eineinhalb Meter fix eingestellt und lenkte das Objektiv direkt über den Rücken bis zum letzten Ende des Schwanzes. Wenn ich mit dieser Kamera auch nur Teile des Tieres auf mein Bild bekam, mußte die Aufnahme doch die Ausdehnung des Riesen zeigen. Abermals zog ich die Feder auf und hastete dem Hai voraus. Obwohl er langsam schwamm, war es doch nicht so leicht, ihn zu überholen. Zwischendurch mußte ich immer wieder wie ein atemloser Delphin an die Oberfläche.

Nun war das Maul an der Reihe.

Vor dem halbgeöffneten Rachen tummelte sich ein Dutzend kleiner Pilotenfische, die in der schwarzen Öffnung ein- und ausschwammen, als wäre es das Selbstverständlichste auf der Welt. Einige stießen ein Stück ins freie Wasser vor, doch als ich mit der surrenden Kamera näher kam, flüchteten sie in den Rachen. Es ist eine verbreitete Ansicht, daß diese Fische die Haie zu ihrer Beute hinführen. So kamen sie zu ihrem Namen. Wir hatten das aber nirgends beobachten können, und hier war es sogar technisch unmöglich. Zu seiner Nahrung, dem Plankton, konnten die Fischlein den Hai bestimmt nicht führen.

Was wollten sie also von ihm? Was wollten sie in seinem Schlund? Ich durfte annehmen, daß es hier ähnlich war wie bei den Mantas, in deren weit aufgerissenem Rachen ich ebenfalls Pilotenfische beobachtet hatte. Sie nährten sich dort von kleinen parasitären Krebsen. Es ist eine echte Symbiose, eine Interessengemeinschaft zu beidseitigem Vorteil. Die Pilotenfische putzen dem Manta und dem Rauhhai den Rachen, säubern ihn von sich festsetzenden Schmarotzern, und als Gegenleistung gestatten ihnen die Riesen, in ihrem Maul zu leben, ohne sie zu verschlingen. Ein erheblicher Vorteil: denn sie haben dort Nahrung in Hülle und Fülle und sind vor räuberischen Fischen vorzüglich geschützt.

Ich tauchte unter den Bauch des Rauhhaies und filmte einige schlanke Schildfische, die dort dicht an seine Haut gepreßt schwammen. Da sah ich, wie einer plötzlich seitlich ins freie Wasser vorstieß und nach einem kleinen Fisch schnappte. Dieser unscheinbare Vorgang gab mir die Antwort auf eine Frage, die uns schon lange beschäftigt hatte.

Man nahm bisher an, daß die Schildfische sich mit ihrer auf der Stirn ausgebildeten Saugplatte an Haien und anderen großen Meerestieren festsaugen, um freie Fahrt zu genießen und um sich bequem von den Speiseabfällen ihres Wirtes zu ernähren. Wir hatten uns aber schon oft gewundert, daß sie in Wirklichkeit – zumindest tagsüber – von ihrer Haftscheibe gar keinen Gebrauch machen. Sie schwimmen wohl dicht an der Haut, doch sahen wir nie, daß sie sich festgesaugt hatten.

Ja, ich hatte das sogar am eigenen Körper studieren können. Mehrfach waren kleine Schildfische zu mir gekommen und mit mir geschwommen – als wäre ich ein Hai. Sie hielten sich unter meinem Bauch, und wenn ich sie dort störte, übersiedelten sie zwischen meine Beine. So begleiteten sie mich über weite Strecken. Aber nie hatte mich einer mit der Saugplatte auch nur berührt.

Der Schildfisch benutzt die großen Meerestiere offenbar als Schutz und Versteck. Er schwimmt dicht an ihren Körper gepreßt und genießt so den Vorteil, unbemerkt an kleine Fische heranzukommen. Wir haben immer wieder beobachtet, daß diese vor den großen Meerestieren keine Angst haben.

„Kamera fertig!“ hörte ich Wawrowetz rufen, als ich wieder zur Oberfläche kam. Schnell schwamm ich zum Boot und holte sie. Ich hatte alles Gefühl für Raum und Zeit verloren. Wie durch einen Nebel sah ich Wawrowetz, als er sich über mich beugte, mir die eine Kamera abnahm und die andere um den Hals hängte. Trotz meiner Anspannung hatte ich keinerlei Lust, die geringste

Pause zu machen. Wenn man jahrelang auf eine solche Gelegenheit wartet und sie dann endlich da ist, stellt sich der Körper auf ein ganz anderes Leistungsschema um.

Gerry war inzwischen verschwunden, und ich mußte warten, bis er hochkam.

„Wir wiederholen!" brüllte ich.

„Was –?" klang es zurück.

„Untertauchen, neben ihm schwimmen, ihn aber nicht berühren!"

„Okay."

Zum zweitenmal hatte ich das erhebende Gefühl dieser einmaligen Szene. Die Kamera lief zwei oder drei Sekunden – dann wurde das Summen merklich höher. Ich hätte in diesem Augenblick am liebsten geweint.

Alle Anstrengung war nichts im Vergleich zu meiner hilflosen Verzweiflung. Diesmal war die Perforation des Filmes gerissen, und der Greifer drehte sich leer durch. Deshalb lief er plötzlich schneller, und das Summen wurde höher. Die Kamera mußte geöffnet und der Film neu eingelegt werden.

Es erforderte alle meine Beherrschung, trotzdem ruhig zu bleiben. Ich schwamm zum Boot und schwang mich über die Bordwand. Mit Lottes Handtuch trocknete ich mir die Haare und Hände ab. Dann machte ich mich selbst daran, die Kamera zu öffnen und in Ordnung zu bringen.

Inzwischen kam der Hai ganz nahe an unser Boot heran. Wahrscheinlich wollte er nachsehen, was mit mir los war!

Was er wirklich wollte, war indessen etwas anderes. Er schob seinen Kopf direkt unter unseren Kiel und begann sich daran die Haut zu schrubben.

Machmoud hüpfte aufgeregt von der einen Seite zur anderen, und jetzt begriff ich auch, was er vorhin mit seinen merkwürdigen Zeichen gemeint hatte. Wahrscheinlich um lästige Schmarotzer loszuwerden, schwimmen Rauhhaie an Fischerboote heran. Sie kratzen sich an ihnen. Wenn einer besonders groß ist und sich besonders energisch kratzt, kann es wohl vorkommen, daß er gleich das ganze Boot hochhebt und es dabei umkippt. Thor Heyerdahl erzählte mir einmal, daß er ähnliche Bedenken hatte, als im Pazifik ein großer Rauhhai unter das Kon-Tiki-Floß schwamm und sich am Steuerruder den Rücken schabte.

Die Kamera war offen, ich legte den Film vorsichtig ein. Die Perforation riß wieder durch. Ich legte eine andere Kassette ein – da gellte ein Schrei über das Wasser. Gerry, der ein Stück abseits schwamm, war völlig außer Rand und Band.

„Ein zweiter! Ein zweiter!" schrie er.

Jetzt ließ ich den dummen Apparat endgültig sein, nahm wieder die Telekamera, in die Wawrowetz inzwischen einen neuen Film eingelegt hatte, und war schon im Wasser.

Da kam wirklich noch ein zweiter Rauhhai geschwommen! Er war etwas kleiner und näherte sich unbekümmert, als wollte er seinen unter dem Boot hängenden Kollegen besuchen. In zehn Meter Entfernung drehte er gemächlich und nahm eine andere Richtung. Ich verfolgte ihn, doch er war scheu und beschleunigte sein Tempo. Obwohl ich mein möglichstes tat, ihn zurückzutreiben, mußte ich es nach zweihundert Metern aufgeben. Er war sichtlich erschreckt und verschwand in der Ferne.

Gehörten die beiden Tiere vielleicht zusammen? Haie vollziehen eine echte Kopulation, indem sich das männliche Tier ringförmig um das Weibchen schlingt. Diese gutmütigen Riesen konnte ich mir kaum in Erregung vorstellen – wie sie dann wahrscheinlich durch die weiten Räume der Tiefsee rasten, einander verfolgten und die anderen Fische erschreckt dem Schauspiel zusahen.

Über das Alter der Rauhhaie ist nichts bekannt. Bei Knochenfischen kann man es nach den Ringen ihrer Schuppen und den Schichten ihrer Gehörsteine errechnen, bei den Haien ist das nicht möglich. Im allgemeinen erreichen die Riesen im Tierreich ein sehr hohes Alter – einfach deshalb, weil sie schon Jahrzehnte brauchen, um einen so großen Körper aufzubauen. Riesenschildkröten werden dreihundert Jahre alt, und auch den Riesenwalen wird ein Alter von mehr als hundert Jahren zugesprochen. Da die Rauhhaie als Planktonfresser in den Tropen keine allzu reiche Ernte finden, dürfte es ebenfalls sehr lange dauern, bis sie die zu ihrer Geschlechtsreife notwendige Größe erreichen.

Ich schwamm zurück. Der erste Rauhhai schwebte jetzt drei Meter seitlich vom Boot. Auf seinem Rücken saß Gerry und hatte es sich wie auf einer Couch bequem gemacht. Außerdem sah ich mehrere rostrote Streifen, die das Tier vorhin bestimmt noch nicht gehabt hatte. Sie verliefen quer über seine Flanke. Als Gerry mich kommen sah, schwang er triumphierend seine Harpune!

Ihr Eisenschaft am vorderen Ende – eben noch völlig verrostet – glänzte spiegelblank! Gerry hatte ihn an der Haut des Rauhhaies geschmirgelt. Die rostroten Striche waren ein weiterer Beweis für die wunderbare Geduld dieses Tieres!

Machmoud war vor Entzücken außer sich. In einer Art Veitstanz hüpfte er im Boot, als wir nun zu zweit auf den Rücken hinaufkletterten. Wir hielten uns an der steifen lederartigen Rückenflosse fest – und ritten auf dem Hai. Alles, was ich in vierzehn Jahren unter Wasser erlebt hatte, verblaßte vor dieser unglaublichen Wirklichkeit.

Eine alte hawaiische Sage erzählt von zwei Schiffbrüchigen, die sich bei Nacht an der Rückenflosse eines großen Haies festhielten und von ihm mehrere Stunden lang bis in die Nähe einer Insel gezogen wurden. Nach dem, was wir hier erlebten, erschien mir das nun durchaus möglich. Wahrscheinlich hatte ein großer Rauhhai die zwei wirklich nahe ans Ufer gebracht!

„Paß auf“, sagte ich zu Gerry, „du schwimmst jetzt über seinem Kopf, und wenn du hörst, daß ich filme, klopfst du ihm auf die Schnauze.“

„Okay.“

Ich schwamm ein Stück voraus und dann mit der laufenden Kamera direkt auf das Maul los. Ich schwenkte hoch auf Gerry, der unserem Hai nun mit der flachen Hand auf die Schnauze schlug. Das brave Tier riß den Rachen weit auf, und ich beendete meine Szene mit einer Innenaufnahme seines weißlichen, fleischigen Schlundes.

Wegen dieser Szene schrieb später der Filmkritiker der New York Times – der im übrigen sehr freundlich urteilte –, diese Aufnahme müßte mit einer ins Meer versenkten Kamera gemacht worden sein. Ich möchte Herrn Bosley Crowther hier nachträglich versichern, daß seine Annahme nicht zutrifft. Die Szene ist genau in der eben geschilderten Weise gedreht worden.

Ebenso muß ich die Unterstellung eines deutschen Fischereibiologen zurückweisen, der behauptete, wir hätten den Rauhhai erst mit Dynamit betäubt. Daß dies nicht der Fall war, läßt sich leicht beweisen. Hätten wir wirklich einen Sprengstoff verwendet, dann hätte ich kaum die Pilotenfische vor dem Maul des Rauhhaies und die Schildfische unter seinem Bauch filmen können. Sie wären bei einer Explosion zuallererst ums Leben gekommen.

Ich wußte von anderen Haien, daß sie durch einen unter Wasser ausgestoßenen Schrei erschreckt werden können. Ich versuchte das auch bei unserem Rauhhai, aber er reagierte überhaupt nicht. Darauf holten wir eine der kleinen Sauerstoffflaschen unserer Tauchgeräte und schossen das Gas mit einhundertfünfzig Atmosphären Druck gegen seinen Kopf ab. Der Rauhhai wendete sich ein wenig zur Seite, das war alles. Bei einem Planktonfresser sind feine Sinne nicht erforderlich. Ganz besonders nicht bei einem Koloß dieser Größe, der kaum Feinde hat und noch dazu durch einen so wirkungsvollen Panzer geschützt ist.

Lotte, Gerry und ich schlüpften in unsere Tauchgeräte, um das Tier noch ruhiger studieren zu können, doch kamen wir nur noch zurecht, um seinen Abschied mitzuerleben. Langsam kam Bewegung in den großen Leib. Die Zeit seines Besuches war abgelaufen, eine unsichtbare Uhr sagte ihm, daß es nun wieder an der Zeit sei, sich zu empfehlen. Sein Körper neigte sich, und er schwamm in schrägem Winkel abwärts.

Mit einem Gefühl der Andacht blickten wir dem großen Tier nach. Es lag etwas Majestätisches, Feierliches in dem allmählichen Entschwinden des Riesen. In der Weite des klaffenden Raumes wurde er sichtlich kleiner. Mehr und mehr schrumpfte er zusammen, er wurde zarter und blasser, bis schließlich nur noch der weit unten im tiefblauen Abgrund schwingende Schwanz zu sehen war. Dann zerfloß auch dieser im endlosen Nichts, und der Raum war wieder leer wie zuvor.

Drei Tage später tauchte ich mit Lotte bei der Hafeneinfahrt von Suakin. Es war Sonntag. Wir waren jeden Morgen vor Sonnenaufgang ausgefahren und hatte endlose Strecken vergeblich nach Rauhhaien abgesucht. Heute sollte jeder tun, was er wollte. Wawrowetz und Gerry hatten Kamele organisiert und wollten in die Wüste reiten. Xenophon, aus Port Sudan zurück, wollte unsere stark durcheinandergekommene Ausrüstung wieder in Ordnung bringen. Lotte und ich waren mit Machmoud ausgefahren. Ich wollte ihr zeigen, wie man nach alter, fast schon vergessener Methode Fische nur mit einem Handspeer erlegt.

Bei dem Riff, an dem wir ankerten, gab es Fische genug. Trotzdem wollte mir nichts gelingen. Mir fehlte die Übung. Mein Arm war eingerostet, die Fische wichen immer rechtzeitig aus. Schon wenn ich untertauchte, warnten sie einander durch Flossenschläge.

Lotte sah mir eine Weile zu, dann schwamm sie ins Seichte und jagte dort mit einer leichten Schleuder. Verbissen setzte ich meine Bemühungen fort. Bei einigen hohen Korallenstöcken, die direkt an der Kante der alten Fahrtrinne aufragten, erspähte ich die Schwanzflosse eines regungslos hinter einem Felsen stehenden Schnappers. Ich tauchte in einiger Entfernung auf den Grund und pirschte vorsichtig an die Koralle heran.

Da verschwand die Schwanzflosse, und an ihrer Stelle erschien ein schlanker Brauner Hai.

Mein Ärger entlud sich in einem Stoß, der sein Ziel nicht verfehlte. Im nächsten Augenblick wurde ich hinter dem Hai hergezogen. Er war ungemein klein – nur ebenso lang wie ich selbst –, aber voll Energie. Die Harpunenspitze hatte sich gelöst und saß in seinem Schwanz, aber einer der Widerhaken sah aus der Haut hervor. Die Spitze konnte jeden Augenblick wieder ausreißen.

Ich überlegte nicht lange, zog mich an der Leine näher und packte den Hai an der Schwanzflosse. Da sich Haie gewöhnlich mit dem Kopf nicht bis zum Schwanz herumdrehen können, war das ein durchaus sicherer Platz. Mein Hai bildete allerdings eine Ausnahme. Bei seiner besonderen Schlankheit warf er sich ohne weiteres herum, und im gleichen Augenblick fühlte ich einen brennenden Schmerz am rechten Unterarm. So schnell ich konnte, kämpfte ich mich zur Oberfläche empor.

Ich hielt den Arm samt dem darin verbissenen Hai in die Luft. Da ließ er los. Mein Arm sah aus, als wäre er in eine Fleischmaschine geraten. Der Muskel war bis an den Knochen durchtrennt, und eine große Blutfahne breitete sich um mich aus.

Ich brüllte zu unserem Boot hinüber, das etwa dreihundert Meter entfernt auf den Wellen schaukelte. Machmoud hatte es verankert und sich darin schlafen gelegt. Da der Wind gegen uns stand, konnte er mich nicht hören.

„Was ist?“ rief Lotte und kam eilig herbeigeschwommen.

„Bleiben Sie!“ rief ich. Ich hatte Angst, daß das Blut größere Haie anlocken würde. Ich schwamm ebenfalls ins Seichte, wobei ich den Hai an der Harpune hinter mir herzog.

Lotte warf einen erschreckten Blick auf meinen Arm, dann schwamm sie neben mir, und wir schrien beide aus Leibeskräften. Zu meinem Glück hatte das Handgelenk die Pulsader geschützt, sonst wäre ich auf diesem Weg verblutet. Erst als wir schon sehr nahe waren, hörte uns Machmoud. Er sprang auf, zog schnell den Anker hoch und ruderte uns entgegen.

Warum ich die Harpune nicht losließ, weiß ich nicht. Ich gab Machmoud den Hai, er zog ihn ins Boot und erschlug ihn mit einem Prügel. Lotte und ich kletterten am anderen Ende ins Boot. Sie gab mit ihr dickes Frottierhandtuch, und ich band es mir fest um die Wunde. Aber kaum eine Minute verging, und das Handtuch hatte sich rot gefärbt. Da nahm Machmoud die Anlaßschnur des Außenbordmotors und band mir den Arm an der Schulter ab.

Jetzt fehlte wieder die Schnur zum Anreißen des Motors. Erst nach aufgeregtem Hin und Her setzten wir uns endlich in Bewegung. Als wir uns nach zwanzig Minuten dem Rasthaus von Suakin näherten – es steht direkt am Kai und ist eines der wenigen noch erhalten gebliebenen Gebäude dieser so gut wie völlig verlassenen Ruinenstadt –, sahen wir drei fremde Gestalten, die uns von der Terrasse entgegenwinkten.

Nach meinem Pech hatte ich außerordentliches Glück. Es war der Pastor von Port Sudan, der mit seiner Frau und deren Freundin einen Sonntagsausflug nach Suakin gemacht hatte. Eine der Frauen war eine ausgebildete Krankenschwester. Die drei packten mich sofort in ihr Auto und fuhren mich in die Verbandstation der nächsten Ortschaft. Als sich herausstellte, daß die Wunde ernsthafter Natur war, brachten sie mich von dort gleich weiter in das Spital von Port Sudan.

Da man nie weiß, was ein Hai vorher gefressen hat, besteht bei einem Haifischbiß immer die Gefahr einer Sepsis. Mein Hai hatte mich zum Glück durchaus steril gebissen. Ich wurde genäht und – da kein Fieber auftrat – am nächsten Tag mit einem großen Verband wieder entlassen. Drei Wochen durfte ich nun allerdings nicht ins Wasser gehen.

Ein neuer schwerer Schlag für unsere Expedition! Mit der linken Hand tippte ich meinen ersten Bericht für eine illustrierte Zeitschrift, mit der wir im Vertrag standen. Was ich da schrieb, hörte sich nicht gerade sehr glaubwürdig an. Innerhalb von vier Tagen hatte ich zwei Haie am Schwanz gehalten. Der erste – acht Meter lang – hatte mich abgeschüttelt, doch waren wir anschließend auf seinem Rücken geritten. Der andere – einen Meter achtzig lang und fünfzehn Kilo schwer – hatte mich beinahe getötet.

Um es gleich vorwegzusagen: den sagenhaften Riesenpolypen sind wir nie begegnet. Ohne Zweifel wachsen acht- und zehnarmige Tintenfische zu beträchtlicher Größe heran – man hat riesige Exemplare in den Mägen von Pottwalen gefunden –, doch leben sie in großer Tiefe und kommen offenbar nur selten in die für Taucher zugänglichen Meeresschichten empor. Die meisten Erzählungen über Kämpfe mit Kraken dürften in das Kapitel „Taucherlatein" einzureihen sein. Die in amerikanischen Filmen immer wieder gezeigten Riesenkraken sind aus Kautschuk und werden künstlich bewegt.

Nach unseren Erfahrungen sind die gefährlichsten Meerestiere die Haie. Ihre Angriffslust ist allerdings bei weitem überschätzt worden, doch haben sie anderseits auch schon genügend schwere Verletzungen und Todesfälle verursacht. Ihr Gebiß ist eines der furchtbarsten Mordinstrumente im Tierreich. Ein vier Meter langer Hai kann einen Arm oder ein Bein glatt abbeißen. Ein sechs Meter langer Hai beißt einen menschlichen Körper in zwei Teile.

Man nennt das Gebiß des Haies „Revolvergebiß". Denn so, wie bei einem Revolver die Patronen automatisch gewechselt werden, erneuern sich im Maul des Haies die Zähne. Sie stehen in mehreren Reihen hintereinander – wird eine abgenutzt, tritt sogleich die nächste an deren Stelle.

Beim Embryo mancher Haie kann man sehen, wie diese Zähne entstanden sind. Es sind gewöhnliche Hautschuppen, die von oben und unten über den Kieferrand ins Maul hineinwuchsen und sich dort stärker entwickelten als auf dem Körper. Beide Schichten der Haut sind an der Bildung beteiligt. Die Unterhaut stülpt das Zahnbein vor, die Oberhaut überzieht es mit dem überaus harten Schmelz. Da die Schuppen in Reihen stehen, stehen auch die Zähne in Reihen. Und da der Hai immer wieder Schuppenanlagen in ausgewachsene Zähne verwandeln kann, kann er ständig sein Gebiß erneuern.

Nach der heutigen wissenschaftlichen Ansicht leiten sich von diesen Haifischzähnen die Zähne der Knochenfische, der Lurche, der Echsen, der Säugetiere – und auch unsere eigenen Zähne ab. In der langen Reihe unserer direkten und indirekten Vorfahren dürften es Tiere aus der Gruppe der Haie gewesen sein, die zum erstenmal Zähne ausgebildet – Zähne „erfunden" haben. Von ihnen haben sie alle höheren Wirbeltiere übernommen und den jeweiligen Anforderungen ihrer besonderen Lebensweise angepaßt. So sind letzten Endes auch die großen Stoßzähne der Elefanten von den sogenannten „Placoidschuppen" des Haies abzuleiten, die seine Haut in Tausenden von kleinen Zähnchen überdecken.

Der Gedanke, daß der stolze Mensch in seiner Ahnenreihe ausgerechnet auch die „häßlichen" Haifische haben soll, mag manchen abstoßen. Es gibt jedoch noch andere Zeugnisse, die deutlich für eine solche Herkunft sprechen. In der

Keimesentwicklung vieler Tiere wiederholen sich Merkmale ihrer Vorfahren. Auch beim Menschen gibt es solche Spuren einer weit zurückliegenden Vergangenheit. So bildet der menschliche Embryo in der vierten Woche vier Kiemenbögen aus, die er später wieder zurückbildet oder in andere Organe umwandelt. Der moderne Taucher, der mit schweren Atemgeräten in die Tiefe schwimmt, mag diesen Verlust manchmal bedauern. Ein Mensch mit Kiemen am Hals erscheint uns zwar als eine höllische Ausgeburt der Phantasie – hätten wir sie jedoch wirklich, dann würden wir sie ebenso selbstverständlich finden wie unsere spitze Nase und unsere merkwürdigen Ohrmuscheln. Wir würden bei einer schönen Frau ihre hübschen Kiemen besonders bewundern, und Mode und Kosmetik hätten eine weitere Aufgabe.

Das Werturteil „häßlich" ist der Natur gegenüber höchst subjektiv. An sich ist jedes Lebewesen in sehr wunderbarer Weise seiner Umwelt und seinen Bedürfnissen angepaßt, und kein Tier ist wirklich „häßlich" – auch Würmer und Spinnen und Asseln sind es nicht – und ganz besonders nicht ein so prachtvolles Tier wie der Hai. Bei meinen ersten Vorträgen hatte ich meist einen ungewollten Lacherfolg, wenn ich Haie als königlich und schön bezeichnete, doch haben inzwischen auch andere Unterwasserjäger und Sporttaucher den gleichen Eindruck empfangen wie wir. Der Anblick eines Haies, der in souveräner Überwindung von Wasserwiderstand und Schwerkraft durch die Meeresräume fliegt, ist ein Erlebnis, dessen faszinierender Kraft man sich schwer entziehen kann. Wenn darum haifischartige Wesen zu unseren weit zurückliegenden Vorfahren gehören, dann besteht kein Grund, uns gerade dieser Herkunft zu schämen.

Die Zähne – das merkwürdige Bindeglied zwischen uns und ihnen – sind weiter interessant, weil sie das beste Merkmal sind, um die Arten zu unterscheiden. Der Weiße Hai, der gefährlichste von allen – auch „Weißer Tod" genannt –, hat große dreieckige Zähne mit scharfgezackten Kanten wie eine Säge. Beim ebenfalls sehr gefürchteten Tigerhai sind die Zähne gebogen und unsymmetrisch. Beim australischen Grauen Ammenhai ist jeder Zahn zu einem langen doppelschneidigen Dolch ausgewachsen.

Da Haie keine Knochen haben, ihr Skelett vielmehr aus vergänglichen Knorpeln besteht, sind die Zähne das einzige, was nach ihrem Tod von ihnen erhalten bleibt. Im Tiefseeschlamm findet man sie in großer Zahl, sowohl von noch heute lebenden als auch von längst ausgestorbenen Arten – manche von erschreckender Größe. In der Kreidezeit – vor etwa einhundertdreißig Millionen Jahren – lebte ein Vorfahre des heutigen Weißen Haies, der, nach der Größe seiner Zähne zu schließen, eine Länge von dreißig bis vierzig Metern erreicht haben dürfte. Er konnte Tiere vom Umfang eines Ochsen mit einem Biß hinunterschlingen!

Vielleicht leben diese Vorfahren heute noch. Die Ergebnisse der Challenger-Expedition weisen darauf hin, daß ihr letztes Auftreten erdgeschichtlich noch nicht besonders weit zurückliegt. Auch den urtümlichen Quastenflosser, den berühmten *Coelacanthus*, hielt man für seit sechzig Millionen Jahren ausgestorben, bis 1938 ein Fischereidampfer an der südafrikanischen Küste ganz unerwartet ein lebendes Exemplar aus siebzig Meter Tiefe emporzog.

In jenen Tagen waren wir nicht besonders vorsichtig. Wenn ich heute an diese zweite Expedition zum Roten Meer zurückdenke, muß ich mir manchen Vorwurf machen.

Nachdem mein Arm wieder verheilt war, tauchten wir bei einem versunkenen Schiff in der Nähe von Ata. Ich hatte es bereits bei meiner ersten Expedition kennengelernt. Es lief vor etwa sechzig Jahren in einem Sturm gegen ein Riff und sank in fünfzehn bis fünfundzwanzig Meter Tiefe ab. Während das Vorderschiff völlig zertrümmert wurde, sind Heck und Mittelschiff gut erhalten geblieben. Das einstige Deck liegt fast horizontal und hat sich mit den Jahren in einen wunderbaren Korallengarten verwandelt.

Ich untersuchte die einzelnen Arten, die sich je nach ihrer Wachstumsgeschwindigkeit mehr oder minder stark entwickelt hatten, und filmte die in den Trümmern lebenden Fische, die sich auch hier – genau wie in einem Korallenriff – ganz bestimmte, ihrer Lebensweise entsprechende Plätze zum Wohnsitz erwählt hatten. Lotte assistierte mit der Fotokamera, Gerry wachte mit der Harpune, um uns vor unliebsamen Überraschungen zu bewahren. Alle drei trugen wir unsere leichten Sauerstoffgeräte, mit denen wir uns eine Stunde lang in Tiefen bis zu zwanzig Metern aufhalten konnten.

Als mein Film zu Ende war, gab ich meinen beiden Begleitern ein Zeichen, auf mich zu warten, und schwamm nach oben. Xenophon wechselte den Film. Ich kam wieder nach unten und fand Lotte allein. Sie hockte auf einer großen Eisenplatte und sah ziemlich benommen aus. Sobald sie mich bemerkte, machte sie mir Zeichen, daß sie sofort nach oben wolle. Ich schwamm mit ihr. Am Boot mußten wir ihr helfen, das Tauchgerät auszuziehen. Mit einem tiefen Seufzer der Erleichterung schwang sie sich über die Bordwand.

„Was ist denn los?“ fragte ich. „Wo ist Gerry?“

„Ach, der wird gleich kommen. Er hat einen Fisch gesehen und ist ihm nachgeschwommen.“

„Na, und Sie –?“

„Ach, nichts Besonderes. Ich fühle mich jetzt schon wieder viel besser. Aber im Augenblick war ich so erschrocken, daß ich mich kaum bewegen konnte. Als ich Gerry wegschwimmen sah, dachte ich noch: wenn jetzt nur kein Hai kommt! Ich drehte mich um – und schon war einer da. Ich glaube, er war etwa drei Meter lang. Er hatte furchtbar tückische Augen! Er kam direkt über mich und drehte sich auf die linke Seite, um mich mit dem rechten Auge zu betrachten, dann wieder auf die rechte Seite und betrachtete mich mit dem linken Auge. Selbst wenn ich gewollt hätte, hätte ich mich nicht bewegen können. In mir war alles wie erfroren. Aber vielleicht wollte er gar nichts anderes als mich anschauen."

„Jetzt haben Sie die Feuertaufe bestanden", versuchte ich sie zu trösten und uns zu entschuldigen.

Sie lächelte wieder ein wenig. „Ja, aber es war mir recht kalt dabei!"

Ich dachte an Lottes Eltern, die mir ihre Tocher für diese ungewöhnliche Reise anvertraut hatten, und auch mir wurde ein wenig kalt. Ich hatte zunächst durchaus nicht die Absicht gehabt, sie mit einem Gerät tauchen zu lassen, doch schon in den ersten Tagen fiel einer unserer Männer, der die Hitze nicht vertrug, aus, und sein Gerät wurde frei. Da Lotte sich im Freitauchen sehr geschickt erwies, gab ich ihrem Drängen nach. Sie überraschte uns immer wieder durch ihren Mut und ihre Ausdauer.

Bei unserer Ankunft in Port Sudan hatte ich zu ihr gesagt: „Ab heute sind Sie ein Mann!" Sie verstand und richtete sich danach.

Außer den Haien machten uns giftige Tiere am meisten zu schaffen. Auf dem tropischen Meeresgrund muß man immer vorsichtig sein, ehe man etwas berührt. Es gibt giftige Korallen, an denen man sich empfindlich verbrennt – die zu den Hydrozoen gehörenden Feuerkorallen. Dann gibt es Seeigel und Seesterne mit sehr tückischen Stacheln. Und schließlich gibt es zahlreiche Fische, die an der Schwanzwurzel, am Kiemendeckel oder in der Rückenflosse teilweise sehr giftige Stacheln entwickelt haben.

Wenn wir Fische harpunierten und diese in ein Korallenloch flüchteten, hüteten wir uns, ohne weiteres in das Loch hineinzugreifen. Hat man Pech, dann sitzt eine Muräne darin.

Recht harmlos – mit seltenen Ausnahmen – fanden wir dagegen die berüchtigten Barrakudas. Breder meint in seinem Buch *Marine Fishes of the Atlantic Coast,* daß diese großen Pfeilhechte manchen Unglücksfall verschuldet haben, den man Haien zuschrieb. Wir konnten dies weder im Karibischen Meer noch im Roten Meer bestätigen. Große Einzelgänger kamen wohl drohend herangeschwommen, aber in vier oder fünf Meter Abstand drehten sie immer ab und folgten uns dann wie treue Hunde über weite Strecken. Manchmal rissen sie auch ihr zähnestarrendes Maul auf – aber das war alles. Auch im Schwarm verhielten sie sich meist scheu.

Mir lag sehr daran, eine Szene zu drehen, auf der die Ungefährlichkeit der Tiere sichtbar wurde. Die Gelegenheit ergab sich, als ich in der Passage zwischen zwei Riffen einem Schwarm von vierzig bis fünfzig Barrakudas begegnete, die steif und regungslos im Wasser standen. Sie waren offensichtlich satt und schnappten in der Strömung noch diesen und jenen Dessertbissen auf. Als sie mich sahen, starrten sie mir in der ihnen eigenen Weise drohend entgegen, dann fiel einer nach dem anderen aus seiner Regungslosigkeit, und der ganze Schwarm flutete neugierig zu mir herüber.

Ich schwamm hinauf zum Boot und holte Lotte. Sie sollte warten, bis der Schwarm nahe bei ihr war, und ihn dann mit den Händen verscheuchen. Da Lotte eben eine Stunde lang getaucht hatte, war ihr Gerät nicht einsatzbereit. Xenophon gab ihr eines unserer Reservegeräte.

„Ist zwar ein bißchen groß für Sie“, sagte er, „aber es wird schon gehen.“

Sie schnallte es um, und wir schwammen gemeinsam in die Tiefe. Die Barrakudas standen wieder am gleichen Platz wie zuvor. Ich führte Lotte zu einer Koralle, auf die sie sich setzen sollte, und schwamm eilig ein Stück weit davon, um den nötigen Abstand für die Aufnahme zu gewinnen.

Die Barrakudas taten mir den Gefallen und wiederholten, was sie eben bei mir gemacht hatten. In geschlossenem Zug schwammen sie auf Lotte zu. Ich sah durch den Sucher, wie Lottes Blick sich auf mich, dann auf die Barrakudas, dann zur Oberfläche wandte – und plötzlich sauste sie mit zappelnden Flossenschlägen nach oben.

Ich konnte sie gerade noch vor der Oberfläche einholen. Am Bein zog ich sie wieder nach unten, bugsierte sie zur Koralle zurück und machte ihr Zeichen, sie sollte ruhig sitzenbleiben. Wenn die Barrakudas nahe genug waren, sollte sie sie durch Armbewegungen davonjagen. Da Lotte bisher eher zuviel als zuwenig Mut gezeigt hatte, verstand ich ihre plötzliche Angst nicht. Diese Barrakudas waren bloß neugierig.

Lotte wollte mir ebenfalls etwas erklären, aber dazu war jetzt keine Zeit. Die Barrakudas kamen schon wieder. Ich drückte sie auf den Stock, sauste davon, kurbelte auf und drehte mich um. Da sah ich, daß Lotte schon wieder mit zappelnden Flossenbewegungen nach oben sauste.

Im Boot stellte sich dann heraus, daß ihr Verhalten durchaus nichts mit den Barrakudas zu tun hatte. In der Eile hatte Xenophon vergessen, die Gewinde der Atemschläuche anzuziehen.

In unseren Tauchgeräten wurde die ausgeatmete Kohlensäure durch eine im Rückensack getragene Chemikalie absorbiert. Früher wurde dazu Ätznatron verwendet, doch war dies bei Wassereinbruch für die Taucher gefährlich. Wir verwendeten den auch bei U-Boot-Austauchgeräten üblichen Atemkalk, der durchaus harmlos ist, doch immer noch etwas bitter schmeckt.

Lottes Atemsack war halb voll Wasser. Sie spuckte und schüttelte sich: „Pfui, schmeckt das grauslich! Es begann schon, als ich hinunterschwamm, aber ich wollte die Aufnahme nicht stören, und so schluckte ich eben das Wasser. Aber dann bekam ich so eine bittere Soße in den Mund! Und als Sie mich dann wieder hinunterzogen, bin ich mit dem Schlucken gar nicht mehr nachgekommen. . .“

Einige Taucher, die nach uns das Rote Meer besuchten, sprachen die Meinung aus, daß Haie unberechenbar seien. Diesem Urteil möchte ich mich nicht ohne weiteres anschließen. Es trifft wohl zu, daß sie sich in verschiedenen Gegenden nicht ganz gleich verhalten – besonders in Australien sollten wir Überraschungen erleben –, aber im großen und ganzen ist das Verhalten der einzelnen Arten recht konstant.

Da wir oft längere Zeit an dem gleichen Riff tauchten, lernten wir die dort lebenden Haie genau kennen. Ebenso wie im Karibischen Meer haben die Haie auch im Roten Meer ihr bestimmtes Revier, in dem man ihnen immer wieder begegnet. Manche mit besonderen Merkmalen konnte wir leicht wiedererkennen. Meist erschienen sie sofort, wenn wir mit unserer Arbeit begannen, beobachteten uns eine Weile und verschwanden dann wieder für den Rest des Tages. Wollten wir sie filmen, dann mußte das in der ersten halben Stunde geschehen. Haie sind wie eine Polizei im Meer. Sie hören mit ihren feinen Sinnesorganen schon auf weite Entfernung das Geräusch eines ankernden Bootes oder ins Wasser tauchender Menschen und schwimmen schnell herbei, um nachzusehen, was los ist.

Bei kleineren Grauen und Braunen Haien kommt es manchmal vor, daß sie plötzlich in wilder Fahrt heranschießen und den Taucher aus unmittelbarer Nähe umkreisen. Wer das zum erstenmal erlebt, hält es für einen Angriff – in Wahrheit ist es der Spieltrieb der jungen Tiere. Der junge Hai erprobt auf diese Weise seine Kräfte, außerdem macht es ihm Vergnügen, andere Wesen zu erschrecken. Auch auf Fischschwärme und Schildkröten sah ich sie in dieser Art losschießen – bestimmt nicht in angriffslustiger Absicht, sondern aus Freude an der Reaktion.

Schon bei unseren allerersten Begegnungen 1939 im Karibischen Meer hatten wir herausgefunden, daß man auch große Haie in die Flucht jagen kann, wenn man ohne Zögern auf sie losschwimmt. Der Hai ist gewohnt, daß alle anderen Tiere vor ihm fliehen. Kommt das fremde Wesen Mensch angriffslustig auf ihn zu, dann weckt man seine Fluchtreaktion, und er bekommt es selbst mit der Angst zu tun.

Über unsere zweite Entdeckung aus jener Zeit, daß man anschwimmende Haie durch einen aus der Nähe unter Wasser ausgestoßenen Schrei abschrecken kann, wurde viel gespöttelt, doch hatten sich inzwischen Unterwasserjäger in verschiedenen Teilen der Welt mit Erfolg unseres Mittels bedient. 1943 rettete es drei Überlebenden eines deutschen U-Bootes an der westafrikanischen Küste

*Rechte Seite:* Auch die Pfauenaugenbarsche (Cephalopholis argus) in den tropischen Meeren sind sehr farbenprächtig. Fast immer halten sie sich in der Nähe ihrer Wohnhöhlen auf.

Wird sich der Mensch eines Tages einem Dauerleben unter Wasser anpassen und in Unterwassertheatern Unterwasserschauspiele genießen? Wird er gleich nach seiner Geburt von einem Unterwasserchirurgen in einem mit Wasser gefüllten Unterwasserspital operativ dazu gebracht werden, sich zwischen der Oberfläche und 2000 Meter Tiefe beliebig zu bewegen? Diese Prophezeiung wurde ernsthaft ausgesprochen. Aus biologischen und ökonomischen Gründen ist eine solche Entwicklung jedoch völlig ausgeschlossen.

Ein 4 Meter langer Tigerhai im Angriff. Nach dieser für den Menschen gefährlichen Haiart haben wir jahrelang gesucht. 1951, bei der Kokos-Insel, bekamen wir endlich zwei Exemplare zu Gesicht. Der eine schwamm langsam, aber sehr zielstrebig, auf mich zu. Mit dem Haifischstock stieß ich gegen seinen Kopf. Er drehte ab, griff aber noch zweimal an. Dann entschwand er.
*Folgende Seite:* Ein 5 Meter langer Grauhai in der Ägäis: hinter der Schwanzflosse steht Alfred v. Wurzian. Auch im Mittelmeer gibt es große Haie, doch bekommt man sie kaum je zu Gesicht. Dieser wurde durch eine Dynamitexplosion angelockt.

*Oben:* Ein Schlangenstern auf einer Gorgonie in 65 Metern Tiefe. Seine Tarnfarbe – das übereinstimmende Rot – ist insofern überraschend, als schon ab 30 Meter, auf Grund der Absorbtion des Wassers, jedes Rot grau erscheint.
*Rechte Seite:* Diese merkwürdige Muschel entdeckte ich auf sandigem Boden in den Nikobaren. Wie sich herausstellte, gehörte das hochentwickelte Auge einem Tintenfischweibchen (Octopus aegina), das zwischen den leeren Schalen seine Eier abgelegt hatte. Mit den Fangarmen war es an den Innenseiten so festgesaugt, daß es die Schalen – ganz ebenso wie ein Muscheltier – öffnen und schließen konnte.

Auf großer Fahrt mußten auch alle Wissenschaftler „Wache gehen“. Hier steuert Dozent Ernst Gerlach die „Xarifa“. Er begleitete uns als Spezialist für Meereswürmer und war außerdem ein begeisterter Jachtsegler.

das Leben. Als sie von Haien angegriffen und gebissen wurden, erinnerten sie sich in letzter Not meiner Berichte, und es gelang ihnen, indem sie die Köpfe unter Wasser hielten und brüllten, die Haie wieder zu verjagen. Im offiziellen Bericht der amerikanischen Luftwaffe *Airmen Against the Sea* wird auf Grund der bisher gemachten Erfahrungen allen abgestürzten Fliegern der Schrei unter Wasser als wichtiges Abwehrmittel gegen Haie anempfohlen.

Allerdings haben wir auch festgestellt, daß es Ausnahmen gibt. Manche Haie, wie etwa eine Art, die wir später auf den Azoren kennenlernten, reagieren überhaupt nicht, und es gibt auch Gegenden, in denen die Haie unempfindlich sind – zum Beispiel die Gewässer der griechischen Inseln. Wie wir 1942 beobachteten, sind dort die Sinne der Haie, da die Fischer Dynamit verwenden, durch die Explosionen abgestumpft. Ebenso dürfte es auch mit Haien sein, die in der Nähe eines offenen Badeplatzes leben und Menschenrufe kennen, ferner mit solchen, die Schiffen nachfolgen und sich an die Schraubengeräusche gewöhnen.

Ein sehr gefährliches Erlebnis mit einem Hai hatte ich in der Zeit, als wir unser Standquartier von Suakin nach Port Sudan verlegten. Wir untersuchten von hier aus die umliegenden Riffe. An jenem Morgen fuhren wir zu dem elf Meilen entfernt gelegenen Atoll Sanganeb.

Bill Clark hatte für den Tag seine Amtstätigkeit an den Nagel gehängt und angelte während der ganzen Fahrt. Als wir gegen neun Uhr bei Sanganeb ankamen, hatten wir bereits mehrere große Fische im Boot.

Wir legten an dem langen Holzsteg an, der die steil abfallende Riffmauer mit dem auf der Riffplatte errichteten Leuchtturm verbindet. Während wir anderen auf den Leuchtturm stiegen, um von oben einige Filmaufnahmen zu machen, fuhr Bill mit Xenophon weiter zum Nordrand des Atolls, und wir sahen die beiden dort emsig angeln. Rufend und lachend kamen sie zurück. In knapp eineinhalb Stunden hatte Bill weitere dreiundzwanzig Fische gefangen, insgesamt etwa zweihundertsechzig Pfund. Ich bat ihn um einige der größeren, zerschnitt sie und warf sie vom Ende des Landungsstegs ins Meer. Die Leuchtturmwächter hatten uns von zwei Hammerhaien erzählt, die öfters gekommen waren, wenn sie Abfälle ins Meer geworfen hatten. Hammerhaie zu filmen, war seit Jahren mein sehnlicher Wunsch. Durch den Blutgeruch hoffte ich sie herbeizurufen. Daß es nicht ungefährlich war, unter diesen Umständen zu tauchen, war mir durchaus bewußt.

Wir vereinbarten, daß niemand folgen sollte, und ich ging nach einer halben Stunde im Tauchgerät und mit einer Filmkamera unter Wasser. Dicht an der senkrechten Wand schwebte ich hinab. Mehrere Augenpaare sahen mir dabei zu. Direkt über mir, an der oberen Kante der Mauer, die bis knapp an die Wasseroberfläche heranreichte, lagen Lotte und Leo bäuchlings im seichten Wasser und spähten zu mir herab. Ein Stück seitlich, direkt neben der schwarzen

Kontur der vorstehenden Landungsbrücke, schwebte die Silhouette unseres Bootes und daneben ein heller Kreis mit einem schwarzen Schatten darin – Xenophon, der mir durch die Glasscheibe des Guckzylinders nachblickte.

Genau unterhalb der Landungsbrücke schwamm in zwölf Meter Tiefe ein gut drei Meter langer Schwarzflossenhai. Er schnappte dort Fleischbrocken auf, die an den Korallen hängengeblieben waren. Unter mir fiel die Wand ins Bodenlose senkrecht ab. Von Hammerhaien war nichts zu sehen. Ich wählte mir in vierzehn Meter Tiefe einen auf einer Bastion gewachsenen Korallenblock und setzte mich rittlings darauf nieder.

Der Hai wurde bald auf mich aufmerksam. Er kam ziemlich unruhig schwimmend zu mir herüber und beäugte mich. In drei Meter Entfernung drehte er und schwamm davon. Er zog einen Bogen und kam zurück. Wieder machte er in drei Meter Entfernung kehrt. Das wiederholte sich noch vier- oder fünfmal. Als Objekt für meine Filmaufnahmen war dieser Hai ideal. Er kam immer von vorn auf die Kamera los, und wenn er wegschwamm, hatte ich gerade genug Zeit, frisch aufzukurbeln.

Ich saß etwas seitlich auf meiner vorspringenden Bastion, alle Aufmerksamkeit auf den Hai konzentriert – da hatte ich ein merkwürdiges Gefühl im Rücken und drehte mich um.

Direkt hinter mir stand ein großer Hai.

Er war von der anderen Seite, dicht an der Wand schwimmend, unmittelbar an mich herangekommen. An Gestalt und Farbe sah ich auf den ersten Blick, was für ein Hai es war.

Es war der Weiße Hai – der Weiße Tod.

Normalerweise leben diese Tiere im offenen Meer und kommen nur selten an die Küste. Einen unvergeßlichen Augenblick lang sah ich den breiten Kopf auf mich zukommen. Um das Maul hatte der Hai einen bösartig gespannten Zug. Blitzschnelle Gedanken wirbelten mir durch den Kopf. Mein Speer schwebte über meiner Schulter, aber es hatte keinen Sinn mehr, nach ihm zu greifen. Er war zwei Meter lang, und der Hai war schon eineinhalb Meter nahe. Ich schrie und machte eine Bewegung gegen den Angreifer. Ruhig und unbeirrt rückte das Maul näher. Das Tier hatte offensichtlich die Absicht, ein Stück von mir abzureißen. Vielleicht hielt es mich für einen Fleischbrocken. Sicher hatte es schon gefressen und Blutgeschmack im Maul.

Unter meinen kreuz und quer schießenden Gedanken war auch einer, der mich wie ein elektrischer Schlag traf: Ich hatte nur noch die bloßen Hände, um mich zu verteidigen!

Und ich durfte den Hai keinesfalls gegen die Nase schlagen. Denn dann klappte er einfach das Maul auf, und meine Arme landeten zwischen den Zähnen. Erst als seine Nase mir schon ganz nahe war, stieß ich mit der rechten Hand zu, am Maul vorbei, gegen die Kiemen. Das tat dem Tier bestimmt nicht weh – aber die unerwartete Berührung erschreckte es. Ich fühlte einen Wasserdruck, der Körper hatte sich am Ort gedreht, der Hai schwamm davon.

Er schwamm einen Bogen und kam wieder. Jetzt hatte ich die Harpune gepackt und stieß sie ihm gegen den Kopf. Die Spitze drang kaum in seine Haut ein, aber er schlug wieder einen Bogen. Dann sah ich, daß mich der andere Hai – jener, den ich gefilmt hatte – nun ebenfalls angriff.

Mit aller Kraft drehte ich den Speer seitlich herum und traf ihn. Dann wendete ich die Waffe wieder zurück – und traf den anderen. Doch nach zwei Seiten konnte ich mich unmöglich gleichzeitig verteidigen. Die Stange war zu lang, sie bot zuviel Widerstand, ich konnte sie nicht rasch genug hin und her drehen. Es blieb mir nur noch eines – das Allergefährlichste –, die Flucht.

So schnell mich meine Flossen trugen, jagte ich an der Wand aufwärts. Die Haie zögerten einen Augenblick, dann schossen sie mit peitschenden Schwänzen hinter mir her. Mit meiner Harpune hielt ich sie von mir ab. Da ich bei dieser Flucht unter mich blicken mußte, rannte ich mit dem Rücken und mit der Schulter zweimal heftig gegen vorspringende Korallen. Dann war ich oben. Direkt neben Lotte und Leo. Ich zog sie mit mir und warf mich ins seichte Wasser. Schon waren die Haie da. Sie hielten inne, stutzten und schwammen aufgeregt an der Kante hin und her.

Unsere Speere vor uns haltend, erwarteten wir ihren Angriff. Aber sie sahen nur drohend herüber und beruhigten sich wieder. Der Weiße Hai machte noch eine Drehung, dann glitt er abwärts. Der andere schwamm in der entgegengesetzten Richtung davon.

Mit schlotternden Knien kletterten wir auf den Steg. Wäre das Wasser höher gestanden, hätte das Abenteuer auch schlecht ausgehen können. Wir waren hier auf einen Hai gestoßen, der es durchaus ernst gemeint hatte. Der andere hatte mich offenbar aus Futterneid angegriffen. Es war ähnlich wie bei Hunden, wenn einer einen Knochen findet. Beinahe wäre ich diesmal selbst der Knochen gewesen.

Ich bin seither nie mehr einem großen Weißen Hai begegnet. In mehreren Berichten habe ich von anderen Tauchern gelesen, die Weißen Haien begegnet sind, bin aber nicht in allen Fällen überzeugt, daß es sich wirklich um solche gehandelt hat. Wenn alle sich so verhalten wie mein Exemplar, dann muß man in der Tat auf der Hut sein.

Mein Erlebnis hatte uns überdies gezeigt, daß der Stock nicht zu lang sein darf. Ein Meter zwanzig ist die ideale Länge.

Sind Haie gefährlich oder sind sie es nicht? Der hier erzählte Fall ist unter mehr als tausend Begegnungen mit größeren Haien eigentlich eine Ausnahme. Er zeigte uns, daß man sich nie zu sicher fühlen darf, daß es sehr unvorsichtig ist, bei sich ausbreitendem Blutgeruch zu tauchen, und daß man immer und überall auf jede Überraschung gefaßt sein muß.

## *Die Sprache der Fische*

Ich schwamm entlang einer steilen Felswand, an der beträchtliche Brandung herrschte, und sah ein gutes Stück voraus in etwa zwölf Meter Tiefe den Schwanz eines großen Zackenbarsches hinter einem Stein hervorlugen. Das Tier war völlig gedeckt, nur die sacht hin- und herschlagende Schwanzflosse war zu sehen. Während ich hinabsah und einer Schaumwolke auswich, plätscherte ich an der Oberfläche. Unten wirbelte der Fisch herum. Sein Kopf erschien, und neugierig sah der Zackenbarsch zu mir empor. Kein Zweifel, er hatte mich wahrgenommen. Trotz des brausenden Wellenschlages hatte er das geringe, durch die Ungeschicklichkeit meiner Bewegung verursachte Geräusch gehört!

Wir sitzen in einem Konzert, tausend Klänge fluten um uns – da knarrt eine Tür. Trotz der vielen Schallwellen haben wir sie gehört. Es ist offenbar nicht nur eine Leistung des Ohres, sondern vor allem auch eine Leistung des registrierenden Gehirns. Ebenso mochte es bei dem Zackenbarsch gewesen sein. Inmitten der gewohnten Musik der Wellenbrandung war meine Bewegung für ihn eine knarrende Tür.

Fische haben zwar kein nach außen mündendes Ohr, aber im Wasser ist das auch nicht nötig, weil die Gewebe selbst den Schall vorzüglich weiterleiten. Außerdem scheint die Schwimmblase bei der Schallaufnahme eine Rolle zu spielen. Man hat Fische auf gewisse Töne dressiert: bei einem Ton gab es Futter, beim anderen einen Schlag mit dem Glasstock. Sie lernten bald, die Töne zu unterscheiden. Dann näherte man allmählich die Töne einander. So konnte festgestellt werden, daß etwa Karpfen eine dem Menschen ziemlich ähnliche Hörschärfe mit einem Unterscheidungsvermögen bis zum Intervall eines viertel Tones haben.

Nun fragt sich bloß, ob Töne mit den von einem Schwimmer verursachten Wasserbewegungen gleichzusetzen sind; ob Fische solche Wasserschwingungen auch wirklich „hören".

Fische haben an zahlreichen Stellen ihres Körpers kleine Sinnesknospen, die in besonderer Zahl entlang ihrer Seitenlinie angeordnet sind. Sie liegen hier auf dem Grunde eines mit Schleim gefüllten Kanals, der durch zahlreiche Öffnungen mit dem freien Wasser in Verbindung steht. Von jeder Sinnesknospe ragt eine winzige Sinnesborste in den Schleimkanal. Haie haben außerdem noch besondere Sinnesgruben am Kopf, die sogenannten Lorenzinischen Ampullen. Alle diese Organe sind längst bekannt, doch war man sich über ihre Funktion im unklaren.

Meist wurden sie recht vage als Organe zur Wahrnehmung von Wasserströmungen abgetan. Da die Nerven dieser Sinnesknospen jedoch zu besonders ausgeprägten Partien des Fischgehirnes laufen, kann man annehmen, daß diese Organe für das Tier doch eine wichtigere Bedeutung haben müssen.

In einigen Büchern fand ich die Vermutung ausgesprochen, daß die „Seitenlinie", wie dieses Organ genannt wird, den Fischen einen Ferntastsinn gebe, wie er ähnlich bei den Fledermäusen nachgewiesen wurde. Auch diese bewegen sich im Dunkeln, ohne irgendwo anzustoßen, und man stand hier lange vor einem Rätsel, bis zwei Forscher herausfanden, daß sie beim Fliegen kurze Schreie im Ultraschall von sich geben. Diese Schreie werden von den Gegenständen der Umgebung zu ihnen zurückgeworfen – wie die Strahlen einer Taschenlampe, mit der wir im Dunkeln einen Gegenstand anleuchten –, und das zurückkehrende Echo fangen die Fledermäuse mit ihren überaus empfindlichen Ohren wieder auf. So orten sie ihre Umgebung wie mit einem Radargerät und erkennen alle Hindernisse, ohne sie mit den Augen sehen zu können. Da aber unser Ohr Ultraschall nicht wahrnimmt, hören wir die Schreie nicht.

Ähnlich, sagte ich mir, mochte es vielleicht auch bei den Fischen sein. Durch ihre Schwimmbewegungen senden sie im Wasser Schwingungen aus, und diese werden von Steinen und anderen Körpern zu ihnen zurückgeworfen und möglicherweise durch ihr Seitenlinienorgan wieder aufgefangen. Die Tiere könnten so auch im völlig trüben oder dunklen Wasser die Gegenstände ihrer Umgebung „sehen" – nicht durch Lichtstrahlen, sondern mittels mechanischer Schwingungen, welche die einzelnen Wahrnehmungspunkte entlang ihres Körpers früher oder später erreichen, wodurch das Tier in die Lage versetzt ist, sich in seinem Gehirn ein räumliches, dreidimensionales Bild seiner Umgebung aufzubauen.

Das klingt kompliziert, aber nur deshalb, weil wir uns nicht leicht etwas vorstellen können, was außerhalb unserer eigenen Sinneswahrnehmungen liegt. Der Mensch ist mit einem finsteren Sack verglichen worden, in dem sich einige Löcher befinden. Durch diese „Löcher" – unsere Sinne – sehen und erkennen wir die Welt. Nun gibt es genug Tiere, die andere Sinne, andere „Löcher" haben als wir; sie sehen und bewerten die Welt anders. Während für uns die Augen der Hauptsinn sind, „sieht" der Hund hauptsächlich mit der Nase; sein Weltbild ist uns wahrscheinlich nicht vorstellbar. Und noch weit mehr trifft das auf viele Insekten zu, die teilweise uns völlig unbegreifliche Sinnesfunktionen besitzen. Bei den Fischen und Haien könnte es ähnlich sein. Da ihnen die Augen im vielfach dunklen und trüben Wasser nur beschränkt dienen, mögen sie sich ihr Weltbild in erster Linie aus den Eindrücken aufbauen, die ihnen durch Wasserschwingungen vermittelt werden.

Das würde auch erklären, warum sich Fische und Haie, wenn sie uns betrachten, seitlich stellen. Es wäre dann nicht so sehr auf die seitliche Lage ihrer Augen zurückzuführen, sondern auf die seitliche Lage ihrer schwingungsempfindlichen Wahrnehmungspunkte. Je weiter diese auseinanderliegen, um so stärker würde auch der plastische Eindruck, den das Tier gewinnt – genauso wie wir zur besseren räumlichen Fernsicht unseren Augenabstand im Scherenfernrohr künstlich vergrößern. Es ergäbe sich der interessante Schluß, daß Fische, auch Haie, je größer sie sind, durch die entsprechend größere Aufnahmefläche auch eine um so bessere Weitsicht und Raumvorstellung genießen ...

So weit war ich gekommen, als wir 1939 an der Küste der westindischen Insel Curaçao unsere sehr interessante und merkwürdige Beobachtung machten.

An der stürmischen Nordküste, wo es zahlreiche Haie gibt, tauchten diese immer dann auf, wenn wir einen größeren Fisch harpuniert hatten. Und zwar dauerte es nur zehn bis zwanzig Sekunden, bis sie da waren, obwohl vorher weit und breit nichts von ihnen zu sehen gewesen war. Hatte der Blutgeruch sie gerufen? Kaum. Da die Sichtweite unter Wasser vierzig Meter betrug, mußten sie aus fünfzig bis dreihundert Meter Entfernung herbeigekommen sein. So schnell und so weit konnte sich ein Geruch unmöglich ausbreiten. Also was sonst? Wir vermuteten, daß es das erschreckte Gezappel des harpunierten Fisches war, das sie hörten. Oder, um in der eben gebrauchten Ausdrucksweise zu bleiben, das sie „sahen".

Auch als wir einmal einen Fisch verfehlten, dieser aber erschrak und heftig um sich schlug, kam ein Hai. Es war also bestimmt nicht das Blut. Bei nächster Gelegenheit – ich habe es bereits erzählt – tauchte ich in derselben Gegend auf den Grund und schlug, so fest ich konnte, mit meinen Flossen. Wir warteten. Kein Hai kam. Etwas später schossen wir einen Fisch, und mehrere Haie waren alsbald zur Stelle.

Entweder war meine Theorie falsch und es war doch nicht das Gezappel, das sie heranrief – vielleicht war es ein uns unhörbarer Schrei des Fisches! –, oder aber die Haie konnten zwischen dem Gezappel eines in Not befindlichen Zackenbarsches und den durch meine Flossen ausgelösten, für sie nichtssagenden Schwingungen unterscheiden.

Die zweite Möglichkeit gab mir zu denken. Da die einzelnen Fischarten sehr verschieden geformt sind und auch sehr verschieden geformte Flossen haben, ließ sich annehmen, daß sie auch verschiedene, für die einzelne Art charakteristische „Schwingungsmelodien" ins Wasser aussenden. Und weiter, daß gleiche Fische, je nach ihrer Gemütsstimmung, sehr verschiedene Bewegungen ausführen – ein gesunder Fisch andere als ein kranker, ein hungriger andere als einer in der Paarungszeit. War es nicht denkbar, daß Haie – und ebenso andere Fische – solche Unterschiede wahrnahmen? War es nicht möglich, daß sie einander auf diese Weise im trüben Wasser und in der Dunkelheit erkannten?

Ich dachte an Fische, die wir beobachtet hatten, wie sie dicht vor der Schnauze eines Haies vorbeischwammen, ohne daß ihnen etwas geschah. Vielleicht fühlten sie aus der Bewegung des Haies, daß er satt war und nicht jagte!

Oder Fische im Liebesspiel: Wir hatten bei zahlreichen Arten gesehen, wie sich die Partner mit schnell vibrierenden Flossenbewegungen umschwammen. War das wirklich der Ausdruck ihrer Erregung, oder war es nicht am Ende gerade umgekehrt? Vielleicht versetzten sich die Fische gegenseitig gerade durch solches Flossentrillern in Paarungsbereitschaft. Vielleicht vollführten sie mit ihren Flossen eine Art Liebeserklärung, ähnlich dem Balzruf der Vögel.

Und in der Tiefsee: Viele Fische dort haben Leuchtorgane, an denen sich die Arten wahrscheinlich erkennen. Aber es ist doch kaum anzunehmen, daß ein verfolgter Fisch seinem Verfolger noch den Weg leuchtet! Da es jedoch in der Tiefsee nur Raubfische gibt, ist das Finden und Erkennen der Beute das große Problem. Vielleicht erkennen sie einander auch dort an ihren Flossenmelodien!

Treffen diese Vermutungen zu, dann würde die stille Welt des Meeres mit einem Schlag sehr geräuschvoll sein, wenn auch unser Ohr diese „Stimmen" der Fische ebensowenig wahrnimmt wie die von den Fledermäusen ausgestoßenen Schreie. Sogar die schwarze, schreckliche Tiefsee wäre dann für ihre Bewohner durchaus „hell" und „freundlich" – allerdings nicht durch Sonnenstrahlen, sondern „erleuchtet" durch kreuz und quer flutende Wasserschwingungen.

Auch das Problem des „lebenden Köders" käme in ein neues Licht. Ich meine jene grausame Gepflogenheit, lebende Fische als Köder an den Haken zu hängen. Man zieht dem Tier die Angel kunstvoll durch den Rücken, damit es möglichst lange am Leben bleibt, und fängt damit weit mehr als mit einem toten Köder. Warum? Weil dem Raubfisch das lebende Fleisch besser schmeckt? Könnte es nicht sein, daß auch hier die Raubfische – ebenso wie die Haie – durch das Zappeln angelockt werden? Daß der Schwingungswehschrei des gequälten Tieres sie aus weiter Umgebung herbeiruft?

William Beebe hat auf seiner Zaca-Expedition eine sehr interessante Beobachtung gemacht. In seinem Bericht erzählt er, wie er einen gefangenen Fisch an der Leine hielt und gleichzeitig durch den Guckkasten das Verhalten von zwei Haien und einem Seebarsch beobachtete. Jedesmal, wenn er an der Leine zog und der Fisch zu zappeln begann, kamen die Raubfische „wie Hunde, die beißen wollen", näher. Ließ er dagegen die Leine nach und der Fisch schwamm normal, dann verloren die Haie und der Seebarsch sofort das Interesse. Nur das Zappelnde, Kranke interessierte sie. Beebe meinte, es sei ein Gesetz der Natur, daß das Abnorme die Raubtiere zur Vernichtung herausfordert.

Die Möglichkeit einer praktischen Verwertung meiner Beobachtungen lag auf der Hand. Wenn Fische und Haie wirklich eine „Sprache" haben, eine besondere Art der Verständigung und des gegenseitigen Erkennens, dann war es vielleicht möglich, diese Schwingungsmelodien mit einem Unterwassermikrofon aufzunehmen und zur Täuschung der Artgenossen oder anderer Fische durch einen Unterwasserlautsprecher wieder abzustrahlen.

Zum Beispiel Fische, die Schwärme bilden: Wie finden sie einander in trübem und dunklem Wasser? Nach meiner Theorie hört das Einzeltier die vom Schwarm ausgesandte Melodie und wird von ihr herbeigerufen. Vielleicht wäre es möglich, durch Aussenden der Schwarmmelodie einen künstlichen Schwarm zu bilden und zu leiten! Oder gewisse Raubfische, die Schwarmfischen folgen: Wahrscheinlich finden auch sie den Schwarm auf Grund seiner ausgesandten Schwingungen. Sollte man nicht auch sie durch das Schwarmgeräusch anlocken können? Oder schließlich Meerestiere in der Paarungszeit: Sollte es nicht möglich sein, die Geschlechtspartner durch Abstrahlung der von ihnen ausgesandten Rufe oder Wasserschwingungen zu täuschen?

Ich veröffentlichte meine Beobachtungen 1939 in dem Buch *Jagd unter Wasser* und 1942 in *Unter Korallen und Haien.* Nach Kriegsende meldete ich die Weltpatente für meine Idee an. Unter den vielen Möglichkeiten erschien mir das Anlocken von Haien für die ersten Versuche am besten geeignet. Alles, was wir brauchten, war die Aufnahme eines zappelnden Fisches. Wenn es uns gelang, diese Schwingungen einzufangen und mit Erfolg wieder abzustrahlen, dann war dies für die kommerzielle Fischerei von wesentlicher Bedeutung. Bisher hatte sich der Haifang nur in kleineren Unternehmungen rentiert – einfach deshalb, weil man nicht genügend Haie fand. Gelang es dagegen, sie anzulocken, dann war es wesentlich einfacher, sie mit Netzen und Angeln oder durch neue elektrische Verfahren zu erbeuten. Ein Fangschiff konnte an den Küsten entlangfahren, Leder und Tran verarbeiten und den Rest in Düngemittel verwandeln. Außerdem konnte man mit diesem Verfahren haiverseuchte Badeplätze – zum Beispiel an den Küsten von Australien – von der ständig drohenden Gefahr befreien.

In Port Sudan gelang es uns, eine große, transportable Lichtmaschine aufzutreiben, und die ersten Versuche hatten wir bereits in der trüben Lagune von Suakin ausgeführt. Was wir jetzt brauchten, war ein Schiff, das uns mit der Anlage zu Plätzen führte, wo wir größere Fische vor dem Mikrophon harpunieren konnten und wo es auch Haie gab, um die Wirkung der Ausstrahlungen zu erproben. Kein schwieriges Problem, so sollte man meinen – in der Tat aber eines, das uns beinahe das Leben kostete.

Wir suchten nach einem Motorschiff, fanden aber keines, das zu mieten war. Man verwies uns an die alten Segelkutter in der Flamingo-Bay, einst stolze Könige des Roten Meeres, heute halbverfaulte Wracks, die in Schwärme von Fliegen eingehüllt liegen. Schon als wir uns näherten, rochen wir den Gestank. Die wenigen noch seetüchtigen Segler werden zum Fang von Perlmuscheln und Trochusschnecken verwendet, und diese nicht eben wohlriechende Ware wurde in der Flamingo-Bay versteigert.

Ausgemergelte, kranke Gestalten hockten hier unter Bretterverschlägen wie in Hundehütten. Den apathisch herumlungernden Kindern krochen Fliegen in den offenen Augen herum. Als Besitzer der besten Schiffe wurde uns ein reicher Araber namens Tachlowe bezeichnet. Nachdem wir das schönste inspiziert hatten, sandte ich dem Eigentümer eine Einladung, uns in dem von uns gemieteten Haus zu besuchen.

Ein großer Wagen kam angefahren, ein ungemein dicker Mann schälte sich daraus hervor, gefolgt von einem Dolmetscher. Ich führte die beiden auf unsere Terrasse und lud Herrn Tachlowe ein, sich auf dem stärksten unserer Stühle niederzulassen. Gerry brachte inzwischen Orangensaft und Wasser. Ich mixte eine Limonade und stieß auf gute Freundschaft und guten geschäftlichen Abschluß an.

Vielleicht hätten mir die nächsten Augenblicke als schlimmes Vorzeichen dienen sollen. Der erste Schluck blieb mir in der Kehle stecken. Verwünscht! Gerry hatte im Eiskasten statt der Wasserflasche eine mit Fotoentwickler erwischt. Ohne mich zu verraten, schluckte ich das bittere Zeug hinunter. Giftig war es nicht – und keinesfalls durfte mein Gast erfahren, daß wir ihn mit Entwicklerflüssigkeit willkommen hießen.

„Ein österreichisches Nationalgetränk –", sagte ich beiläufig.

Der Dolmetscher übersetzte. Herr Tachlowe, der etwas befremdet dreingesehen hatte, nickte anerkennend mit dem Kopf. Er trank noch einen zweiten Schluck, worauf dann sein Durst gestillt war.

Wir wurden handelseinig. Für hundert Pfund in der Woche sollten wir das Schiff haben, samt der zehnköpfigen Mannschaft, durchweg Araber. Herr Tachlowe wollte die *El Chadra* noch besonders für uns reinigen lassen. Über den oben völlig offenen Schiffsbauch sollten zwei Bretter gelegt werden. Das rückwärtige, etwas erhöhte Deck, das durch ein Sonnensegel geschützt war – es maß fünf mal vier Meter im Quadrat –, sollte uns als Wohn-, Schlaf- und Arbeitsraum dienen. Auf dem vorderen Deck lebte die Mannschaft.

Zwei Wochen später schaukelten wir wie Passagiere vor hundert Jahren unter einem hohen, malerischen Segel langsam die Küste entlang. Die große Lichtmaschine war im Schiffsbauch installiert worden, die Magnetophonanlage in wasserdichten Kisten verstaut. Unser Leben war so primitiv, wie es nur sein konnte. Für Lotte hatte Bill Clark ein aufklappbares Feldbett zur Verfügung gestellt; wir übrigen schliefen auf Gummimatratzen ringsum im Kreis.

Wir waren alle voll besten Willens. Wir ertrugen Hitze und Muschelgestank, kleine Fliegen, die mit Vorliebe in die Nasenlöcher hineinkrochen, und riesige Kakerlaken, die unser in Mengen ausgestreutes Insektenpulver fraßen und davon noch fetter wurden. Lottes erhöhte Ruhestatt war luftig, hatte aber den Nachteil, daß gerade darüber der Großbaum schwebte, auf dem die Kakerlaken gegen

Abend ihre Promenade abhielten. Wenn uns gelegentlich ein furchtbarer Schrei aus den Träumen riß, hatte sich einer auf Lottes Gesicht herabfallen lassen.

Frühmorgens, wenn wir erwachten, sahen wir die nur mit einem Lendenschurz bekleideten Matrosen auf den Planken knien und ihre Oberkörper betend in Richtung der aufgehenden Sonne senken und heben. Sie waren alle gutwillig und freundlich, nur unser Steuermann hatte rabiate Augen; Machmoud erzählte uns, daß er gelegentlich Anfälle bekam. Dann wurde er ganz steif, und es mußte neben seiner Nase Weihrauch verbrannt werden. Darauf erwachte er wieder zum Leben. Der Kapitän war ruhig und beherrscht. Erst kürzlich habe ich erfahren, daß drei Jahre nach unserer Fahrt die *El Chadra* in einem Sturm unterging, wobei die gesamte Besatzung ertrank.

Ich bekam mit dem Kapitän Schwierigkeiten, da sich sehr bald herausstellte, daß er an keinem der Plätze ankern wollte, die für unsere Experimente in Frage kamen. Er wollte jede Nacht in einer der schlammigen Buchten der Küste verbringen; wir dagegen brauchten große Fische in klarem Wasser, doch solche Plätze waren nur im offenen Meer bei einem Korallenriff. Nach drei Tagen übernahm ich selbst die Verantwortung, und wir ankerten genau über dem Wrack von Ata.

Da vereinbart war, daß Bill uns im Auto folgen sollte, sandte ich meine beiden Assistenten in der Barkasse an Land, um ihn zu holen. Das Boot war eine halbe Stunde außer Sicht, als wir vom Land her einen breiten glitzernden Wasserstreifen auf uns zukommen sahen. Wenige Minuten später trafen uns die ersten Stöße eines heftigen Sturmes, der mit unglaublicher Wildheit über uns hereinbrach. Obwohl es erst fünf Uhr nachmittags war, wurde es nächtlich finster. Der Himmel öffnete seine Schleusen, und eine Sintflut peitschte auf uns herab.

In dem schnell höher werdenden Wellengang schaukelte die *El Chadra* wie eine Nußschale. Durch die Regenwand hindurch sahen wir die Mannschaft in größter Aufregung zwei weitere Anker werfen, aber die Seile rissen nacheinander ab. In einem gestikulierenden Knäuel brachten die Männer noch einen besonderen Anker aus dem Schiffsbauch empor. Er hing an doppelt starken Trossen und war für sie ein Heiligtum, das sie nur in allergrößter Not verwendeten. Er fiel gerade, als der letzte der anderen Anker abriß. Riß nun auch er ab, dann hatten wir unsere Fahrkarte in die Ewigkeit.

Es wurde pechschwarz um uns. Wir saßen völlig durchnäßt dicht aneinandergepreßt an Deck, und ich hatte alle Zeit, über die Argumente des Kapitäns nachzudenken. Er hatte von plötzlichen Stürmen gesprochen – ich hatte an Fische und Mikrofon gedacht und seine Stürme mit einer Handbewegung weggefegt. Ich erzählte Lotte irgendwelchen Unsinn, den ich ihr ins Ohr schrie, um sie von dem furchtbaren Grollen in unserem Rücken abzulenken. Durch die verschiedenen Manöver lagen wir jetzt knapp vierzig Meter vom Riff entfernt, über das die

Sturmwellen mit ungeheurem Getöse hinwegzogen. Der Sturm drückte uns genau gegen das Riff. Unser Boot war an Land, aber es hätte uns auch nicht helfen können. In sechs Meilen Umkreis zogen überall Korallenriffe durchs Meer. Ob auf der *El Chadra* oder im Boot oder schwimmend – zwischen Brechern und Riffen würde hier alles wie zwischen Mühlsteinen zermahlen werden.

Wir sahen nun auch das unter uns liegende Wrack in unserer Phantasie mit anderen Augen. Auf seinem Deck, diesem hübschen Korallengarten, hatten einst wahrscheinlich ebenso klägliche Gestalten gehockt wie wir. Vielleicht hatten auch sie auf einen letzten Anker gehofft, an dem sie hingen.

Langsam, ganz langsam verging die Nacht. Mit immer neuen Anläufen heulte der Sturm über uns hinweg. Nur allmählich ging ihm der Atem aus. Der peitschende, prasselnde Regen wurde schwächer. In der ersten bleichen Morgendämmerung blickten wir auf uns selbst und auf das Schlachtfeld, in das sich das Deck verwandelt hatte. Das graue schmutzige Meer, vom Regen geglättet, schwang in einer hohen Dünung, die breit und schwer über das Riff hinwegzog. Die Matrosen lagen wie tot unten im Schiffsraum und schliefen. Sie hatten die ganze Nacht hindurch am Seil gehangen und seine Bewegungen ausgeglichen, damit es nicht scheuerte und bei einem plötzlichen Stoß abriß. Ächzend und stöhnend rollte die *El Chadra*. Sie war hundert Jahre alt und rief mir deutlich zu, wie wenig sie mit mir und meinen Entschlüssen zufrieden war.

Gegen zehn Uhr kam das Boot mit Bill – er hatte bereits drei Fische gefangen. Die Nacht hatten sie teils im, teils unterhalb des Autos zugebracht. Auf Bitten des Kapitäns tauchten wir nach den verlorenen Ankern und knüpften mit einiger Mühe die Seile wieder zusammen. Zu Mittag setzten wir Segel und fuhren zurück nach Port Sudan.

Als nächstes Ziel wählte ich die sechzig Meilen nördlich gelegene Insel Makaua. Wir konnten dort im Schutz der Insel ankern, hatten klares Wasser und wahrscheinlich auch genügend Fische. Wieder schaukelten wir langsam an der Küste entlang. Etwa auf halbem Weg wurde unser Friede plötzlich gestört.

Ein gellender Schrei klang aus dem Schiffsbauch. Die Mannschaft, die gerade beim Kaffee saß, verwandelte sich in einen schreienden Haufen, in dessen Mitte O Sheik, unser Dolmetscher, wie wahnsinnig um sich schlug. Schaum stand ihm vor dem Mund. Er wurde überwältigt und gefesselt. Wir sahen, wie der Kapitän ein Messer vom Schiffsboden aufhob.

Wie uns Machmoud mit rollenden Augen erklärte, hatte O Sheik irgendein Rauschmittel genommen und mich mit dem Messer töten wollen. Warum gerade mich, wurde nie geklärt. O Sheik – übrigens ein anderer O Sheik als jener auf der ersten Reise – war ein netter Junge, den wir alle gern hatten, er war witzig und intelligent, und wir beschäftigten ihn seit Suakin. Erst später erfuhren wir, daß viele junge Fuzzy Wuzzys an Rauschgifte gewöhnt sind. Nach den ausdrucksvollen Gesten Machmouds trug er es unter der Zunge.

Was tun? Nach den Gesetzen auf See hatten wir ihn zum nächsten Hafen zu bringen und ihn dort der Polizei zu übergeben. Der nächste Hafen war Port Sudan. Wir beschlossen, mit der *El Chadra* in einem der Shabs vor Anker zu gehen, während Xenophon und Machmoud den Jungen in unserem Boot zur Flamingo-Bay zurückfuhren. Da dies mit unserem Außenbordmotor gut zehn Stunden dauerte, konnten wir das Boot erst in zwei Tagen wieder erwarten.

Als es glücklich kam, lag der Motor in den letzten Zügen. Wir mußten ihn von Mohamed Ghul in einem Lastwagen nach Port Sudan zurückschicken und verloren so nicht nur unseren Dolmetscher und zwei Tage Zeit, sondern auch unser Motorboot. Für die Experimente bei Makaua stand uns jetzt nur noch ein Ruderboot zur Verfügung.

Wir wollten die Versuche am Ende eines an der Südseite der Insel gelegenen Riffes ausführen. Unsere Matrosen arbeiteten sich die Arme aus dem Leib, ehe es ihnen mit Ruderkraft gelang, die *El Chadra* gegen den Wind zu diesem Platz hinzuziehen. Dem Kapitän hatte ich versprechen müssen, daß wir abends in einer stillen Bucht des Festlandes ankern würden.

Endlich, gegen zwölf Uhr, lagen wir an dem erwähnten Platz fest. Während Wawrowetz die Geräte an Deck bediente, brachten wir das Mikrophon und den Lautsprecher auf den Grund. Gerry sollte den Fisch schießen; ich wollte gleichzeitig versuchen, das Mikrophon vor das Tier zu halten; Leo trug die Filmkamera, um zu filmen; Lotte die Fotokamera, um zu fotografieren. Wir ließen den Lautsprecher in der Nähe des Schiffes auf den zwölf Meter tiefen Grund und schwammen durch ein mäßig absinkendes Tal, in dem es an größeren Fischen nicht fehlte.

Leider wollte sich keiner davon für die Wissenschaft harpunieren lassen. Unsere Prozession erweckte bei ihnen deutliches Mißtrauen. Besonders das lange, im Bogen aufwärts führende Kabel des Mikrophons schien die Fische zu erschrecken. Wir haben ähnliches erlebt, wenn wir mit einer Harpune schwammen, von der ein Seil zum Boot führte. Von gewissen Südseeinsulanern wird behauptet, daß sie beim Schwimmen ein aufgerolltes Band mit sich tragen und es im Wasser auslassen, wenn Haie in der Nähe sind. Die Haie sollen dann davonschwimmen, weil sie glauben, das fremde Tier hätte einen so langen Schwanz, sei also besonders groß. Ob das stimmt, weiß ich nicht. Fische zeigen jedenfalls eine derartige Reaktion.

Als wir sahen, daß wir nicht zum Ziel kamen, versteckten wir das Kabel zwischen den Korallen, und ich postierte mich an einem etwa einen Meter hohen Wall, hinter dem das Riff in einem steilen Hang abstürzte. Vor der Aufnahme sollte ich mit dem Nagel am Mikrophon kratzen – dann schaltete oben Wawrowetz das Magnetophon ein. Nach der Aufnahme sollte ich hineinrufen – dann schaltete er wieder ab. So warteten wir, jeder auf seinem Posten, zwischen den Korallen. Über der Schwelle herrschte ein reger Fischverkehr, nur wurde leider auch weiterhin das Mikrophon gemieden. Ich gab Gerry ein Zeichen, und er schwamm über die Barriere ins Tiefe, um dort einen Fisch zu schießen. Für unsere Aufnahme genügte das freilich nicht, denn das Tier mußte unmittelbar vor dem Mikrophon harpuniert werden. Ich hoffte aber, daß Gerrys zappelnder Fisch andere herbeirufen würde, die weniger scheu waren.

Wir hörten es klirren und sahen es zappeln – sechs Sekunden später bemerkten wir den ersten Hai. Ein zweiter folgte ihm. Gerry schwamm eilig zurück und machte die geschossene Makrele vom Pfeil los. Von der anderen Seite kamen noch zwei Haie. Nach knapp vierzig Sekunden schwammen insgesamt sechs Haie hinter der Barriere auf und ab. Das war gewiß eine schöne Bestätigung meiner Theorie, brachte uns aber dem Ziel unserer Bemühungen nicht näher.

In aller Gemütsruhe schlängelte sich unter dem Korallenstock, auf dem ich stand, eine gut eineinhalb Meter lange Muräne hervor und holte sich den von Gerry weggeworfenen Fisch. Sie war so ziemlich das einzige Tier, das wir für unseren Zweck nicht gebrauchen konnten. Da sie keine Flossen hatte, konnte sie kaum wirkungsvolle Schwingungen aussenden. Lotte und Leo schwammen näher, fotografierten und filmten, dann verkroch sich das Tier wieder in sein Loch, und jeder ging auf seinen Posten zurück. Von den Haien schwammen noch immer drei hinter der Schwelle auf und ab. Die Fische verhielten sich scheu wie zuvor.

Plötzlich hörten wir Musik. Das ganze Meer war davon erfüllt. Wawrowetz war das Warten zu langweilig geworden, und er probierte unseren Unterwasserlautsprecher mit einer modernen Konzertplatte. Wer glaubt, daß Musik unter Wasser verzerrt klingt, der täuscht sich. Die Töne kamen völlig rein und störungsfrei; es war ein unglaubliches Erlebnis, die rhythmisch schwingende Unterwasserwelt plötzlich zur Begleitung einer rhythmischen Musik zu betrachten. Die Fische nahmen von den Klängen keine sichtbare Notiz.

Da es keinen Sinn hatte, noch länger zu warten, legte ich das Mikrophon nieder und schwamm zurück zum Lautsprecher, an dem einige Fische knabberten. Bei einem besonders grellen Ton sah ich sie eine mäßige Reaktion ausführen. Dann ging die Platte zu Ende. Als nächstes kam ein Wiener Walzer.

Auch er machte auf die Fische keinen Eindruck. Doch während ich sie betrachtete, verdunkelte sich plötzlich neben mir das Wasser, und ich wurde Zeuge eines erstaunlichen Vorganges. Nicht weniger als dreihundert große, silberglänzende Jacks kamen im geschlossenen Schwarm herangeschwommen und begannen rings um mich und um den Lautsprecher zu kreisen. Sie hielten etwa drei Meter Abstand und schwammen wie in einem großen geschlossenen Reigen. Sehr wahrscheinlich hatten die Walzerklänge – es waren die „Rosen aus dem Süden" von Johann Strauß – mit dieser Darbietung nichts zu tun, sondern es war Neugier, und der Klang hatte die Tiere bestenfalls herangelockt. Aber der Eindruck dieses Fischwalzers war so vollkommen, daß ich ihn später in unserem Film ebenso wiedergab, wie ich ihn erlebte.

Ich ahnte nicht, daß mir dieser Walzer noch sehr zweifelhafte Lorbeeren eintragen würde. Als später in Hollywood eine amerikanische Fassung unseres Filmes hergestellt wurde, stellte der amerikanische Schnittmeister den Walzer ins Zentrum der Handlung. Unsere Experimente mit unhörbaren Wasserschwingungen imponierten ihm wenig, und so veränderte er die Handlung und ließ uns alle möglichen merkwürdigen Geräusche ins Meer aussenden. Erst nachdem Kuhglocken, Revolverschüsse, Kindergeschrei und ähnliches auf Fische nicht gewirkt haben, kommt mir in dieser Filmfassung die glorreiche Idee, einen Wiener Walzer zu versuchen. Nun gruppieren sich die Fische zu Paaren – der Schnittmeister verwendete dazu Aufnahmen, die wir von Fischen im Liebesspiel gemacht hatten –, und schließlich schwamm alles zu den Klängen des Walzers. Wir hatten zwar das Recht, Änderungen während der Produktion abzulehnen, doch bekamen wir die Fassung erst knapp vor der Premiere in New York zu sehen, als sie bereits fertiggestellt war. Es blieb uns nichts übrig, als in Interviews auf den Irrtum hinzuweisen und im übrigen einige Gratulationen zu unserem Beweis, daß Fische musikalisch sind, entgegenzunehmen.

Bei unseren weiteren Versuchen zeigte sich, daß durch die Bewegung des Kabels knackende Geräusche auftraten. Wir ließen es darum möglichst unbewegt, doch es gab noch weitere Störgeräusche, die wir nicht beseitigen konnten. Die Magnetbänder lösten sich in der Hitze an den Rändern auf, und wenn wir unter Wasser unsere Abstrahlungen hörten, hatten sie einen prasselnden Klang, der mit dem aufgenommenen Flossenschlag bestimmt nicht identisch war. Schließlich mußten wir einsehen, daß die Schwierigkeiten, die uns auf diesem primitiven Schiff und in diesem Klima entgegenstanden, zu groß waren, und uns mit einigen technischen Erkenntnissen begnügen. Während unserer „Xarifa"-Expedition nach Westindien setzten wir diese Versuche mit besseren Geräten fort, aber die zur Verfügung stehende kurze Zeit verhinderte auch dort, daß wir zu brauchbaren Ergebnissen gelangten. Dagegen wurde später an einer biologischen Station in Florida der Beweis erbracht, daß ich bei diesen Versuchen keinem Irrlicht nachgejagt hatte. Es gelang nicht nur, Haie durch Aussenden derartiger Schwingungen anzulocken, sondern es gelang sogar, Schwingungsmelodien von besonders starker Wirksamkeit künstlich zu erzeugen.

In Kairo, wo wir einige Tage Station machten, fragte ich Lotte, ob sie meine Frau werden wolle. Wir waren beide von den letzten Monaten sehr erschöpft, abgezehrt, beide litten wir an Furunkulose. Nachdem diese furchtbare Hitze und Feuchtigkeit hinter uns zurückgeblieben war, tauchten wir gleichsam beide in ein neues Leben zurück. Mit einem reizenden Lächeln – und einer entsprechenden Anstandsfrist – sagte sie ja.

Wir heirateten in Küßnacht bei Zürich, und außer ihren Eltern wußten nur noch zwei Personen, die wir als Trauzeugen brauchten, von dem Ereignis. Wir gingen von der Kopieranstalt direkt zum Standesamt und kehrten sehr bald wieder in den Schneideraum zurück. Jetzt galt es, aus den vielen tausend Filmmetern ein erfolgreiches Schauspiel zu gestalten. Die Kopieranstalt nahm uns die „Qual der Wahl" insofern ab, als sie einen erheblichen Teil unserer Aufnahmen durch fehlerhafte Entwicklung zerstörte. Ich brauchte Wochen, ehe ich darüber hinwegkam. Mit welcher Mühe hatte ich jeden einzelnen dieser Filme in einer improvisierten Dunkelkammer umgerollt, mit wieviel Sorgfalt hatten wir sie vor Feuchtigkeit bewahrt und in der Eisfabrik von Port Sudan gegen das mörderische Klima geschützt. Und jetzt, durch fehlerhafte Bedienung einer Maschine, ein so erheblicher Teil unserer Ausbeute zerstört! Der zuständige Mann sah uns ungerührt an: „Tja, es ist bedauerlich. Aber daran läßt sich leider nichts mehr ändern."

Wie froh war ich, daß ich so viele Aufnahmen mehrfach wiederholt hatte. Aus dem Zoologen, dessen Ehrgeiz es war, ein modernes Forschungsschiff auszurüsten, wurde nun – gezwungenermaßen – ein Filmgestalter. Manche meiner unter der Dunstglocke des Roten Meeres ausgeheckten Ideen bewährten sich, andere bewährten sich nicht. Stück für Stück bauten wir die Filmhandlung zusammen. Vorbilder hatten wir kaum, denn bis dahin waren Kulturfilme eine Sparte für sich gewesen (man spielte sie an Sonntagen als Matinee) und Spielfilme eine ganz andere (man spielte sie im normalen Abendprogramm).

Acht Monate später nahmen wir auf der Biennale in Venedig für Österreich den Internationalen Ersten Preis für Dokumentarfilme entgegen. Der Vertreter des Unterrichtsministeriums strahlte – wir strahlten ebenso. Lotte fuhr dann mit einer Kopie nach Paris, um dort mit dem Präsidenten einer der größten amerikanischen Verleihfirmen zu verhandeln. Wie sich herausstellte, war diese sehr interessiert, den Film zu erwerben – nicht jedoch von uns, sondern auf dem Umweg über einen amerikanischen Produzenten. In welche Schwierigkeiten wir im weiteren Verlauf der Dinge gerieten und welche Erfahrungen wir hinsichtlich der Gepflogenheiten im Filmgeschäft machten, sei hier besser verschwiegen. Unser Film war jedenfalls so erfolgreich, daß er uns wie eine Woge über alle Schwierigkeiten hinwegtrug. Er wurde in den folgenden Jahren in fast jedem zivilisierten Land – und auch in vielen unzivilisierten – gespielt, und ein Teil der Eintrittsgroschen, die die Zuschauer verschiedenster Hautfarbe zahlten, gelangte auf Umwegen und nach vielen Abzügen schließlich an uns. Bei uns blieben diese Reichtümer aber nicht lange. In Dänemark kaufte ich den Stahlrumpf einer der größten Segeljachten: der Nähmaschinenkönig Singer hatte sie sich in einer englischen Werft bauen lassen. Eines Tages hatte er sie verkauft, sie war durch mehrere Hände gegangen, und im Krieg hatte dieses arme Schiff schließlich, seines Kieles und seiner Masten beraubt, Kohlen transportiert. Es gehörte eine erhebliche Portion Phantasie dazu, den Stahlrumpf zu erwerben, um aus ihm das Schiff neu erstehen zu lassen. In diese Kanäle floß nun alles, was wir einnahmen.

Bei der Rückkehr war mir der Vorschlag unterbreitet worden, mein geplantes „Internationales Institut für Submarine Forschung" nicht in Wien, sondern in Liechtenstein zu etablieren. Ich nahm diesen Vorschlag mit Freuden an, denn auf der Basis einer normalen Besteuerung war es völlig ausgeschlossen, unser Projekt zu verwirklichen. In Liechtenstein war ich wohl nicht steuerfrei, konnte aber mit der Regierung ein günstiges Abkommen über eine jährliche Pauschale treffen. Wir fanden in Vaduz ein geeignetes Haus und richteten uns dort ein. Es war wohl etwas ungewöhnlich, zwischen schneebedeckten Bergen ein meereskundliches Institut zu gründen, aber anderseits war es vielleicht gerade für unser Unternehmen symbolisch. Nur aus der Ferne hat man genug Abstand, um sich über eingebürgerte Vorstellungen hinwegzusetzen. Nach bisherigen Ansichten war es ein haarsträubender Gedanke, Fachwissenschaftler – meist alles eher denn sportliche Koriphäen – in haiverseuchten Gebieten auf den Meeresgrund zu verpflanzen, um dort Korallenwuchs, Würmer, Krebse, Fische und sonstiges zu studieren.

Wir gaben unserem Schiff seinen ersten Namen *Xarifa* – auf arabisch bedeutet das „Die Schöne" – zurück. Man sagte uns, daß dies Glück bringe.

Ich ließ den Rumpf nach Hamburg transportieren, dort sollte der Ausbau stattfinden. Hätte ich im voraus gewußt, was dieser schließlich kosten würde, so hätte ich wahrscheinlich den Mut verloren. Zum Glück wußte ich es nicht. In Hamburg, dieser nüchternen Kaufmannsstadt, hielten es wohl nur wenige für möglich, daß wir das durchstehen konnten. Ein Kapitän, der sich uns als Ratgeber anbot, begann seine hilfreiche Tätigkeit damit, daß er an dem Schiff alles, was noch aus Messing war, abmontieren ließ und privat verkaufte. Er drehte mir einen neuen Motor an, der gar nicht in das Schiff paßte, an dem er jedoch eine Provision verdiente. Noch im letzten Augenblick gelang es uns, dies wieder rückgängig zu machen. Jetzt schickte ich Xenophon nach Hamburg: er wußte über alles Praktische in der Schiffahrt gut Bescheid, und ich wußte, daß ich mich auf ihn und sein Urteil verlassen konnte. Er wurde zu einer Art Seele dieses Schiffes, das er dann jahrelang nicht mehr verließ. Als praktische Geschäftsfrau stand uns die „Forschungsmutter aus Dahlen", Frau Thea Schneider, eine ältere Dame, die ihr ganzes Leben lang Forscher betreut hatte, tatkräftig zur Seite. Sie trat an unzählige Firmen heran, und sehr viele waren bereit, uns Ausrüstungen verbilligt oder gar gratis zur Verfügung zu stellen. Ich glaube nicht, daß jemals vorher ein Forschungsschiff von Nichtfachleuten in ähnlicher Weise zum Leben erweckt wurde.

Inzwischen war in Hollywood die amerikanische Fassung unseres Films fertiggestellt, und der Verleih lud uns ein, persönlich zu den Premieren in die größeren Städte zu kommen. Wir sollten auch unsere Tauchgeräte und Unterwasserkameras mitbringen, um sie bei Fernsehinterviews zu zeigen.

„Weißt du, was das bedeutet?" fragte ich Lotte.

„Nun –?"

„Das bedeutet, daß wir mit allen Ausrüstungen gratis bis San Franzisko kommen."

„Ja, und –?"

„Nun, da brauchen wir gar nicht viel zu zahlen und können gleich bis Australien weiterfliegen. Das wäre doch eine einmalige Gelegenheit, das Große Barriereriff zu besuchen . . ."

Die wichtigsten Richtlinien für den Schiffsbau waren festgelegt: wir waren für einige Zeit entbehrlich, Frau Schneider und Xenophon würden über alles wachen. Wir hatten unsere Hochzeitsreise auf unbestimmte Zeit verschoben – jetzt oder nie war die Gelegenheit, sie nachzuholen.

# EIN TRAUM GEHT IN ERFÜLLUNG

### *Die Fahrt zum Großen Barriereriff*

Seitdem ich tauchte, war das Große Barriereriff das Mekka meiner Wünsche. Es erstreckt sich, als größtes Korallenriff der Welt, in einer Länge von zweitausend Kilometern entlang der Ostküste von Australien und erreicht an manchen Stellen bis zu einhundertfünfzig Kilometer Breite. Die wenigen Berichte von Berufs- und Perlentauchern, die dort schon unter Wasser gewesen waren, kündeten alle von nie gesehenen Herrlichkeiten und Wundern. Auch die größte Muschel der Welt lebte dort, die sagenhafte Mördermuschel, die schon manchen Taucher das Leben gekostet haben soll. Ich erwog die Möglichkeit, dies einmal persönlich zu überprüfen.

Besonders aber interessierte mich die Außenkante der großen Mauer, an der meines Wissens noch niemand getaucht hatte. Wir konnten den kleinen Ort Cairns in Queensland zu unserem Hauptquartier machen. Nicht weit von dort waren auch die historischen Plätze der ungewöhnlichen Fahrt des Kapitän Cook.

Immer wieder mußte ich an sein kleines Schiff denken – kürzer als die *Xarifa*, doch etwas breiter –, das 1769 über dieses Meer segelte und am Großen Barriereriff um ein Haar gescheitert wäre: ich dachte an die erstaunliche Fahrt der *Endeavour*, deren Spuren wir nachgehen wollten.

Kapitän Cooks erstes Ziel war die Insel Tahiti, die er programmgemäß anlief und auf der ein mitfahrender Astronom den Durchlauf der Venus durch die Sonne studierte. Dann stieß er nach geheimer Order gegen Südwest ins Unbekannte vor, um die sagenhafte *Terra Australis Incognita* zu suchen, jenen fünften Kontinent, der auf Grund theoretischer Überlegungen an dieser Stelle des Erdballes vermutet wurde. Er fand nur endloses Meer und erreichte schließlich das bereits 1642 von dem Holländer Tasman entdeckte Neuseeland. In fünf Monaten gewissenhafter Arbeit vermaß er die Küsten, dann fuhr er nordwärts, um wieder auf die bekannten Seewege zu gelangen. Plötzlich, am 21. April 1770, sichtete der Erste Offizier Hicks Land voraus. In der von Cook so benannten Botany-Bay betraten die Männer australischen Boden.

Cook schilderte diese Bucht später in so leuchtenden Farben, daß die ersten englischen Siedler, die achtzehn Jahre danach auf elf Schiffen eintrafen, sehr ernüchtert auf die in Wahrheit recht trostlose Landschaft blickten. Sie fuhren entlang der Küste weiter und entdeckten das heutige Sydney, einen der besten natürlichen Häfen der Welt. Cook war an ihm vorbeigesegelt, ohne ihn jedoch näher zu untersuchen, und hatte ihn Port Jackson genannt.

Nach seiner zweijährigen Fahrt wollte Cook möglichst schnell nach Batavia und von dort um Afrika herum wieder nach England gelangen. Er folgte der neuentdeckten Küste nach Norden, doch immer mehr Riffe und kleine Inseln erschwerten den Weg. Tag und Nacht ließ er loten, und meistens fuhr eine Barkasse voraus. Niemand an Bord hatte eine Ahnung, daß man, wie in einem Trichter, in einen immer enger werdenden Schlauch hineinfuhr – in den breiten, durch das Große Barriereriff gebildeten Kanal, aus dem man nur unter großen Schwierigkeiten wieder das offene Meer erreichen sollte. . .

Erkundigungen, die ich gleich am nächsten Morgen einholte, bestärkten mich noch in meinem Plan. Da die Fluggesellschaften, deren Linien ostwärts oder westwärts um den Globus nach Australien führten, in heftigem Konkurrenzkampf standen, lagen die Preise verhältnismäßig niedrig. Die Strecke San Franzisko–Sydney, obwohl ebenso lang wie Zürich—San Franzisko, kostete nur die Hälfte. Das einzige Problem war die *Xarifa,* deren Ausbau gerade in ein wichtiges Stadium trat. Wir konnten jedoch alles im voraus genau festlegen und der Aufsicht unseres gewissenhaften Xenophon überlassen.

Wir gingen in Sydney auf die Rollbahn nieder, und die Maschine stand still. Das Gedröhn der Propeller setzte aus. Am Fuße der Stiege, die herangerollt wurde, versammelte sich eine Zahl von Pressefotografen mit schußbereiten Kameras. Als wir hinunterstiegen, flammten Blitze auf . . . hinter uns verbeugte sich eine junge Dame nach allen Seiten. Es war die australische Schönheitskönigin, die aus Amerika zurückkehrte.

Da ich meinen Impfschein nicht finden konnte, nahm mich der Quarantänebeamte ins Nebenzimmer, wo er mich kurzerhand impfte. In Australien macht man keine langen Flausen. Im Vorraum, nach der Gepäckrevision, erwarteten uns zehn starke Männer. Einer trat auf uns zu, schüttelte uns die Hände und machte uns zu Ehrenmitgliedern der *Underwater Spearfishermen's Association* von New South Wales. Es war Dick Charles, der Präsident, und wir erfuhren von ihm, daß der Klub allein in Sydney mehr als tausend Mitglieder zählte.

„Normalerweise sind wir ein strikter Männerklub", sagte er zu Lotte. „Aber bei Ihnen machen wir eine Ausnahme."

Der Vertreter der amerikanischen Verleihfirma, der ebenfalls gekommen war, brachte einen der Journalisten mit, die sich alle um die Schönheitskönigin versammelt hatten. Kaum war das Wort „Hai“ ausgesprochen, da lief er auch schon zu seinen Kollegen hinüber und holte sie nach.

Am nächsten Morgen fanden wir unsere Namen in fetten Buchstaben in jeder Zeitung. Zum erstenmal lernten wir hier ein Land kennen, wo Haie wirklich ein Volksproblem sind, wo alljährlich mehrere Menschen durch Haie schwer verletzt und meistens getötet werden, und wo die Regierung eine eigene Abteilung zur Haifischbekämpfung eingesetzt hat. Daß man von diesen Tieren freundlich sprechen konnte und daß wir uns einbildeten, sie unter Wasser durch Anschwimmen und durch Schreie abschrecken zu können, war eine Sensation. Im *Daily Telegraph* schrieb der bekannte australische Naturforscher T. C. Roughley, er könne sich nicht vorstellen, daß er je auf die Idee käme, einen Hai als ein schönes Tier zu bezeichnen. Eine Zeitung in Brisbane warf die Frage auf, eine wie lange Lebensdauer man uns zugestehen dürfe, und tippte selbst auf zwei Wochen. Die *Courier Mail* brachte halbseitig eine Zeichnung, auf der ich unter Wasser mit einen großen Hai zu sehen war und ihn gerade anschrie. Auf dem Hai stand „Einkommensteuer“, und unter dem Bild stand: „But this one you cannot booo – away!“

Wir bekamen zahlreiche Zuschriften und Anrufe, die uns wohlmeinend warnten, und Dr. Coppleson, einer der führenden Chirurgen, bestand darauf, mir alle seine furchtbaren Klinikaufnahmen von Menschen mit abgebissenen Gliedmaßen zu zeigen. Es waren zumeist Leichen, an denen zum Teil sehr große, halbmondförmige Stücke fehlten. Die Bißspuren waren so säuberlich, als wären sie mit einem Rasiermesser gezogen.

„Schon möglich, daß Haie anderswo harmlos sind“, sagte Dr. Coppleson. „In unseren Gewässern sind sie es bestimmt nicht. Ich gebe Ihnen hier eine Zusammenstellung von mehr als hundert Fällen, in denen erwiesenermaßen Menschen von Haien attackiert wurden; wie Sie sehen werden, verliefen achtzig Prozent tödlich. Es gibt hier sechs Arten, die Menschen angreifen: den Weißen Hai, den Tigerhai, den Hammerhai, den Grauen Ammenhai, den Walerhai und den Makohai. Der Weiße Hai kommt zum Glück nur selten ans Ufer. Die meisten Fälle dürften auf das Konto der Walerhaie und der Grauen Ammenhaie gehen.“

Ich lud Dr. Coppleson ein, mit uns Mittag zu essen, und konnte ihn nur schwer davon abhalten, bei dieser Gelegenheit auch Lotte seine Bilder zu zeigen.

„Es wird Sie vielleicht interessieren“, erzählte er ihr, „daß nach der Meinung vieler Leute der Menschengenuß dem Haifisch direkt schadet. Vor ein paar Jahren wurde für das Aquarium in Coogee ein drei Meter langer Tigerhai gefangen, der gleich nach der Einlieferung einen menschlichen Arm erbrach und bald darauf einging. Obwohl der Arm schon mehrere Tage in seinem Magen gelegen haben mußte, war er von den Verdauungssäften kaum angegriffen. Wie die Polizei dann feststellte, war es der Arm eines Vermißten, der wahrscheinlich ermordet und ins Wasser geworfen worden war."

Kapitän Young berichtet in seinem Buch *Shark! Shark!* von einem ähnlichen Fall. Als er einen in der Nähe von Key West gefangenen, vier Meter langen Braunen Hai öffnete, fand er darin einen menschlichen Arm, einige weitere Stücke Fleisch und einen Fetzen blauen Tuches. Young fotografierte die Hand und zeigte das Foto allen, die daran zweifelten, daß Haie wirklich Menschenfleisch fressen.

Dr. Coppleson warnte uns, die Sache zu leicht zu nehmen. Aus seinen statistischen Zusammenstellungen ging hervor, daß sich Unglücksfälle bei gutem wie auch bei schlechtem Wetter zugetragen hatten, im seichten Wasser ebenso wie im tiefen, bei klarem Meer ebenso wie bei trübem. Die meisten Angriffe erfolgten in den Monaten Dezember bis April – also im australischen Sommer – und hauptsächlich nach halb vier Uhr nachmittags. Abseits schwimmende Personen wurden bevorzugt, und wenn der Hai einmal angegriffen hatte, kam er in der Regel noch mehrmals zu seinem Opfer zurück. Der erste Biß traf die Beine oder das Gesäß, die weiteren richteten sich gegen die Arme, mit denen sich der Angegriffene zur Wehr setzte. Mutig herzueilende Helfer – und es hatte deren genug gegeben – wurden in keinem Fall verletzt; der Hai biß immer nur den schon Verwundeten. Unter den Opfern befanden sich sowohl Weiße wie auch Schwarze.

Dieser letzte Punkt war bemerkenswert, weil nach weitverbreiteter Ansicht Haie dunkelhäutige Personen nicht angreifen sollen. Viele Neger halten sich deshalb für sicher und bestreichen zur besonderen Vorsicht noch die hellere Innenseite ihrer Hände mit schwarzer Farbe. Auch Kapitän Young hat darauf hingewiesen, daß er mit weißem Zeitungspapier, das er aufs Wasser warf, Haie anlocken konnte, und daß die Haie von Hawaii einen ins Meer hinausgeschleppten Pferdekadaver weit schneller annahmen, wenn es ein Schimmel war. Bestimmt ist ein heller Körper unter Wasser auf weitere Entfernung sichtbar als ein dunkler, doch zeigten die australischen Unglücksfälle, daß man sich darauf nicht allzu sehr verlassen darf.

Dr. Copplesons Schilderungen beschäftigten uns noch, als wir nachmittags am großen Strand von Bondi badeten, wo Tausende von Menschen ins Wasser gehen. Auf einem erhöhten Gerüst stand ein Bademeister und hielt nach Haifischen Ausschau. Er erzählte uns, daß der Strand regelmäßig abgefischt würde und dabei nicht selten vier bis fünf Meter lange Haie an den Tag kämen. Auch Flugzeuge seien schon zur Beobachtung eingesetzt worden, und man hätte sogar versucht, Haie mit Wasserbomben zu bekämpfen. Auf den Tag vor einem Jahr sei der australische Meister im Wellenreiten, Francis Okulitch, zweihundert Meter vom Ufer entfernt von einem Hai getötet worden.

Sonntag – es war unser letzter Tag in Sydney – fuhr uns Dick Charles in seinem Auto zur Botany-Bay, wo die Unterwasserjäger ein Picknick abhielten. Ein Dutzend großer Zelte stand hier, und im grünlichen Wasser – etwa dort, wo Cook an Land gestiegen war, um erstmalig auf diesem Kontinent die britische Fahne zu hissen – tummelten sich zahlreiche tauchende Gestalten. Ein Mann brachte gerade einen merkwürdig gefärbten Hai an Land – einen „Wobbegong“. Der ganze Körper dieses Tieres ist, offenbar zur Tarnung, mit unregelmäßigen Flecken bedeckt, der Kopf breit und abgeflacht, das mit Barteln versehene Maul hat sehr scharfe Zähne.

„Die liegen zwischen den Algen und Steinen, so daß man sie oft nicht bemerkt“, erklärte uns Malcolm Fuller, einer der besten Taucher des Klubs. „Unlängst tauchte jemand unter einen Felsen, unter dem ein Wobbegong lag, da erschrak der Hai und biß ihn ins Gesicht. Der Arme sah recht traurig aus. Wir haben schon Wobbegongs geschossen, die mehr als zwei Meter lang waren.“

Wir gingen ebenfalls ins Wasser, doch war es kalt und ziemlich trüb. Fische gab es genug, aber ich bewunderte aufrichtig den Mut dieser Australier, die in Gewässern, wo es große Haie gab, bei ausgesprochen schlechten Sichtverhältnissen jagten.

Am nächsten Tag flogen wir nach Brisbane, fanden dort die Sendung mit dem Atemkalk und den Sauerstoffflaschen vor und besuchten den bekannten Ichthyologen Dr. Tom Marshall, der uns weitere Ratschläge und Empfehlungen gab. Wieder trug uns ein Flugzeug weiter, und zehn Stunden später gelangten wir, ziemlich erschöpft, nach Cairns. Ein kleiner Autobus beförderte uns auf holpriger Straße in das altmodische Strandhotel. In der drückenden Hitze dieser Nacht lagen wir lange schlaflos. Die Statistiken von Dr. Coppleson waren nicht ohne Wirkung auf uns geblieben.

Am anderen Morgen wehte ein frischer Wind, und die Sonne lachte vom wolkenlosen Himmel. Die düsteren Prophezeiungen waren wie weggeblasen. Wir waren am Ziel! Vor uns lag das sagenhafte Korallenmeer, und kaum zwanzig Meilen draußen, jenseits des Horizonts, erhob sich eines der großen Naturwunder unserer Erde!

### *Die Große Mauer*

Das Große Barriereriff von Australien ist das größte von Lebewesen auf unserer Erde geschaffene Bauwerk. Auch kein Werk von Menschenhand läßt sich mit ihm vergleichen. Um einen Maßstab zu gewinnen, schätzten wir den Kubikinhalt der zweitausend Kilometer langen, an manchen Stellen einhundertfünfzig Kilometer breiten und an der Außenkante bis mehr als zweitausend Meter steil abstürzenden Bastion. Wir kamen auf die ungeheure Zahl von sechzehntausend Kubikkilometern!

Legt man diesen Wert zugrunde, dann ist das Große Barriereriff achtmillionenmal größer als die Cheopspyramide, einhunderttausendmal so groß wie die Chinesische Mauer und zweitausendmal so groß wie das Volumen der Stadt New York!

Wie man heute annimmt, lag die östliche Seite Australiens einst wesentlich höher, und das Barriereriff entstand durch ein allmähliches Absinken des Landes unter das Meer. Ursprünglich soll es ein Saumriff entlang der Küste gewesen sein, das dann im gleichen Maße hochwuchs, wie das Land absank, und sich so zwangsläufig von der Küste entfernte. In dem immer breiter werdenden Kanal bildeten sich neue Riffe, so daß heute der ganze breite Raum von unzähligen kreuz und quer laufenden Korallenzügen erfüllt ist.

Mit der kartographischen Erfassung dieses ungeheuren Gebietes haben die Vermessungsschiffe *Fly, Bramble* und *Dart* begonnen, sie ist aber bis heute nicht abgeschlossen. Das erste umfassende zoologische Werk war Saville-Kents *The Great Barrier Reef of Australia,* das durch Oberwasser-Fotografien der bei Ebbe trocken liegenden Riffteile eine erste Vorstellung von diesem Weltwunder vermittelt. Wir hatten das Buch bei uns, ebenso C. M. Yonges *A Year on the Great Barrier Reef,* in dem der Leiter der britischen Barriereriff-Expedition 1928/29 in sehr anschaulicher Weise deren Ergebnisse zusammenfaßt. Beide Bücher gaben uns die Wegweiser, mit denen wir uns in der kurzen zur Verfügung stehenden Zeit zurechtfinden konnten. Aus ihnen schöpften wir auch die notwendigen Kenntnisse über die hier vorkommenden Tiere.

Fred Williams und Hafenmeister Kpt. Barns halfen uns bei der Suche nach einer geeigneten Motorbarkasse. Da es schon Mitte Dezember war, also zu Beginn der zyklonischen Periode, welche die Regenzeit einleitet, beendeten die Fischer gerade ihre Fahrten zum Riff. Denn ein Schiff, das in einen Zyklon gerät, ist verloren. Auch wenn es noch so gut verankert ist, drückt der Wirbelsturm es doch an der Ankerkette unter Wasser. 1899 ereilte eine ganze Flotte von Perlenfischer-Kuttern dieses Schicksal. Sämtliche dreiundsiebzig Schiffe sanken, und mehr als dreihundert Männer fanden den Tod. 1911 geriet der Eintausendachthundert-Tonnen-Dampfer *Yongala* in einen Zyklon und ver-

Mittlerer Abschnitt des großen Barriereriffs vor Australien. Zwischen der äußeren Mauer und der Küste ist das Meer maximal 50 Meter tief. Da die Gezeitenunterschiede bis zu 6 Meter betragen, herrschen in den Öffnungen der äußeren Riffkette beträchtliche Strömungen; in der breiten Innenlagune ist das Wasser vielfach getrübt.

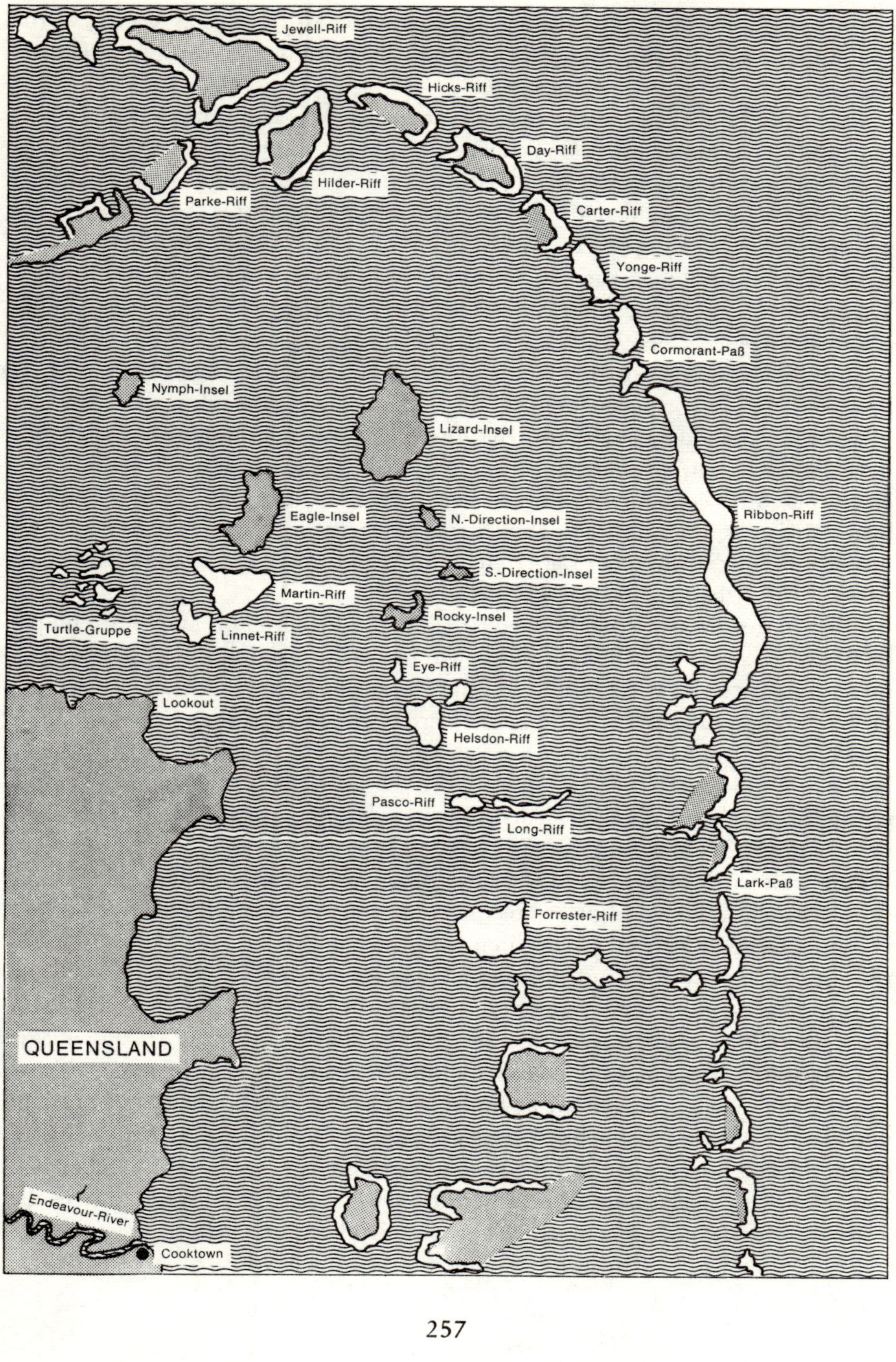

Jewell-Riff
Hicks-Riff
Day-Riff
Hilder-Riff
Parke-Riff
Carter-Riff
Yonge-Riff
Cormorant-Paß
Nymph-Insel
Lizard-Insel
Ribbon-Riff
Eagle-Insel
N.-Direction-Insel
S.-Direction-Insel
Martin-Riff
Rocky-Insel
Turtle-Gruppe
Linnet-Riff
Eye-Riff
Lookout
Helsdon-Riff
Pasco-Riff
Long-Riff
Lark-Paß
Forrester-Riff
QUEENSLAND
Endeavour-River
Cooktown

schwand spurlos, mit einhundertvierzig Menschen an Bord. Das Wrack wurde später von einem Flugzeug, in dreißig Meter Tiefe auf dem Meeresgrund in zwei Teile auseinandergebrochen, gesichtet.

Fast jedes Jahr ziehen mehrere Zyklone über Queensland hinweg, und zahlreiche Orte, darunter auch Cooktown, sind schon verwüstet worden. Für uns aber hatte gerade diese gefährliche Zeit einen sehr wesentlichen Vorteil. Während des übrigen Jahres weht der ständig gleichmäßige Südostpassat und wirft gewaltige Wellenzüge gegen das Barriereriff. Nur in der zyklonischen Periode gibt es – zwischen plötzlich niederbrechenden Regenböen – auch schöne, sonnige Tage mit völliger Windstille. Auf solche Tage hofften wir. Nur dann konnte es uns gelingen, an der Außenkante der Großen Mauer zu tauchen.

Schließlich fanden wir drei Boote, deren Besitzer sich zu dem Wagnis bereit erklärten. Wir entschieden uns für die sechs Meter lange Motorbarkasse des Herrn Mac Donald, der seit zwanzig Jahren im Gebiet des Barriereriffs gewerbliche Fischerei betrieb und uns einen sehr zuverlässigen Eindruck machte. An einem prächtig wolkenlosen Morgen verließen wir Cairns und fuhren in nördlicher Richtung die Küste entlang. Steile, unwirtliche Urwaldhänge zogen an uns vorbei. In der Dämmerung erreichten wir die winzige Insel Low-Island, in deren Mitte sich ein hoher Leuchtturm erhebt.

Hier hatte die britische Barriereriff-Expedition ein Jahr lang ihr Hauptquartier. Als wir uns näherten, sahen wir Lichtschein durch die Büsche schimmern und hörten laute Radiomusik. Eine Familie und ein Junggeselle lebten hier in zufriedener Einsamkeit. Die Kinder erhielten durch Radio Fernunterricht, Post und Nahrungsmittel kamen einmal die Woche. Wir machten in der Dunkelheit eine Runde durch die Insel, dann saßen wir unter der kleinen schwankenden Lampe an Bord und aßen eine jener kühnen Salatzusammenstellungen, in denen die Australier Meister sind.

Am anderen Morgen lag Low-Island schon wieder weit hinter uns. Es war drückend heiß, das spiegelglatte Meer schwang in einer unendlich weiten, sanften Dünung. Gegen zwölf Uhr erreichten wir das erste Ziel unserer Fahrt – das berühmte *Endeavour*-Riff, auf dem einst Cook strandete.

Schon im vergangenen Jahrhundert hatten zahlreiche Taucher nach jenen sechs über Bord geworfenen Kanonen gesucht. Sie sind für die Australier eine Art Nationalheiligtum, und jedes Schulkind kennt die Geschichte. Aber bisher war es niemandem gelungen, sie zu finden. Cooks Angaben sind nicht sehr genau, und das Riff ist in Wirklichkeit weit größer, als es auf der Karte aussieht. In einem flachen Bogen zieht es fünf Meilen weit durchs Meer, und außerdem sind dem Hauptriff noch zahlreiche Nebenriffe vorgelagert. Das Areal, in dem die *Endeavour* gestrandet sein mochte, war also ziemlich ausgedehnt.

Recht unlustig blickten Lotte und ich auf die undeutlich sichtbaren Riffzüge.

Das Wasser war so trüb, daß es nicht einmal Sinn hatte, einen Tauchversuch zu machen. Mac Donald erklärte uns, daß es hier fast immer trübe wäre, heute sei jedoch ein besonders schlechter Tag. So verschoben wir unsere Absichten und fuhren gleich zum Ruby-Riff weiter – einer der Bastionen in der äußeren Barriere.

„Da, da schau!" rief Lotte plötzlich aufgeregt.

Nicht weit von uns entfernt trieb auf der glatten Oberfläche ringförmig eingerollt eine große Schlange. Sie war leuchtend gelb und hatte ein dunkles Muster. Ich wollte sofort halten lassen, aber Mac Donald behauptete, wir würden von dieser Sorte täglich mehrere sehen. Ich glaubte ihm – und habe es bereut. Wir fuhren weiter und sahen während unseres ganzen Aufenthaltes keine einzige mehr.

Kurz darauf wurden wir Zeugen einer erstaunlichen Naturerscheinung. In Richtung der Barriere erhob sich plötzlich über den kaum sichtbaren Horizont ein hoher weißer Wellenberg und lief dort in Windeseile von links nach rechts über den Himmel. Das wiederholte sich mehrmals, und wir haben das gleiche Schauspiel später noch oft gesehen. Es ist eine Luftspiegelung, bei der die jenseits des Horizonts liegende Brandung auf den Himmel projiziert und dort um ein Mehrfaches vergrößert wird.

Das Ganze erschien uns wie ein Gruß der Großen Mauer. Im Unterbewußtsein erfüllte uns ihre Nähe mit Freude und Beklemmung zugleich. Was würden wir dort sehen?

Wir standen am Bug und beobachteten, wie die äußere Brandung allmählich sichtbar wurde. Da das Wasser so ruhig war, sahen wir die Leeseite des Ruby-Riffs erst, als wir schon ganz in der Nähe waren. Große helle Flecken zeichneten sich unter der Oberfläche ab: kreisrunde Korallentürme von zwanzig bis dreißig Meter Durchmesser, die völlig senkrecht aus einer düsteren Tiefe emporsteigen. Wir verlangsamten die Fahrt und fuhren näher heran.

Das Wasser war auch hier ziemlich trüb. Im Schatten neben dem Boot konnten wir Millionen von stecknadelkopfgroßen Medusen erkennen, die wie ein Schneefall durchs Wasser trieben.

Nach der Farbe des Wassers zu schließen, schien beim benachbarten Pearl-Riff das Meer klarer zu sein. Wir fuhren hinüber. Es gab dort ebensolche Türme, und wir machten an einem von ihnen fest. In Tauchgeräten gingen Lotte und ich unter Wasser.

Der erste Eindruck war wunderschön. Das flache Dach des Turmes, das etwa drei Meter unter Wasser lag, glich einer prächtigen Blumenwiese, in der die absonderlichsten Fische wie Schmetterlinge flatterten. An der senkrecht abfallenden Seite dagegen, an der wir hinabschwebten, wurde das Wasser trüb, und es gab hier nur wenig lebende Korallen. Die dunklen Schatten von Grotten und Überhängen blickten uns wie Schemen mit unheimlichen Grimassen an. Lautlos tauchten Fische aus dem nebelhaften Grün, zogen, uns betrachtend, vorbei und waren ebenso lautlos wieder verschwunden.

Wir machten in zwölf Meter Tiefe halt und hockten unter einem Überhang wie in der Loge eines Theaters. Auch hier trieben unzählige winzige Quallen durchs Wasser. Ich sah Lotte an, sie mich. Wir hatten Angst.

Wir hatten Angst vor plötzlich aus dem Trüben auftauchenden Haien, wir hatten noch mehr Angst vor irgendwelchen anderen Überraschungen, die wir nicht voraussahen. Zu diesen anderen Gefahren gehörte in erster Linie die sagenhafte „Seewespe".

Wir wußten, daß noch keines Menschen Auge dieses Tier erblickt hatte. Wahrscheinlich war es eine kleine Meduse, doch auch diejenigen, die dem unheimlichen Wesen zum Opfer fielen, hatten es nicht gesehen. Ein typischer Fall war der eines neunzehnjährigen Jungen, der im Januar 1937 etwa vierzig Meilen südlich von Cairns im brusttiefen Wasser badete, als er plötzlich von irgend etwas gestochen wurde. Er schleppte sich an Land, brach dort zusammen und war binnen sieben Minuten tot. Ein Soldat der australischen Armee, dem das gleiche widerfuhr, war schon nach drei Minuten tot. Wir hatten in Cairns mit Dr. Flecker gesprochen, der diese Fälle untersucht hatte und uns versicherte, daß der Tod auch bei keinem einzigen weiteren Opfer später als nach zehn Minuten eingetreten sei. Sämtliche Unglücksfälle hatten sich zwischen dem 13. Dezember und dem 10. April ereignet. Keinesfalls handelte es sich um Portugiesische Galeeren *(Physalia)*, da sonst die auffälligen blauen Schwimmglocken bestimmt gesichtet worden wären; außerdem verursachen diese wohl Verbrennungen, jedoch nicht den Tod. Nach Dr. Fleckers Vermutung war es ein verhältnismäßig kleines Tier – wahrscheinlich eine carybdeide Meduse –, das auf dem Grunde lebte und dann im reifen Stadium zur Oberfläche kam. Sein Gift übertraf in der Wirkung jedes bekannte Schlangengift.

Wir hockten wie gebannt auf unseren Plätzen und sahen auf das düstere Treiben vor uns. Als ein besonders merkwürdiger Fisch mit einer rundlichen Vorwölbung auf dem Kopf vorbeikam, fotografierte ich ihn. Lotte packte mich am Arm. In einer seitlichen Spalte erschien ein riesiger Lippfisch, der ebenfalls eine kugelartige Beule auf dem Kopf hatte. Genau dort, wo sich Lotte gegen den Felsen lehnte, sah ich einen langen, haarigen Wurm aus einer Spalte hervorkriechen . . . Wir schwammen nach oben.

„Keine sehr schöne Gegend hier", sagte ich, als wir wieder im vollen Sonnenschein im Boot saßen.

„Nein, es lohnt nicht recht. Die Korallen sind alle so abgestorben."

Wir hätten uns lieber die Zunge abgebissen, als die Angst einzugestehen, die wir empfunden hatten.

Abends stand eine blutrote Mondsichel am Himmel. Wir hatten uns im Lee des

Ruby-Riffs vor Anker gelegt, wo Mac Donald und unser Schiffsjunge mit Grundangeln einen Rotbarsch nach dem anderen aus dem dunklen Wasser zogen. Von der äußeren Riffkante hörten wir das ständige Grollen der Brecher. Wir waren am Ziel und fühlten uns klein und erbärmlich. Dieses riesige, düstere Riff bedrückte uns. Wir ahnten, daß es sehr schwer sein würde, seinen Geheimnissen näherzukommen.

Am nächsten Morgen wehte ein starker Wind. Schwärme von jagenden Bonitos trieben blitzende Fischwolken über die Oberfläche. Das Wasser war tiefblau, aus jedem Wellenkamm sprühte die Sonne. Wir fuhren wieder zum Pearl-Riff und machten an einer Stelle fest, wo innerhalb der weiten Riffplatte eine völlig abgeschlossene, leuchtend blaue Lagune lag.

Gegen die Strömung schwammen wir über das Riff und kamen in eine wahre Märchenlandschaft von Korallen. Die Lagune war zehn bis zwölf Meter tief, und in dem verhältnismäßig geschützten Wasser hatten sich hohe, zierlich verästelte Korallenbäume gebildet. Unzählige leuchtend blaue und gelbe Fische schwammen um ein in der Mitte sich erhebendes Korallenbukett. Zwei kleine graue Haie kamen ganz nahe, beäugten uns und verschwanden wieder. Wohin wir sahen, entdeckten wir erstaunliche Korallenbildungen, und dazwischen wimmelte es von großen und kleinen Fischen. Hier sahen wir auch die erste Mördermuschel. Sie lag frei und massig auf dem Boden, war über einen Meter lang und streckte zwischen den halbgeöffneten gewellten Schalen die dicken Mantelränder wie bunte Blütenblätter hervor.

Andächtig betrachteten wir sie aus der Nähe. Wie wir aus Yonges Buch wußten, waren diese Mantellappen gleichsam ein Gemüsegarten, in dem das Tier ganz ähnliche winzige Algen züchtete, wie sie auch als Plankton frei im Wasser schweben. Sie sitzen in der Haut und in den Geweben und stellen für die Muschel eine zusätzliche Nahrungsquelle dar – der seltene Fall einer Nahrungsbeschaffung innerhalb des eigenen Körpers. Die Muschel gibt auch jeder ihrer Larven gleich hundert solcher symbiotischen Algen mit auf den Weg. Da die Algen zu ihrem Gedeihen Sonne brauchen, findet man auch die Riesenmuschel stets im prallen Licht und mit ausgestülpten Mantellappen.

Lotte kam mit der Hand etwas zu nahe. Mit einem Ruck klappte die Muschel zu. Erst nur ein Stück, damit sie die Mantelfalten einziehen konnte, dann schlossen sich die gewellten Schalen fast ganz.

„Was meinst du“, sagte ich an der Oberfläche, „soll ich den Fuß hineinstecken? Ich glaube nicht, daß sie mich halten kann.“

„Lieber nicht. Vielleicht können wir uns ein künstliches Bein besorgen. Sicher ist sicher.“

Wir erforschten das ganze Rund der Lagune und machten zahlreiche Aufnahmen. Dann schlug die Strömung um, und es wurde wieder trüb. So fuhren wir als nächstes zum ersten Ribbon-Riff, wo wir auf der Leeseite ankerten. Ich ging hier allein im Tauchgerät unter Wasser.

Das Riff bildete ein wahres Labyrinth. Die Schluchten waren sechs Meter tief und mündeten in einen unterirdischen Saal, der durch eine weite Öffnung in der Mitte Licht bekam. Weitere Schluchten und Grotten führten strahlenförmig von ihm fort. Einer der Gänge lief in das Innere des Riffs, verzweigte sich dort, wurde enger und endete schließlich in einem tiefen Loch; ein anderer öffnete sich nach mehrfachen Windungen auf ein mit wundervollen Korallen überwuchertes Tal. Da ich in diesem Grottensystem alles gut überblicken konnte, fühlte ich mich durchaus sicher. Stück für Stück tastete ich mich weiter und gewann allmählich mein Selbstvertrauen zurück. Ich gab jeder der Grotten einen Namen und nannte den zentralen Saal, in dessen einer Ecke sich ein merkwürdiger Haufen von leeren Muschelschalen erhob, das „Mausoleum".

Es sah ganz so aus, als befände sich hier die Wohnung eines großen Tintenfisches und die leeren Schalen wären die Reste seiner Mahlzeiten. Auch Panzer von toten Langusten lagen dazwischen. Ich suchte jeden Winkel und jede Nebenhöhle ab, konnte aber von dem Urheber dieser Festlichkeiten nichts entdecken.

Während Lotte im Boot eine bange Stunde auf mich wartete, saß ich in der Öffnung des zu dem Korallental führenden Ganges und beobachtete mit wahrer Herzenslust Fische. Da gab es eine ganze Reihe, die uns schon aus dem Roten Meer gute Freunde waren, daneben andere, mit merkwürdiger Musterung, die ich zum erstenmal sah. Pfeilschnelle Lippfische tummelten sich um mich; ein großer Porgy stand regungslos vor mir und ließ sich von einem kleinen wurmförmigen Fisch die Kiemen putzen; ein Kugelfisch drehte sich drollig im Kreis; hoch über mir flog eine Staffel von bleistiftförmigen Hornhechten vorbei; ein Pärchen von Drückerfischen machte sich über einer riesigen Hirnkoralle galant den Hof; unermüdliche Papageienfische knabberten an blauen, rötlichen und gelben Korallenspitzen; aus einem Loch sah eine gesprenkelte Muräne hervor; daneben, in einem anderen Loch, lag schlafend ein kleiner, grauer Rochen mit hellblauen Tupfen . . . Wohin ich blickte, war verwirrendes buntes Leben, und nichts war schwieriger, als in dieser Vielheit irgend etwas genauer zu betrachten.

Ich konzentrierte mich auf den großen Porgy und auf den kleinen Fisch, der ihm die Kiemen putzte. Der Porgy hielt das dicklippige Maul andächtig geöffnet, und der kleine wurmförmige Fisch schwamm eifrig in die Mundhöhle ein und aus, sowohl durch das Maul als auch durch die gespreizten Kiemen. An meinem Knöchel fühlte ich einen stechenden Schmerz. Ich hatte mir dort die Haut leicht aufgeschürft, und ein anderer wurmförmiger Fisch knabberte an meiner Wunde. In aller Gemütsruhe riß er einen Hautfetzen los. Ich verjagte ihn, er kam sofort wieder. Besonders, wenn ich still hielt, um zu fotografieren, erneuerte er unverzüglich seinen Angriff.

Abends hatten Lotte und ich starken Sonnenbrand auf dem Rücken. Mac Donald strich eine Flüssigkeit darüber, die Wunder wirken sollte und wie Feuer brannte. Er und der Junge saßen den ganzen Abend am Radio und versuchten den Wetterdienst zu bekommen. Wie er behauptete, war in dem Zyklon, der über Cooktown hinwegging, ein Klavier fünfzig Meter hoch in die Luft gehoben worden. Einen Zyklon, so erklärte er uns düster, erlebe man auf See nur einmal. Aber an diesem Abend vermochte nichts unsere Laune zu verderben. Wir hatten in das große Wunderland den ersten Blick getan, wir hatten Fuß gefaßt. Noch in unseren Träumen sahen wir riesige Muscheln und tausend merkwürdige Fische, die sie umkreisten.

Das Wetter ließ allerdings zu wünschen übrig. Der Himmel war am anderen Morgen ziemlich bedeckt. In Richtung des Landes stand eine hohe dunkle Wolkenwand. Wir fuhren bis zum fünften Ribbon-Riff, aber es war zu windig, und so fuhren wir wieder zurück. Sehnsüchtig blickte ich über die Riffplatte zu den großen Brechern. Ob sich wohl unser Wunsch erfüllen würde, dort an der äußeren Mauer zu tauchen?

Wir ankerten beim Mausoleum, und ich führte Lotte durch alle mir wohl vertrauten Gänge. Heute waren wesentlich weniger Fische da. Wir haben das gleiche öfters beobachtet. Wenn ein Mensch in einen neuen Bereich eindringt, stört er dort das ökologische Gleichgewicht, und es dauert Tage, ehe die Tiere sich wieder beruhigt haben.

Innerhalb der Grotten fühlten wir uns gleichsam dem Riff zugehörig, als zwei seiner unzähligen Bewohner, die alle im Schutz der zahllosen Winkel leben, als wären sie Gäste in einem großen Hotel. Wir fühlten auch, wie das Riff tagsüber schlief. Nur im Dunkel der Grotten sahen wir geöffnete Polypenkelche; im hellen Licht ziehen sich alle Korallenpolypen in ihre kleinen Kalklöcher zurück und öffnen sich erst mit einbrechender Nacht.

Warum? Trotz ihrer offensichtlichen Freßgier sind diese mit nesselbewehrten Fangarmen ausgerüsteten Polypen bequeme Herren. Ihre hauptsächliche Nahrung ist das tierische Plankton, und dieses flüchtet vor dem direkten Licht. Es ist ihm zu stark und kann es sogar töten. Deshalb schwingen die Kleinstlebewesen in ungeheuren Wolken im Meer auf und nieder. In der Dämmerung sind sie an der Oberfläche, wird das Licht stärker, dann tauchen sie in die Tiefe ab, und zwar um so weiter, je klarer Himmel und Wasser sind und je tiefer das Licht ins Meer eindringt. Abends kommen sie dann wieder zur Oberfläche, und während der Nacht schwimmen sie regellos kreuz und quer. Das ist für die Korallenkelche die rechte Zeit, sich zu öffnen. Dann fressen sie genug, um tagsüber wieder zu ruhen.

Die Sonne verschwand hinter einer Wolke, und in unserer Grotte wurde es völlig düster. Wir warteten noch eine Weile, dann schwammen wir wieder hoch.

Der Himmel hatte sich bezogen. Die dunkle Wolkenwand über dem Festland war sichtlich gewachsen. Dort regnete es. Mac Donald gab mir zu verstehen, daß er sich auf diesem Ankerplatz nicht mehr wohl fühlte.

Wir blieben trotzdem noch die Nacht, aber der Wellengang wurde immer heftiger. Ein starker Wind pfiff über das Wasser, und feiner Gischt spritzte über uns hinweg. Frühmorgens war der ganze Himmel grau. Wir tauchten noch in einer kleinen geschlossenen Lagune, doch herrschte starke Strömung, und das Wasser war ziemlich trüb. Mac Donald drängte zur Abfahrt. Er hatte seit einem Tag keinen Wetterdienst bekommen und war unruhig. Schweren Herzens willigte ich ein, und wir nahmen Kurs zu den Hope-Islands, zwei kleinen, dichtbewaldeten Inseln weit innerhalb des Kanals. Zwischen ihnen, so erklärte Mac Donald, gäbe es einen vorzüglichen Ankerplatz.

Aus der Ferne sahen wir in den hohen Bäumen Tausende von weißen Punkten. Es waren Tauben! Mac Donald hatte ein Gewehr an Bord. Eine halbe Stunde später pirschten wir durch das dichte Lianengewirr der wahrhaft zum Himmel steigenden Baumriesen, saßen dann in der Dunkelheit nebeneinander am Strand und rupften einträchtig die geschossenen Vögel.

Pechschwarze Wolken schlossen sich von allen Seiten über uns zusammen. Das Wasser war völlig still geworden, die Luft zitterte vor Elektrizität. Mac Donald sicherte das Schiff durch einen zweiten Anker und zeigte mir auf der Karte, daß es nun geschützt in einem Schlauch von mehreren Korallenriffen läge und uns das Wetter nur direkt aus dem Norden treffen könnte. Er wollte nach den Tauben noch eine Mehlspeise backen, die er „Pantaloons“ nannte. Doch gerade als er mit dieser löblichen Tätigkeit begann, brach der Sturm los.

Der Himmel öffnete seine Schleusen, und ein Wasserfall ging über uns nieder. Pausenlos flammten Blitze auf, und ebenso pausenlos donnerte es von allen Seiten. Mac Donald hatte alles verstaut, plötzlich stand er mit bleichem Gesicht vor mir. Der Sturm hatte gedreht und kam jetzt genau aus Norden! Wir mußten also in tiefer Dunkelheit unsere Anker heben, aus dem schmalen Schlauch gegen den Wind hinausfahren und die Insel umrunden, um auf der anderen Seite Schutz zu suchen.

Hier zeigte sich, daß wir in bezug auf Boot und Kapitän die rechte Wahl getroffen hatten. Unser einziger Anhaltspunkt neben dem Kompaß war die schneeweiße Silhouette der Insel, die bei jedem Blitz für den Bruchteil einer Sekunde durch die dichte Regenwand sichtbar wurde. Es war eine Meisterleistung, unter diesen Umständen den Weg durch die Riffe zu finden und jenseits der Insel an den geschützten Platz zu gelangen. Wir hatten, so gut wir konnten, mitgeholfen und waren alle durchnäßt und erschöpft. Das Gewitter donnerte die ganze Nacht über weiter. Trotzdem bestanden wir darauf, daß der arme Mac Donald nun auch noch seine „Pantaloons“ produzierte.

In der Frühe war es so still, sonnig und freundlich, als wäre das Gewitter nichts als ein Spuk gewesen. Es herrschte eine besonders starke Ebbe, und die weite Riffplatte südlich der Insel lag völlig trocken. Wir wanderten durch die Tümpel, drehten Steine um und fanden prächtige Schnecken. Dabei stießen wir auch auf zwei Konusschnecken, die man nur an den Enden anfassen darf, denn sie haben einen giftigen Stachel, den sie plötzlich aus der Öffnung hervorschnellen. Da sich alle Wolken verzogen, gingen wir schnell wieder an Bord und fuhren nochmals zum Ruby-Riff.

Zum erstenmal sahen wir jetzt auch die Außenseite der Barriere verhältnismäßig ruhig. Zwar herrschte noch eine weite Dünung, so daß wir von außen her nur bis auf dreißig oder vierzig Meter an die durch weite Schaumfelder gekennzeichnete Kante heranfahren konnten, aber es wäre technisch durchaus möglich gewesen zu tauchen. Ich hätte allerdings im tiefen Meer ins Wasser steigen und unterhalb der Schaumwolken zur Mauer schwimmen müssen, und das Boot hätte nur Kreise fahren, also nicht zu meiner Hilfe in der Nähe sein können. Mac Donald und der Junge warfen Schleppangeln aus, und wir fuhren das Ruby-Riff entlang, hinüber zum Andersen-Riff und dann an der Außenseite des Escape-Riffs entlang. Ich hielt Ausschau, ob nicht doch irgendwo ein besser geeigneter Platz sei, doch schließlich mußte ich es aufgeben. Unter den gegebenen Bedingungen war das Unternehmen zu gefährlich, wir würden sicher noch eine bessere Gelegenheit finden. Schweren Herzens gab ich Anweisung zu wenden, und wir fuhren die gleiche Strecke zurück.

Mac Donald erzählte, daß oft riesige Haie auftauchten, wenn er an der Außenkante fischte.

„Einen habe ich gesehen –“, sagte er und kurbelte die Leine ein, „– der war so groß, daß Sie mir nicht glauben würden, wenn ich es erzählte. Aber es stimmt. Ich hatte schon zwei Stunden an dem Platz gefischt, ein paar andere Haie waren auch schon da, und dann tauchte dieses Monstrum aus der Tiefe hoch. Ich habe nie mehr etwas Ähnliches gesehen. Ich kann nicht einmal schätzen, wie lang er war. Er war einfach riesig und ungeheuer dick.“

„Welche Farbe?“

„Dunkel. Das einzige, was mir auffiel, waren die riesengroßen Kiemenspalten. Das Wasser war ziemlich ruhig, und ich sah ihn ganz deutlich. Er kam langsam hoch, ein wahres Ungeheuer, dabei ganz plump und schwerfällig, drehte und verschwand dann wieder. Aber er war sicher mehr als zehn Meter lang.“

Es mochte ein Riesenhai gewesen sein, nach dem Rauhhai der zweitgrößte unter den Haien. Er lebt in den nördlichen Meeren, ernährt sich ebenfalls vom Plankton und zeichnet sich durch besonders lange und auffällige Kiemenspalten aus. Daß er in tropischen Gewässern auftauchen sollte, schien ungewöhnlich.

So freundlich und gutgelaunt Mac Donald sonst war, heute wurden er und der Junge zusehends nervös, und wir kannten auch den Grund. Morgen war Weihnachtsabend und übermorgen der größte Feiertag in Cairns. Aber wir hatten ausdrücklich vereinbart, daß wir bei gutem Wetter auch über die Feiertage bleiben würden. Jetzt legten wir uns an die Innenseite des Ruby-Riffs, und Lotte und ich schwammen von hier aus zu einer leuchtend blauen Lagune, die ich vom Dach der Kajüte aus erspäht hatte.

Was uns überall am meisten überraschte, war die Größe der hier vorkommenden Tiere. Nicht nur die Korallen und Muscheln werden am Barriereriff auffallend groß, auch alle anderen Tiergruppen scheinen hier durch besonders mächtige Exemplare miteinander zu wetteifern. Da lagen blaßgelbe Seegurken, die wie Kürbisse aussahen, und tiefblaue Seesterne, die vierzig bis fünfzig Zentimeter im Durchmesser erreichten. An einer Korallenwand erblickten wir einen häßlichen schwarzen Klumpen. Lotte berührte ihn mit der Fingerspitze, da zog sich die schwarze Haut beiderseits zurück, und das zarteste weißeste Porzellan kam zum Vorschein. Es war eine faustgroße, weiße Kaurischnecke!

Wir drehten Korallenklumpen um und fanden darunter getigerte Kauris. Plötzlich nahm mich Lotte am Arm und zeigte auf eine gar nicht sehr hübsche, sondern eher verwachsene Distelkoralle. Sie zog mich näher heran und berührte ein knollenartiges Gebilde. Richtig, wir hatten erst gestern darüber gelesen und davon gesprochen. Die Knolle war nichts anderes als die merkwürdige Behausung der kleinen Gallenkrabbe *Hapalocarcinus,* deren Weibchen sich auf eine bisher noch unerklärliche Weise von den Ästen der Koralle umwachsen läßt. Die Koralle läßt dabei Zwischenräume frei, die groß genug sind, um das wesentlich kleinere Männchen einzulassen. Auch die Jungen schlüpfen durch diese Öffnungen aus. Ich nahm mein Messer und brach die Galle vorsichtig auf. Der kleine Krebs hockte ganz erschrocken auf dem Grund und machte keinerlei Anstalten, davonzueilen. Sein Lebenszweck war zerstört. – Welch ungewöhnlicher Fall! Ein weibliches Wesen, das sich seinen eigenen Käfig erbaut, aus dem es nie wieder heraus kann!

Als wir nach einer Stunde wieder zur Oberfläche kamen, hörten wir lautes Donnern und sahen zu unserem Staunen, daß sich der Himmel völlig bezogen hatte. Eben war noch prächtiges Wetter gewesen, jetzt begann es zu regnen. Mit scheinbarem Bedauern eröffnete mir Mac Donald, daß dieser Umschlag es nun doch nötig mache, nach Cairns zurückzufahren.

Vor lauter Freude, noch rechtzeitig nach Hause zu kommen, steuerte uns der Junge um ein Haar auf einen Ausläufer des Undine-Riffs. Wir hörten es knirschen, waren aber im gleichen Augenblick darüber hinweg. Nur drei Meter weiter nach links, und wir wären mit voller Kraft aufgefahren. Mac Donald, der eine Angel repariert hatte, sprang eilig herzu und übernahm selbst das Ruder.

Die Nacht verbrachten wir wieder auf Low-Island und erreichten Cairns am folgenden Nachmittag. Im Hotel standen nicht weniger als dreißig geleerte Bierflaschen neben den Betten in unserem Zimmer. Das sonst so würdige Haus war nicht wiederzuerkennen. Fast jeder der Gäste hatte schon mehr getrunken, als ihm guttat, und man wußte kaum noch, wer in welches Zimmer gehörte. Alle umarmten einander, und in der Halle ertönten fröhliche Lieder.

Der Einladung von Mac Donald folgend, aßen wir bei ihm den Weihnachtskuchen, dann holten uns Fred und Peg ab, und wir fuhren von einem Haus zum nächsten. Überall lernten wir neue Menschen kennen, und alle erzählten uns irgendwelche Geschichten über Haie. Daß wir bereits an den äußeren Riffen getaucht hatten, wollte uns niemand glauben.

Am anderen Morgen fuhren uns Fred und Peg Williams in ihrem Auto ins Hochland, wo wir in Yongaburra zwei wunderschöne Tage verlebten. Alles sprach davon, daß die Regenzeit in diesem Jahr früher einsetzen würde. Begänne es aber erst richtig zu regnen, hörte es auch nicht mehr auf. In Cairns stiege dann das Wasser in den Straßen auf vierzig Zentimeter, und die Geschäftsleute legten Sandsäcke vor die Türen, damit es nicht hereinflösse.

Sobald wir wieder in Cairns waren, setzte ich mich mit dem „Buschpiloten" in Verbindung, der mit seinem kleinen Flugzeug die Verbindung zu entlegenen Orten herstellte. Wenn wir unser Ziel noch erreichen wollten, dann mußten wir uns die endlosen Riffzüge aus der Vogelperspektive ansehen, Luftaufnahmen machen und im voraus die besten Plätze für unsere Arbeit festlegen. Der Buschpilot erklärte sich einverstanden, uns über das gesamte Riffgebiet von Cairns bis nördlich von Lizard Island zu fliegen. Da die kleine Sportmaschine nach beiden Seiten offen war, konnten wir nach Belieben hinunterschauen und fotografieren. Wir starteten früh am Morgen und flogen zunächst zum Evening-Riff, über dem wir eine halbe Stunde lang kreisten. Mac Donald, der noch nie in seinem Leben geflogen war, begleitete uns.

Beim genaueren Studium der Tagebücher von Cook war mir der Gedanke gekommen, daß man sich vielleicht überhaupt irrte und er gar nicht gegen das Endeavour-Riff angelaufen war. Zwei Stunden vor dem Unglück nämlich war die *Endeavour* schon einmal über seichtes Wasser gekommen, das aber ebenso schnell wieder auf siebzehn Faden Tiefe absank. Nach bisheriger Meinung war diese Untiefe das äußerste flache Ende des Pickersgill-Riffs; doch bestand auch die Möglichkeit, daß es eine winzige Erhebung war, die in der Karte als Bonner-Rock verzeichnet ist. Traf das zu, dann führte der Kurs aber nicht zum Endeavour-Riff, sondern zum Evening-Riff.

Wir kreisten über beiden Riffen, und ich knipste einige hundert Aufnahmen. Wir haben sie dann in mühevoller Arbeit zu einem Mosaik zusammengefügt und so genaue Übersichtskarten der heute bestehenden Riffzüge gewonnen.

Als nächstes flogen wir zum Ruby-Riff, das wir ja von unten her schon gut kannten, und von hier aus weiter über die lange Kette der Ribbon-Riffe, die aus der Vogelperspektive wie zahlreiche aneinanderhängende Würste aussahen. Jedes der Glieder war in der Mitte gegen das Meer vorgewölbt, während die beiden Enden im Bogen zurücktraten. An der Innenseite waren alle flach und sandig, und an der Grenze des tiefen Wassers erhoben sich dort Türme, ähnlich jenen, bei denen wir getaucht hatten. Innerhalb der schmalen Passagen hatten sich kleine Riffe gebildet, die offenbar noch in vollem Wuchs waren.

Am meisten interessierte uns die äußere Kante. Hier zogen die langgestreckten weißen Ketten der Brecher über die Riffplatte, dicht davor war das Meer grundlos tief und schwarz. An einigen Stellen – besonders am dritten, vierten und fünften Ribbon-Riff – verlief vor der Kante noch ein offenbar nicht bis an die Oberfläche reichender Damm, durch den ein Längskanal gebildet wurde. Ich konnte mir nicht erklären, was er zu bedeuten hatte, und nahm mir vor, komme, was da wolle, einen Blick auf diese Bildung zu tun.

Wir überflogen die Cormorant-Öffnung und das nach Yonge benannte zwölfte Ribbon-Riff, sodann das Carter-Riff und das Day-Riff, zwischen denen Cook glücklich wieder ins offene Meer gelangt war. Der gesamte endlose Riffzug schlägt hier einen großen Bogen, so daß die letztgenannten Riffe bereits in nordwestlicher Richtung verlaufen. Besonders interessant erschien uns das anschließende Hicks-Riff. An seinem westlichen Ende öffneten sich an der Außenkante kleine, sehr vielversprechende Buchten.

Auf der Heimfahrt vom Flugplatz zeigte Lotte plötzlich auf ein Strumpfgeschäft. Im Schaufenster waren zahlreiche künstliche Damenbeine mit Seidenstrümpfen ausgestellt. Wir ließen halten, gingen hinein und kauften zum allgemeinen Erstaunen eines der Beine. Es war aus plastischem Material, und ich goß es im Hotel mit Gips aus. Daran sollte die Mördermuschel ihre Kraft erproben! Der Vergleich war nicht ganz fair, da das Bein fast keinen Knöchel hatte und außerdem viel zu hart war. Doch immerhin war es ein Bein, und ein besseres konnten wir nicht auftreiben.

## *Am Ziel*

Am Morgen des 2. Januar verließ ich mit Mac Donald Cairns. Da uns die Ankunft einer neuen Kamera avisiert worden war, blieb Lotte zurück, sollte nach Cooktown fliegen und uns dort treffen. Wir fuhren zunächst nach Green Island, wo uns ein Herr aus Cairns eine zwei Meter lange Riesenmuschel zeigen wollte, doch suchte er drei Stunden lang vergebens. Darauf setzten wir ihn ab und fuhren weiter zum Pixie-Riff, das wir noch bei gutem Licht erreichten.

Es ist der Typ eines ganz jungen Riffs, das wie eine einsame Kuppel vom fünfunddreißig Meter tiefen Grund emporsteigt. Die Oberfläche war mit prächtigen, durchweg von Kronenkorallen geschaffenen Gärten bedeckt, in denen, da starke Strömung herrschte, die Fische wie in einem starken Wind durch die Korallenbäume wehten. Um fotografieren zu können, klammerte ich mich mit einer Hand an Korallenästen fest, aber die Strömung riß mich los und spülte mich quer über das Riff. Wie in einem Fluß ging es durch Schluchten und Kanäle, überall standen heftig schwänzelnde Fische, die mit den Köpfen gegen den Strom ankämpften. Zwei winzige Haie schossen aus purem Vergnügen wie Raketen kreuz und quer zwischen den Bäumen hindurch. Alles flutete, bewegte sich, nur die Korallen standen steif und unberührt da. In majestätischer Ruhe reckten sie ihre schaufelartigen Äste und zierlichen Steinknospen in die sie umgebende Unruhe.

In einer feuchten, gewitterschweren Luft übernachteten wir im Lee des Kap Tribulation. Bei Sonnenaufgang waren wir bereits am Evening-Riff, das wir im Flugzeug so oft umkreist hatten. An Hand der von uns zusammengesetzten Karten untersuchte ich die äußeren Bastionen. Aber sie fielen so steil ab, daß sie mit den Cookschen Angaben kaum übereinstimmen konnten. Wäre die *Endeavour* hier aufgefahren, dann hätte sie über der Kante einer senkrechten Mauer gehangen.

Es war also doch das trübe Endeavour-Riff, bei dem die berühmten Kanonen lagen. Zwei Stunden später waren wir dort. Ich hatte sieben Zonen ausgearbeitet, über die mich das Boot im Tauchgerät kreuz und quer hinwegziehen sollte. Es gibt heute weit bequemere Hilfsmittel dafür, ich hatte damals nur ein an einem Seil hängendes kleines Brett, das ich an beiden Enden umklammert hielt und mit dem ich meinen Weg auf- und abwärts steuerte. Ich glaube nicht, daß ich jemals wieder eine so andauernde Furcht empfunden habe wie an diesem und dem folgenden Tag.

Das Wasser war so schmutzig, daß ich kaum fünf oder sechs Meter weit sah. Im Meer, und besonders, wenn Haie in der Nähe sind, ist das sehr wenig. Ich hielt mich dicht über dem Grund und schwebte über unglaubliche Korallenbildungen hinweg. Wie auf einem ungeheuren Trümmerhaufen lagen die Korallen an manchen Stellen meterhoch kunterbunt übereinander. Ein Zyklon mußte vor nicht allzu langer Zeit über diese Gegend hinweggegangen sein. Turmhohe Klötze waren wie Urwaldriesen umgesunken, und über ihnen wucherten andere, jüngere Korallen in den absonderlichsten Formen.

Nach den Ergebnissen von Untersuchungen in den Malediven und auf Samoa zu urteilen, hatte meine Suche nur sehr wenig Hoffnung auf Erfolg. In tausend Jahren, hatte man festgestellt, bilden Korallen eine fünfundzwanzig Meter starke Decke; nach solcher Rechnung war das Riff seit dem Schiffbruch der

*Endeavour* um ganze viereinhalb Meter gewachsen. Anderseits hatte ich auf versunkenen Schiffen beobachtet, daß auf Fremdkörpern der Wuchs durchaus nicht so schnell fortschreitet, ja nicht einmal den zehnten Teil erreicht. Außerdem bilden die Korallen dort eine ganz besondere Lebensgemeinschaft, an der viel mehr verschiedene Arten beteiligt sind als in einem Riff. Selbst wenn alles völlig überwachsen sein sollte, hatte ich also doch Hoffnung, die Stelle auf Grund solcher Unterschiede zu erkennen.

Ich biß die Zähne zusammen und flog mit ein bis zwei Knoten Geschwindigkeit endlose Strecken durch das trübe Wasser. Auffallend große Mördermuscheln lagen breit und massig inmitten der Korallentrümmer. Sie glichen unheimlichen Blüten der Unterwelt, die als lockende Fallen inmitten der Zerstörung lauerten.

Ein großer Makohai schwamm gerade vor mir, als ich im Gleitflug direkt auf ihn zukam. Er wich behäbig zur Seite, und ich sah ihn nicht wieder. Dann, bei unserer zweiten Schleppfahrt, folgten mir zwei Walerhaie, die sich ebenso für mich interessierten wie ein Hecht für den Blinker. Ich wurde so nervös, daß ich abbrach und noch vor Abend bis Cooktown weiterfahren wollte. Aber immer standen mir die korallenüberkrusteten Kanonen des Seehelden vor Augen. So überwand ich mich und beendete am folgenden Vormittag unser Programm. Ich fand nichts, aber ich durfte mir sagen, daß ich mein Bestes getan hatte. Mochten die Kanonen weiterhin im Sarg dieser chaotisch durcheinandergeworfenen Korallen friedlich ruhen!

Die Sonne ging gerade unter, als wir in den verlassenen Hafen von Cooktown einfuhren. Von der einst florierenden Goldgräberstadt ist heute nichts mehr zu sehen. Die Gruben sind längst erschöpft, und der Hafen erwies sich für größere Schiffe als ungeeignet. Dann zerstörte ein Zyklon einen großen Teil der Häuser. Einst lebten hier mehr als zwanzigtausend Einwohner – heute sind es dreihundertfünfzig.

Über eine lange, einsame Straße, an der verstreut einige baufällige Häuser standen, kam Lotte uns entgegen. Sie schien sehr erleichtert zu sein, als sie uns sah.

„Ich habe mir in dieser wackeligen Bude von Hotel ein Zimmer genommen“, berichtete sie. „Hier ist alles betrunken.“

Mac Donald gab uns eine Lampe mit, für den Fall, daß wir abends an Bord zurückkehren wollten. Er warnte uns vor Wildschweinen, die nächtliche Wanderer angriffen.

Das einzige Hotel der Stadt glich aufs Haar den Bretterbuden in Wildwestfilmen. Die Türen standen schief, einige nicht sehr vertrauenerweckende Gestalten lungerten an der Bar. Ein besonders unrasierter Riese erhob sich, als wir eintraten. Er schüttelte uns die Hände, nötigte uns, mit ihm ein Bier zu trinken, und erzählte uns von einem gewissen Mike Buzzarton, der Fremdenführer auf Daydream-Island gewesen war.

Um den Mädchen zu imponieren, machte dieser Bursche Kopfstände auf der Mastspitze seines Schiffes. Wenn er an der Theke saß und abgerufen wurde, nahm er jedesmal sein Glasauge heraus und legte es neben sein Glas, damit ihm niemand das Bier austrank. Seine Spezialität waren Messerkämpfe mit Haifischen. Er suchte sich dafür eine ganz harmlose Sorte mit dünner Haut aus, mit denen vollführte er schauerliche Kämpfe.

„Bis er sich dann einmal irrte und einen Grauen Ammenhai zu fassen bekam", schloß der Riese grinsend. „Da hat er es für immer sein lassen."

Auch alle übrigen Biertrinker schienen über uns und unsere Absichten aus den Zeitungen informiert zu sein. Einer erzählte uns von Otis Barton, der auf Lizard Island getaucht hatte und dort von einem Haifisch attackiert worden war. Kürzlich sei ein junges Ehepaar im Hafen von Cooktown aufgefressen worden. Alle grinsten und prosteten uns zu ...

Da es am Morgen immer noch windig und völlig bedeckt war, bat ich Mac Donald, uns nun die zwei Meter große Mördermuschel zu zeigen, von der er uns erzählt hatte. Wir ankerten in der Nähe des Platzes. Er und der Junge paddelten zwei Stunden lang in unserem winzigen Dingi umher und spähten auf den nur vier Meter tiefen Grund. Doch die Muschel war nicht mehr da. Dafür zeigte uns Mac Donald an der Küste Mangroven, an deren Stelzwurzeln kleine, aber sehr schmackhafte Austern wuchsen. Da er den ganzen Laderaum voll Eis hatte, um die am Weg gefangenen Fische zu konservieren, hatten wir abends eine köstliche Vorspeise.

Endlich, am zweiten Tag, war wieder schönes Wetter. Zwar wehte noch immer heftiger Südostwind, aber für unser Ziel, das Hicks-Riff, spielte das keine Rolle. Da die kleinen Einschnitte an der Außenseite, die wir vom Flugzeug aus entdeckt hatten, nach Norden lagen, mußten sie vom Wind geschützt sein.

Wir ankerten an dem nordwestlichen Zipfel, und ich kam im Tauchgerät in eine Landschaft von atemberaubender Schönheit. Durch eine gewundene, zwölf Meter tiefe Schlucht gelangte ich in einen wahren Meerestempel – er hatte etwa zwanzig Meter im Durchmesser –, dessen senkrechte Wände von blütenartigen Korallen wie mit phantastischen Ornamenten bedeckt waren. Der Plafond wurde durch die silberhelle Wellendecke gebildet, der Boden war ein in jeder Farbtönung schimmernder Blumengarten. So wie uns dieser Platz unter tausend anderen vom Flugzeug aus aufgefallen war, schienen sich auch die Fische aus weitem Umkreis gerade hier zu versammeln. In phantastischen Schwärmen und Mustern hingen sie fast bewegungslos in dem kristallklaren Raum.

Ich schwamm zurück und holte Lotte. Sie bewaffnete sich mit der neueingetroffenen Rolleimarin-Blitzlichtkamera, und ich nahm eine Unterwasser-Leica mit einem Teleobjektiv, um Fischporträts zu knipsen. Am Eingang des Tempels blieben wir wie vor einem Kunstwerk stehen. Es erschien uns fast wie eine Entweihung, als erste Menschen diesen Frieden zu durchbrechen.

Dann schwammen wir hinein, mitten unter die Fische, und machten uns an die Arbeit. Ich benutzte meinen kleinen Speer als Maßstab für meine Aufnahmen. Um mit dem Teleobjektiv scharfe Bilder zu erhalten, mußte ich auf fünf Zentimeter genau die Entfernung treffen. Ich stellte auf die Länge meines Stockes ein, hielt ihn zur Seite und knipste, wenn ich den Fisch im gleichen Abstand sah.

Ein etwa eineinhalb Meter langer, ungemein schön geformter Hai jagte zweimal in atemberaubender Geschwindigkeit quer durch den Saal. Wie in einem bunten Feuerwerk stoben die Fischschwärme auseinander. Der Hai machte eine lässige Bewegung und entschwand durch eine der zum äußeren Riffabhang führenden Schluchten.

Inzwischen sah ich Lotte in der Nähe blitzen. Ihr erstes Objekt war ein Zackenbarsch, der über den Blitz so erschrak, daß er sich fast ebenso schnell wie der Hai und durch die gleiche Schlucht verzog. Dann schoß sie zwei Aufnahmen von Lippfischen, die merkwürdigerweise überhaupt nicht reagierten. Dagegen klappte eine danebenliegende Mördermuschel mit deutlich hörbarem Ruck zusammen.

Eine in der Mitte aufragende Koralle trug einen häßlichen grauen Klumpen. Ich stupste ihn mit meinem Stock an. Zu unserer Verblüffung hopste er herunter. Es war der giftigste aller Fische – der berüchtigte Steinfisch. Seine Rückenflossenstacheln übertragen ein Nervengift, das von tödlicher Wirkung sein soll. Das Tier ist sich seiner Abwehrwirkung so sicher, daß es sich kaum vom Platz rührt, wenn man unversehens hingreift oder daraufsteigt. Darin liegt die besondere Gefahr. Denn selbst mit sehr geübtem Auge ist ein Steinfisch kaum von seiner Umgebung zu unterscheiden.

Wir schwammen an der jenseitigen Wand des Saales hoch, überquerten eine schmale Barriere und gelangten in eine benachbarte Schlucht, deren Wände sechzehn oder achtzehn Meter steil abfielen. Der Boden war sandig, und die Schlucht erweiterte sich gegen ihr Ende zu. Dort unten lag ein etwa drei Meter langer grauer Hai, den ein kleiner umkreiste wie ein Junges seine Mutter.

Wir tauchten etwa fünf Meter abwärts, da bemerkte uns der kleine Hai und machte durch irgendeine Bewegung den großen aufmerksam. Dieser drehte und kam sofort und auf schnellstem Wege im schrägen Winkel zu uns empor. Wie ich an der Form des Schwanzes, der kurzen Nase und den vorstehenden Zähnen leicht erkannte, war es ein Grauer Ammenhai.

Hinter uns wurde die Schlucht enger. Ich schob mich vor Lotte und hielt dem Hai meinen Stock entgegen. Er kam mit seinem Kopf so nahe, daß ich ihn anstieß. Da schnellte er herum, schlug einen Bogen und versuchte es von der anderen Seite. An mir schien er nicht interessiert zu sein, sondern unbedingt zu Lotte zu wollen. Wahrscheinlich lockte ihn der Reflektor ihres Blitzlichtes an. Jedesmal, wenn ich ihn anstieß, riß er wie ein großer, bissiger Hund das Maul auf. Das Ganze ereignete sich so schnell und ohne Vorbereitung, daß wir den Ernst der Lage erst nachträglich begriffen. Plötzlich blitzte es hinter mir auf, und in wahnsinniger Geschwindigkeit jagte der Hai schräg abwärts davon.

Lotte hatte einen Blitz ausgelöst. Selten haben wir einen Hai so schnell und gerade davonschwimmen sehen!

Unten, in etwa dreißig Meter Entfernung, drehte er um und kam sehr rasch wieder zu uns zurück. Inzwischen hatten wir aber die obere Kante der Mauer erreicht und schlüpften über die seichte Barriere in den großen Saal zurück. Dort kletterten wir auf eine der oberen Kanten, so daß wir mit den Köpfen über das Wasser sahen, nahmen die Atemschläuche aus dem Mund und schnappten nach Luft.

„Hast du ihn erwischt?“ fragte ich Lotte.

„Keine Ahnung. Ich habe die Kamera einfach vor mich hingehalten, und plötzlich ging der Blitz los. Hast du die Zähne gesehen –?“

Die Sonne stand am Rand einer großen schwarzen Wolke. Nachdem wir uns etwas beruhigt hatten, gingen wir wieder unter Wasser und schwammen durch den Gang, der zum äußeren Abhang der Mauer führte. Vorsichtig an die eine Wand gedrückt, bogen wir um die Ecke.

Wir waren am Ziel! Dieses Riff war zwar eines der wenigen, dessen äußerer Abbruch nicht vom Passatwind getroffen wurde, trotzdem war es unzweifelhaft die äußere Mauer. Vor uns lag die unendliche Weite eines abgrundtief klaffenden Raumes. Unter Wasser wurde es plötzlich dunkel. Die Wolke hatte sich jetzt vor die Sonne geschoben. Düster und gespenstisch lag vor uns die Wirklichkeit dessen, was wir uns in so vielen Stunden ausgemalt hatten.

In einem steilen Winkel fiel die Riffmauer wie ein altes, von Sprüngen und Rissen durchzogenes und mit blühenden Kletterpflanzen umranktes Festungsbollwerk in die Tiefe ab. Es wuchsen hier nur kleine, derbe Korallenarten, die wie Moosklumpen am Felsen hafteten. Die Bildungen waren längst nicht so prächtig wie im geschützten Wasser unseres Tempels. Da das Streulicht der Sonne verschwunden war, konnten wir jetzt noch wesentlich tiefer hinabschauen. Weiter unten begann ein mehr plattenartiger Bewuchs. Dort paddelte auch langsam eine große Schildkröte ihres Weges.

Wir schwammen etwas tiefer und prüften alle Korallen und Fische, die wir sahen. Draußen zog gerade ein Schwarm von großen Königsmakrelen vorbei. Wir sahen sie durch einen Schleier kleinerer Fische hindurch, die wie festgefrorene Sternschnuppen im Raum hingen. Im übrigen war das Fischleben an der Großen

Mauer nicht besonders interessant. Wir trafen auch keinen einzigen Hai. Da Lottes Manometer nur noch zehn Atmosphären Sauerstoff anzeigte, warfen wir einen letzten Blick auf dieses Werk der Jahrtausende, das wir als erste Menschen hatten betrachten dürfen, schwammen durch den hochführenden Gang in den düster gewordenen Meerestempel zurück und von dort, durch die gewundene Schlucht, wieder zum Boot. Zum erstenmal fühlten wir uns dem Großen Barriereriff gewachsen.

Das Wetter wurde ungemein schwül und drückend. Die Luft lastete bleiern auf uns, wir konnten in jedem Nerv fühlen, wie sich ringsum Regen und Gewitter zusammenzogen. Nur ungern war Mac Donald bereit, unsere Fahrt nach dem ausgearbeiteten Plan fortzusetzen. Einige hundert Meilen entfernt, im Inland, tobte ein Zyklon. Wenn er die Richtung wechselte, konnte er auch zu uns kommen.

Wir erreichten das zehnte Ribbon-Riff bei vollkommen glattem Meer. Trotzdem stand an der Außenkante eine schwere Dünung. Ich ließ mich zu einem der kleinen Riffe bringen, die sich in der Passage zwischen dem neunten und dem zehnten Ribbon-Riff gebildet haben, und entwickelte hier eine neue Tauchmethode.

Da es vor dem senkrecht abstürzenden Riff unangenehme Haie gab, ließ ich mich im seichten Wasser über der Riffplatte absetzen und suchte dort nach einer der Öffnungen, die in die das Riff durchziehenden Grottensysteme hinabführten. Dort unten war ich wie in einem großen Kaninchenbau, die Gänge verzweigten sich weithin und mündeten in zehn bis zwölf Meter Tiefe außen an der senkrechten Mauer. Hatte ich die Höhlen genau durchforscht, dann wagte ich mich zum Ausgang und setzte mich an der Kante nieder. Ich war dort durchaus sicher, da ich hinter mir das Loch wußte, in das ich mich, wenn Gefahr drohte, wie in ein schützendes Schneckenhaus zurückziehen konnte.

Diese Situation trat mir fünf Jahre später (1957) in all ihrer Einzigartigkeit und gedanklichen Erlebnisfülle spontan vor Augen, als ich mich anschickte, das Vorwort zu einem neuen Buch zu verfassen, das den doppeldeutigen Titel tragen sollte: *Wir kommen aus dem Meer.* Ich schrieb damals:

„... Ich saß an der vordersten Kante, und unter mir fiel die Mauer des Korallenriffs senkrecht ins Grundlose ab, ich sah sie weit unter mir blasser werden und verschwinden. Vor mir, wie vor einem Logensitz, weitete sich düsteres, unfreundliches Wasser, in dem zahlreiche Fische aus allen Richtungen auftauchten, näher schwammen, mich beäugten und sich in der Ferne verloren. Auch zwei Haie waren darunter. Obwohl das Wasser klar war, reichte mein Blick bestenfalls vierzig Meter weit. Hätte ein Zauberer mir die Fähigkeit verliehen, durch das Wasser in jede Entfernung zu sehen, dann hätte ich in einen Abgrund geschaut, weit größer und gewaltiger als der Gran Cañon von Arizona.

Ich hätte in meiner Blickrichtung über ein dreitausend Meter tief gelegenes weites Feld von Tiefseeschlamm bis zu der hochaufragenden Bastion von Neu-Guinea sehen können.

Ein Stück weiter zur Rechten hätte ich an den Salomonen vorbei, zwischen den Türmen der Phönix- und Gilbert-Inseln hindurch, durch den ganzen weiten Pazifik bis zur amerikanischen Küste gesehen – allerdings hätte dazu mein Blick einem Bogen folgen müssen, denn die Ozeane sind ja in einer gewölbten Decke über die Erdkugel ausgebreitet.

Mit meinem kleinen Tauchgerät am Eingang dieser Grotte sitzend und durch meine Tauchmaske die Fische betrachtend, die mich ebenfalls betrachteten, hatte ich plötzlich den Eindruck, daß diese Augen in Wahrheit Augen des Meeres selbst seien, Augen eines großen, gutmütigen Riesen, der sich wohl nach außen ein wenig ärgerlich zeigt, wenn die Winde ihn ärgern, in seinem weiten Raum aber ebenso still und ausgeglichen daliegt wie das Gemüt eines von allen Lebensstürmen abgeklärten Greises.

Ich sah plötzlich die Gesamtheit aller Meere als ein einziges, ungeheueres, schwingendes Individuum, das, gleichsam auf dem Bauch liegend, die Erde umschlungen hält, seine vielen Arme, Fühler und Finger ringsum nach den Kontinenten ausstreckt und sie mit der gleichmäßigen Bewegung seiner Gezeiten streichelt.

Ich sah, wie es sich in Dunstwolken in die Lüfte erhebt, wie es in freundlichen Regengüssen auch dem trockenen Land seinen Segen spendet, wie es salzlos in entlegenen Seen verweilt oder freudig rieselnd, plätschernd, strömend, rauschend wieder in sich selbst zurückkehrt.

Hier unten, im Meer, hat sich einst der geheimnisvolle Funke entzündet, der auf unserem erkalteten Planeten eine so wunderbare Entwicklung auslöste. Hier entstand – als größtes Geheimnis aller Geheimnisse – das erste Leben. Hier bildeten sich die ersten reagierenden, empfindlichen Kreaturen – sich dann immer weiter vervollkommnend, immer höher auf der Stufenleiter des Organischen emporklimmend, auch das trockene Land besiedelnd – und schließlich im Menschen, in seinem Geist, sich selbst erkennend und betrachtend.

War das Wasser, das Meer, wirklich nur eine große Wanne, ein riesiger Behälter, in dem dies alles geschah? War dieses bewegliche quirlende Etwas, in dem Kohlenstoff, Sauerstoff und Stickstoff ebenso gelöst sind wie Kalk und Kieselsäure, wie Eisen, Aluminium, Radium und Gold – war es nicht selbst ein essentieller Teil dessen, was wir Leben nennen? War alles Leben nicht eine Art Entfaltungsform – so wie sie sich in einer Blüte darbietet; eine Verdichtung und Verkörperung der dem Meer tief innewohnenden Eigenschaften, durch die Energie der Sonnenstrahlen bewirkt? Waren diese Fische mit ihren Augen nicht eine solche Verkörperung, eine solche Entfaltungsform? Und war ich selbst, der ich mit künstlichen Kiemen als Luftwesen wieder in diese Unterwasserwelt vordrang, nicht ebenfalls eine solche Enfaltungsform, die, wenn auch anders als ein Fluß oder ein Regentropfen, so doch im letzten ähnlich, ins Meer zurückkehrte?

Mir kamen die trockenen Worte in Erinnerung, mit denen uns auf der Universität die Lehre von den Versteinerungen vorgetragen wurde, aus denen wir erfuhren, wie die ersten Algen sich einst auf trockenen, nackten Felsen vorwagten und sich in Jahrmillionen zu Farnen und Blütenpflanzen entwickelten ... Wie Meereswürmer an Land krochen und hier zu Tausendfüßlern, Spinnen und prächtigen Schmetterlingen wurden ... Wie einige Fische im seichten Wasser wie auf Beinen auf ihren Flossen umherstelzten, wie sie aus einer Ausstülpung ihrer Speiseröhre die erste Lunge entwickelten, und wie allmählich Salamander und Frösche aus ihnen wurden ... Wie dann einige dieser Lurche eine feste, vor der Verdunstung schützende Haut ausbildeten, und wie aus ihnen Eidechsen und Schlangen hervorgingen ... Wie Echsen Flügel entwickelten und zu Vögeln wurden, während andere lebende Junge hervorbrachten und sie säugten ... Und wie dann schließlich aus der Mitte der Säugetiere, als höchstentwickeltes Wesen, der vernunftbegabte Mensch hervorging ...

Hier unten, auf einsamem Posten im Meer, sah ich plötzlich in plastischer Deutlichkeit die ganze Fülle von Landtieren und Landpflanzen aus der Perspektive ihrer Herkunft, als Wasserwesen im Exil, wie sie fernab, draußen, auf exponiertem Posten an der Luft, pionierhaft vordringen und sich vervollkommnen und dabei peinlich bedacht sein müssen, ihr bißchen Meer, als wertvollsten Kern, nie zu verlieren und ständig zu erneuern.

Nach den Überlieferungen liegt uns die Vorstellung näher, daß Gott uns so geschaffen haben müsse, wie wir uns heute sehen. Für die verschiedenen Zweige der Naturwissenschaft ist es jedoch zur kaum noch zu bezweifelnden Gewißheit geworden, daß alle Lebenserscheinungen auf unserem einst feuerflüssigen Erdball – uns selbst mitinbegriffen – Teile eines einzigen ungemein verwickelten Prozesses sind, der vor etwa eineinhalb Milliarden Jahren in den sich damals abkühlenden Meeren seinen Ursprung nahm. Ist aber eine solche Schöpfung für uns wirklich weniger wunderbar, weniger göttlich? Schon im ersten Urkeim müssen alle Entfaltungsmöglichkeiten des Lebens verborgen und vorbestimmt gewesen sein, die ganze ungeheuere Entwicklung, die von den ersten Urwesen bis zum Menschen führte und uns, den Menschen, in geistiger Entfaltung noch weiter führt. Dieses Wunder, weit größer als eine Einzelschöpfung der einzelnen Organismen, hat sich irgendwo im Schoße des Meeres manifestiert. Ich bin diesen Gedanken nie mehr losgeworden. Er hat mich dazu geführt, alles, was ich im Meer sah und erlebte, mit doppelter Ehrfurcht und mit doppeltem Interesse zu betrachten."

Das Wetter wurde immer unheimlicher. Mac Donald und der Junge verbrachten halbe Tage am Radio, um den Wetterdienst zu bekommen. Der Wind drehte fast stündlich, immer wieder gingen unerwartete Regenschauer über uns nieder. Am Morgen des 10. Januar lag das Meer, wie vor einem Sturm, völlig glatt. Hohe schwarze Wolkenwände türmten sich in der Richtung des Festlandes.

Jetzt oder nie, dachten wir und fuhren rings um das Riff. Auch an der Außenseite lag das Meer völlig glatt. Dicht an der Kante ging ich unter Wasser. Was ich sah, war der trostloseste Anblick meines Lebens. Ich blickte auf einen ungeheuren Hang, der schräg in die Tiefe fiel und an dem kein einziger größerer Korallenstock wuchs.

Das Ganze erinnerte an eine Felsküste im Mittelmeer. Die ungeheuere Wucht der Wellen und der Dünung hatte hier alles glattgescheuert. Das Wasser war düster, nicht sehr klar, außer einigen Zackenbarschen ziemlich weit unten sah ich fast keine Fische. Ich tauchte, so tief ich konnte, und drehte mich dauernd um mich selbst. Wenn hier ein Hai kam, hatte ich auf dem kahlen Hang nirgends ein Versteck. Aber keiner ließ sich blicken. Ich untersuchte den Hang, so gut es meine Aufregung zuließ, und war heilfroh, als ich wieder oben beim Boot war. Jetzt mußten wir noch zum fünften Ribbon-Riff fahren, um dort die merkwürdigen Außenkanäle zu inspizieren.

Die nächsten beiden Tage regnete es fast ununterbrochen. Ein kalter Wind fegte über das Meer. Wir lagen im Schutz des vierten Ribbon-Riffes, und Mac Donald drängte immer energischer zur Heimfahrt. Kein Zweifel, die Regenzeit war angebrochen. Da schwere Brecher an der Außenkante brandeten, entschloß ich mich zu dem verzweifelten Versuch, mit unserem winzigen Dingi einen Vorstoß quer über die Riffplatte zu wagen. Es regnete, und auf dem halben Weg setzte der kleine Außenbordmotor aus. Ich ließ den Jungen, den ich mitgenommen hatte, mit dem Boot im brusttiefen Wasser und kämpfte mich, mit umgegürtetem Tauchgerät und einem Speer in Händen, gegen die Strömung bis zu den Brechern vor. Nach mehreren Stürzen kam ich unter ihnen durch und war schließlich wirklich in dem Kanal.

Hier sah es ebenso trostlos und öde aus wie beim neunten Ribbon-Riff, nur erhob sich vor dem eigentlichen Abbruch noch ein breiter Wall. Ich zwang mich, zu ihm hinüberzuschwimmen: er war ebenso glatt und ohne lebende Korallen wie der Abhang selbst. Für die Art seiner Entstehung gewann ich keinerlei Anhaltspunkte. Jedenfalls dürfte sie lange zurückliegen.

Am Schluß verließen mich doch die Nerven. Obwohl kein eigentlicher Grund vorhanden war, jagte ich in einer Art Panik durch die Brecher zurück. Mehrfach schlug ich auf spitzen Korallen auf, mußte das Mundstück ausspucken und schluckte Wasser. Taumelnd gelangte ich in einer schweren Regenbö wieder zum Dingi. Der Junge half mir beim Einsteigen, und mit der Strömung gelangten wir schnell zum Boot. Ich gab Mac Donald zu verstehen, daß unserer Heimfahrt nun nichts mehr im Weg stünde.

Im Regen konnten wir die Riffe nur schwer erkennen und kamen sehr langsam vorwärts. Die Nacht verbrachten wir bei heftigem Sturm im Schutz des zweiten Ribbon-Riffs. Am nächsten Tag war der Himmel völlig schwarz, doch regnete es nur zeitweise. Wir erreichten Low Island und setzten am anderen Morgen die Heimfahrt fort.

„Weißt du, was wir total vergessen haben?" fragte mich Lotte plötzlich.

„Nun –?"

„Unser Bein!"

Wir hatten in der Tat auf eine besonders große Mördermuschel gewartet und darüber das Experiment vergessen. Da sich der Himmel ein klein wenig aufhellte, fuhren wir zum Michaelmas Cay, einer großen Sandbank, auf der Tausende von Seeschwalben brüteten. Im ziemlich trüben Wasser im Lee des Riffes fanden wir nach einigem Suchen mehrere mittelgroße Mördermuscheln. Mit einer von ihnen machten wir den Versuch.

Während Lotte fotografierte, stieß ich das Bein zwischen die geöffneten Schalen und zog es – ebenso schnell wie ein Mensch, der unversehens hineintritt – wieder heraus. Oder besser: ich wollte es herausziehen. Denn die Muschel hatte zugeklappt und hielt es fest. Je mehr ich zerrte und drehte und zog, um so fester hefteten sich die Schalen gegeneinander. Das Tier hatte bestimmt keine bösen Absichten, sondern wurde durch den Fremdkörper gereizt und wollte sich abschließen.

Ich wartete, bis ich eine Lockerung bemerkte, dann riß ich plötzlich an. Aber wieder war die Muschel schneller. Nach fünfunddreißig Minuten gaben wir es auf, hievten sie von Bord aus an einem Seil hoch und brachten sie ins seichte Wasser. Mit einem an einem Stock befestigten Messer stieß ich zwischen die Schalen und schnitt ihren großen Schließmuskel durch. Erst jetzt war das Bein frei, und wir sahen, wie es zugerichtet war. Die Schalenränder hatten beiderseits bis in den Gips eingeschnitten.

So scheint die Erzählung von der Mördermuschel wirklich wahr zu sein. Wenn ein Seegurkensammler bei Ebbe im brusttiefen Wasser in eine Mördermuschel tritt, ist es gut möglich, daß sie ihn festhält, bis die ankommende Flut ihn ertränkt. Und ebenso kann auch ein Taucher, der zwischen die Schalen greift, ohne Zweifel jämmerlich zugrunde gehen.

Ehe wir die Heimreise antraten, besuchten wir noch Heron Island, im südlichen Teil des Barriereriffs, tausend Kilometer von Cairns entfernt. Das Wetter war leider auch hier schlecht, trotzdem tauchten wir bei den benachbarten Riffen.

Unter fünf Meter Tiefe fanden wir die meisten Korallen abgestorben und versandet, oben dagegen, an der Riffkante, war überreiches Leben. Hier bestätigte sich wieder jenes Gesetz, nach dem im kühleren Klima die Artenzahl abnimmt, die Zahl der Individuen dagegen enorm anwächst. Im Gegensatz zu den äußerst vielfältigen Bildungen bei Cairns wurden die Riffe hier von einer ganz geringen Zahl von Arten aufgebaut, die jedoch über weite Strecken dominierten.

Wehmütig nahmen wir vom Großen Barriereriff Abschied. Wir kehrten nach Sydney zurück, wo ich auf Grund einer Einladung vor der *Royal Zoological Society* über unsere Erfahrungen berichtete. Zwei Tage darauf waren wir bereits dreitausend Seemeilen weiter auf dem Erdball, auf Canton Island, dessen parallele Riffkanäle uns bei unserem Flug von Amerika nach Australien aufgefallen waren.

Ein wolkenloser Himmel grüßte uns. Einige freundliche Polynesier sahen uns zu, als wir unsere stark mitgenommenen Ausrüstungen in ein uns von der Fluggesellschaft zur Verfügung gestelltes Auto verluden.

Wir fuhren ein Stück über das nur mit niedrigem Buschwerk bewachsene Atoll und versuchten dann an mehreren Stellen, durch das seichte Wasser der äußeren Riffplatte watend, zum Abbruch zu gelangen. Die aus dem Flugzeug gesichteten Kanäle begannen in der Brandungszone und waren ein bis eineinhalb Meter tief. Sie waren offensichtlich von dem ins Meer zurückfließenden Wasser ausgewaschen worden und boten einen einfachen Weg, unter den Brechern hindurch ins Tiefe zu gelangen. Man brauchte bloß das Ende eines solchen Kanals zu finden und sich hineinzuwerfen, dann wurde man ganz von selbst und sehr schnell unter den grollenden Wellenzügen hindurchgezogen.

Der äußere Riffrand fiel erst mäßig und dann steil ab, er erinnerte an die Außenseite des Hicks-Riffs. Eine besondere Art von Haien mit schwarz-weiß gezeichneter Rückenfinne war hier häufig. Wir sahen bis zu zehn Stück zur gleichen Zeit. Sie erwiesen sich als schallempfindlich und ließen sich durch Schreie abschrecken. Beim dritten Vorstoß begleitete uns Jim Beudecker, ein holländischer Angestellter der Fluglinie, der bisher nur im seichten Wasser der Innenlagune getaucht hatte. Er schrieb mir später, daß er seine Angst vor Haien völlig überwunden habe, und sandte mir Unterwasseraufnahmen, die er allein am äußeren Abhang geknipst hatte.

Wir blieben drei Tage, dann noch drei Tage auf Hawaii und flogen schließlich wieder zurück nach Europa.

Kaum waren wir zurück, da schlugen die Probleme der Schiffsausrüstung über uns zusammen. Die nun folgenden Monate gehörten zu den schwierigsten, anderseits aber auch zu den schönsten meines Lebens. Der Plan, um dessen Verwirklichung ich seit Jahren kämpfte, verwirklichte sich Schritt für Schritt. Unser Schiff war mehr als bloß eine zweckmäßige Kombination von Metall und Holzteilen, von unzähligen Motoren, Spezialgeräten und Gebrauchsgegenständen, es war ein lebendes System, das wir Stück um Stück zur Funktionsfähigkeit brachten. Es bestand nicht aus Zellen und war doch eine Art Erweiterung unseres eigenen Körpers, ein riesengroßes Organ, mit dessen Hilfe wir unsere persönliche Leistung außerordentlich steigern konnten. Als Biologe konnte ich nicht umhin, diese Funktionsgeburt mit jener, die sich in der Evolution der tierischen und pflanzlichen Organismen immer wieder zugetragen hat, zu vergleichen. Die benötigte Funktion diktierte, ja steuerte die notwendige Struktur dieses Organs – ganz ebenso wie im Laufe der Entwicklungsgeschichte die von einer Flosse, einer Lunge, einem Blatt zu erbringende Funktion gleichsam festlegte, wie die Struktur dieser Organe beschaffen sein mußte. Die Verwandtschaft ging noch erheblich weiter: Jedes Organ muß nicht nur bestimmte Funktionen erfüllen können, sondern muß auch „inneren" Anforderungen gerecht werden. Die Bestandteile, aus denen es besteht, dürfen einander nicht behindern, müssen aufeinander abgestimmt und integriert sein. Jeder Unternehmer, der einen Betrieb aufbaut, kennt diese Probleme. Das Problem der inneren Harmonie ist ein ganz entscheidendes: Bei unserem Schiffsausbau ergab es sich hinsichtlich der zweckmäßigen Einteilung der Räume und deren Einrichtung, ganz besonders aber bei der Auswahl der für die Forschungsfahrt nötigen Mitarbeiter. Da war zunächst das Problem der Mannschaft. Die *Xarifa* benötigte einen Kapitän, zwei Offiziere, einen Maschinisten, einen Koch, einen Steward, vier Voll- und zwei Leichtmatrosen. Das waren insgesamt zwölf Mann. Dazu hatten wir Unterkunftsmöglichkeiten und Arbeitsplätze für acht mitfahrende Wissenschaftler und technische Hilfskräfte vorgesehen. Ein Schiffsarzt war nötig, ebenso ein Funker. Wir fanden in Dr. Heino Sommer eine gute Kombination: er war Arzt und Amateurfunker zugleich, das bedeutete eine Zusammenlegung zweier Funktionen in einer Einheit. Ebenso brauchten wir für die Weiterführung der im Roten Meer begonnenen Schwingungsversuche einen erfahrenen Tontechniker. In Dr. Georg Scheer fanden wir einen Fachzoologen, der gleichzeitig auch Physiker war: wieder eine für uns glückliche Funktionszusammenlegung. Ich brauchte einen perfekten Fotografen, gleichzeitig aber auch einen Feinmechaniker, der imstande war, unsere unzähligen Geräte bei auftretenden Pannen zu reparieren. Waren wir erst einmal in unwirtlichen Gegenden, dann mußten wir uns in jeder Lage selbst helfen können. In Ing. Kurt Hirschel fanden wir diese für uns so entscheidend wichtige Doppelfunktion. Als erfahrener Zoologe älteren Semesters war Prof. E. Ankel,

Erste Aufnahme eines großen Haies im Juli 1939 an der Südküste von Curaçao. Man hielt uns damals für verrückt, als wir in diesen Gewässern tauchten. Wie sich jedoch zeigte, war es wesentlich einfacher, die Haie fernzuhalten, als in ihre Nähe zu kommen. Nur in Ausnahmefällen greifen diese berüchtigten Räuber an.

Wir waren die ersten, die Schwimmtauchgeräte für Film- und Forschungstätigkeit einsetzten. In den griechischen Gewässern erkundeten wir 1942 unterseeische Grotten, studierten Fische, Rochen und Haie, indem wir uns selbst in Fischkollegen verwandelten.

*Oben:* Ein 100 kg schwerer Stachelrochen.

*Rechte Seite:* Ein Hai im Silberregen getöteter Fische. Durch das Unwesen der Dynamitfischerei wird großer Schaden angerichtet. Schon wenige Sekunden nach den Explosionen tauchen Haie auf, um am Festmahl teilzunehmen. Diese reagieren nicht auf Schreie – durch die Explosionen sind ihre Sinne abgestumpft.

*Oben:* Es wurde behauptet, daß die Weißflossenhaie der Hochsee (Carcharins longimanus) jeden Taucher angriffen. Nach unseren Erfahrungen stimmt das nicht: sie verhalten sich nicht anders als die übrigen. *Unten:* Wenn man Spiegel im Korallenriff aufstellt, zeigt sich, daß viele Fische ihr Spiegelbild für ihren schlimmsten Nahrungskonkurrenten halten: den Artgenossen. *Rechte Seite:* Lotte bewies uns, daß Frauen nicht weniger Mut haben als Männer. Das Ergebnis ihrer ersten Expeditionsteilnahme: wir heirateten.

Rektor der Universität Gießen, bereit, wenigstens den ersten Teil unserer Expedition mitzumachen. Das war besonders wichtig, da er Gutachter der deutschen Forschungsgemeinschaft war, jener Stelle, die noch am ehesten die Finanzierung einer rein wissenschaftlichen Tätigkeit dieses Schiffes übernehmen konnte. Als begabter Vertreter der Verhaltensforschung, dieser so überaus wichtigen jungen Wissenschaft, sagte Dr. I. Eibl-Eibesfeldt seine Teilnahme zu. Als Kameramann verpflichtete ich den im Spielfilm beheimateten Altmeister Konstantin Tschet. Als erfahrener Taucher, der mir auch bei den Unterwasseraufnahmen helfen konnte, sollte uns Lt. Commander Jimmy Hodges begleiten, ein Engländer, der sich als Kampfschwimmer und Unterwasserkameramann bereits einen Namen gemacht hatte. Jeder dieser ausgewählten Mitarbeiter übernahm einen Teil der Gesamtorganisation und wirkte tatkräftig an der Zusammenstellung der notwendigen Ausrüstungen und Reserveteile mit. Auf Hirschels Wunsch richtete ich auf dem Schiff neben einer Tischlerei auch eine feinmechanische Werkstatt ein. Als Kapitän gewann ich Johannes Diebitsch, der als Erster Offizier auf dem Segelschulschiff *Großdeutschland* gefahren war und die Auswahl der übrigen Mannschaft in die Hand nahm. Ein immer mehr um sich greifendes organisches Wachstum führte so zur Bildung einer Struktur, deren Einzelteile sich im begrenzten Raum des Schiffes den zweckmäßigen Platz „erkämpften" und in mannigfacher Verzahnung aufeinander abgestimmt und ineinander verwachsen waren.

Ein deutscher Filmverleiher war bereit, für einen Film über unsere erste Fahrt DM 300.000 als Garantie zu bewilligen. Das war für uns der entscheidendste finanzielle Beitrag. Allerdings machte er zur Auflage, daß ich den im letzten Film eingeschlagenen Weg noch weiter ausbauen sollte: ich sollte möglichst ganz auf Kommentar verzichten und die Handlung möglichst zur Gänze mit Dialogen – also genau wie in einem Spielfilm – gestalten. Ich sagte ohne Bedenken zu – in meiner damaligen Lage war ich so gut wie zu allem bereit, um die sich immer höher auftürmenden Schwierigkeiten zu überwinden. Erst später wurde mir dann erschreckend klar, worauf ich mich da eingelassen hatte. Ich mußte die mitfahrenden Wissenschaftler und Offiziere bitten, sich auch als Schauspieler für eine Filmhandlung zur Verfügung zu stellen. Ich mußte – als völliger Nichtfachmann – während der Reise ein Drehbuch gestalten, so geartet, daß unser Film mit den normalen Spielfilmen in Konkurrenz treten konnte. In nuce: ich

*Vorhergehende Doppelseite:* Die ersten Aufnahmen von Mantas glückten mir im Dezember 1949 im Roten Meer.
*Links:* Ein Exemplar von 5 Metern Spannweite. Auch diese größten Rochen werden von Pilotenfischen begleitet: bei Gefahr ziehen sich diese in das Maul zurück. Auch hier handelt es sich um eine Symbiose. Die Fische säubern dem Manta das Maul und finden in seinem Schutz schwimmend reichlich Nahrung.

sollte – wenn ich von dem engagierten Berufskameramann Tschet absah – ganz allein als Laie und durchwegs mit Laien gegen die Konkurrenz einer hochspezialisierten Industrie ins Feld ziehen. Wenn ich heute daran denke, daß unser Film die erste deutsche Technicolor-Produktion war und dann in England im größten Theater an Leicester Square (im Embassy-Kino, wo alle königlichen Premieren abgehalten werden) im normalen Abendprogramm eingesetzt wurde, so kann ich unsere Leistung nur bewundern. Daß nicht alle Kritiker diesem seltsamen Zwitterunternehmen freundlich gegenüberstanden, war kaum anders zu erwarten.

Alle Mitarbeiter waren ohne weiteres bereit, diese zusätzliche Funktion auf sich zu nehmen. Was bei uns allen ausschließlich zählte, war das eigentliche Ziel: Neben dieser Filmarbeit blieb bestimmt noch genug Zeit, wissenschaftlich zu arbeiten. Was zählte war, den Beweis zu erbringen, daß die neue Forschungsmethode nicht nur möglich war, sondern auch zu wertvollen Ergebnissen führte. Darauf, und nur darauf, kam es an.

# MIT DER „XARIFA“ ZU DEN „VERWUNSCHENEN“

## *Jagd auf den Pottwal*

Ein halbes Jahr später erlebten wir jenen Augenblick, auf den wir so lange Zeit hingearbeitet hatten. Unsere stolze *Xarifa* stach mit vollen Segeln von Hamburg aus in See. Sie sollte uns auf achtmonatiger Fahrt ins Karibische Meer und zu den Galapagosinseln führen. Tausende gaben uns das Geleit. Es gibt heute ja nur noch wenige Segeljachten dieser Größe. So grüßten die Menschen, die uns überall entlang der Elbe bis Cuxhaven winkten, in der *Xarifa* wohl das Symbol einer vergangenen Zeit.

Unser höchster Mast war dreiunddreißig Meter hoch, unsere Segelfläche betrug fünfhundertfünfzig Quadratmeter. Mit dem Hilfsmotor liefen wir acht bis neun Knoten, mit Segeln erreichten wir bis zu zwölf. Treiböl und Wasser konnten wir je zwanzig Tonnen mit uns führen. Das bedeutete einen Aktionsradius mit Motor von viertausend Seemeilen (etwa Hamburg bis zu den Antillen) und eine Wasserversorgung von maximal fünf Monaten, wenn man sechs Liter pro Person und Tag rechnete. Da wir jedoch zahlreiche Häfen auf unserem Weg anliefen, brauchten wir nicht mit Wasser zu sparen.

Sobald die letzten Gäste von Bord gegangen waren und die Küste hinter uns verschwunden war, begann der normale Schiffsbetrieb, der zwanzig Männer und eine Frau zu einer Gemeinschaft verschweißen sollte. Nach einer Zwischenstation in London, wo wir unseren zweiten Kameramann, Ltd. Comm. Jimmy Hodges, an Bord nahmen, durchquerten wir bei stürmischem Wetter den englischen Kanal und anschließend die Biskaya. Bücher über Meeressäugetiere und über Walfang gingen von Hand zu Hand. Auf den Azoren, unserem ersten Ziel, wollten wir versuchen, Pottwale unter Wasser zu beobachten und zu filmen. Je mehr wir über diese größten heute lebenden Raubtiere lasen, um so gespannter waren wir auf unser erstes Zusammentreffen.

Ihre Lebensform gehört zum Ungewöhnlichsten in der Natur. Sie tauchen senkrecht bis in die lichtlose Tiefsee und jagen dort nach zehnarmigen Tintenfischen, die sie mit ihrem sägeartigen Unterkiefer packen. Dann kommen sie in voller Fahrt empor, schöpfen an der Oberfläche etwa siebzigmal Atem und treten erneut den Weg in die Tiefsee an. Beim Heraufholen eines Kabels aus eintausend Meter Tiefe fand man einen darin verstrickten toten Pottwal, ein Beweis dafür, daß sie so gewaltige Tiefen aufsuchen. Jeder Taucher zerbricht sich den Kopf, wie Pottwale es anstellen, daß sie keine Caissonkrankheit bekommen.

Ein Mensch, der eine halbe Stunde in sechzig Meter Tiefe zubringt, muß beim Hochschwimmen Pausen von insgesamt neunzig Minuten einhalten. Tut er es nicht, dann tritt in seinem Blut der unter dem Tiefendruck gelöste Stickstoff aus, und es kommt zu einer Embolie, die Lähmungen oder sogar den Tod zur Folge hat. Der Pottwal – ein luftatmendes, warmblütiges Säugetier wie wir – taucht zehnmal so tief und kommt ohne jede Zwischenstation nach oben. Eine Theorie besagt, daß der Stickstoff durch das Spermazetöl im Kopf des Tieres gebunden wird, eine andere, daß dies durch Stickstoffbakterien geschieht. Da jedoch der Pottwal in der Tiefe nicht atmet, und da er ausatmet, bevor er untertaucht, könnte es auch sein, daß der Stickstoffgehalt in seinem Blut gar nicht ausreicht, um eine Embolie zu bewirken.

Wenn man überlegt, welche Schwierigkeiten die Wassertiere einst zu überwinden hatten, um sich dem Landleben anzupassen, dann nimmt es wunder, daß einige nachträglich, unter nicht minder großen Schwierigkeiten, wieder zum Wasserleben zurückgekehrt sind. Die Delphine und Wale stammen von Landraubtieren ab, die vor etwa fünfzig Millionen Jahren ins Meer übersiedelten. Als Warmblüter mußten sie sich mit einer dicken Speckschicht gegen die Wasserkälte schützen und sich, da sie die verlorenen Kiemen nicht wieder hervorbringen konnten, mit beschränkten Tauchzeiten begnügen. Delphine tauchen zwanzig Minuten lang, Pottwale bleiben bis über eine Stunde unter Wasser. Sie verdanken diese Fähigkeit den sogenannten „Wundernetzen" – kleinen, überall im Körper verteilten Gefäßknäueln, in denen sie eine besonders große Menge Blut und dadurch auch besonders viel Sauerstoff speichern können, mit dem bei Atemnot das Zentralnervensystem bevorzugt versorgt wird.

Der Speckpanzer – ursprünglich ein notwendiges Hilfsmittel – erwies sich als besonderer Vorteil. In den arktischen Meeren, wo Fische und Haie wegen der Kälte zu verminderter Aktivität verurteilt sind, wurden die Wale durch ihre innere Heizung diesen überlegen. Deshalb konnten sie sich auch in den kalten Meeren besonders gut durchsetzen und haben sich wahrscheinlich von dort aus über die Welt verbreitet.

Die Paarung der Pottwale vollzieht sich an der Oberfläche. Sie gebären lebende Junge, in der Regel nur eines. Ebenso wie die Jungen der Delphine, können die Kälber sofort schwimmen und Atem schöpfen; sie werden vom Muttertier angeleitet und unter Wasser gesäugt. Die Tiere leben in Herden, ihre Wanderungen unterliegen einem jahreszeitlichen Zyklus. Ein junger englischer Zoologe, Robert Clarke, war ein Jahr vor uns auf den Azoren gewesen und hatte uns den August als besten Monat zur Beobachtung bezeichnet. Diesen Termin hatten wir leider nicht einhalten können, doch hofften wir auch noch im September auf gutes Wetter.

Es war finstere Nacht, als wir San Miguel erreichten. Wir ankerten auf ziemlich steilem Grund vor La Capelas. Alsbald bewegte sich eine Prozession von kleinen Lichtern auf uns zu, umkreiste uns wie eine Kette von Glühwürmchen. Es waren Fischer, die mit Karbidlampen zum Fang ausfuhren. Die ersten portugiesischen Worte wurden gewechselt, es wurde gelacht, und Bierflaschen wurden über Bord gereicht. Die Boote blieben in unserer Nähe, und wir sahen sie Netze voll zappelnder Fische hochziehen.

Am anderen Morgen war das Bild verwandelt. Statt der düsteren Silhouette sahen wir im Sonnenschein steile grünbewachsene Hänge, von denen, hoch oben, die blitzsauberen Häuser der kleinen Fischersiedlung zu uns herabgrüßten. Zwischen den schroffen schwarzen Klippen der Küste sahen wir einen winzigen Hafen mit zahlreichen, ans Ufer gezogenen Booten. Ich ging mit Kapitän Diebitsch an Land, doch wurde uns von einem Wachtposten mitgeteilt, daß wir uns im Hauptort Ponta Delgada melden müßten. Also fuhren wir mit der *Xarifa* rings um die Insel.

San Miguel ist die größte und reichste Insel der Azoren. Wie alle anderen ist auch sie vulkanischen Ursprungs. Nach einer alten Chronik soll früher einmal am Westende ein hoher Berg gestanden haben, der noch 1432 den portugiesischen Entdeckern als Landmarke diente. In einem furchtbaren Vulkanausbruch soll er verschwunden sein und sieben Städte in den fünf Kilometer großen Krater hinabgezogen haben. Wir haben diesen Ort, der Sete Citades – „Sieben Städte“ – heißt, später besucht; er sieht heute sehr friedlich aus. Das weite Rund ist mit herrlich blühenden Ingwerlilien bewachsen, und am Grunde des Kraters liegen zwei malerische Seen, von denen der eine grün und der andere blau ist.

Sobald wir in Ponta Delgada alle Formalitäten erledigt hatten, erkundigten wir uns nach den Brüdern Cymbron Borges de Sousa, die den Walfang auf der Insel leiteten. Clarke hatte bei ihnen Unterstützung gefunden, und auch wir wurden auf das freundlichste aufgenommen. Während sich die ersten Walfänger, die im sechzehnten Jahrhundert aus der Bretagne kamen, im Nordosten der Insel ansiedelten, sind heute Ponta Delgada und La Capelas die Zentren des Fanges.

Die Wale tauchen zehn bis fünfzehn Meilen von der Küste entfernt auf und werden von Aussichtsposten, die auf erhöhten Punkten der Insel verteilt sind, gesichtet. Herr Pedro Cymbron versicherte uns, daß er zwei ältere Männer habe, die aus dieser Entfernung die Größe eines Wales bis auf den Meter genau schätzen könnten – allein aus der Art des Sprühstrahles!

„Wenn ein Wal auftaucht, erhalten wir telefonische Nachricht", fuhr er fort, „und setzen von hier aus die Boote in Bewegung. Auf beiden Seiten der Insel liegt je eine Flotte von zwei Barkassen und sechs bis acht Fangbooten einsatzbereit. Sie stehen mit uns wie auch mit den Bergstationen in funktelefonischer Verbindung und werden auf diese Weise zu den Walen dirigiert. Kommen sie in die Nähe, dann bleiben die Motorboote stehen, und die Ruderboote versuchen, die Tiere einzuholen. Wir werden Ihnen ein solches Boot zur Verfügung stellen, Sie sind dann mitten in der Jagd darin. Ob Sie allerdings ins Wasser gehen werden, möchte ich bezweifeln."

„Harpunenkanonen verwenden Sie nicht?" fragte ich.

„Nein. An der portugiesischen Küste sind die Wale verschwunden, seitdem man Kanonen eingesetzt hat. Wir wollen sie hier nicht auch verjagen. Der Fang, den Sie bei uns erleben werden, geht noch genauso vor sich wie vor dreihundert Jahren. Auch die besonders gebauten Jagdboote sind noch gleich.

Schade, daß Sie nicht früher gekommen sind", fügte er hinzu. „Wir hatten eine gute Saison. Aber wenn Sie Geduld haben, werden Sie auch jetzt noch Wale sehen."

Wir organisierten einen Bootsdienst zum Schiff. Ein Junge sollte uns sofort benachrichtigen, wenn Wale gemeldet waren. Jimmy Hodges und ich bereiteten alles für die Unterwasseraufnahmen vor. Den ersten Versuch wollten wir allein machen, später, wenn es nicht gar zu gefährlich war, sollte auch Lotte mittauchen. Tschet sollte den Walfang über Wasser aufnehmen. Die übrigen Expeditionsteilnehmer sollten die Küsten untersuchen und sich mit den Tauchgeräten vertraut machen.

Erst beim fünften Alarm wurde es Ernst. In einem Mietwagen fuhren wir in rasendem Tempo nach La Capelas und trugen im Laufschritt unsere Geräte den steilen Weg hinunter zum Strand. Eines der Motorboote wartete auf uns, das andere war mit den Fangbooten vorausgefahren und bereits außer Sicht. Ein einzelner großer Bulle von fünfzehn bis sechzehn Meter Länge war im Nordosten gesichtet worden. Während die Pottwaldamen mit ihren Jungen in Rudeln schwimmen, sind die großen Bullen fast immer allein.

In Wind und Gischt jagten wir aufs offene Meer. Der Himmel war wolkenlos, alle Voraussetzungen waren günstig. Auch konnte ich keinen besseren Taucher zur Seite haben als Jimmy. Er hatte im Krieg die englischen Froschmänner ausgebildet und sich später als Unterwasser-Kameramann spezialisiert; er war der erste gewesen, der das an der Themsemündung gesunkene englische U-Boot *Truculent* aufsuchte; er hatte für eine Filmgesellschaft allein bei Sansibar getaucht und während des Krieges im Chinesischen Meer. Er war die Ruhe und

Sicherheit in Person. Daß er im Verlauf unserer Expedition bei einem völlig ungefährlichen Abstieg den Tod finden sollte, ahnten wir nicht, als wir diesem wirklich gefahrvollen Einsatz entgegenfuhren.

„Die Frage ist", sagte Jimmy, „ob der Bursche uns für einen Tintenfisch halten wird oder nicht. Wir dürfen die Arme und Beine nicht zu weit wegstrecken, sonst glaubt er, das sind Fangarme, und schluckt uns."

Nach zwölf Meilen kamen die Boote in Sicht. Sie trieben in größeren Abständen ziemlich ruhig auf dem Wasser, und auch das Motorboot lag still. Wie wir erfuhren, war der Wal bereits von einer Harpune getroffen und abgetaucht. Schnell verluden wir unsere Ausrüstung in das für uns bestimmte Fangboot und ließen uns in die Gegend rudern, in der er wieder auftauchen sollte.

Was sollten wir tun? Wir hatten uns darauf vorbereitet, einem noch unverletzten Tier in den Weg zu schwimmen; da der Wal jetzt festhing, war die Situation etwas anders. Er hatte zwar einstweilen nur einen Haken im Speck, mochte aber doch durch die Behinderung gereizt sein.

Wir warteten. Die Ruderer blickten neugierig auf unsere Flossen und die kleinen Speere. Sie lachten und zündeten sich Zigaretten an. Plötzlich gellte Geschrei über das Wasser. Eine halbe Meile von uns entfernt stiegen schräge Sprühstöße über das Meer. Der Wal war aufgetaucht! Das Boot, an dem er festhing, setzte sich im Schlepp der langen Trosse in Bewegung. Einige andere zogen blitzschnell Segel hoch und flogen der Stelle im Wind entgegen. Alle versuchten, dem Wal den Weg abzuschneiden. In jedem stand der Harpunier wie eine Galionsfigur am Bug.

Auch unsere Männer zogen an den Riemen, daß sie sich bogen. Eine Rudermannschaft in Oxford hätte nicht mehr Begeisterung an den Tag legen können. Die Jagd war diesen rauhen Gesellen mehr als ein bloßer Beruf. Ihre Augen glänzten, und sie schienen unsere Anwesenheit ganz vergessen zu haben.

Plötzlich hielten sie inne. Der eine richtete sich auf, dann sprachen alle gleichzeitig auf uns ein. Der Wal hatte einen Haken geschlagen und kam genau in unsere Richtung. Wir sahen, wie ein riesiger schwarzer Rücken sich über dem Wasser aufwölbte.

Man stelle sich eine große Lokomotive vor, die dicht unter dem Meeresspiegel fährt, Buckel macht und so von Zeit zu Zeit an die Oberfläche kommt. So etwa sah dieser Wal aus. Wenn er hochkam, stieß er seinen Schaumstrahl in die Luft, genauso wie eine Lokomotive ihre Dampfwolken.

Ich sah Jimmy an, er mich. Ohne erst lange zu überlegen, sprang ich mit meiner Kamera ins Wasser.

So schnell ich konnte, schwamm ich seitlich ab, um genau in die Fahrtrichtung des Tieres zu kommen. Es ging um Sekunden. Der Wal war nur noch knappe fünfzig Meter entfernt, als sich sein Rücken nochmals hochwölbte. Ich jagte auf acht Meter Tiefe und wartete. Jetzt war ich genau in seiner Richtung. Ich hatte gerade noch Zeit, die Einstellungen zu überprüfen, dann war er da. Er sah ganz anders aus, als ich gedacht hatte.

Eine meterdicke plumpe Masse kam auf mich zu, die mit der Leichtigkeit einer Kaulquappe wedelte. Sie war eckig und breit, ohne jede Form und Gliederung, aber das ganze ungeheure Ding war belebt. Der breite, querstehende Schwanz schlug mit federnder Kraft, und diese Bewegung schwang durch den ganzen riesigen Fleischkoloß weiter. Wie eine Himmelserscheinung brauste das Ungeheuer auf mich zu. Das Leben hatte sich hier in einer Masse von unglaublicher Wesenlosigkeit verkörpert!

Ich knipste, drehte den Film weiter, knipste noch einmal – und der Wal hörte das winzige Geräusch des Auslösers! Der ganze massige Körper reagierte darauf. Könnte man von einem Haus sagen, es zuckt zusammen, dann zuckte dieser Koloß zusammen. Er schwamm schräg abwärts in die Tiefe. Der Wal hatte mir nichts getan, aber das Klicken meiner Kamera hatte ihn erschreckt. Das Seil, an dem er hing, sauste an mir vorbei. Die große Schwanzplatte, die auf und nieder schwang, war das letzte, was ich sah.

Oben empfing mich wirres Geschrei. Das vom Wal gezogene Boot kam in den sprühenden Wellen geradewegs auf mich zu. Schnell tauchte ich wieder unter und sah es wie einen dunklen Vogel über mich hinwegziehen. Dann konnte ich endlich Luft schnappen. Ich stieg wieder ins Boot und erzählte Jimmy, was ich erlebt hatte.

Erst nachträglich wurde mir klar, was an diesem Tier so besonders unheimlich gewesen war. Ich hatte weder ein Auge gesehen noch ein Maul! Ohne Auge aber ist ein Tier kein Tier. Man betrachtet einen Seeigel oder einen Seestern als ein merkwürdig belebtes Ornament, doch erst wenn ein Wesen sein Auge auf uns richtet, wird es in unserer Vorstellung zur Kreatur. Aus dem Auge trifft uns seine Individualität, seine Seele, sein Sein. Selbst wenn ein Tier uns angreift, blicken wir nicht auf sein Maul und auf seine Tatzen, sondern auf die Augen.

Was ich selbst nicht gesehen hatte, zeigten später meine Fotografien. Die Augen des Pottwals sind winzig klein und liegen drei bis vier Meter weit am Kopf zurück. Er kann mit ihnen nach beiden Seiten ein Stück sehen, jedoch nicht, was vor ihm liegt. Melville hat sich in seinem unsterblichen Roman *Moby Dick* Gedanken darüber gemacht, wie es wohl mit der Aufmerksamkeit des Tieres bestellt sein mag. Der Mensch ist die geistig höchstentwickelte Kreatur, trotzdem können wir unsere Aufmerksamkeit immer nur auf *einen* Punkt lenken. Wie also orientiert sich der Wal, der zwei ganz verschiedene Bilder hat? Melville sagt, der Wal müsse umschalten. Entweder sei die Aufmerksamkeit links oder sie sei rechts. Und darauf führt er das panische Verhalten von Pottwalen zurück, die gleichzeitig von mehreren Seiten angegriffen werden.

Das Motorboot kam, nahm uns in Schlepp und führte uns wieder ins Kampffeld. Der Wal war inzwischen von einer zweiten Harpune getroffen worden. Er zog jetzt zwei Boote hinter sich her und kam viel häufiger zur Oberfläche. Das andere Motorboot schnitt ihm den Weg ab, so daß er wie in einem Zirkus im Kreis schwamm. Als er wieder auf uns zukam, sahen wir, daß er statt des hellen schaumigen Atemstrahles eine blutrote Fontäne in die Luft spritzte. Das Tier war in die Lunge getroffen und hatte, wie die Walfänger sagen, „die rote Fahne aufgesetzt".

Der Anblick war so furchtbar, daß wir uns nicht entschließen konnten, ins Wasser zu gehen. Aber beim nächsten Kreis, den der Wal schwamm, waren wir doch beide unten. Der ungeheuren Masse waren jetzt Angst und Qual deutlich anzumerken. Das gleiche Wesen, das mir eben noch so fremd erschienen war, erweckte nun unser Verständnis und Mitleid.

Wie arm und hilflos war dieser Koloß! Die Luftnot zwang ihn, immer wieder zur Wasseroberfläche zu kommen, und oben erwarteten ihn bereits die Peiniger, um ihm immer wieder neue Lanzenstiche zu versetzen. Trotz dieses Zustandes sah er uns und wich uns aus. Er ahnte bestimmt nicht, daß auch wir zu seinen Jägern gehörten. Mit einer breiten dunklen Fahne ausströmenden Blutes kam er heran und drehte vor uns, als wollte er uns mit seiner Masse nicht verletzen.

Nie kann ein Pottwal wissen, wie dieser Feind aussieht, der ihn von oben bedroht. Wahrscheinlich sind für ihn die Boote selbst der Feind. Er mag sie als dünne, spitze Wesen empfinden, mit bösartigen Stacheln, die sie über Wasser abschießen, Stacheln, die hängenbleiben und ihn zurückziehen . . .

Obwohl unsere Sympathie dem Tier gehörte, konnten wir auch den Männern unsere Bewunderung nicht versagen. Pfeilschnell flogen ihre Boote über die im Wind immer höher werdenden Wellen. Geschickt wichen sie dem Schwanz aus, wenn der Wal in seiner Verzweiflung um sich schlug. Unglaublich wendig verhinderten sie, daß jemand von einem ablaufenden Seil erfaßt und ins Meer gerissen wurde. Tollkühn fuhren sie mit ihren Booten direkt auf den breiten Rücken auf, um ihm die flachen, vier Meter langen Lanzen durch den Speck zu stoßen. Mit der Sorgfalt von Chirurgen suchten sie dabei nach den lebenswichtigen Zentren. Lachend klopften sie die verbogenen Spieße am Bootsrand wieder gerade. Alle schwitzten und waren in größter Aufregung. Jedes Boot war eine Einheit, ein organisiertes, todbringendes Wesen, das nicht abließ, ehe der Gegner überwunden war.

Der Wal brach aus dem Kreis, und die Jagd ging viele Meilen in gerader Richtung. Aus irgendwelchen geheimnisvollen Kraftreserven schöpfend, tauchte er jetzt wieder länger unter Wasser. Eine der Motorbarkassen übernahm zwei Seile und ließ sich nun ebenfalls vom Wal nachziehen. Wir schrien und winkten, aber die zweite Barkasse vergaß unsere Existenz. So blieben wir für eine Zeit uns selbst überlassen, während die tolle Jagd hinter dem Horizont verschwand. Nach einer halben Stunde kam das Gespann in unsere Gegend zurück. Der Wal war immer noch am Leben. Immer noch kräftig, zog er die schwere Barkasse und schien es kaum zu spüren, wenn ihm diese im Rückwärtsgang die Bremse ansetzte.

Der Kampf dauerte über vier Stunden. Die Sonne war merklich tiefer gesunken, der Wind beträchtlich stärker geworden. Langsam, ganz langsam ermüdete der Wal. Immer häufiger sahen wir ihn die große Schwanzflosse in die Luft werfen, um zu tauchen. Er hielt es jetzt kaum noch zwei Minuten unter Wasser aus. Sein Körper bebte und wälzte sich am Ort. Ein leuchtend roter Blutkreis breitete sich um die Stelle aus. Sämtliche Jagdboote stießen von allen Seiten herzu und versuchten, ihm den Todesstoß zu versetzen. Noch einmal bäumte er sich auf, und der Schwanz fegte müde übers Wasser. Dann drehte er sich, und die breite Brustflosse erschien an der Oberfläche. Der Wal war tot. Zur letzten Ruhe kippte er hilflos auf die Seite.

„Da – schau!“ rief Jimmy plötzlich.

Dicht unter unserem Boot zogen mehrere Haie hindurch, die direkt in den Blutkreis hineinschwammen. Sie hatten weiße Flossenspitzen, und jeder war von einem Dutzend kleiner Pilotenfische begleitet. Als der Wal abgeschleppt wurde und das Wasser sich klärte, sahen wir, wie die Haie Speckstücke aus dem Körper bissen. – Wir hatten keine Lust, uns die Haie unter Wasser anzusehen!

Eine Woche später erlebten wir einen anderen Fang, bei dem ein Rudel von weiblichen Pottwalen angegriffen wurde. Sie waren nur halb so groß und verendeten wesentlich schneller. Der längste Kampf dauerte eine halbe Stunde, der kürzeste nur sieben Minuten. Insgesamt wurden vier Kühe und Jungtiere getötet.

Diesmal blieben wir im Wasser, als die Haie auftauchten. Sie kamen aus dem abgrundtiefen Meer, stürzten sich auf die blutenden Wale und fetzten an ihren Wunden herum. Ich habe Haie immer als schön empfunden, hier lernten wir sie als Bestien kennen. Sie benahmen sich, als wollten sie das Blut trinken. Nur die Wunde interessierte sie.

Diese Haie wurden äußerst frech. Sie waren kaum länger als zwei oder zweieinhalb Meter, kamen wie neugierige Hunde ganz dicht an uns heran und ließen sich weder durch Schreie noch durch unsere Stöcke verjagen. Da sie immer erst auftauchten, wenn schon sehr viel Blut im Wasser war, gewann ich den Eindruck, daß diese Art nicht durch das Kampfgeräusch, sondern durch den Geruch herbeigerufen wurde. Daraus konnte sich auch ihre völlige Unempfindlichkeit gegen Schreie erklären.

Auffallend war die große Zahl von Pilotenfischen, die jeden von ihnen wie eine Wolke umgaben. Lotte war mit uns im Wasser, als einige sich von einem größeren Hai lösten und in einer zielstrebigen Staffel über eine Entfernung von zwanzig Metern auf uns zukamen. Sie schnüffelten an uns herum und eilten dann wieder in geschlossener Formation zum Hai zurück. Durch solches Verhalten mag die Sage entstanden sein, daß die Pilotenfische den Hai auf Beute aufmerksam machen und zu ihr hinführen. In Wahrheit waren diese Haie von Pilotenfischen so übervölkert, daß diese wahrscheinlich zu uns kamen, um festzustellen, ob wir nicht vielleicht auch Haie wären, auf die sie übersiedeln könnten.

Wir näherten uns einer harpunierten Kuh, als wir bei ihr zu unserer Überraschung noch zwei weitere Wale sahen. Der eine war ein Jungtier, das offenbar zu der verletzten Mutter gehörte, der andere ein ausgewachsener Wal, der der Kuh aus nicht näher erklärlichen Gründen die Treue hielt. Es war unsere einzige Gelegenheit, auch unverletzte Pottwale zu filmen. Sie ließen uns in ihre Nähe, dann erschraken sie und tauchten in die Tiefe ab.

Kurz darauf wurden wir Zeugen eines erstaunlichen Vorgangs. Das sterbende Tier klappte seinen Unterkiefer fast rechtwinkelig herunter, und ein höchst seltsames Geräusch hallte durch das Wasser. Es hörte sich an wie das Knarren eines riesigen Scheunentores, das sich in verrosteten Angeln dreht. Ein ganz tiefer, harter, vibrierender Ton klang mit vernehmlicher Stärke durchs Meer. Wir glaubten erst, daß er durch das Öffnen des Maules hervorgerufen würde, doch haben wir später einen anderen Wal gesehen, der bei geschlossenen Maul den gleichen Laut von sich gab.

Dieser Schrei des Pottwals, der meines Wissens von uns zum erstenmal gehört wurde, könnte vielleicht erklären, wie die Tiere zusammenfinden. Denn im normalen Leben schwimmen sie so weit voneinander entfernt, daß sie sich unmöglich unter Wasser sehen können. Oft sind die Bullen in meilenweiten Abständen von den Kühen. Wie finden da die Geschlechter zueinander? Wie bleiben die Herden der weiblichen Tiere zusammen, und wie stellen sie es an, daß sie sich bei ihren Tauchausflügen in die Tiefsee nicht verlieren? Auch Delphine stoßen Töne aus, allerdings klingen sie viel normaler und erinnern an das Quieken von Schweinen. Die Stimme des Pottwals dagegen ist ebenso unwirklich wie alles übrige an diesem erstaunlichen Monstrum. Der sehr eindringliche Ton muß auf große Entfernung hörbar sein.

Es wäre nicht unmöglich, daß der Wal diesen Schrei auch zur Ortung der Tintenfische verwendet. Er könnte – ebenso wie es die Delphine tun – die zurückkehrenden Echos mit seinen Ohren wieder auffangen. Irgendeine solche Vorrichtung muß der Pottwal haben, sonst wäre es ihm kaum möglich, die schnellschwimmenden Mollusken zu fangen. Keinesfalls kann es genügen, daß er etwa mit aufgesperrtem Rachen durch die Finsternis schwimmt.

In San Vincent, in der Walmehlfabrik, erlebten wir den letzten Akt der Tragödie. Die gleichen Tiere, die wir lebendig unter Wasser gesehen hatten, sahen wir nun, wie sie mit Kränen an Land gezogen und mit riesigen Messern in Stücke tranchiert wurden. Zuerst trennten die Männer durch einen gewaltigen Rundschnitt den Kopf vom Leib. Dann wurde mit einem Kran die dicke Speckschicht vom Körper gerollt, während ein anderer Trupp den Kopf mit Beilschlägen öffnete.

Der Kopf des Pottwals nimmt ein gutes Drittel seiner Gesamtlänge ein – bei einem großen Bullen ist er also sechs bis sieben Meter lang. Die merkwürdige, eineinhalb bis zwei Meter hohe Aufwölbung über dem Stirndach ist wie eine Flasche hohl und in mehrere Kammern geteilt. Diese enthalten das wertvolle Spermazetöl oder „Walrat", eine dickflüssige Substanz, über deren biologische Bedeutung nichts bekannt ist. Wir sahen zu, wie die Arbeiter sie mit Eimern aus dem Kopf schöpften.

Im Querschnitt des Körpers zeigte sich uns deutlich der Unterschied zu den Fischen. Ihrer schlängelnden Bewegung wegen liegen bei ihnen die Hauptmuskeln an beiden Seiten. Doch als die Fische an Land krochen und allmählich aus ihren Flossen Gliedmaßen entwickelten, wurden die Rücken- und Bauchmuskeln für die Fortbewegung ausschlaggebend, und jene an den Seiten traten zurück. Mit dieser Erbschaft mußten sich die Meeressäugetiere abfinden; deshalb schlagen sie ihre Schwänze nicht seitwärts, sondern auf und nieder. Die Bildung der Schwanzflosse war ein weiteres Problem. Bei den Walen und Delphinen entstand sie aus einer querstehenden Hautfalte, die durch keinerlei Skelett gestützt ist und bei großen Walen bis zu fünf Meter Breite erreicht. Die lappigen Vorderflossen sind die umgewandelten Vorderpfoten; in ihnen sind noch die Handwurzelknochen und Fingergelenke verborgen. Die Hinterbeine gingen völlig verloren, nur ein kleiner Rest des einstigen Beckens blieb zurück.

Auch die Haare gingen, bis auf einige wenige auf der Nase, verloren. Die Nase selbst wurde zum Atemloch, und man nimmt darum an, daß der Pottwal keinen Geruchssinn hat. Das Ohr ist nach außen abgeschlossen und unsichtbar, die Haut so dünn, daß jede leichte Berührung sie wegstreift. Den Schutz des Körpers übernahm der darunter liegende dicke Speck. Wenn also ein Hai in einen Wal hineinbeißt, beißt er wie in ein Stück Käse.

In einem weiblichen Tiere fanden wir einen Embryo. Er war nur einen Meter lang, also in einem recht frühen Stadium, denn die jungen Wale kommen bereits mit vier Meter Länge zur Welt. Professor Ankel und Dr. Scheer konservierten es, und es wurde später zum Objekt einer besonderen Untersuchung.

Außerdem fanden wir in dem Magen zahlreiche mehr oder minder verdaute Tintenfische. Der alte Fürst von Monaco, ein begeisterter Meeresbiologe, hat nach solchen aus Walmägen stammenden Exemplaren mehrere noch unbekannte Tiefseearten beschrieben.

Eine besondere Überraschung stand uns bevor, als im Magen eines sechzehn Meter langen Bullen zwei halbverdaute Haifische zum Vorschein kamen, der eine zweieinhalb Meter lang, der andere sogar drei Meter zehn! Dadurch trat die Legende von Jonas für uns in ein neues Licht. Ein großer Pottwal wäre in der Lage, auch einen Menschen als Ganzes hinunterzuschlucken.

Nachdem alles in Stücke zerschnitten und zu den Kesseln befördert war, kamen die Männer mit Besen und Eimer und scheuerten den blutigen Schlachtplatz rein. Den sägeartigen Unterkiefer schleppten sie hinter die Fabrik, wo sich schon vierzig oder fünfzig andere häuften und verfaulten. Sie bleiben dort liegen, bis die zweiundvierzig Zähne – jeder hat die Form eines stumpfen Kuhhornes – von selbst ausfallen. Aus ihnen werden Schnitzereien angefertigt.

Zwei Jahre später, in London, lud der bekannte Regisseur John Huston Lotte und mich in die Ateliers von Elstree ein, wo gerade *Moby Dick* gedreht wurde, und zeigte uns die angefertigten großen Modelle des sagenhaften weißen Pottwals. Als ich das künstlich bewegte riesige Maul sah, von dem im Film ein Fangboot entzweigebissen wird, dachte ich an den Friedhof hinter der Fabrik in San Vincent. Dort lagen die letzten Reste dieser stolzen unheimlichen Geschöpfe. Solange sie nicht ausgerottet sind, werden sie für den Menschen das Symbol der dämonischen, in der Tiefe des Meeres waltenden Kräfte bleiben.

## *Die Galapagosinseln*

Die Galapagosinseln oder die „Verwunschenen“, wie die spanischen Entdecker sie nannten, sind ein für die Naturforschung und für die Selbsterkenntnis der Menschheit historischer Platz. Hier hat Charles Darwin 1835 auf seiner Weltreise auf dem Vermessungsschiff *Beagle* Eindrücke empfangen, die ihn zur Abstammungslehre der Tiere und des Menschen führten. Hier bildete sich ihm die Grundlage zu einer Erkenntnis, die dann wie keine andere mißverstanden und bekämpft wurde.

Wie kam es dazu?

Was Darwin auf diesen einsamen vulkanischen Inseln, die wie große Aschehaufen aus dem Meer aufragen, in Staunen setzte, war die große Anzahl verschiedener Tiere, die beinahe in Sichtweite voneinander auf den einzelnen Inseln lebten. Jede Insel hatte ihre eigenen Schildkröten und Spottdrosseln, ihre eigenen Finken und auch ihre eigenen Pflanzen. Darwin fragte sich, warum sich gerade auf diesen kleinen nackten Inseln ein solcher „Betrag an schöpferischer Kraft" entfaltet hatte.

Über ganze Kontinente verbreitet leben gleiche Tierarten, und hier hatte die Phantasie des Schöpfers auf ein paar Aschehaufen immer wieder neue, anders aussehende Arten geschaffen. Man nahm seit Linné und in Auslegung der Bibel an, daß eine Tierart etwas Unveränderliches sei. Ging man aber von dieser Voraussetzung aus – an der übrigens schon vor Darwin einige Gelehrte gezweifelt hatten –, dann erschienen die auf den Galapagosinseln herrschenden Zustände recht sonderbar.

Sonderbar war auch, daß die gesamte Lebenswelt dort eine deutliche Verwandtschaft mit der des amerikanischen Festlandes zeigte. Darwin fragte sich, warum sie nicht vielmehr jener der Kapverdischen Inseln gleiche, die ebenfalls vulkanisch sind und ähnliche Verhältnisse bieten, deren Tiere und Pflanzen dagegen aber offensichtlich denen des afrikanischen Kontinents verwandt waren.

Das alles ließ sich leicht erklären, wenn die Arten nicht etwas Einmaliges und Unveränderliches waren, sondern sich in langen Zeitspannen eine aus der anderen entwickelt hatten. Dann waren eben gewisse Pflanzen und Tiere durch Wind, Treibholz und sonstige Zufälligkeiten auf die aus dem Meer steigenden Vulkankegel gelangt, hatten sich hier im Lauf der Zeit den besonderen Gegebenheiten angepaßt und – ganz von selbst, durch natürliche Auslese, im ständigen Kampf ums Dasein – neue Arten gebildet. Dann war es auch verständlich, daß auf jeder Insel eigene Formen entstanden waren. Je nach den gerade herrschenden Zufälligkeiten hatten sich die Lebewesen in diese oder jene Richtung umgeformt.

Und wie auf den Galapagosinseln im kleinen, so mochte es auch im großen sein. Vielleicht waren überhaupt alle Arten von Lebewesen im Laufe von ungeheuren Zeitperioden eine aus der anderen entstanden. Vielleicht waren alle Tiere – und alle Pflanzen – nur Äste an ein und demselben Stammbaum des Lebens!

Nachdem Darwin von seiner Reise zurückgekehrt war, verbrachte er zweiundzwanzig Jahre damit, den ganzen weiten Kreis der Natur auf seine Vermutung hin zu prüfen. Er trug ungeheuer viele Beweise zusammen, und als er seine Theorie schließlich veröffentlichte, war sie so gut belegt, daß sie schnell Anhänger fand.

Eine neue Forschungsrichtung entstand. Wenn wirklich alle Arten eine aus der anderen entstanden waren, dann galt es jetzt, ihre natürliche Verwandtschaft Schritt für Schritt zu eruieren. Die Versteinerungen, die man bisher als „Spiele der Natur" oder als Überreste anderer, vorsintflutlicher Schöpfungen angesehen hatte, gewannen nun als Zeugnisse der Vergangenheit und als Bindeglieder zwischen den heute lebenden Gruppen besondere Bedeutung. In vielen Fällen konnte man nicht nur verfolgen, wie ein Lebewesen aus dem anderen hervorgegangen war, sondern auch, wie sich Organe durch Veränderung ihrer Funktion umgebildet hatten.

Ein Beispiel dafür ist die Entstehung und Weiterbildung der Flossenstrahlen der Fische. Ihre Geschichte beginnt bei den wurmartigen Vorfahren der Fische, bei denen sich zur besseren Gleichgewichtslage aus einer Hautfalte ein Flossensaum bildete, und endet – bei der menschlichen Hand.

Der Flossensaum half diesen Urfischen beim Schwimmen, doch bedurfte er einer Stütze. Die Natur „variierte"; und im Lauf der Zeit entstanden Fische, deren Flossen durch hornartige Strahlen versteift waren. Da dies ein deutlicher Vorteil war, erhielt er sich und entwickelte sich weiter.

Bei einigen Fischen verhärteten sich die Strahlen zu Stacheln, an denen eine Giftdrüse entstand – und wurden zur Waffe. Bei anderen wuchsen sie riesenlang aus und stützten flügelartige Flossen – Hilfsmittel für den Gleitflug an der Oberfläche. Beim Schildfisch legten sich die Strahlen des vorderen Abschnittes seiner Rückenflosse zur Hälfte nach links und zur Hälfte nach rechts – und wurden zu den Rippen seiner Saugplatte. In der Tiefsee wuchsen sie bei einigen Fischen zu langen Fäden aus – und wurden zu Tastorganen. Am Ende dieser Fäden wiederum bildete sich bei manchen Fischen ein kleines Federchen, mit dem sie kleine Fische in ihr Maul locken – hier wurden die Strahlen zur Angel.

Eine der Abwandlungen sollte von ungeheurer Konsequenz sein: Bei jenen Fischen, die an Land krochen und deren Flossen sich in Beine umwandelten, wurden aus den Flossenstrahlen – kleine, gegliederte Knochen. So entstanden die Finger und Zehen der Wirbeltiere!

Die Fünfzahl ergab sich bereits bei den Amphibien. Bei den Reptilien wurden die einstigen Flossen zum Krallenfuß, bei den Vögeln wurden sie zu Flügeln, bei den Säugetieren zu Tatzen, Hufträgern und Händen.

Jede der Gruppen brachte auch wieder Arten hervor, die ins Meer zurücksiedelten und ihre Extremitäten in Flossen zurückverwandelten. Unter den Reptilien war es der heute ausgestorbene Ichthyosaurus, der delphinartig im Meer lebte. Bei den Vögeln sind es die drolligen Pinguine, die ihre Flügel sozusagen in kleine Taschen gesteckt haben und als Flossen benützen. Unter den Säugetieren sind es die Robben, Seekühe und Wale.

Die größte Bedeutung aber erlangte die umgewandelte Flosse als Hand des Menschen. Für unsere Entwicklung zu dem, was wir heute sind, ist sie nicht weniger wichtig gewesen als unser besonders ausgebildetes Gehirn. Hätten Hunde oder Katzen die gleichen geistigen Fähigkeiten, sie könnten doch nicht zu unserer Kultur und Zivilisation gelangen. Denn es fehlt ihnen das Universalinstrument Hand, mit dem das ausgeführt werden kann, was der Geist erfindet.

Hätten wir keine Hand, dann könnten wir nicht hämmern und nicht Violine spielen. Wir könnten keine Kleider anlegen, und – vor allem – wir könnten nicht schreiben! Neben der Sprache aber ist die Schrift das wichtigste Instrument im menschlichen Aufstieg. Nur durch sie war es möglich, die Erfahrungen früherer Generationen den späteren zu erhalten, die darauf weiterbauten...

Das Leben auf der Erde ist nach der Entwicklungslehre ein einziger, großer, wahrhaft wunderbarer Prozeß. Schon in das erste Urwesen muß die Schöpfung – gleichgültig, wie wir sie uns vorstellen – sämtliche Entwicklungsmöglichkeiten gelegt haben. Das ist die ungeheure Erkenntnis, zu der Darwin auf den Galapagosinseln die erste Anregung empfing.

Auch uns zeigten diese Inseln, warum man sie die „Verwunschenen" nannte. Abends hatten wir sie gesehen, uns in der Nacht langsam genähert, am Morgen waren sie verschwunden. Eine der starken Meeresströmungen hatte uns um viele Meilen versetzt.

Der aus zehn großen und zahlreichen kleineren Inseln bestehende Archipel liegt genau am Zusammenfluß des kalten, von Peru im Bogen nach der Südsee ziehenden sogenannten Humboldtstroms und des um acht bis zehn Grad wärmeren Äquatorialstroms. So kann es also vorkommen, daß man auf einer Insel in kaltem Wasser taucht, während es auf einer anderen wieder tropisch warm ist.

Dieser merkwürdigen Lage der Inseln entspricht die Zusammensetzung ihrer Tierwelt. Der Äquator läuft mitten zwischen ihnen hindurch – trotzdem leben hier Seelöwen und Pinguine. Daneben gibt es aber auch tropische Tiere, wie große Echsen und Schildkröten. Wie wir selbst noch sehen sollten, gibt es sogar Korallenfische. Antarktisches und tropisches Leben ist hier auf engem Raum vereint.

Gegen zehn Uhr vormittags waren die Inseln klar in unserer Sicht. Die gleichmäßig ansteigenden Hänge der Vulkane von Chatham und Indefatigable erhoben sich immer höher aus dem Meer. Mit unseren Ferngläsern blickten wir auf die mit dürrem Gestrüpp bewachsenen Lavahänge, von denen wir aus Beschreibungen wußten, wie ungeheuer schwierig sie zu ersteigen sind.

Zu der Zeit, da Darwin die Inseln besuchte, liefen deutlich sichtbare Wege durch das dornige Gestrüpp die Hänge hinauf. Die spanischen Seeräuber, die hierherkamen, kannten diese Wege und wußten, daß sie zu den spärlichen, in den erhöhten Inselteilen gelegenen Wasserstellen führten. Sie wurden von den riesigen Elefantenschildkröten gebahnt, nach denen der Archipel benannt ist. „Galapagos" heißt auf spanisch „Schildkröten". Darwin sah die Tiere noch in großer Zahl, wie sie sich über ihre Straßen auf- und abwärts schoben. Da die Besatzun-

1950 konnten wir erstmals einen Walhai unter Wasser fotografieren. Diese größten und gutmütigsten Haie werden 18 Meter lang: ebenso wie die Mantas und die Bartenwale ernähren auch sie sich von Plankton. Man kann an sie heranschwimmen und sie ohne weiteres berühren. Auch an der Rückenflosse hielten wir uns fest. Ich filme das kleine Auge.
*Folgende Doppelseite:* Gerry Weidler schwimmt an den Walhai heran.

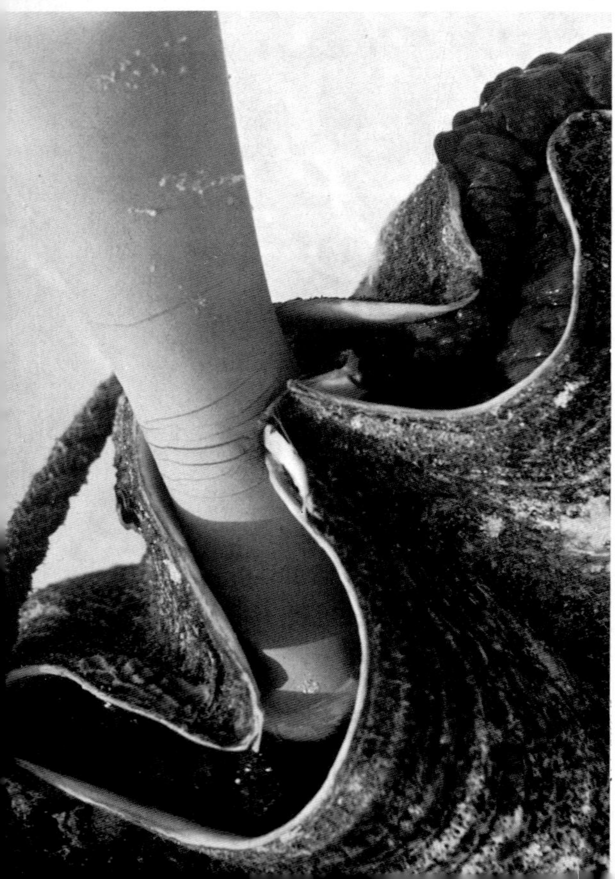

Die größte Muschel der Welt, die „Mördermuschel“ (Tridacna gigas), wird über 200 Kilogramm schwer. Taucher, die mit dem Arm oder dem Bein zwischen die geöffneten Schalen kamen, sollen festgehalten worden und zugrunde gegangen sein. Wir stießen zur Probe ein Gipsbein in eine solche Muschel: sie klappte sehr schnell zu und hielt das Bein eisern fest. Über einen Zentimeter tief schnitten die Schalenränder in den Gips ein. Erst an Land konnten wir den Schließmuskel durchschneiden und so unser Bein befreien.

*Rechte Seite:* Ein vier Meter langer Hammerhai über flachem Sandboden bei Green Island (Queensland). Er schwamm unter mir durch und bemerkte mich erst, als seine Rückenfinne mich beinahe berührte. Er drehte, und die eine Seite des „Hammers“ betrachtete mich. Ich zuckte zusammen – darüber erschrak das Tier und jagte davon.

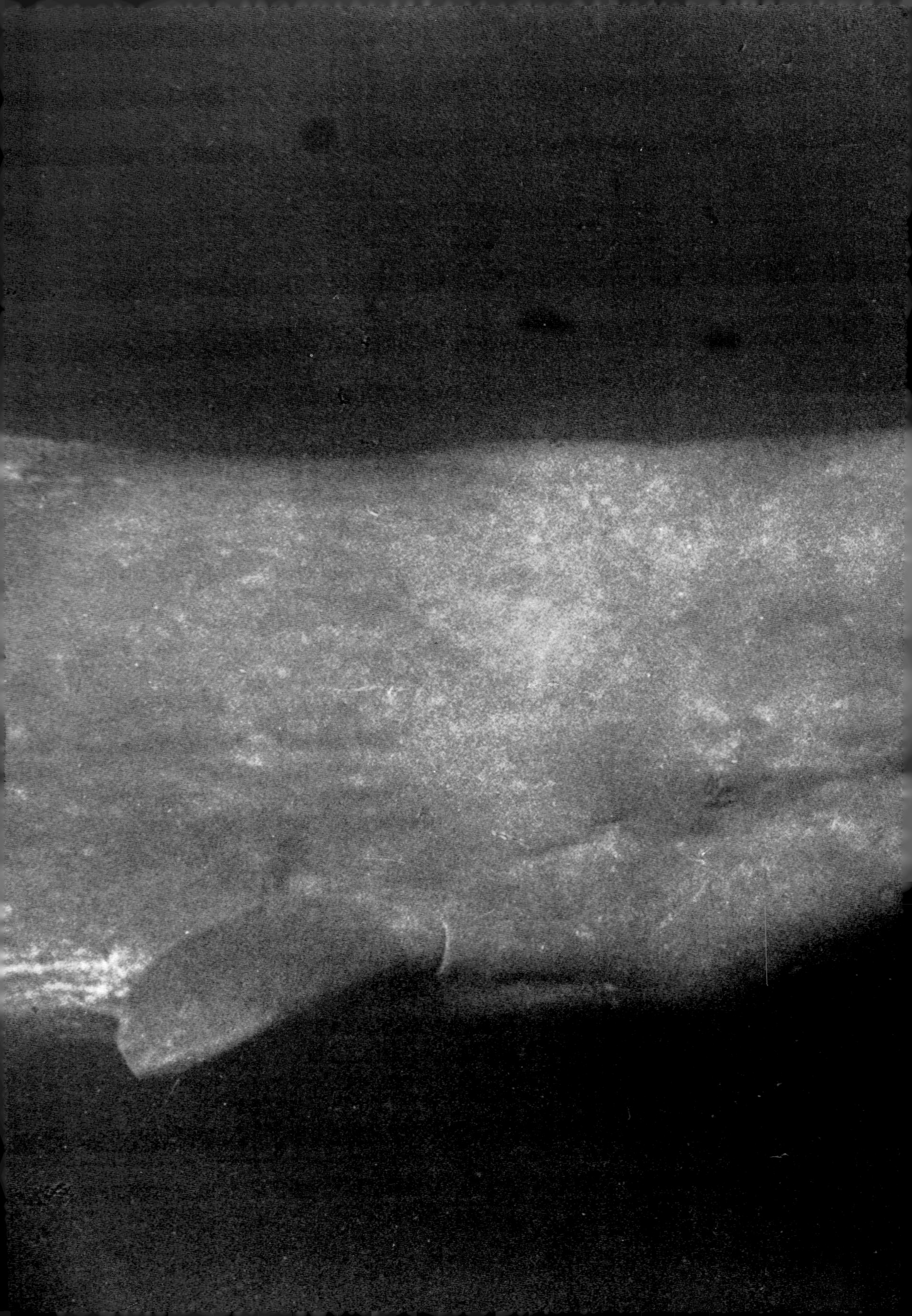

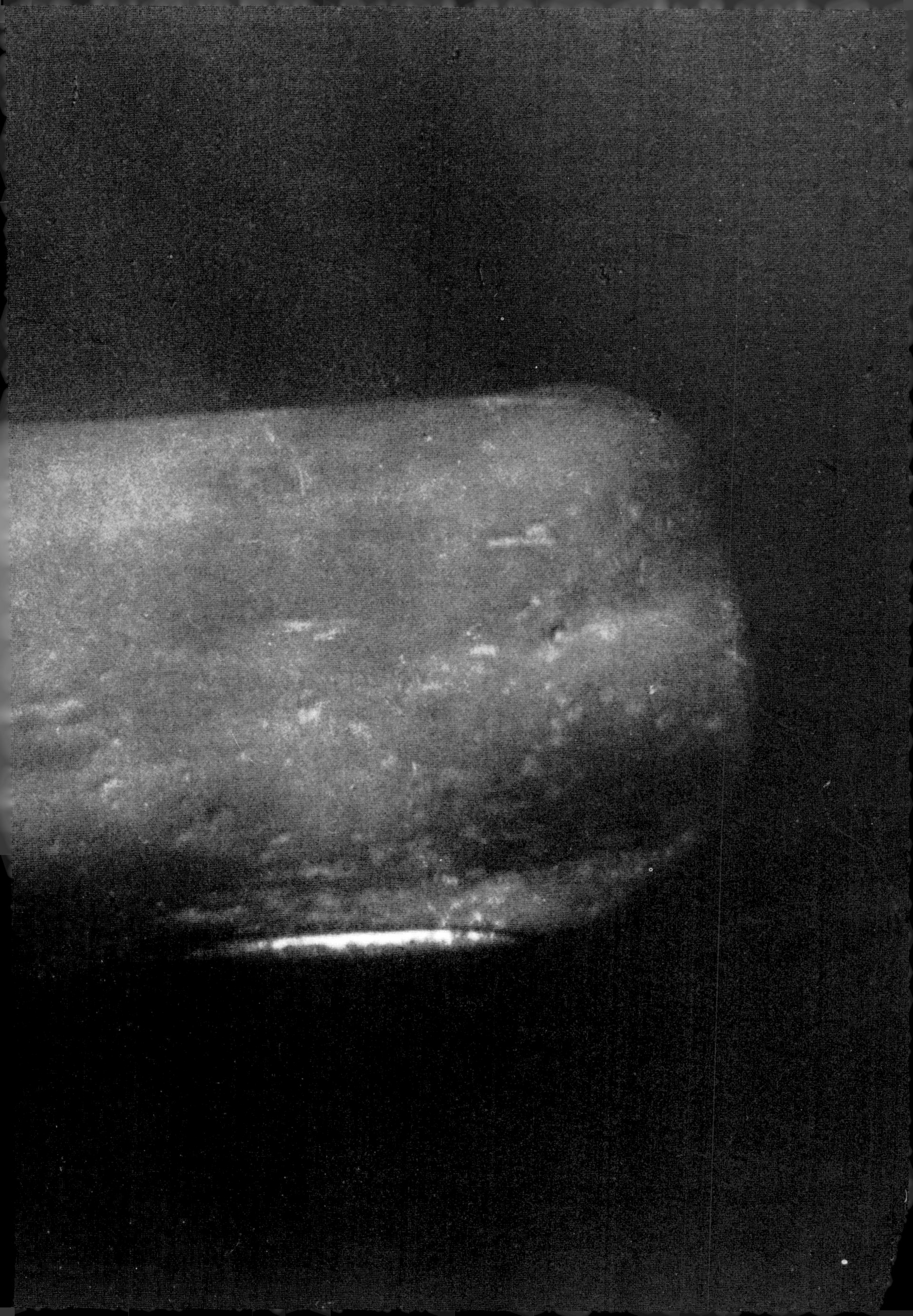

1950 konnten wir erstmals einen Walhai unter Wasser fotografieren. Diese größten und gutmütigsten Haie werden 18 Meter lang: ebenso wie die Mantas und die Bartenwale ernähren auch sie sich von Plankton. Man kann an sie heranschwimmen und sie ohne weiteres berühren. Auch an der Rückenflosse hielten wir uns fest. Ich filme das kleine Auge.
*Folgende Doppelseite:* Gerry Weidler schwimmt an den Walhai heran.

Die größte Muschel der Welt, die „Mördermuschel“ (Tridacna gigas), wird über 200 Kilogramm schwer. Taucher, die mit dem Arm oder dem Bein zwischen die geöffneten Schalen kamen, sollen festgehalten worden und zugrunde gegangen sein. Wir stießen zur Probe ein Gipsbein in eine solche Muschel: sie klappte sehr schnell zu und hielt das Bein eisern fest. Über einen Zentimeter tief schnitten die Schalenränder in den Gips ein. Erst an Land konnten wir den Schließmuskel durchschneiden und so unser Bein befreien.
*Rechte Seite:* Ein vier Meter langer Hammerhai über flachem Sandboden bei Green Island (Queensland). Er schwamm unter mir durch und bemerkte mich erst, als seine Rückenfinne mich beinahe berührte. Er drehte, und die eine Seite des „Hammers“ betrachtete mich. Ich zuckte zusammen – darüber erschrak das Tier und jagte davon.

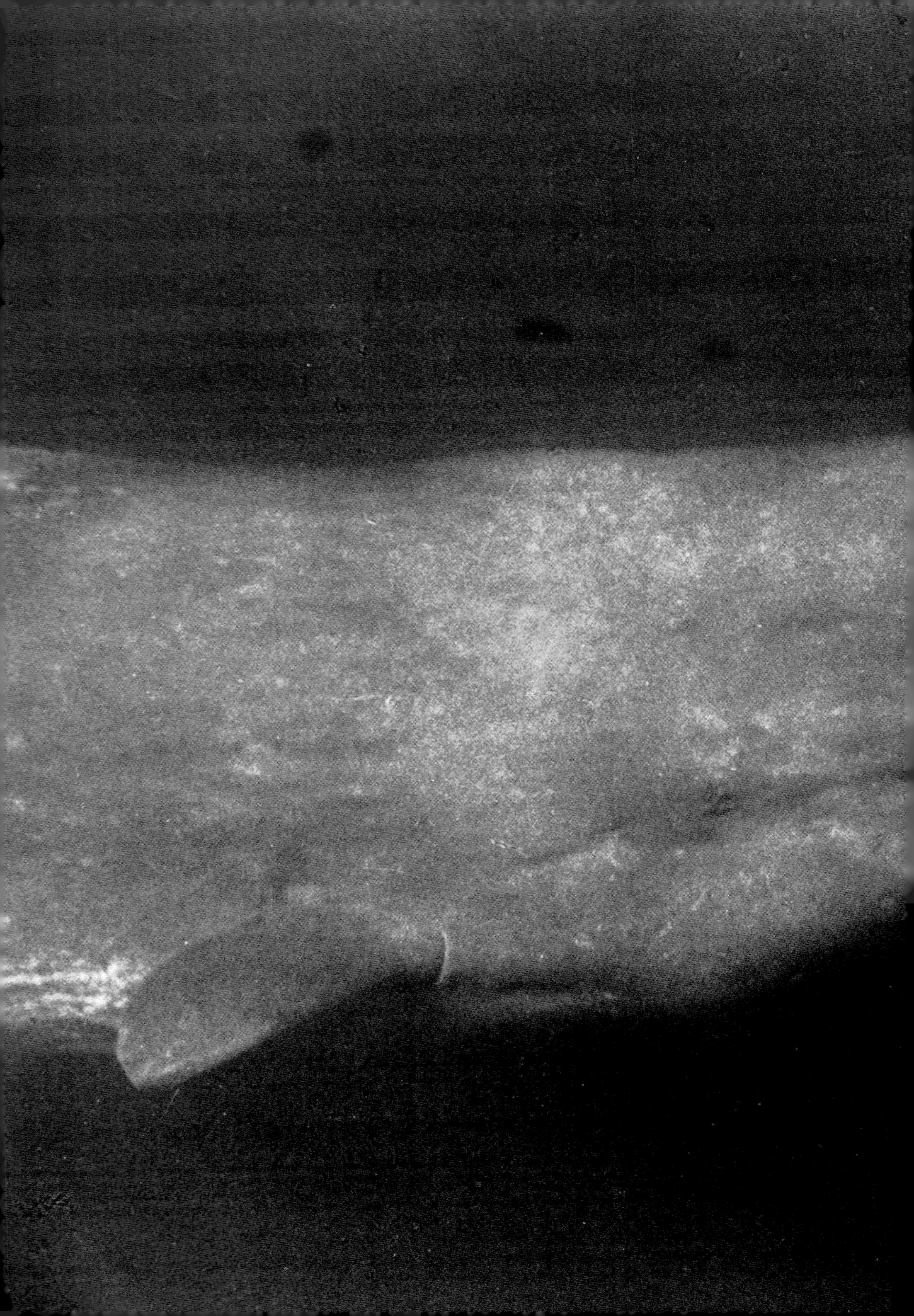

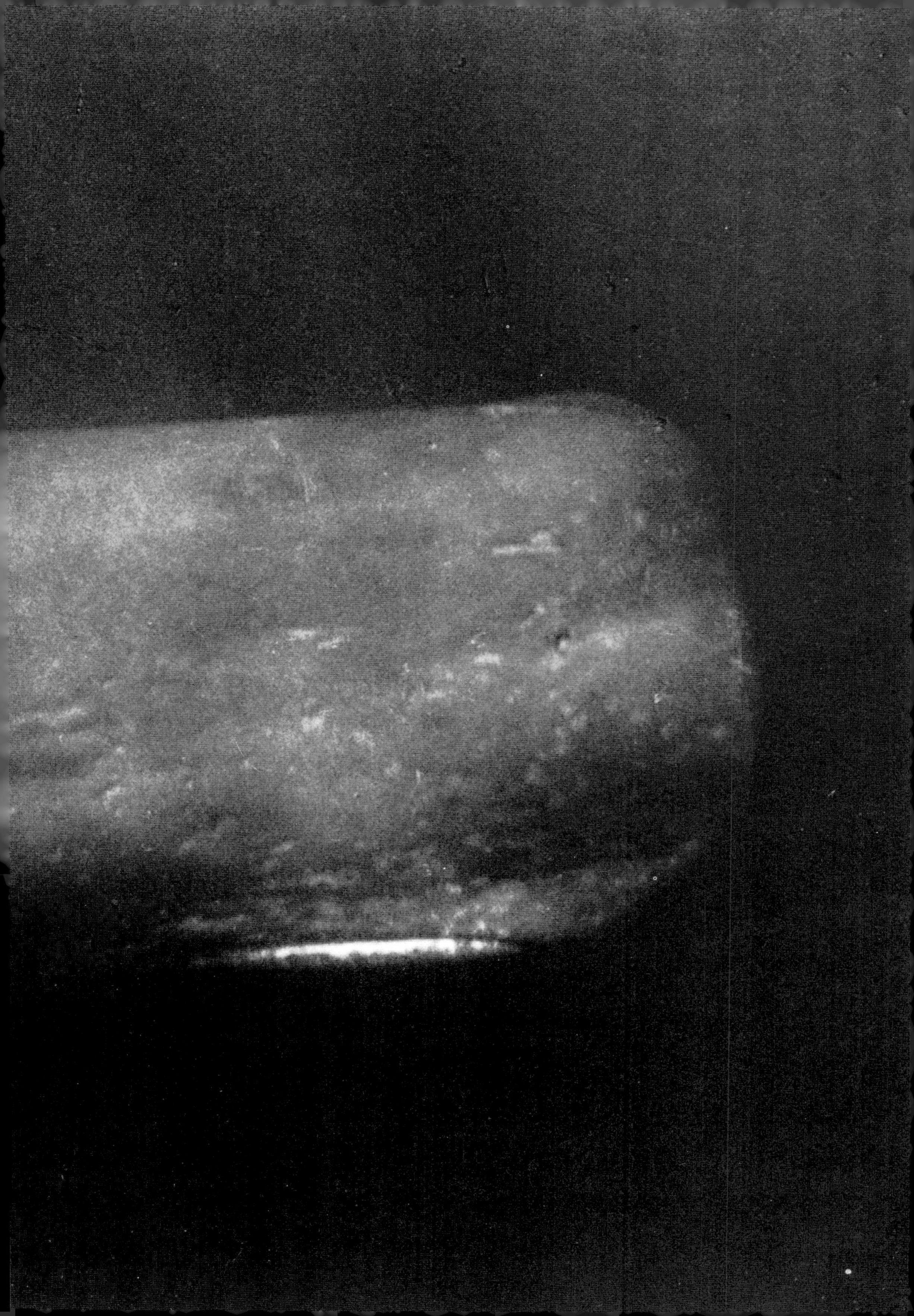

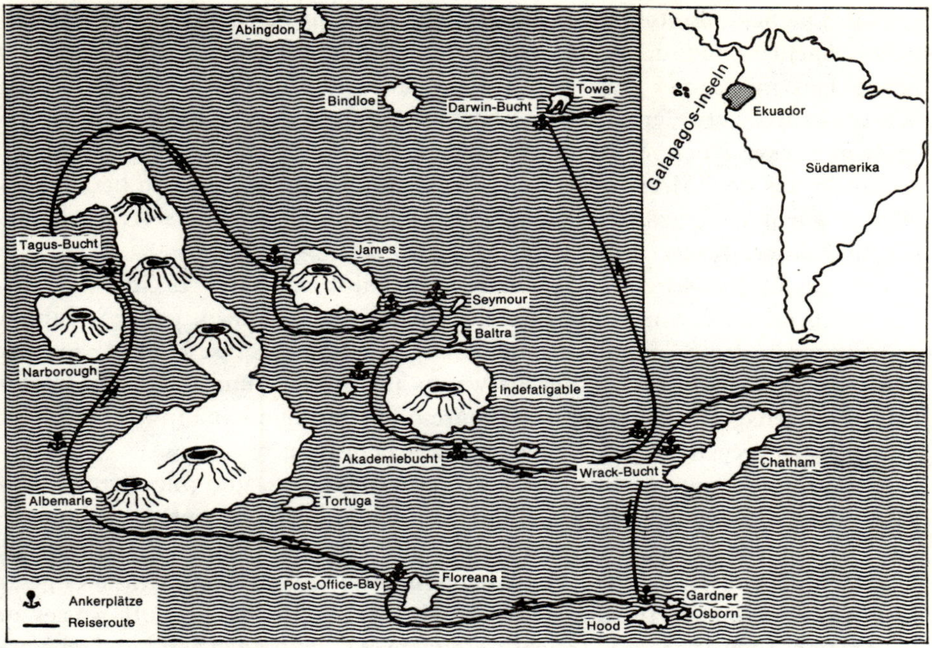

Galapagos-Archipel mit der Fahrtroute der „Xarifa“. Da hier der aus der Antarktis hochströmende Humboldtstrom auf warme äquatoriale Strömungen trifft, ist das Meer sehr unruhig und oft trüb.

gen der vorbeifahrenden Schiffe sie zu Hunderten fingen und als lebenden Proviant an Bord nahmen, sind sie heute nahezu ausgerottet.

Damals gab es so große Exemplare, daß sechs bis acht Männer nötig waren, um sie zu heben. Die Tiere waren taub. Kam Darwin von hinten an sie heran, erkannten sie ihn erst, wenn er schon neben ihnen war. Sie stießen dann einen Zischlaut aus und ließen sich wie tot fallen. Wenn er auf ihren Rücken stieg und hinten auf ihren Panzer klopfte, standen sie auf und trugen ihn weiter.

Große Exemplare gaben bis zu hundert Kilo Fleisch, und ihr Fett ergab ein kla-

*Vorhergehende Doppelseite:* Der sechs Meter lange Kopf eines 16 Meter langen Pottwalbullen. Das Auge ist winzig klein und liegt vier Meter weit zurück. Ich konnte es unter Wasser nicht sehen; die Aufnahme jedoch zeigt es.
*Links:* Lotte hinter der Schwanzflosse eines Pottwals. Sämtliche Wale stammen von Landwirbeltieren ab: ihre Schwanzflosse ist eine verhärtete, durch keinerlei Skelettstrahlen gestützte Hautfalte.

res Öl. Die Schildkrötenfänger pflegten die Haut in der Nähe des Schwanzes einzuschneiden und dann nachzuschauen, ob unterhalb des Rückenpanzers genug Fett im Körper war. Wenn nicht, ließen sie die Tiere wieder laufen. Wie behauptet wurde, erholten sie sich von dieser merkwürdigen Operation.

Beim Kicker Rock, einem pittoresken Felsen, der einhundertfünfzig Meter senkrecht aus dem Meer steigt, fuhren wir ganz nahe an Chatham heran. Das Wasser war milchig grün und völlig trüb. Dann fuhren wir in die Wrack-Bucht ein, und unsere Anker rasselten in die Tiefe.

Der ekuadorianische Kommandant kam selbst an Bord. Er lud uns ein, gegen Abend zu einem Drink ins Militärkasino zu kommen, und wir fuhren gemeinsam in der Barkasse an Land. Einige fünfzig traurige Hütten säumten den farblosen, staubigen Strand. Sie waren aus Brettern und Blechstücken roh zusammengenagelt. Der Hauptort Progreso mit fünfhundert Einwohnern liegt in den feuchteren Regionen weiter oben auf dem Berg.

Wir kauften einige Ananas, die dort gezogen werden, und pilgerten zu dem säuberlich eingezäunten Denkmal Darwins. Dann bewirtete uns der Kommandant in dem hüsch eingerichteten Kasino und zeigte uns seinen Plattenspieler. Draußen schlenderten unsere Matrosen mißmutig umher. Sie hatten alles gesehen, was es an diesem trostlosen Ort zu sehen gab, und alles gekauft, was es zu kaufen gab. So weit das Auge reichte, erblickte es schmutzigen Sand und schwarzen Lavaschutt, darauf ein dorniges, blattloses Gestrüpp, in dem einige Vöglein piepsten.

Am anderen Morgen lag Chatham hinter uns, und wir näherten uns der Insel Hood, die Beebe als die schönste der Galapagosinseln bezeichnet hatte. Zahlreiche Tölpel und Seeschwalben begleiteten uns. Delphine und große Makrelen sprangen auf, in einiger Entfernung zog eine einsame Haifischflosse an der Oberfläche entlang. Nach der traurigen Wrack-Bucht atmeten wir in dieser herrlich unberührten Einsamkeit auf. Wir fuhren zu der kleinen Insel zwischen Gardner und Hood, die Beebe Osborn getauft hat. Sie erhebt sich in der Art eines fünfzig Meter hohen Steingartens. Zwischen zerrissenen, zerklüfteten Lavafelsen sproßten Kakteen, blühten Gebüsche und buntes Moos, kreisten weiße und pechschwarze Vögel.

„Seht ihr sie?" rief Dr. Eibl aufgeregt. Mit dem Feldstecher betrachtete er die flache Landzunge auf der südlichen Seite der Insel. Braune Flecken lagen dort zwischen den schwarzen Klippen. Der Wind trug ein gelegentliches Blöken zu uns herüber. Seelöwen!

Sobald die *Xarifa* vor Anker lag und die Boote im Wasser waren, ruderten wir hinüber. Die Dünung war beträchtlich und die Landung nicht einfach. Ein gut zwei Meter langer Seelöwenbulle, der rastlos im seichten Wasser auf und ab schwamm, brüllte uns sehr unfreundlich entgegen.

Mit unseren zahlreichen Foto- und Filmkameras sprangen wir an Land. Einige Seelöwenweibchen, die in der Sonne geschlafen hatten, richteten sich erstaunt auf, rührten sich aber nicht vom Fleck. In seichten Tümpeln spielten und balgten schnauzbärtige Junge. Keine zehn Schritte von uns entfernt saß auf einem hohen Lavablock ein Galapagosbussard und sah uns interessiert zu. Keines der Tiere zeigte Angst!

Schon seit die Inseln entdeckt sind, ist dieses Phänomen bekannt. Da es hier keine Landraubtiere gibt, haben die Tiere nur eine sehr verminderte Fluchtreaktion entwickelt. Man kann sich fast jedem Vogel auf zwei Meter nähern, ebenso den Seelöwen und allen übrigen Tieren. Nur die Ziegen, Schweine und Rinder, die von Seeräubern und Walfängern hier ausgesetzt wurden und sich auf manchen Inseln stark vermehrt haben, bilden eine Ausnahme. Nachdem die Tünche der Domestizierung von ihnen abgefallen ist, zeigen sie wieder die normale Fluchtreaktion ihrer wild lebenden Vorfahren.

Es sind in der Tat verwunschene Inseln! Die wilden Tiere sind hier zahm, und die zahmen Tiere, die der Mensch ausgesetzt hat, verhalten sich wild.

Schritten wir aufrecht, ließen uns die Seelöwen nur beschränkt an sich heran, krochen wir dagegen auf allen vieren und blökten noch dazu, dann konnten wir sie sogar berühren. Während Meister Tschet die Filmkamera aufbaute, machte Eibl sich mit dem Notizblock ans Werk. Er stellte zunächst fest, daß alle Tiere auf der westlichen Seite der Landzunge zu einer Herde gehörten, die dem im seichten Wasser so eifrig brüllenden Bullen unterstand. Es waren einundzwanzig Weibchen, die je ein Junges hatten, und drei kinderlose. Etwas abseits saß ein kleinerer Bulle auf einem Felsen und schielte sehnsüchtig zu dem Harem des alten Tyrannen hinüber. Er war allein. Es sah aus, als wartete er auf seine Chance.

Mit dem alten Herrn kamen wir schnell in Berührung. Wir sahen einige Weibchen im Wasser spielen und schwammen mit Speeren und Unterwasserkameras in ihre Richtung, um sie bei ihren Schwimmkünsten zu beobachten. Das Meer war trüb, der Boden bestand aus schwarzer Lava mit mäßigem Bewuchs. Wir glaubten dicht bei den Weibchen zu sein, da kam plötzlich der fette Bulle unter Wasser auf uns los. An seinem Benehmen war zu merken, daß er nicht spaßte. Mit gefletschten Zähnen stürmte er auf uns zu. Ich versetzte ihm einen Stoß mit der Harpune, er brüllte unter Wasser, stieß Blasen aus, schlug einen Haken und richtete sich gegen Lotte. Ich traf ihn wieder, wobei er wie beim erstenmal eine sichtbare Schramme davontrug. Sehr beleidigt hielt er sich jetzt in einiger Entfernung. Sein ganzes Verhalten brachte zum Ausdruck, daß er in seinen gerechten Pflichten gekränkt worden war. Mit meinem Speer, das sah er ein, konnte er den Kampf nicht aufnehmen. Dieser Speer jedoch, gab er deutlich zu erkennen, war im Seelöwenkodex eine unerlaubte Waffe.

Eibl bat uns händeringend, doch ja die Kolonie nicht zu stören. Wir filmten deshalb, was wir für unseren Film brauchten, und überließen dann ihm das Feld. Die nächsten Tage war er kaum an Bord. Als Schüler von Konrad Lorenz machte er seine Beobachtungen nicht halb. Die Mahlzeiten mußten wir ihm im Boot schicken, außerdem eine Zeltplane und Decken, denn er wollte bei den Seelöwen schlafen. So war es ihm möglich, den ganzen Tagesablauf dieser Tiere zu studieren.

Am Morgen, bei Sonnenaufgang, war es der Bulle, der sich als erster erhob. Er robbte ins Wasser, schwamm eine Weile auf und ab und stieß sein heiseres Gebrüll aus. Besonders vernehmlich brüllte er an den Grenzen seines Reviers, wo auch der junge Bulle seine Ruhestatt hatte. So erklärte er jedem, der es hören wollte, daß dieser Strich, mit allen darauf versammelten Damen, ihm unterstand.

Die Weibchen reckten sich nun ebenfalls und bequemten sich ins Meer. Sie jagten dort ein wenig, warfen zum Vergnügen Steine in die Luft und freuten sich ihres Lebens. Wenn sie dem Bullen begegneten, schaukelten sie begrüßend den Kopf und ließen sich beschnüffeln. Einige taten ein übriges und bissen ihn in den Nacken. Der Bulle war jedoch nicht zum Scherzen aufgelegt. Schwamm ein Weibchen zu weit hinaus, dann trieb er es sofort zurück.

Inzwischen waren auch die Jungen erwacht und spielten in den Tümpeln. Die Mütter kamen zurück, beschnupperten sie, suchten nach dem ihrigen und säugten es. Dabei legten sie, wie Eibl beobachtete, Wert darauf, daß die Jungen manierlich durch Blöklaute und Kopfschwenken grüßten. Irrte sich eines in der Mutter, so wurde es verjagt. Dann wurde es heißer, und Weibchen und Junge lagen in der Sonne und schliefen. In den sonderbarsten Stellungen kratzten sie sich genießerisch. Sogar der patrouillierende Bulle vergaß seine Pflicht, schlief beim Schwimmen ein und streckte von Zeit zu Zeit mit geschlossenen Augen den Kopf aus dem Wasser, um zu atmen. Trieb ihn eine Strömung gegen den Felsen, dann wich er ohne zu erwachen aus. Sobald er aufwachte, brüllte er energisch.

Die Damen stritten sich ein wenig, fauchten sich an. Bei kleinen Streitereien beschränkten sie sich auf Ek-Ek-Rufe; wurden sie heftiger, dann brüllten sie „Öü, Öü, Öü!" Sofort eilte der Bulle an Land und brachte sie zur Räson. „Ou, Ou, Ou!" erklärte er. Das junge Männchen sah traurig und sehnsüchtig aus der Ferne zu. Es rief: „Oa, Oa, Oa!"

Erst gegen Abend wurden die Weibchen wieder lebendig. Vor Sonnenuntergang gingen sie nochmals auf Jagd, dann stiegen alle müde an Land, der brave Bulle zuletzt. Die Jungen wanderten von einem Weibchen zum anderen, beschnupperten sie und suchten nach der Mutter. Fanden sie diese nicht, schrien sie kläglich „Bööö". Dann antwortete die Mutter sofort mit einem ebensolchen, nur tieferen „Böö". Allmählich wurde es still. Zunächst sah der Bulle noch alle fünfzehn bis zwanzig Minuten auf und blickte umher – zu dem jüngeren Bullen hinüber. Dann schlief auch er ein. Und ebenso Dr. Eibl.

Wir fuhren zu der Ostküste der Insel Gardner, wo wir mehrere andere Seelöwenkolonien sahen. Das Wasser war auch dort schmutzig, ein Stück weiter draußen aber kristallklar. Hier schwammen wir – Jimmy, Lotte und ich – mit unseren Tauchgeräten an der Oberfläche und versuchten, Seelöwendamen an uns zu locken. Bei einer Kolonie sahen wir den Bullen schlafend auf einem Felsen liegen. Einladend und wehmütig blökten wir „Oaa, Oaa, Oaa!"

Sofort horchten die Damen auf. Sie warfen einen Blick auf den schlafenden Gebieter – und schrubbten ins Wasser.

Wir tauchten auf den zwölf Meter tiefen Grund und warteten. Schon kamen die Seelöwenmädchen angeschwommen. Nie sahen wir etwas Eleganteres und Graziöseres als diese geschmeidigen Tiere! In völliger Überwindung aller Schwerkraft schienen sie das Wasser und seinen Widerstand auf jedem Zentimeter ihrer Haut lustvoll zu empfinden. Ihr ganzer Körper schwang in anmutiger Bewegung. Die Vorderflossen dienten ihnen sowohl als Ruder als auch zum Steuern.

Lotte und ich standen nebeneinander auf dem Grund, Jimmy war mit der Filmkamera etwa fünfzehn Meter von uns entfernt. Da wir die Tiere quieken hörten, quiekten Lotte und ich ebenso. Sie kamen dicht an uns heran, umkreisten uns in kaum einem Meter Entfernung und betrachteten uns mit ihren großen braunen Augen, die an Land so stumpf und kurzsichtig aussahen, unter Wasser aber vor Interesse und Intelligenz blitzten. Eines der Weibchen hielt neben mir inne, stieß Blasen aus und quiekte. Das konnte ich auch. Ich stieß noch schönere Blasen aus und legte recht verführerische Töne in meine Stimme. Das Seelöwenweibchen kam mit der Schnauze bis an meine vorgestreckte Hand. Mit stiller Freude hörte ich gleichzeitig ein ständiges Surren im Wasser – Jimmys laufende Filmkamera.

Dann flog das Mädchen mit einer genußvollen Bewegung zur Oberfläche, schöpfte Luft und kehrte in vollendetem Bogen wieder zurück. Ein zweites Tier berührte mit seiner zierlichen Schnurrbartschnauze fast unsere Tauchmasken und blickte neugierig durch das Glas. Eine schnelle Wendung – und beide flogen zu Jimmy hinüber, der pausenlos filmte. Sie glitten dicht über seine Kamera hinweg, umkreisten ihn und schwammen dann wieder eilig zur Küste. Jimmy führte auf dem Meeresgrund eine Art Veitstanz auf. Nach seinen Gesten zu schließen, hatte er die Szene seines Lebens gedreht.

An der Ostspitze von Gardner, wo der Küste eine große Lavaklippe vorgelagert ist, tauchten wir bei starker Strömung. Was wir hier unter Wasser zu sehen bekamen, war kaum zu glauben. Der flache sandige Grund, zwanzig Meter tief und von großen Steinblöcken gesäumt, war wie von einer Decke mit

Fischen überzogen. Zehn- bis zwanzigpfündige Zackenbarsche kamen von allen Seiten auf uns zu, als wollten sie sich freiwillig zum Mittagmahl anbieten.

Hinter einer aus Steinquadern gebildeten Mauer entdeckte Lotte einen großen schlafenden Stachelrochen. Sie scheuchte ihn mit der Harpune auf, und er war so benommen, daß er gegen einen Stein rannte und diesen umbrach. Gleichzeitig stieß mich Jimmy in die Rippen. Nicht weniger als sechzehn große Adlerrochen schwammen in geschlossener Formation auf uns zu!

Mit der Gelassenheit des Engländers bediente Jimmy die Kamera. Die massigen Tiere flogen wie urzeitliche Flugsaurier langsam über uns hinweg. Dann waren plötzlich wieder Seelöwen da und umkreisten uns. Als ich etwas später zufällig in eine Lavaspalte blickte, entdeckte ich dort nicht weniger als zwölf große Langusten. Wie auf Parkettsitzen saßen sie nebeneinander in Reih und Glied und streckten ihre langen Fühler heraus.

Wir riefen das Boot, und Xenophon reichte mir einen Speer nach dem anderen. In knapp fünf Minuten brachte ich alle herauf – ingesamt achtunddreißig Pfund. Die Tiere waren prachtvoll rot und blau gemustert. Zwei hatten sich gerade gehäutet und hatten eine weiche, noch unverkalkte Schale.

Wir besuchten auch die winzige Insel östlich von Osborn und tauften sie Xarifa. Hier kochte das Meer buchstäblich von Fischen. Da rings um die Galapagosinseln kalte und warme Strömungen aufeinandertreffen, sterben Hekatomben von kleinen Schwebetierchen ab, wodurch Milliarden von Fischen herangelockt werden, in deren Gefolge wieder die großen Raubfische kommen.

Wir sahen auch etliche Haie – einige von stattlicher Größe –, aber sie zeigten wenig Interesse an uns. Da ihr Mittagstisch stets reich gedeckt war, erschien es ihnen wohl nicht der Mühe wert, sich mit etwas Neuem zu befassen.

Schneller als gedacht, ging eine Woche vorbei. Wir tauchten und beobachteten, sammelten und fotografierten, dann änderte sich die Strömung, und das Wasser wurde trüb. Zum Abschied machten wir ein abendliches Picknick am Strand. Wir hatten ein paar wilde Ziegen geschossen und brieten sie über offenem Feuer. Aus der Ferne sahen uns die Seelöwen zu. In ihrer Mitte hatte sich eine wichtige Veränderung zugetragen. Der alte Bulle war entthront!

Eines Morgens hatte Eibl festgestellt, daß der junge das Kommando übernommen hatte. Jetzt saß der alte abseits, auf dessen früherem Platz. Vielleicht trug ich sogar indirekt Schuld daran. Vielleicht hatte ich mit meinen Speerstößen seinen Stolz gebrochen – ich erinnerte mich an seinen Blick. Etwas Neues, Überlegenes war in sein Leben getreten. Vielleicht hatte das dem Nebenbuhler die Chance gegeben, den Anstoß, den er brauchte, um den Alten zu verdrängen.

Vierzehn Tage später, auf der Insel Seymour, sahen wir eine Riesenkolonie von einigen hundert Tieren. Abseits in einem klar abgegrenzten, engen Bereich saßen einige alte, halbblinde Bullen, die wie in einem Altersheim ihrem Tod entgegengingen. Sie waren besiegt worden und verstoßen. Sie waren alt und müde und lebten neben den vertrockneten Kadavern einiger anderer, die schon verendet waren. Wahrscheinlich träumten sie von den Tagen, da sie noch stark und herrisch vor ihrem Küstenstrich auf und ab schwammen und die hübschen Damen ihnen aufritten und sie in den Nacken bissen. Ihre Zeit war vorbei, niemand kümmerte sich mehr um sie. Die Natur, die alles Starke und Junge fördert und über alles Alte und Schwache rücksichtslos hinweggeht, hatte ihnen als besondere Gnade ein kleines Plätzchen zum Absterben zugewiesen.

Auf der Insel Floreana besuchten wir das Grab des berühmten Dr. Ritter, dessen Schicksal die Weltpresse einst in so großem Maß beschäftigt hat. Das ehemalige Grundstück ist verwildert, von seinem Haus ist nichts mehr zu sehen. In einem Gestrüpp, völlig überwachsen, fand ich den kleinen Steinstuhl, auf dem er zu sitzen und nachzudenken pflegte.

Er war 1929 nach den Galapagosinseln gekommen, um hier ein gesundes Leben zu führen und in der Stille über die Dinge der Welt zu philosophieren. Vielleicht war Nietzsche sein Vorbild gewesen, der auf den einsamen Felsklippen von Rapallo die Inspiration zu seinem Zarathustra empfangen hatte. Aber für Ritter kam es anders. Die ersten zwei Jahre wurden für ihn und seine Lebensgefährtin, Frau Dora Strauch, sehr schwer. Sie hatten Beebes Buch über Galapagos gelesen und nicht bedacht, daß dieser als Zoologe die Inseln durch eine rosarote Brille sah. Die trockene, staubige Wirklichkeit war erschreckend. Ritter fand in einem erhöhten Inselteil Wasser, aber es dauerte sehr lange, bis es ihnen gelang, dem trockenen Boden Nahrungsmittel abzuringen.

Dagegen kamen reiche Amerikaner in ihren Jachten und interessierten sich für den Mann, der nackt in der Gegend umherlief und hundertvierzig Jahre alt werden wollte. Sie hinterließen ihm Gebrauchsgegenstände und Konserven. Dann erschien, durch Zeitungsberichte angelockt, eine österreichische Baronin, die sich drei junge Männer mitbrachte und sich in der Nähe ansiedelte. Sie ernannte sich zur Königin von Floreana. Als wiederum Jachten kamen und Geschenke brachten, entspann sich zwischen den beiden Gruppen ein Streit.

Nach zwei Jahren war alles zu Ende. Die Baronin und einer der jungen Männer verschwanden spurlos. Der zweite fuhr nach Hause, den dritten fand man halb verwest auf einer Sandbank. Dr. Ritter aber – der Vegetarier – starb an einer Fleischvergiftung.

Unten in der Bucht lebt heute noch die Familie Wittmer, die keinen hochfliegenden Plänen nachhing, sondern in fleißiger Arbeit eine Plantage anlegte und Fischfang betrieb. Frau Wittmer lud uns gastfreundlich in ihr hübsches

Haus. Das letzte unter deutscher Flagge segelnde Schiff, das hier anlief, war Graf Luckners *Seeteufel* gewesen – derselbe, den ich dann erworben hatte und bei Kriegsende wieder verlor. Frau Wittmer hatte einen erwachsenen Sohn und ein Mädchen; ein zweiter Junge war beim Fischen ertrunken. Abgesehen von der bitteren Einsamkeit waren sie einigermaßen glücklich.

Unsere nächste Station war die Insel Albemarle, die größte des Archipels, auf der es noch in jüngster Zeit heftige Vulkanausbrüche gegeben hat. Ein Krater reiht sich hier an den anderen. In dem überaus schmutzigen Wasser, das wegen des aufgewirbelten Lavastaubes nie klar wird, tauchten zahlreiche große Mantas direkt neben der *Xarifa* empor. Die starken Strömungen stellten hier – wie überall zwischen den Inseln – große Anforderungen an unsere Offiziere. Wir fuhren die völlig zerrissene Lavaküste entlang und gingen in der Tagus-Bucht vor Anker, einem vollgelaufenen kleinen Krater, an dessen Wänden sich zahlreiche Schiffe in weißer Schrift verewigt haben.

Im trüben Wasser platschten Fische, die keine waren – muntere Pinguine, die ausgelassen auf- und niedertauchten. Auf den dunklen Klippen entlang der Küste saßen überall große, schmutziggrüne Echsen – die berühmten schwimmenden Meerechsen von Galapagos.

Sie werden bis eineinhalb Meter lang und sehen wie vorsintflutliche Drachen aus. Der Kopf hat zahlreiche Höcker. Die Männchen sind wesentlich größer und haben einen wesentlich höheren Kamm. Ähnlich wie bei den Seelöwen hatte auch hier jedes Männchen einen Harem von Weibchen und ein ganz bestimmtes Revier, das es energisch gegen jeden Eindringling verteidigte. Als wir uns näherten, zeigten die Tiere keinerlei Angst. Die Bullen sahen uns drohend entgegen und nickten dabei mit den Köpfen.

Das ist ihre Aufforderung zum Kampf. Wenn ein anderes Männchen in das Revier eindringen will, stehen sich die Tiere an der Grenze nickend gegenüber. Plötzlich stürmt dann eines blitzschnell auf das andere los, und die gepanzerten Köpfe prallen gegeneinander. Jedes versucht das andere wegzuschieben. Mit einigen Ruhepausen kann so ein Kampf bis zu zwei Stunden dauern. Ergibt sich ein Partner, dann legt er sich in Demutsstellung flach auf den Bauch. Er wird dann nicht mehr angegriffen und kriecht geschlagen seines Weges. Von den scharfen Zähnen machen die Tiere keinen Gebrauch.

Auf der völlig öden, hoch ansteigenden Kraterinsel Narborough, die wir von der Tagus-Bucht aus besuchten, fanden wir die Felsen mit Hunderten solcher Meerechsen übersät. Sie klebten unbeweglich auf dem Gestein, und wenn wir uns näherten, begannen überall die Männchen mit den Köpfen zu nicken. Man konnte an sie herangehen und sie an den langen Schwänzen hochziehen. In der Brandungszone sahen wir sie die Algen abweiden, einige schwammen bis zu hundert Meter weit ins Meer hinaus.

Während Tschet eifrig filmte und Scheer sich mit der Beobachtung von Vögeln befaßte, machte Eibl den Versuch, Männchen in fremde Reviere zu versetzen. Sofort kam es zu einem weit ernsteren Kampf. Da sich der Eindringling nicht vorschriftsmäßig nickend der Grenze genähert hatte, wurde er rücksichtslos gebissen. Er fühlte sich auch sichtlich unsicher und nicht dorthin gehörig und strebte in sein Revier zurück. Hatte er es erreicht – und er fand den Platz bis auf dreißig Meter Entfernung –, dann richtete er sich wieder in aller Männlichkeit auf. Hier war er bereit, seinen Mann zu stehen. Hier war er im Recht. Hier war er zu Hause.

Neben zahlreichen Pelikanen, die in Mangroven nisteten, und Pinguinen, die wie Porzellanfiguren auf den Vulkanfelsen saßen, beobachteten wir auch den flugunfähigen Kormoran, dessen Flügel zu Stummeln rückgebildet sind. Nur hier, wo es keine Raubtiere gibt, hat sich eine solche Rückbildung erhalten können. Andernorts wären die Kormorane längst ausgerottet worden.

Einen Pinguin unter Wasser zu beobachten, wie es Beebe gelungen ist, war uns in dem völlig trüben Meer leider nicht möglich. Als wir später die Akademiebucht anliefen, um dort von den Siedlern Kartoffeln und Fleisch zu kaufen, sahen wir einen gefangenen Pinguin, der in der Küche gehalten wurde und sehr traurig dreinsah. Wir kauften ihn und nannten ihn Benny, er wurde bald zum Alleinherrscher an Bord. Unsere Bordkatze Mouche machte einen Buckel und kletterte erschreckt auf den Mast. Stets guter Dinge, watschelte Benny selbstbewußt über das Deck. Er war die Freude aller, mit Ausnahme unserer Offiziere, die das Deck gern sauber sahen, und des Schiffsjungen, der immer hinter ihm her putzen mußte.

Von Albemarle fuhren wir zur Insel Seymour, auf der im Krieg ein großes amerikanisches Militärlager errichtet worden war, dann weiter nach Indefatigable, von wo aus wir auch die malerischen Guy-Fawkes-Felsen besuchten. Wir tauchten an zahlreichen Stellen, sammelten und fotografierten die Meereswelt, fanden aber nirgends wieder so klares Wasser wie auf Hood.

Die letzte Station war die große Darwin-Bucht auf Tower, in die wir trotz der schwierigen Passage mit der *Xarifa* einfuhren. Entlang der malerischen Wände dieses einstigen Kraters leben in den Büschen und Bäumen Tausende von nistenden Tölpeln und Fregattvögeln, und zwischen den Klippen fanden wir die seltenen, lange für ausgestorben angesehenen Seebären. Dr. Eibl unternahm eine Exkursion zu dem von Beebe entdeckten Kratersee Arcturus und entdeckte darin noch unbekannte Planktonformen. Dr. Scheer führte auch hier, wie überall auf unserer Reise, neben seinen Untersuchungen an Vögeln geophysische Messungen durch, die interessante Ergebnisse über die Dämmerungshelligkeit auf tropischen Inseln erbrachten.

Traurig sahen wir eines Tages Tower hinter uns entschwinden. Die Zeit, die uns zur Verfügung gestanden hatte, war um. Neben einem lebenden Schwein, zwei großen Schildkröten und dem Pinguin hatten wir nun auch noch zahlreiche große Meerechsen an Bord. Kapitän Diebitsch sah geduldig zu, wie die Käfige geöffnet und die Tiere auf Deck gefüttert wurden. Im zarten Rosa eines herrlichen Sonnenunterganges sahen wir die „Verwunschenen“ hinter uns entschwinden.

Nicht nur wird die Struktur jedes Organes durch die von ihm zu erbringende Funktion weitgehend festgelegt – also etwa die Struktur unseres Schiffes durch die Aufgaben, die es zu erfüllen hatte –, sondern jedes Organ wirkt auch wieder auf den Organismus, zu dem es gehört, machtvoll zurück. Es erfordert Pflege, stellt Ansprüche aller Art. Kaum kamen wir von unserer Expedition zurück, erhob sich gebieterisch die Frage: Was nun? Sollten wir die Mannschaft entlassen? Wo sollte das Schiff liegen? Wie sollten wir die nötige Instandhaltung und Betreuung sicherstellen und finanzieren? Die Expeditionsteilnehmer fuhren zufrieden nach Hause: sie hatten viel gesehen und erlebt und hatten nun Zeit, die Ergebnisse ihrer diversen Untersuchungen wissenschaftlich zu veröffentlichen. *Ich* mußte nun zuallererst den Film fertigmachen. Aber was sollte mit der *Xarifa* geschehen? Vor eineinhalb bis zwei Jahren war unmöglich an eine neue Expedition zu denken. Sollte dieser von mir geschaffene „Betrieb“ nun in der Zwischenzeit stillgelegt werden ... und wenn ja, wo und wie?

Wir entließen die Mannschaft und legten das Schiff in den Jachthafen von Genua, wo Xenophon weiter darauf lebte und es betreute. Wie sich zeigte, waren ganz erhebliche Überholungs- und Reparaturarbeiten erforderlich. Ich hatte bisher immer nur daran gedacht, wie ich dieses Projekt einer schwimmenden Forschungsstation verwirklichen konnte, und angenommen, daß sich alles Weitere dann schon selbst ergeben würde. Jetzt hatte ich wohl das Ziel erreicht ... aber alles Weitere ergab sich durchaus nicht von selbst.

Eine gute Idee schien es zu sein, die *Xarifa* zwischendurch zu vermieten. Aber an wen? Für Privatleute war das Schiff zu groß und zuwenig luxuriös. Wir machten die Sache bei Filmgesellschaften publik. Eine italienische Produktion zeigte sich interessiert, hatte aber zuwenig Geld. Wenn ich für ihr Filmprojekt einen deutschen Verleihvertrag beschaffen konnte, waren sie gerne bereit, das Schiff zu verwenden. Ich wandte mich an den Verleiher meines Films und brachte ihn dazu, im Prinzip zuzustimmen.

„Ich mache die Sache aber nur mit Ihnen", sagte er, „denn zu italienischen Produktionen habe ich überhaupt kein Vertrauen. Sie stehen mir für die Sache gerade: Sie sind also deutscher Co-Produzent. Zwei der Hauptdarsteller müssen deutsche Stars sein, das ist Voraussetzung, alles Weitere machen Sie. Mit den Italienern will ich direkt überhaupt nichts zu tun haben."

In diesem Film ging es um die abenteuerliche Hebung des Rommelschatzes. Ehe ich mich versah, war ich zum Co-Produzenten eines Spielfilms geworden. Dafür wurde die *Xarifa* für eine beträchtliche Summe mehrere Wochen lang für Filmaufnahmen im Gebiet der Insel Ponza vermietet. Der Hauptteil des Films wurde in Alexandrien und Kairo gedreht, der Rest dann in Rom und eben auf Ponza. Ich dachte in dieser Zeit viel an Anton Dohrn. Um die Zoologische Station in Neapel ins Leben zu rufen, war er von Land zu Land gereist, um dort die Regierungen zur Übernahme von Arbeitsplätzen zu bewegen. Er hatte ebenfalls darunter gelitten, sich von seinen eigentlichen zoologischen Interessen immer mehr entfernen zu müssen. Ich wurde, diesem Schiff zuliebe, zu einem Manager, dessen Weg sich immer weiter vom eigentlichen Interessengebiet entfernte. Aber was ich begonnen hatte, das wollte ich so schnell nicht wieder aufgeben.

Weitere Anforderungen stellte der von uns gedrehte Film. Um für ihn entsprechend zu werben, war es geradezu selbstverständlich, daß wir uns auf Filmbällen sehen ließen, auf den Titelblättern von Illustrierten prangten, uns in eine Werbung einspannen ließen, die wenig nach unserem Geschmack war und noch weniger nach jenem meiner Fachkollegen. Da diese Vermietung an die italienische Firma die einzige auf dem Filmsektor blieb, versuchten wir noch etwas anderes. Gemeinsam mit dem Reisebüro Kuoni in Zürich organisierten wir „Unterwasser-Safaris" im Roten Meer. Wir legten das Schiff nach Port Tefik, und zahlende Gäste sollten an Tauchfahrten im Roten Meer teilnehmen können. Zu diesem Zweck staffierten wir die Kajüten etwas komfortabler aus, engagierten eine neue Mannschaft, und um die Sache publik zu machen, lud ich eine ganze Schiffsladung von Prominenz und Journalisten auf eigene Kosten zur ersten Reise ein. Heute gibt es genug derartige Unternehmen, die gut florieren, wir waren damals jedoch der Zeit voraus. An echten zahlenden Gästen meldeten sich schließlich nur wenige, und die zeigten sich enttäuscht, wenn sie nicht in der Art eines Luxushotels empfangen wurden und nicht wie bei einem Fünfuhrtee nette Bekanntschaften anknüpfen konnten. Ich sah mit Schrecken, wie sich mein Leben immer weiter von dem entfernte, was ich eigentlich angestrebt hatte. Für die Öffentlichkeit wurden wir auf Grund dieser Vorgänge und der Berichte darüber zu Glückskindern der Vorsehung, man sah in mir einen Unterwasser-Playboy, der sich sehr raffiniert ein Leben unter Millionären ermöglichte. Der Karren war ziemlich rettungslos verfahren.

Ich dachte mit einigem Neid an Cousteau, den die französische Marine und der Staat aller Sorgen enthoben. Die mir anfangs freundliche Kritik wandte sich immer mehr gegen mich. Der Playboy, das Glückskind erwecken Neid, ein Forscher ist nicht länger Forscher, wenn nicht wissenschaftliche Arbeiten von ihm erscheinen. Ich wurde dieser Entwicklung ehrlich müde und erklärte Eibl, mit dem ich mich eng angefreundet hatte, daß ich entschlossen sei, aufzugeben und das Schiff zu verkaufen. Wenn ich mit bescheidenen Mitteln irgendwohin fuhr und dort tauchte, konnte ich sicher weit mehr erreichen als auf diese Art.

„Das darfst du keinesfalls tun. Dieses Schiff hat sich einzigartig bewährt, und du mußt jetzt durchhalten. Die Zoologenschaft steht auf deiner Seite, glaub mir. Wir müssen die Sache nur richtig anpacken. Laß mich nur machen: Wir bilden ein Komitee, und es muß sich ein Weg finden, dieses Schiff zu finanzieren. Die deutsche Forschung braucht ein solches Schiff!"

Wenn es noch zu weiteren Unternehmungen kam, dann darf Eibl dies auf das Konto seiner Initiative und Überzeugungskraft buchen. Wir fuhren wochenlang in einem Volkswagen kreuz und quer und suchten fast jeden Biologen von Rang und Namen auf. Eibl gelang es, fast alle für unser Projekt zu erwärmen. Die *Xarifa* sollte ständig in tropischen Meeren tätig sein und für Halbjahresfahrten sechs Arbeitsplätze an Zoologen vergeben. Jeder Arbeitsplatz kostete 22.500 DM, und diese sollten – ganz ähnlich wie bei der Zoologischen Station in Neapel – an die wissenschaftlichen Institutionen verschiedener Länder vermietet werden. Die ersten beiden Fahrten projektierten wir nach dem Indischen Ozean: Nach den Malediven und zu den Sunda-Inseln. Dann sollte das Schiff an der nordaustralischen Küste in Port Darwin stationiert werden und von dort aus Fahrten in die Arafura-See, nach den Salomonen und in weitere Gebiete ausführen. Otto Koehler, Konrad Lorenz, Erich von Holst, Karl von Frisch, Bernhard Rensch, A. Remane, E. Stresemann und 18 weitere führende Biologen setzten sich in ausführlichen Gutachten für das Projekt ein. Auf der Jahresversammlung der Deutschen Zoologischen Gesellschaft wurde ein Antrag an die finanzierenden wissenschaftlichen Vereinigungen gestellt. Bei der Deutschen Forschungsgemeinschaft wurde mir dann in der Tat Hoffnung gemacht, daß drei Arbeitsplätze übernommen würden, sofern auch die Max-Planck-Gesellschaft und andere Stellen bereit wären, die restlichen Plätze zu übernehmen. Die Max-Planck-Gesellschaft übernahm dann auch wirklich einen Platz, ebenso das Land Nordrhein-Westfalen. Ich selbst war bereit, den sechsten Platz zu finanzieren. Die Deutsche Forschungsgemeinschaft ließ uns dagegen im Stich: ein Grund dafür dürfte gewesen sein, daß man damals den Bau eines deutschen Forschungsschiffes plante und deshalb manche Interessen gegen uns gerichtet waren. Besonders bitter war, daß die Absage mit einer Arroganz, die von der heutigen Studentenschaft sicherlich mit Recht bekämpft wird, so lange hinausgezögert wurde, daß wir sie erst erhielten, als die Expedition bereits längst auf dem Weg war und die *Xarifa* bereits im Roten Meer schwamm.

Um das Projekt zu retten, war ich inzwischen an das Deutsche Fernsehen und die BBC herangetreten und hatte mich zur Produktion von 26 Halbstundenfilmen verpflichtet. So wurde das erste Jahresprogramm gerettet. Vier der wissenschaftlichen Arbeitsplätze wurden somit wieder von mir auf dem Weg über meine Filmtätigkeit finanziert.

„Liegen erst genügend Arbeiten vor, dann können sie sich nicht länger verschließen", tröstete mich Eibl. „Die *Xarifa* muß der Forschung erhalten bleiben. Warte ab, schließlich wird sich noch alles zum Guten wenden."

Leider sollte er da nicht recht behalten.

# MIT DER „XARIFA“ ZU DEN MALEDIVEN

## *Auftakt*

Wir standen bei diesem Unternehmen vor besonders schwierigen Problemen. In den Malediven waren wir auf Monate von der Welt abgeschnitten und mußten uns deshalb in jeder Lage selbst helfen können. Für die elf wichtigsten Motoren, Pumpen und Aggregate des Schiffes mußten alle denkbar nötigen Reserveteile mitgenommen werden, bzw. mußten wir in der Lage sein, gebrochene Teile selbst neu zu erstellen. Proviant und Treibstoff konnte nach den nautischen Handbüchern in den Malediven kaum oder gar nicht bezogen werden, und ein weiteres Problem war das Süßwasser. Die *Xarifa* faßte 22 Tonnen, das reichte wohl für Kochen und Trinken, gab uns aber wenig Waschwasser, besonders für das Spülen der durch das Salzwasser angegriffenen Tauchausrüstungen. Wenn es regnete, konnten wir an Deck und mit den Segeln Wasser einfangen, doch durften wir uns darauf nicht verlassen. Auf einigen Inseln gab es nach der Karte kleine Süßwasserseen, doch konnte dort die *Xarifa* wegen der Riffe nicht nahe genug heran. Wir sahen deshalb einen mehrere hundert Meter langen Schlauch samt Pumpe vor.

In England erhielt ich durch Vermittlung des British Commonwealth Relation Office eine generelle Genehmigung der Maledivischen Regierung für unsere Arbeit. Keine klaren Auskünfte erhielten wir dagegen über die mitzunehmenden Währungen. Auf den Inseln waren eigene, in keiner Bank erhältliche Münzen im Umlauf, doch hieß es, daß auch ceylonesische Rupien oder Dollar genommen würden. Als Tauschartikel und für Geschenke wählten wir praktische Dinge: Äxte, Fischhaken, Leinen, Tücher und Schmucksachen.

Inzwischen stellte sich auf der Werft in Genua heraus, daß die Angeln des Steuerruders der *Xarifa* erneuert werden mußten. Kostenpunkt: eine halbe Million Lire. Das Deck mußte nachkalfatert werden: 100.000 Lire. Sechs Arbeitstische für die Wissenschaftler: 400.000 Lire. Eine neue Schiffsbatterie: etwa 5000 sfr. Ein modernes selbstaufblasendes Gummirettungsfloß: 2700 DM ... Die Liste ging noch lange weiter.

Besondere Sorge bereitete uns die Küche. Propangas, mit dem wir bisher an Bord gekocht hatten, darf, da es schwerer als Luft ist, aus Sicherheitsgründen nicht unter Deck gelagert werden. Auf Nachfüllung der Flaschen in den Häfen konnten wir uns aber nicht verlassen, denn jedes Land hat da seine eigenen Anschlußgewinde und Prüfvorschriften. Wir richteten uns deshalb auf eine mögliche Umstellung des Herdes und Backofens auf Petroleum ein. Schwarzbrot und Vollkornbrot in Dosen war in Italien nicht aufzutreiben. Also bestellten wir es aus Deutschland.

Für Dr. Franzisket wurde unser Badezimmer an Bord in ein physiologisches Labor verwandelt. Dozent Gerlach, der durch seine Mikroskopierarbeit am meisten Licht benötigte, erhielt seinen Arbeitsplatz im Decksalon, ebenso Professor Luther. Eibl, der wegen einer Galapagos-Expedition erst in Aden zu uns stieß, sollte ihn dort ablösen. Dr. Klausewitz und Dr. Scheer teilten eine als Labor eingerichtete Kajüte. Weitere Arbeitsräume erhielten Ingenieur Hirschel für die fotografischen und mechanischen Arbeiten und Klaus Wissel für die Tauch-, Jagd- und Fanggeräte. Dem dritten, als Präparator vorgesehenen Assistenten, Herrn Noack aus Berlin, mußten wir leider aus Ersparnisgründen wieder abschreiben. Von Dr. Kost, unserem Schiffsarzt, erfuhr ich, daß uns die meisten angeschriebenen Firmen die notwendigen Arzneimittel kostenlos zur Verfügung stellten. In einem Rundschreiben empfahlen wir allen Expeditionsteilnehmern eine gründliche Zahnsanierung. Über die allgemeine Gesundheit, Lungen- und Trommelfellbefund war eine ärztliche Bescheinigung beizubringen, die Blutgruppe war festzustellen, und die erforderlichen Impfungen sowie eine Tetanus-Immunisierung waren nachzuweisen.

Besondere Sorgen wurden mir dadurch bereitet, daß bei einem Schiff fast alle Kosten vor der Abfahrt anfallen, während ich von den Fernsehgesellschaften nur Vorschüsse erhielt und die genehmigten Beträge aus Göttingen und Düsseldorf erst in der letzten Woche eintrafen. Hier half mir ein freundlicherweise gewährter langfristiger Kredit der Bank in Liechtenstein. Ein anderes Problem war die Zollfrage. Nicht weniger als 80 Kisten brachten Ausrüstungen aus verschiedenen Ländern, was in Genua auf unüberwindbare Formalitäten stieß. Da die Abwicklung in Frankreich einfacher war, verlegten wir die *Xarifa* vierzehn Tage vor Abfahrt nach Cannes.

Als endgültiger Auslauftermin mußte der 15. Oktober eingehalten werden. Denn für die Fahrt durchs Rote Meer und die dort vorgesehenen Arbeiten brauchten wir sechs Wochen; in der zweiten Hälfte November wurden jedoch im südlichen Roten Meer die Windverhältnisse bereits sehr ungünstig. Außerdem war in den Malediven Dezember bis April die für uns bestgeeignete Zeit. Es ging alles drunter und drüber. Aber wir schafften es. Die Teilnehmer kamen pünktlich, und am Kai stauten sich Kisten und Neugierige. Unser Maschinist verliebte sich in eine Französin, und wir befürchteten, daß er uns noch im letzten Augenblick davonlief. Die BBC und der Süddeutsche Rundfunk kamen zum Abschied, ebenso der französische Tauchpionier Commandant le Prieur.

Im goldenen Nachmittagslicht blieben Cannes und die Fassaden der prächtigen Hotels hinter uns zurück. Die Segel gingen hoch, die Schiffsmaschinen surrten beruhigend und unternehmungslustig. Wir standen an Deck, blickten voraus und zurück. Das Gestern fiel allmählich von uns ab, das Morgen hatte begonnen. Wohin es uns führte, würde sich zeigen.

Die Mannschaft für ein Schiff wie die *Xarifa* bildet ein Problem. Segelschiffe sind rar geworden, und die Besatzungen der heutigen Jachten sind oft für ein nettes Hafenleben besser geeignet als für eine Fahrt ins Unbekannte. Herr Heinrich Becker, der auf unserer Galapagos-Expedition als Zweiter Offizier gefahren war, hatte inzwischen sein Kapitänspatent gemacht. Er war lange genug auf kleinen Schiffen gefahren und ein Mann, der sofort und überall selbst zupackte. Er meinte, wenn ich ihm die Schiffsleitung anvertraute, würde er mich micht enttäuschen.

Ich war einverstanden. Offen blieb die Frage des Ersten Offiziers. Als wir dann sparen mußten, wo es nur möglich war, erklärte Becker, daß er auch bereit sei, nur mit unserem jugoslawischen Bootsmann Adamo zu fahren. Die Expeditionsteilnehmer sollten mit Wache gehen, und außerdem konnte ich ihn nötigenfalls, nach seinen Anweisungen, vertreten. Das Amt des Zahlmeisters und der Kantinenausgabe übernahm er ebenfalls ehrenamtlich. Kapitän Becker hat auf dieser Reise Ungewöhnliches geleistet. Mit einem Bootsmann und vier Matrosen führte er die *Xarifa* zu allen gewünschten Plätzen und überholte das Schiff gleichzeitig so gründlich, daß es am Ende der Reise in Singapore besser in Schuß war als bei Abfahrt von Cannes.

Als Maschinist diente zuerst der Grieche Manoli, später der aus Deutschland gerufene, vorzügliche Herr Wilhelm Jauch. Ein Koch und ein Junge komplettierten die Mannschaft. Bei elektrischen Belangen half Dr. Scheer, bei anfallenden Reparaturen Ingenieur Hirschel.

Er hatte schon auf der Galapagos-Expedition seine große technische Begabung bewiesen, diesmal bewältigte er Reparaturen an den Schiffsmaschinen und an der Kühlanlage ebenso virtuos wie solche an der Funkanlage und am Unterwasserfernsehgerät. Gleichzeitig stand er mir als unermüdlicher und geschickter Kameramann zur Seite.

Während der Kapitän achtern wohnte, war die Mannschaft im Vorderschiff untergebracht. Gekocht wurde für alle an Bord das gleiche, was einige Probleme verursachte, da Seeleute an schwere Nahrung gewöhnt sind, während Taucher leichtverdaulich ernährt werden sollen. Ein weiteres Problem war die Befehlsgewalt. Da der Kapitän seiner Mannschaft das genaue Arbeitspensum zuteilt, ging es nicht an, daß Expeditionsteilnehmer den Matrosen von sich aus größere Aufträge gaben, sondern es mußten derartige Wünsche über mich und den Kapitän geleitet werden.

Die Nachricht vom Untergang der *Pamir* traf uns vor Abfahrt von Genua. Kapitän Diebitsch, der das Schulschiff auf dieser tragischen Fahrt führte, war auf der Galapagos-Expedition unser Kapitän gewesen. Er war damals fast 65 Jahre alt und hatte uns erklärt, daß dies seine letzte große Fahrt sein würde. Dann aber hatte er dem verlockenden Angebot doch nicht widerstehen können. „Ende des Monats", so schrieb er mir, „übernehme ich das Kommando der ‚Pamir' für eine Reise nach Buenos Aires; wenn ich dabei die *Xarifa*-Kurse schneide, werde ich nicht versäumen, in die See zu spucken und sie von Ihnen zu grüßen."

Der Platz, an dem die „Pamir" in einem Hurrikan unterging, lag keine 50 Meilen von der Stelle, wo auch die *Xarifa* von einem heftigen Sturm überrascht worden war. Damals war Diebitsch durch Kursänderung auf die Kanarischen Inseln ausgewichen. Diesmal hatte er die Segel stehenlassen und so versucht, dem Hurrikan zu entkommen. Das wurde dem Schiff zum Verhängnis.

## *In der Straße von Gubal*

Beim Bluff Point führten wir die Expeditionsteilnehmer mit Schnorchel und Tauchgerät erstmalig unter Wasser. Sie lernten hier gleich eines der schönsten Korallenriffe des nördlichen Roten Meeres kennen.

Scheer, Hirschel und Wissel waren bereits erfahrene Taucher; Franzisket, Klausewitz, Gerlach und Prof. Luther erhielten die erste Lektion. Wesentlich bei Anfängern ist, daß sie mit der fremden Umwelt vertraut und sicher werden. Im Tauchgerät soll man zunächst nicht tiefer als sechs Meter gehen und soll möglichst wenig herumschwimmen. Am besten ist es, man setzt sich auf den Grund und schaut in Muße nach allen Seiten. Dann erst kann man allmählich dazu übergehen, die nähere Umgebung und die eigene Bewegungsmöglichkeit zu erkunden. Wissenschaftler sind gute Schüler. Das, was sie um sich sehen, interessiert sie so brennend, daß sie sehr bald sich selbst und die eigene Aufregung vergessen.

Als Taucher ist man schwerelos und muß erst üben, sich nach Wunsch zu bewegen. Auf Grund der Lichtbrechung erscheint alles näher und größer, als es wirklich ist; wenn man nach etwas greifen will, greift man zunächst daneben.

Fische mit einem Netz oder einer Harpune zu erbeuten, ist gar nicht so einfach. Dringt dabei Wasser in die Maske, dann kann dieses durch Lufteinblasen wieder entfernt werden. Zur Sicherheit sollten immer zwei Taucher zusammenbleiben. Taucht man tiefer, dann muß die Auftauchzeit beachtet werden. Und beim Hochschwimmen darf man nicht den Atem anhalten, sonst werden die Lungengefäße durch die sich ausdehnende Luft beschädigt.

Wir verwendeten auf dieser Expedition hauptsächlich Preßluftgeräte. Die Flaschen konnten bis auf 200 Atmosphären Druck gefüllt werden, was uns Tauchzeiten von über einer Stunde erlaubte.

Wissel und Hirschel führte ich schon am zweiten Tag zu dem sechzig Jahre alten Wrack, das kaum hundert Meter nördlich von Bluff Point liegt. Es herrschen dort beträchtliche Strömungen, und das Tauchen ist nicht ungefährlich. Das alte Eisenskelett, das 20 bis 40 Meter tief liegt, ist prächtig mit Korallen überwachsen. Wissel hatte eine Fotokamera mit, und ich beobachtete, wie ruhig und umsichtig er seine Motive aussuchte. In diesem tropischen Meer zu tauchen, bedeutete für ihn die Erfüllung seines Lebenswunsches. Ich ahnte damals nicht, daß ihm nur noch wenige Tauchabstiege bevorstehen sollten.

Wenn ein Schiff auf den Meeresgrund sinkt, dann verbleibt es dort gleichsam als ein Meilenstein der Zeit. Eines Tages kam es als großer, störender Fremdkörper hier herab, und von da an nahmen die Meeresgeschöpfe von ihm Besitz. Der Korallenforscher kann hier wertvolle Anhaltspunkte dafür gewinnen, wie schnell sich verschiedene Korallenarten in der gleichen Zeitperiode entwickelt haben.

Wie wir feststellten, gibt es da ganz erhebliche Unterschiede. Während die zierlich verzweigten Acroporen schon in knapp fünfzehn Jahren Kolonien bis zu eineinhalb Metern im Durchmesser bilden, gelangen die kompakten Mäandrinen und Porites-Arten kaum zu einem Durchmesser von 20 und 25 Zentimeter.

Da außerdem ein versunkenes Schiff praktisch jede Larve, die vorbeischwimmt, zum Verweilen und zur Errichtung einer Kolonie einlädt, findet man hier auch seltene Korallenarten, die sonst nirgends in den umliegenden Riffen vorkommen. Ebenso verhält es sich mit Schwämmen, Schnecken, Muscheln, Hydropolypen, Lederkorallen, Moostierchen, Krebsen, Tintenfischen und anderen. Deshalb ist der Besuch eines Wracks nicht nur ein ungemein packendes und aufregendes Erlebnis, sondern gleichzeitig ein Ausflug in einen unterseeischen zoologischen Garten, in dem man herrliche Entdeckungen machen kann.

Je nach Lage und Beschaffenheit der einzelnen Schiffsteile ist die Besiedelung oft sehr verschieden. Das bunteste Lebensgewimmel fanden wir meist an den einstigen Aufbauten, offenbar, weil es dort die besten Schlupfwinkel gibt und weil durch die Strömungen ständig frisches, an Plankton reiches Wasser vorbeigespült wird. Dagegen siedeln sich an den nackten Eisenplatten der einstigen Schiffsflanken nur wenige, robuste Korallenformen an. Da es kein Versteck gibt, halten sich auch nur wenige freibewegliche Tiere hier auf.

Wieder andere Lebewesen findet man an der lichtlosen Unterseite und in den Innenräumen. Das Wasser enthält hier nur wenig Sauerstoff und ist arm an Nahrung. Aber selbst für diese Bedingungen gibt es „Spezialisten". Unter der Decke der einstigen Räume, und zwar oft in den entlegensten Ecken, fanden wir die prächtigsten Zacken- und Dornenaustern. Ihre zierliche und künstlerisch vollendete Form läßt uns fragen, warum die Natur im entlegensten Dunkel so herrlische Schönheit hervorbringt. Die Antwort darauf lautet, daß in diesem Fall, was uns schön erscheint, im Dienst einer sehr praktischen und lebensnotwendigen Aufgabe steht. Die verzahnte Schalenform und die spitzen Dornen sind ein wirkungsvoller Schutz gegen den Hauptfeind aller Muscheln, den Seestern, der auf die Muscheln klettert, sich an ihnen festsaugt und sie gewaltsam öffnet.

Um unsere Expedition finanzieren zu können, hatte ich die Aufgabe übernommen, 26 Fernsehprogramme von je einer halben Stunde Länge zu drehen. Das entspricht etwa 13 Stunden Film oder 8 abendfüllenden Kulturfilmen. In Filmmetern ausgedrückt bedeutet das, bei zwei Drittel Verschnitt, rund 35.000 Meter 16-mm-Schmalfilm.

Was jedoch noch schwerer wog, war die notwendige schöpferische Anstrengung. Die Hauptschwierigkeit einer solchen Produktion, die der Wirklichkeit entnommen werden soll, ist, daß man noch während des Ablaufes dieser Wirklichkeit sie sogleich künstlerisch gestalten soll. Es genügt ja beileibe nicht, alles, was einem gerade interessant erscheint, so gut wie möglich zu filmen. Was man vielmehr filmen muß, ist, was später dem Zuschauer interessant erscheint, und das ist ein gehöriger Unterschied. Man steht selbst noch in einer Wirklichkeit, die von Luft und Duft erfüllt und von einem normalen Zeitablauf getragen ist, und muß sie im Film später, durch Bildführung, Schnitt und Kommentar gerafft, künstlich in der Phantasie des Zuschauers wieder aufbauen.

Dabei hat das Fernsehen seine besonderen Gesetze. Weite Landschaftsszenen kommen auf dem kleinen Bildschirm nicht zur Geltung; man muß daher eher mit Großaufnahmen arbeiten. Sodann wendet sich der Fernsehfilm an einen kleinen, daheim versammelten Kreis; deshalb ist die Ansprache intimer und das innere Tempo ein anderes. Im Kino haben die Zuschauer ihr Geld gezahlt und müssen nun wohl oder übel sitzen bleiben. Dagegen genügt beim Fernsehen eine Länge, und der Zuschauer dreht ab oder schaltet auf das Konkurrenzprogramm. Also muß der Film in jeder einzelnen Szene interessant und möglichst auch dann verständlich sein, wenn man ihn etwa erst in der Hälfte einschaltet.

Ordnung ist bei einer so großen Aufgabe die wichtigste Voraussetzung. Jede Filmrolle bekam eine Nummernbezeichnung, und jede darauf gedrehte Szene wurde in Wort und Skizze festgehalten. Unter Wasser trug ich stets eine Aluminiumplatte am linken Handgelenk, auf die ich mit Bleistift meine Notizen niederschrieb. Anschließend im Boot diktierte ich, solange die Erinnerung noch frisch war, weitere Details auf das Stahlband eines Minifons. An Bord übertrug ich die Skizzen und Angaben in ein Buch.

In einem zweiten Buch versuchte ich dann, diese Szenen bereits zu gruppieren. Hatte ich einen interessanten Vorgang gefilmt, dann überlegte ich, wie ich die Aufnahmen zu einer in sich geschlossenen Filmhandlung ausbauen konnte und was ich zur Ergänzung und als Zwischenschnitte nun noch benötigte. Diese weiteren Szenen entwarf ich in der Phantasie, zeichnete sie, wenn es Unterwasserszenen waren, auf die Rückseite meiner Aluminiumplatte und versuchte dann, sie draußen in der Wirklichkeit zu finden.

Unsere Forschungsarbeit gab mir dabei die rote Linie für den Handlungsablauf. Ich brauchte diesmal glücklicherweise nicht alles in einem einzigen dramatischen Gefüge zusammenzufassen wie bei früheren Filmen, sondern konnte aus unseren Erlebnissen und aus den verschiedenen Blickrichtungen einzelne, in sich geschlossene Episoden aufbauen. Allerdings mußte am Ende jedes Programm genau 30 Minuten lang sein. Es kam deshalb vor, daß ich einzelne Episoden, um diese genaue Länge zu erreichen, wie in einem Puzzle von einem Programm in ein anderes verschob. Ich durfte mich keinesfalls auf irgendeine Linie allzusehr festlegen, sondern mußte, je nachdem, was unsere Kameras gerade einfingen, stets zu Umgruppierungen und Änderungen bereit sein.

Ich weiß nicht, ob die später aus dem Sessel erfolgende Kritik solchen bestehenden Schwierigkeiten immer Rechnung trägt. Es bedeutet einen ganz erheblichen Unterschied, ob man sich eine Filmhandlung schon als Drehbuch im voraus ausdenkt und dann abdreht – wie das bei den Spielfilmen und auch bei den meisten Kulturfilmen geschieht –, oder ob man bestrebt und gezwungen ist, die Wirklichkeit selbst zum Drehbuchautor zu machen und dabei trotzdem mit Filmen heimkommen soll, die dem heutigen, durch glänzende Phantasieprodukte verwöhnten Filmgeschmack einigermaßen gerecht werden.

## *Wissels Tod*

Nach einem kurzen Besuch der Insel Makaua erreichten wir am Nachmittag des 6. November das im mittleren Roten Meer gelegene Riffgebiet von Shaab Anbar und ankerten dort mit einiger Schwierigkeit im Inneren einer allseits umschlossenen Lagune. Hier tauchten wir am nächsten Morgen in zwei Gruppen an verschiedenen Plätzen. Während Klausewitz und Dr. Kost von Wissel und Scheer unter Wasser geführt wurden, tauchte ich auf der anderen Seite mit Franzisket und Prof. Luther.

Gegen Mittag, als wir gerade von einem Tauchabstieg hochkamen, knatterte das andere Boot mit Scheer eilig heran. Wir sollten sofort zur *Xarifa* kommen, Wissel sei verunglückt, wahrscheinlich tot. Er hatte zuerst mit den Wissenschaftlern getaucht und war dann noch allein ins Seichte geschwommen, um dort Fische zu fotografieren. Als Scheer ihn nach einer Weile suchte, fand er ihn über zweieinhalb Meter tiefem flachem Grund leblos im Wasser hängend. Der Atemschlauch befand sich nicht mehr in seinem Mund, die Kamera lag ein paar Meter entfernt auf den Korallen. Man hatte ihn ins Boot geschafft, und Dr. Kost hatte sofort mit Wiederbelebungsversuchen begonnen.

Wir fuhren schleunigst zur *Xarifa*. Inzwischen hatte Kost auch Herz- und Kreislaufmittel verabreicht, aber umsonst. Wir setzten die Wiederbelebungsversuche noch bis zum Eintreten der Totenstarre fort, doch war Wissel offenbar schon tot gewesen, als Scheer ihn fand. Sein Tauchgerät war in Ordnung, die Flasche enthielt noch 40 Atmosphären Sauerstoff. Da Wissel einen angeborenen kompensierten Herzfehler hatte, vermutete Dr. Kost akutes Herzversagen mit anschließendem Lungenödem.

Wissel hatte mich von diesem Herzfehler kurz vor der Abreise in Kenntnis gesetzt und jede sich daraus ergebende Verantwortung auf sich genommen. Zwei Münchner Ärzte hatten ihm erklärt, daß er damit jeden Tag sterben, aber auch ebensogut 90 Jahre alt werden könnte. Jetzt mochten das heiße Klima und die Anstrengung bei den Aufnahmen in seichtem, wellenbewegtem Wasser den Ausschlag gegeben haben. Der Unfall war um so tragischer, als Wissel, sicherlich der beste deutsche Sporttaucher, durch ungewöhnliche Tauchleistungen im Mittelmeer schon viel Aufsehen erregt hatte. Wenn der Tod ihn jetzt in zweieinhalb Meter tiefem Wasser ereilte, dann schien das wirklich eine bittere Ironie des Schicksals zu sein.

Die Wolken hatten sich noch mehr zusammengeballt, und ein Regensturm stand bevor. Kapitän Becker erklärte mir, daß eine Ausfahrt aus dem Riffring bei diesem Wetter unmöglich sei. Ich betrachtete dies als eine günstige Fügung. Denn wenn ein Toter nicht innerhalb von 24 Stunden zu einem Hafen gebracht werden kann, darf er nach herrschendem Recht auf See bestattet werden. Wie wir wußten, erwartete Wissels Frau gerade in dieser Woche ein Kind. Wenn wir den Toten auf See beisetzten – wie es wohl auch bestimmt sein Wunsch gewesen wäre –, brauchten wir den Behörden erst im nächsten angelaufenen Hafen, also in etwa 14 Tagen in Aden, Meldung zu machen. Es war bestimmt besser, wenn Frau Wissel erst dann die furchtbare Nachricht erhielt.

Wir alle waren von diesem Schlag wie gelähmt. Wissel war nicht nur als ein guter Kamerad, sondern auch auf Grund seiner besonderen Fähigkeiten von jedermann geschätzt worden. Er war ein echter Berliner Junge, unternehmungslustig, fleißig, überaus intelligent, außerdem ein begabter Kameramann und Schriftsteller. Unsere Wissenschaftler, die eben im Tauchen die erste Sicherheit gewonnen hatten, waren über dieses Unglück fassungslos.

Wir bahrten den Toten in der Messe auf und nahmen in einer kurzen, feierlichen Andacht von ihm Abschied. Noch während der Nacht nähte Kapitän Becker ihn nach alter Segelschiffsart in grobes Segelleinen ein und befestigte darüber die deutsche Fahne. Zeitig morgens führten wir ihn dann bei Regenböen und Sturm mit dem Boot aus dem Riffring hinaus und senkten ihn im offenen Meer zur letzten Ruhe. Seine Tauchmaske und seine Flossen ließen wir folgen.

Es war nun aller Wunsch, Shaab Anbar möglichst schnell zu verlassen. Deshalb segelten wir, sobald es das Wetter wieder zuließ, gegen Süden weiter und wählten als nächsten Arbeitsplatz zwei langgestreckte Inseln innerhalb der Farsan-Gruppe, zwischen denen sich ein guter, allseits geschützter Ankergrund bot.

Die folgenden zwei Wochen verliefen ruhig und für jedermann befriedigend. Das Wasser war hier nicht sehr klar, doch gab es schöne Riffe. Außerdem erstreckten sich entlang der Küsten unterseeische Wälder von Sargassum-Tang, in denen wir wieder eine ganz eigene Lebensgemeinschaft kennenlernten. Ungeheure Schwärme von Jungfischen fluteten hier hin und her.

Die Inseln selbst, Sarso und Sarad Sarso, boten, obwohl sie völlig kahl und öde sind, für den Zoologen doch viel Interessantes. Unsere Tageseinteilung und die Verwendung der Boote spielten sich nun gut ein. Die Deckmannschaft überholte gleichzeitig Takelage und Segel, während unser Maschinist einige notwendig gewordene Reparaturen ausführte. Allmählich überwanden wir den erlittenen Schock. Nach Wissels Tod waren wir alle näher zusammengerückt, und unsere Bordgemeinschaft hat sich während der folgenden Monate weiter vertieft und immer herzlicher gestaltet.

Abwechslung in unser Leben brachte ein Wanderfalke, der sich auf der Fahrt von Shaab Anbar nach Sarso auf unseren Rahen niederließ und während der Nacht gefangen wurde. Dr. Kost beherrschte die Kunst der Falknerei und wollte der erste sein, der einen Falken an Bord eines Schiffes abtrug. Er hatte vorsorglich Kappen, Handschuh und Federspiel mitgenommen und erklärte uns an Hand eines von Kaiser Friedrich II. verfaßten Buches, wie der Falke durch Dressur auf einen Pfiff zur Atzung auf der Hand „bereitet" und schließlich auf Kommando „das Federspiel schlägt".

Sindbad, wie wir ihn nannten, war ein besonders edles und intelligentes Tier. Schon nach einer Woche kam er aus 10 Meter Entfernung zu Kost auf die Hand geflogen. Er wurde jeden Morgen fachmännisch gewaschen, indem Kost Wasser in den Mund nahm und ihn damit übersprühte. Tagsüber saß er dann, ein uns bald liebgewordenes Symbol, über dem Eingang des Deckhauses und betrachtete interessiert und hochmütig unser geschäftiges Treiben.

Unsere Ausfahrt aus dem Roten Meer erfolgte mit Hindernissen. Die ersten beiden Anläufe gegen Sturm, Strömung und schweren Wellengang schlugen fehl. Erst nach Rückfahrt bis Massaua, wo frisch gebunkert wurde und wo uns Prof. Luther leider wieder verlassen mußte, glückte uns die Passage durch das seit alters berüchtigte Bab el Mandeb – das „Tor der Trauer".

In Aden erwartete uns bereits Eibl, der seine Galapagos-Reise erfolgreich beendet hatte. Von ihm erfuhren wir, daß Frau Wissel einem Mädchen das Leben geschenkt hatte und daß auch ich Vater eines Mädchens geworden war. Ferner, daß die Forschungsgemeinschaft endlich über unsere Anträge entschieden hatte, und zwar negativ...

### *An der Ostspitze Afrikas*

Am 10. Dezember um 5.30 Uhr bimmelte die Glocke. Auf den Gängen rumorte es, und verschlafene unternehmungslustige Stimmen klangen wie zeitig morgens in einer Jagdhütte. Statt des kurzen ermunternden Geläutes, wie es der Koch in den Kajütengang zu senden pflegte, begann Abdullah – ein zweiter in Aden angemusterter Junge – den Glockengang in der Küche, läutete an allen Kajütentüren vorbei, stieg in den Decksalon, läutete einmal rings ums Deck und endete erst wieder in der Küche.

Wir lagen vor der einsamen Felsinsel Abd el Kuri, die der östlichsten Bastion des afrikanischen Kontinents vorgelagert ist.

Nach einem schnellen Frühstück fuhren wir mit beiden Booten hinüber zu einer Bucht, die im grellen Morgenlicht malerisch von den dunklen Berghängen umrahmt war. Eine Gruppe spärlich bekleideter Araber saß dort regungslos auf dem mit zahlreichen Muscheln bedeckten Sand. Wir kletterten über den Strand empor, wo überall, kreuz und quer und halb vom Sand verweht, alte zerbrochene Wrackteile lagen. Es sah aus, als wäre hier ein großes Tier verendet, dessen Knochen, Federn und Klauen nun überall in der Sonne bleichten. Ein Schiffsteil lag in der Wasserlinie, von Wellen umschäumt, und etwas weiter hochgespült lag das Rippenfeld einer aufgerissenen Seite mit dem kunstvoll geschnitzten Bug am Ende. Eine der verschlafenen Gestalten, die uns auf unserem Marsch neugierig folgten, wiederholte mehrmals das unverständliche Wort „Pompai!". Auch Suwitt, der in Aden angeheuerte Küchenjunge, wiederholte

„Pompai!", wobei er in weitausholender Geste über den Berg hinwegwies. Endlich verstanden wir, daß das große hier gestrandete Holzschiff einst von Bombay gekommen war. Eibl und Klausewitz drehten Steine um und suchten nach dem hier vorkommenden Riesengecko. Weiter oben am Hang sahen wir Franzisket, und gelegentlich tönte ein Gewehrschuß zu uns herunter.

Ich filmte mit Hirschel einige alte Gräber, dann fuhren wir zu dem Kap an der Ostseite der Bucht, wo dicht über der Wasserlinie ein weißer Strich verläuft: die Reste kalkhaltiger Algen. Die Dünung war beträchtlich. Ich warf bei einigen Klippen den Anker, und er rasselte 15 Meter weit hinab. Die Strömung drehte unser Boot und drückte uns mit dem Heck dicht an die Felsen.

Suwitt rollte aufgeregt mit den Augen. Ich beruhigte ihn, daß ich den Anker verlegen würde. Ich wollte die Kamera gleich mitnehmen, aber es mußte jetzt alles schnell gehen. Ich schlüpfte also ins Tauchgerät und kletterte ins Wasser. Kaum war ich zwei Meter tief, als ich es schon bitter bereute, die Kamera oben gelassen zu haben.

Unter mir, im blaugrünen bewegten Wasser, taten sich Felsabstürze auf. Darauf wuchsen gelbe schwingende Algen wie die Haarbüschel am Grund liegender schlafender Riesen, und ringsum und von allen Seiten kamen Fische. Das Ankerseil führte durch einen armbreiten Spalt über einen Felsabsturz hinunter: dicht neben dem Anker schwamm ein zweieinhalb Meter langer grünlicher Hai mit weißen Flossenspitzen langsam vorbei. Er beachtete mich nicht, aber das Geräusch des Ankers hatte ihn bestimmt herbeigerufen. Langsam und massig schwamm er über den Grund, nicht immer klar sichtbar wegen der zahlreichen Fische, die sich zwischen ihn und mich schoben.

Eine fremdartige, ganz unglaubliche Fauna. Eine Mittelmeerlandschaft mit Algenwuchs wie bei Sydney und zutraulichen Fischschwärmen wie an den schwarzen Klippen von Galapagos. Zwei blaue Engelsfische einer mir noch unbekannten Art tänzelten als Vorboten der neugierigen Fischwelt heran und drehten sich wie eitle Mädchen vor einem Spiegel. Die Spalte, in der das Seil hing, führte schräg abwärts zwischen zwei Felsen, und das Wasser gurgelte darin auf und ab. Mindestens 30 Fische schwänzelten dicht nebeneinander schräg aufwärts stehend in der Spalte. Ich schwamm dicht am Felsen abwärts und zog das Seil und gleichzeitig einige Fische hervor. Am unteren Ende öffnete sich eine geräumige Grotte. Ich spähte hinein. Am dunklen Plafond saßen, wie hübsch angeordnete Blumen, zwei Rotfeuerfische an den Felsen gepreßt, Rücken und Köpfe nach abwärts. Ein Stück weiter hinten lugten die langen weißen Fühler von Langusten aus dem Schatten hervor. Daneben drehte sich ein massiver, seitlich abgeplatteter Zackenbarsch und schwamm erschreckt ins Freie.

Ich schwamm bis zum Anker und blickte umher, ob irgendwo noch weitere Haie auftauchten. Meter für Meter schleppte ich den Anker über die Felsbrocken hinweg und klemmte ihn in eine passende Spalte. Der Fischreigen rings um mich zeigte jetzt seine regste Beteiligung. Da gab es unzählige große und kleine Papageienfische, auffallend große Barben mit dunklen Querstreifen und langen Schnurrbartfortsätzen, Nashornfische, Schmetterlingsfische, Zackenbarsche, Engelsfische, Lippfische... der Reigen nahm kein Ende. Ich eilte nach oben.

Suwitt zeigte auf den Guckzylinder. Er hatte den Hai von oben genau verfolgt. Ich war sichtlich in seiner Achtung gestiegen.

Hirschel gab mir die Bolex, er selbst nahm die Rolleimarin. Und eine Filmschlacht sondergleichen begann, ein Tag, an dem ich 600 Meter Fischaufnahmen filmte.

Dieses Gebiet war ein Paradies. Ähnlich wie in Galapagos zeigten die Fische keinerlei Angst. Ich mußte bloß auf einem Felsen stillsitzen und auf den Knopf drücken, und in endloser Flut schwärmten die Fische neugierig vor meinem Objektiv hin und her. Unter einem Felsblock tauchte der Kopf einer Muräne auf, deren Länge ich auf zweieinhalb Meter schätzte. Der Körper mochte 25 bis 30 Zentimeter dick sein. Über dem langen, bösartig aufgerissenen Maul hing die Haut geradezu in Altersfalten, und als weiteres Alterszeichen wölbten sich die Nasenlöcher besonders hoch vor.

In jeder der Grotten, in deren Dunkel wir hineinspähten, saßen oben am Plafond Rotfeuerfische und in seitlichen Nischen kleine und große Langusten. Dazwischen sah ich zwei besonders lange Fühler, zwischen denen noch zwei andere, in der Mitte gegabelte Fühler vorkamen. Später erlegte ich das dazugehörige Tier. Es war ein Zwerg im Verhältnis zur Länge seiner Fühler. Eine sehr hübsch schwarz und weiß gemusterte Languste, die bald darauf zur späteren Bestimmung in Formol konserviert war.

Nach der ersten Tauchstunde hockten wir in der Sonne, um wieder Wärme zu speichern. Durch ein Sprechfunkgerät hatten wir Verbindung mit der *Xarifa*, wo Kapitän Becker immer prompt antwortete. Wir hörten, daß Franzisket und Gerlach wieder zurück waren, und trugen ihnen auf, Vorsatzlinsen sowie ein Handnetz und einen Kübel zum Fang der Rotfeuerfische mitzubringen.

Bald darauf kamen sie herangefahren.

„Wißt ihr, daß Gerlach um ein Haar tot gewesen wäre –", begrüßte uns Franzisket vergnügt. Gerlach grinste etwas unsicher. Wir machten das Boot längsseits fest und hörten die Geschichte.

„Wäre eine schicke Sache für Sie zu filmen, diese Schlammspringer", erklärte Franzisket. „Vor Jahren gab es eine ganz tolle Arbeit über diese lieben Tierchen. Ein Mann namens Harms, wenn ich mich recht erinnere, hat ihnen Schilddrüsenhormone eingespritzt und dadurch eine Veränderung ganzer Organkomplexe in Richtung auf Landanpassung erzielt. Sogar die Augen haben sich geändert, und zwar vom etwas kurzsichtigen Fischauge zum etwas weitsichtigen Auge eines luftlebenden Tieres. Und die Schlußfolgerung daraus war nun, daß sich durch die Mutation eines einzelnen Gens, das nur die Produktion der Schilddrüse beeinflußt, ein ganzer Komplex von Organen verändert, die dem Tier ein besseres Fortkommen an Land ermöglichen. – Sie konnten es auch länger außer Wasser aushalten als der normale Periophthalmus."

„Und was haben sie Gerlach getan?"

„Getan gar nichts", erklärte Gerlach, „aber verlockt haben sie mich."

„Er paßte nämlich nicht auf", fuhr Franzisket fort, „und hielt sich mit der einen Hand an einem senkrechten, etwa eineinhalb Meter hohen Felsen fest, der plötzlich der Länge nach einen Sprung bekam und auf ihn drauffiel."

„Der ganze Block?"

„Ja. Etwa ein Meter mal ein Meter und vielleicht 40 Zentimeter dick. Eine glatte Scheibe. Sicher eine Tonne schwer. Das ist derselbe Granit, der auch oben auf dem Gipfel so schöne Schichten ausbildet. Der rumpelte nun erst ein Stück herunter und kippte dann auf Herrn Gerlach zu. Herrn Gerlach haute es dabei die Beine unterm Hintern weg, und der Felsblock fiel auf ihn. Sie kennen dieses kurze, trockene knackende Geräusch, wenn Fels auf Fels so klotzig draufhaut. Und Gerlach fiel nun glücklicherweise so in eine Spalte, daß seine Beine und sein Unterkörper gerade hineinpaßten, und der Felsen deckte ihn zu."

„Den ganzen Körper?"

„Ja, bis zur Brust. Er lag mit dem Rücken im Wasser und konnte sich nicht rühren. Sie können sich meinen Schrecken vorstellen, ich versuchte, die Platte zu heben, aber das war völlig ausgeschlossen. Sie rührte sich nicht einen Millimeter."

„Und was sagte Gerlach?"

Gerlach grinste. „Ich sagte: Jetzt laufen Sie mal schnell um Hilfe, ehe die Flut steigt und ich hier versaufe."

„Ab und zu kam eine Welle und überspülte ihn. Ich rannte also los, stolperte über das Geröll, schließlich kam ich auf die Idee, in der Wasserlinie zu laufen, da ist es ja härter und immer so schön glattgespült. Da trabte ich also mit hechelnder Zunge einher, mit wabbelndem Bauch, und brüllte. Oben sah ich Eibl einige hundert Meter über mir im Gestein herumklettern, aber der hörte mich nicht, der Wind stand gegen uns. Dann begegnete ich den Arabern. Der eine hatte sofort verstanden, was los war, ich erklärte es ihm durch drastische Zeichen. Er ließ sofort seine Leute ausschwärmen, während ich weiter zum Boot rannte. Boris hörte mich um Hilfe brüllen, sah mich aber nicht. So lief er ein Stück in meine Richtung, dann meldete sich wieder der Auftrag, beim Boot zu wachen, und er rannte wieder zurück. Also hin und her. Im Sinne der Verhaltensforschung eine Konfliktsituation. Am Boot habe ich dann das Walky Talky bedient und den Becker alarmiert, daß er Brechstangen und steinzertrümmerndes Werkzeug besorgt und auch einen Schnorchel und ein Preßluftgerät – wenn ihn die Flut unter Wasser gesetzt hätte, dann hätten wir ihn mit accessorischer Luft versorgt."

„Zwanzig Zentimeter können da einen gehörigen Unterschied ausmachen", sagte Gerlach.

„Ja, und dann haben wir also noch einen Riemen auf die Schulter genommen, und ich bin mit Boris zurückgetrabt – ich habe gut meine fünf Pfund verloren. Dort bekam ich dann noch einen gehörigen Schreck, denn ich sah die Araber herumstehen und sich nicht weiter um ihn bemühen. Da dachte ich, nun ist er tot. Aber statt dessen hatte der schlaue Araber sich die Lage kurz angeschaut und dann unter den Stein gegriffen und ihm den Schuh ausgezogen, und sieh da, so kam er frei. Er konnte dann herausschlüpfen."

„Und Sie haben sich überhaupt nicht weh getan?"

„Überhaupt nicht. Ich habe genau in diese Höhlung hineingepaßt."

„Ich habe einen schönen Hai gesehen", erzählte ich.

„Na, dann fahren wir gleich wieder zurück", erklärten die beiden.

Während sie abfuhren, legten wir neue Filme ein und gingen wieder unter Wasser. Gegen zwei Uhr kam wieder das kleine Boot und brachte Klausewitz, Eibl, Gerlach und Kost. Die Zeit begann knapp zu werden. Ich wollte noch mindestens drei Filme Großaufnahmen von den Fischen drehen, außerdem wollte Klausewitz möglichst je ein Exemplar zur Bestimmung.

Hirschel lud im Boot den Dynamitstock, ich tauchte, hielt die Kapsel in die Nähe der Fische, drückte ab und sammelte die Betäubten mit einem Netz. Dann übernahm Eibl den Stock, und ich filmte wieder. Während ich aufkurbelte, kam Eibl seitlich in mein Gesichtsfeld. Er machte Zeichen, ich sollte hochkommen. Ich folgte ihm.

„Hirschel und Kost sind verletzt", erklärte er mir an der Oberfläche. „Die Kapsel ist ihm in der Hand losgegangen."

„Und der Sicherheitsschalter?"

„Der hat nicht funktioniert."

Hirschel stand, ziemlich am ganzen Körper mit Blut bekleckst, im Boot. Seine Arme hingen schlaff herunter, und die Finger tropften von Blut. Der eine kleine Finger schien zu fehlen.

„Ist ein Finger weg?" schrie ich.

„Nein, nein, das sieht nur so aus", antwortete er. „Aber die Hände sind ganz schön zugerichtet. Alles voll von Splittern."

Dr. Kost war ebenfalls ziemlich blutbeschmiert. Als ich ins Boot kletterte, zeigte er mir wortlos seine Tauchmaske. Da er kurzsichtig ist, hatte er sich mit durchsichtigem Kitt geschliffene Gläser unter die Scheibe seiner Tauchmaske geklebt. Genau über diesen beiden Gläsern waren drei tiefe Einschläge in der Scheibe.

„Hätte ich sie nicht aufgehabt, dann wäre ich zumindest auf einem Auge sicher blind", sagte er mit leiser Stimme.

„Ist keines der Medizinpäckchen mit?"

„Nein. Dadurch, daß die Boote ausgeräumt wurden, sind sie draußen geblieben. Ich wußte das nicht. Aber wir brauchen sie jetzt sowieso nicht."

Gerlach brachte die beiden zur *Xarifa* zurück. Ich ging mit Eibl wieder unter Wasser. Ich war jetzt so nervös, daß ich einfach keine Motive mehr sah. Es gab jetzt auch erheblich weniger Fische. Das Meer war merklich trüber geworden, und viele kleine Flocken trieben wie in einem Schneefall im Wasser.

Merkwürdig war, daß sich die meisten der großen, quergestreiften Barben auf Felsen zur Ruhe gelegt hatten. In kleinen passenden Aussparungen lagen sie bäuchlings am Felsen und wetzten ein wenig herum, als wollten sie laichen. Ich konnte ganz dicht mit der Kamera herankommen und bekam mit dem Teleobjektiv gerade nur Augen und Maul ins Bild.

Als wir zur *Xarifa* zurückkamen, hatte Kost die einzelnen Finger von Hirschel bereits verbunden.

„Die Splitter herauszuholen, hat überhaupt keinen Sinn, das wäre gar nicht möglich", erklärte er mir. „Zwei sind durch den Nagel bis auf den Knochen durchgeschlagen. Die lassen wir so, wie sie sind. Die werden abgekapselt und verheilen."

„Ach, die eitern dann schon heraus", meinte Hirschel gleichmütig.

„Durchaus nicht gesagt", warf Eibl ein, „die sind ja schön steril. Die glühen ja bei der Explosion. Nee, die werden schön vom Gewebe umwachsen und bleiben dort."

„Ich habe auch einige Dutzend im Gesicht", erklärte Franzisket, der im Krieg Flieger gewesen war, „ich habe einmal ein Röntgenbild von meinem Gesicht machen lassen. Das sieht ganz hübsch aus, das kann ich euch versichern. Aber irgendwie gestört hat es mich nie."

Es war jetzt vier Uhr. Ich rief nach Tomislav, gab ihm Auftrag, mehrere gute Sägen mitzunehmen, und sprang mit ihm ins Boot. Eibl begleitete uns. In der Bucht gingen wir geradewegs zu dem alten Schiffsbug und begannen ihn abzusägen.

Wir schaufelten den Sand unter dem Holzstück, das gut zwei Zentner wiegen mochte, weg, als die ersten Proteste laut wurden. Einige Araber waren uns nachgekommen. In ihre ärmlichen Fetzen eingehüllt, gaben sie uns zu verstehen, daß von diesen Schiffsresten nichts weggetragen werden dürfe. Ich erwiderte ihnen durch Zeichen, daß dies Strandgut sei und niemandem gehöre, trotzdem würde ich ihnen zwei Pfund dafür bezahlen. Ich zog die Noten aus der Tasche. Sie betrachteten sie kopfschüttelnd. Einige von ihnen gingen fort. Ich vermutete mit Recht, daß sie bald mit einer Autorität wiederkommen würden.

Diese erschien mit einer Prozession über den Bergsattel, als wir etwa zur Hälfte durch das Holz waren und Tomislav die ersten Zeichen von Ermüdung zeigte. Ich ging ihnen entgegen. An der Spitze schritt ein würdiger Greis mit einem langen Bart. Auch er war in ein dünnes zerschlissenes Tuch gehüllt, doch trug er an einer Schnur einen Schlüssel um den Hals als sichtbares Zeichen besonderer Autorität.

Ich begrüßte ihn herzlich. Er betrachtete unser Sägewerk und erklärte kategorisch, daß wir damit aufhören müßten. Die Schiffsreste seien ihnen anvertraut, und käme da etwas weg, dann würden ihnen sicherlich die Arme, wenn nicht gar die Köpfe abgehackt. Ich palaverte – umsonst. Ich zeigte die beiden Pfundnoten, sie machten keinen Eindruck. Der Alte setzte sich neben dem Bug nieder und bedeutete mir, mich ebenfalls zu setzen. Das war vielleicht doch ein günstiges Zeichen.

Er erkundigte sich, ob wir Angelhaken hätten. Ja, selbstverständlich, auch Zucker und Zigaretten und Zündhölzer. Daran schien er interessiert, und so lud ich ihn ein, mit mir an Bord zu kommen. Das lehnte er ab. Er sei krank. Morgen sollten wir ihm die Sachen bringen, aber das Holz dürften wir bestimmt nicht mitnehmen. Morgen seien wir weg, erklärte ich ihm.

Nun entschloß er sich doch, zu kommen, und der Troß folgte uns zum Boot. Während der Fahrt wollte der Alte nochmals die Pfundnoten sehen. Einer der Araber, ein schlaues altes Männchen, das einige Worte Englisch radebrechte, fragte, ob das 10 Schilling wert sei. Ich erklärte, jede der Noten sei 20 Schilling wert, und dies verfehlte seine Wirkung nicht. Die Augen des Alten begannen gierig zu leuchten. Wo das gültig sei, in Aden oder Afrika oder wo? Ich lächelte großartig, dies sei auf der ganzen Welt gültig. Der Alte erklärte, er wolle noch eine dritte Note. Ich zog sie aus der Tasche und gab sie ihm. Darauf wollte er noch eine vierte. Ich nahm ihm nun die drei wieder weg, worauf er ganz klein wurde und mit den drei Noten zufrieden war. Ich sagte ausdrücklich, daß wir nun natürlich das Holzstück holen würden. Er machte eine wegwerfende Bewegung. Selbstverständlich, wir sollten es nur nehmen.

Beim Schiff angelangt, kletterte die ganze Meute an Bord. Ich verteilte Zigaretten, Angelhaken und Zündhölzer. Dr. Kost kam, untersuchte den Alten und gab ihm eine Phiole mit Aspro. Er sollte davon nur zwei jedesmal nehmen und wenig Salz essen. Der Alte nickte eifrig. Er war so gierig, daß er ganz gelb vor Neid wurde, wenn ich den anderen etwas gab. Während der Rückfahrt arbeitete es in seinem Gehirn unablässig, wie er aus dieser einmaligen Gelegenheit noch irgend etwas herausschlagen könne. Noch an Bord hatte er so nach Kleidung gejammert, daß Manoli sein verschmutztes Flanellhemd ausgezogen und es ihm gegeben hatte. Jetzt zeigte er noch gierig auf unser Ankerseil. Da gab ich ihm allerdings sehr klar zu verstehen, daß es nun genug sei.

An Land nahm Suwitt die Organisation in die Hände. Nachdem gezahlt war, sollte das Volk nun auch etwas arbeiten. Er kommandierte den Troß in die Richtung, wo der Schiffsbug lag. Eibl, der dort zurückgeblieben war, kam uns entgegen.

„Alles in Ordnung", sagte ich, „habt ihr weitergesägt?"

„Klar. Das Ding ist abgeschnitten. Braucht nur noch zum Boot getragen zu werden."

Suwitt kommandierte, und alle Mann hoben das Holzstück auf die Schulter. Suwitt sang den Takt, die anderen antworteten im Refrain. In gehobener Stimmung trabte der Knäuel zu unserem Boot. Dort schüttelte jeder jedem die Hände, und man versicherte sich gegenseitig der unvergänglichen Freundschaft. Es war stockfinstere Nacht, als wir endlich wieder zur *Xarifa* kamen.

Die Weite des Indischen Ozeans hatte uns aufgenommen. Da wir Brennstoff sparen mußten, um vier Monate in den Malediven damit auszukommen, fuhren wir ohne Motor, nur mit unseren Segeln. In den ersten beiden Tagen legten wir 4,3 und 5,4 Meilen je Stunde zurück, und anschließend, wahrscheinlich infolge einer günstigen Strömung, kamen wir auf einen Tagesdurchschnitt von 6,7 Meilen.

Auf einem motorlosen Schiff ist es wunderbar ruhig. Das Meer rauschte uns ein Schlummerlied, die Sonne kam, der Mond kam, die meisten Expeditionsteilnehmer lagen in ihren Kojen und lasen Kriminalromane. Es gehört viel Gewöhnung dazu, um beim schaukelnden Schiff etwas anderes zu tun als an der Reling zu stehen oder in der Koje zu liegen. Zu den Mahlzeiten wanderten wir zur Kombüse, wo für alle ein Eintopf ausgegeben wurde. Mit vollen Tellern balancierten wir dann zurück zum Heck, saßen dort um das Steuerrad und aßen Erbsensuppe mit Schweinefleisch oder Bratwurst mit Linsen und Kartoffeln.

Je zwei Leute mußten für je vier Stunden Wache halten, nur die Nachmittagswache war sechs Stunden lang, damit der Turnus gewechselt wurde. Da die Matrosen genug anderes zu tun hatten, sprangen die Wissenschaftler ein, Gerlach, ein alter Segler, mit besonderem Vergnügen. Kapitän Becker ging die ganze Nacht über Wache und schlief tagsüber, die Beobachtungszeiten ausgenommen.

Innerhalb von 24 Stunden werden immer drei Ortsbestimmungen gemacht. Am genauesten sind sie in der Morgen- und Abenddämmerung durch Sternbeobachtung. Vormittags maß Becker eine Sonnenhöhe und dann, zur Vervollständigung des Mittagsbestecks, die Sonnenkulmination. War der Himmel bedeckt, dann mußte unter Berücksichtigung der Abdrift nach Logge gefahren werden. Unsere navigatorische Ausrüstung bestand aus zwei Sextanten, einem

Chronometer, einem Steuer- und einem Peilkompaß, einem Echolot mit Schreiber, einem Patentlog und einem Telefoniegerät. Radar hatten wir keines, doch bei den Malediven, wo jede Insel von zahllosen Korallenriffen umgeben ist, hätte es uns auch nicht viel genützt.

Die *Xarifa* war bei Lloyds in England versichert, was jährlich etwa 22.000 sfr kostete. Sodann hatten wir alle Teilnehmer und ihre Ausrüstung versichert, und ich hatte außerdem noch eine Haftpflichtversicherung in Höhe von einer Million Franken abgeschlossen. Denn was auch immer an Bord geschieht – immer ist der Schiffseigner dafür haftbar.

Nach Überschreiten des fünften Breitengrades ließ die Dünung merklich nach. Am 15. Dezember war der Wind ziemlich abgeflaut, und wir warfen wieder den Motor an. Am 16. gab es in der Früh einen furchtbaren Krach. Die eine Dirk war gerissen, und der Baum vom Großsegel war auf das Deckhaus niedergeknallt. Adamo hatte das Segel fallen lassen, ehe die zweite Dirk festgemacht war. Seemännisches Gebrüll hallte über das Deck. Kurz darauf gab es einen zweiten Knall, und die Gaffel fiel herunter, Suwitt und Ante beinahe auf den Kopf. Die Eisentrommel der Segelwinde war abgesprungen, Hirschel auf den Fuß. „Die beiden Jungen hätten tot sein können", schrieb ich in mein Tagebuch, „der Schutzengel wird bei uns überanstrengt." Um die Gemüter zu beruhigen, gab der Koch zu Mittag Bier aus.

Am 18. war der Himmel total umzogen, und kein Lüftchen regte sich. Das Meer war bleigrau und völlig glatt. Nur einige kleine Wale mit weißgefleckten Köpfen sprangen auf. Wir fuhren eineinhalb Grad parallel zum Äquator, aber es war trotzdem frisch und begann bald zu regnen. Am 19. wurde ein neuer Falke erbeutet, nachdem uns der letzte in Massaua davongeflogen war. Sindbad der Zweite war kleiner und sah aus wie ein zu früh gealterter Studienrat.

Am 20. holte ich für Eibl einen Büstenhalter und ein Höschen von Lotte aus dem Kasten, wir puderten ihn weiß über den sprossenden Bart, färbten ihm die Lippen mit Schiffsfarbe und behingen ihn mit Zotten. Er sah zauberhaft aus. Ich, mit Bart und Zepter, war Neptun, Scheer der Polizist, Koch der Priester und Becker der Barbier. Einer der Täuflinge nach dem anderen wurde herangeschleppt und in bester Segelschiffstradition gemartert. Völlig mit Schiffsfarben beschmiert und leicht beschädigt überschritten sie den Äquator.

Am nächsten Morgen, bei Hellwerden, öffnete sich vor uns eine dunkle Wolkenbank, und wir blickten auf eine lange Reihe von saftiggrünen Palmen, die hinter einer weißen Schaumbarriere direkt aus dem Meer emporwuchsen.

Wir hatten unser erstes Ziel erreicht!

BRAUNSCHWEIG
FRANKE & HEIDECKE
GERMANY

*Oben:* Blauer Engelfisch im Karibischen Meer (Angelichthys ciliaris). Um solche Aufnahmen zustandezubringen, muß man, die Maske gegen die Mattscheibe gepreßt, geduldig den Fischen folgen. In älteren wissenschaftlichen Werken wurden die Korallenfische vielfach in falschen Farben dargestellt. Das lag daran, daß sie nach toten oder gefangenen Exemplaren gemalt wurden, die ihre Farbe verändert hatten.
*Rechte Seite:* Winzige Silberfische (Apogonidae) zwischen den gefiederten Ästen einer Hydroiden-Kolonie, mit Vorsatzlinse aufgenommen.
*Vorhergehende Seite:* Die von mir 1951 entwickelte Rolleimarin wird bis heute von den meisten Spitzenfotografen verwendet. Die Schärfeneinstellung erfolgt auf der Mattscheibe, was besonders bei Nahaufnahmen mit Vorsatzlinse von Vorteil ist. Auch sämtliche sonstige Einstellungen sind unter Wasser möglich, ebenso die Verwendung von Blitzlicht.

Der Unterwasserfotograf kann es mit dem surrealistischen Maler aufnehmen. In den blauen Abgründen der Meere gibt es Motive, wie sie auch die menschliche Phantasie nicht bizarrer entwerfen könnte. Erst die Blitzlichtkamera bringt sie an den Tag: der Unterwasserfotograf sieht, was er fotografiert hat, oft erst, nachdem die Aufnahme entwickelt wurde.

*Oben:* Stilleben von Haarstern, Hornkoralle und Schwamm.

*Linke Seite:* Ein Rotfeuerfisch (Pterois volitans); seine Rückenflossenstacheln sind giftig.

Südseeidyll auf der Insel Tillanchong im Golf von Bengalen. Sie ist gebirgig, von Urwald bedeckt und unbewohnt. Vom Menschen noch unberührte Plätze sind selten geworden. Über den ganzen Erdball haben wir uns ausgebreitet – und viel wurde rücksichtslos zerstört. Erst wenn unseren Interessen daraus Schaden erwächst – etwa durch die heute erkannte „Umweltverschmutzung" –, wendet sich die öffentliche Meinung der Notwendigkeit eines Schutzes zu, wie ihn die Wissenschaft schon lange fordert.

Unberührte Tierwelt auf einer der Galapagos-Inseln: eine Seelöwenkolonie. Durch Schutzgebiete und Tierparks sind bereits manche Naturwunder vor der Zerstörung bewahrt worden; solange jedoch von „Umweltschutz" gesprochen wird, haben wir uns der eigentlichen Problematik noch kaum genähert. Nicht für den Menschen wurden die Tiere und Pflanzen geschaffen, sondern wir selbst wuchsen aus ihrem Kreis hervor, sind selbst Teil der „Natur". Deshalb sollten wir uns diesem Entwicklungsstrom – keine „Umwelt", sondern eine „Mitwelt" – mehr zugehörig fühlen.

Besonders bedroht sind heute die Fische des Litorals – vor allem durch die wachsende Zahl der Unterwasserjäger, die mit immer wirkungsvolleren Waffen auf sie losgehen. Schon sind die Küsten des Mittelmeeres und zahlreiche in den Tropen – etwa um Tahiti und Jamaica – „leergeschossen". Wenn sich der Unterwassersport nicht selbst des Vergnügens, eine buntbevölkerte Unterwasserwelt zu erleben, berauben will, muß ein weltweites Verbot der Herstellung und des Gebrauches aller mechanischen Unterwasserwaffen angestrebt werden. Blauer Papageienfisch (Callyodon).

Afif Didi, Headman und Richter von Hitaddu, erwartete uns schon, als wir ankamen. Er trug einen hellen Sarong und ein hellgraues Oberkleid mit einem kecken Taschentuch in der Brusttasche. Zuerst führte er uns zu seinem Haus. Es ist eines der größten, hübsch säuberlich aus weißem Korallengestein erbaut. Im Garten Bananenstauden, ein Brunnen, im Hintergrund ein Schuppen mit einem großen Blasebalg und eisernen Werkzeugen. Aus einem Seitentrakt des Dienerhauses lugten viele neugierige Augen der Frauen und Kinder. Wir wurden in einen großen Raum gebeten, in dem in der Mitte eine Art Schreibtisch und längs der Wände zahlreiche würdige Sessel postiert waren. An der Wand hingen eine Pendeluhr, einige arabische Karten und Tafeln unbekannter Bedeutung, dazwischen der Kalender einer Schweizer Uhrenfirma, aufgeschlagen das Bild vom Matterhorn.

Er hatte ein Frühstück für uns vorbereitet. Wir betraten nun den nächsten Raum, wo ein großer schwerer Holztisch stand, wahrscheinlich aus Ceylon hierhergebracht, außerdem ein Schrank und eine Truhe. Hübsches Porzellan, ich blickte darunter, es war von Grindley in England. Es gab Tee. Vor jeder Tasse standen vier kleine Schälchen. Im ersten eine Art geschnittener Pfannkuchen – aus Reis, Kokosmilch und Eiern gemacht; im zweiten geschnittene Kokosnuß; im dritten getrockneter Maledivenfisch; im vierten Bodihalwa, eine Art süßer Teigware, in Scheiben geschnitten. Schließlich noch Bananen.

Afif gab uns einen Dolmetsch, und wir wanderten durchs Dorf. Ein freundliches, versponnenes Volk. Vor den luftigen Häusern aus geflochtenen Palmenblättern standen zierliche Schaukelbetten, und die Gartenwege waren säuberlich mit weißem Kies bestreut. Keiner der Leute war aufdringlich oder bettelte, sie ließen sich durch unsere Anwesenheit durchaus nicht beeindrucken. Unser erster Besuch galt einer Weberei. Alles war hier ganz klein, verspielt, aus altem geschnitztem Holz. Der Webstuhl wurde in Bewegung gesetzt, er war selbstgemacht. Ich filmte ein Mädchen am Spinnrad, das wie sieben aussah und dreizehn Jahre alt war. In heiratsfähigem Alter, wie mir der Dolmetsch versicherte. Ein kleines zerbrechliches Geschöpf mit Südseeaugen. Ganz still und ernst und weiblich wie ein See. Und kleine hurtige Finger, die die Spindel drehen. Ich filmte sie durch das Rad, und sie sah lange und andächtig in die Kamera. Umsonst versuchte man sie zum Lächeln zu bringen.

„Nettes Mädchen", sagte ich zum Dolmetsch.

„Ja, nett", sagte er. Und ohne zu zögern, dienstbeflissen und geschäftsfreudig, fuhr er in gleichem Tonfall fort: „Wollen Sie sie?"

Im Nachbargrundstück auf der Palme hockte ein junger Kerl und hängte gerade die hohle Kokosnuß zur Toddy-Gewinnung an den abgehackten Stengel (an dem sonst Kokosnüsse wachsen). Jede Palme liefert je Tag drei Kokosnüsse voll. Ich kostete. Es schmeckte wie vorzügliche Limonade, kaum nach Kokosnuß. Der Goldschmied, den wir anschließend besuchten, brannte sein Feuer mit Holzkohle, die hier aus Kokosnußschalen gebrannt wird. Schulkinder kamen vorbei, die ihre Lektion auf Holztafeln aufgemalt auf dem Rücken trugen. Einige der nackt umherlaufenden Kleinkinder trugen eine handgeklöppelte Silberschnur um den Bauch oder eine Goldkette um den Hals. Später sahen wir dann auch vornehme Damen, die mit prächtigem Goldschmuck behangen waren. Wie wir erfuhren, war für jedes Schmuckstück eine besondere Genehmigung des Sultans erforderlich.

Wir guckten in eine Küche. Es war ein dunkles Loch, in dem auf offenem Feuer drei große Kessel schmorten. Nachmittags begleitete uns Afif selbst. Wir erfuhren: Grundbesitz wurde von der Moschee vergeben, deren Haupt er war, und kostete ein bis zwei Rupien im Jahr. Was die Heirat betraf, so hatten sich die Sitten nicht geändert. Allerdings gäbe es ein Gesetz, nach dem es nicht erlaubt sei, dieselbe Frau mehr als dreimal zu heiraten. Würde das doch gewünscht, dann müßte ein Mittelsmann für eine Heirat dazwischengeschoben werden. „Einige ältere Leute in Male", meinte Afif Didi schmunzelnd, „haben sicher schon 70 bis 80 Ehen hinter sich."

Der große Reiz des Tauchens liegt in der Angst, die man vor der Tiefe empfindet, und in dem Kraftgefühl, das man gewinnt, indem man diese Angst überwindet. Dazu kommt der Zauber, eine noch unberührte Natur zu erleben, in der sich trotz Mensch, Zivilisation und großem Fortschritt nicht das mindeste geändert hat.

Zuerst sieht man noch die Oberfläche, an der die Wellen wie die Wolken am Himmel ihres Weges ziehen. Dann breitet sich das endlose Nichts über einem aus, und die freundlich vertraute Welt der Luft, des Sonnenlichts, der Düfte, der Klänge bleibt zurück. Eine kalte schweigende Einsamkeit tut sich auf. Ein Grab ohne Grenzen, ohne Mitleid, ohne freundliche Regeln. Eine Weite, in die man eingeht, einfliegt, die einen unbeachtet und doch behutsam aufnimmt. Hier muß man sich nicht vom Boden wegstemmen wie oben am Land. Hier ist man genauso frei und einsam wie ein durch den Weltenraum ziehender Komet. Und so wie dieser eine zeitbedingte, kurz aufflammende Wirklichkeit ist, so ist

Das Ari-Atoll im Archipel der Malediven. Der riesige Riffring besteht aus Riffen, die auch selbst wieder Ringform haben. An den Außenseiten stürzt das Großatoll steil in die Tiefe.

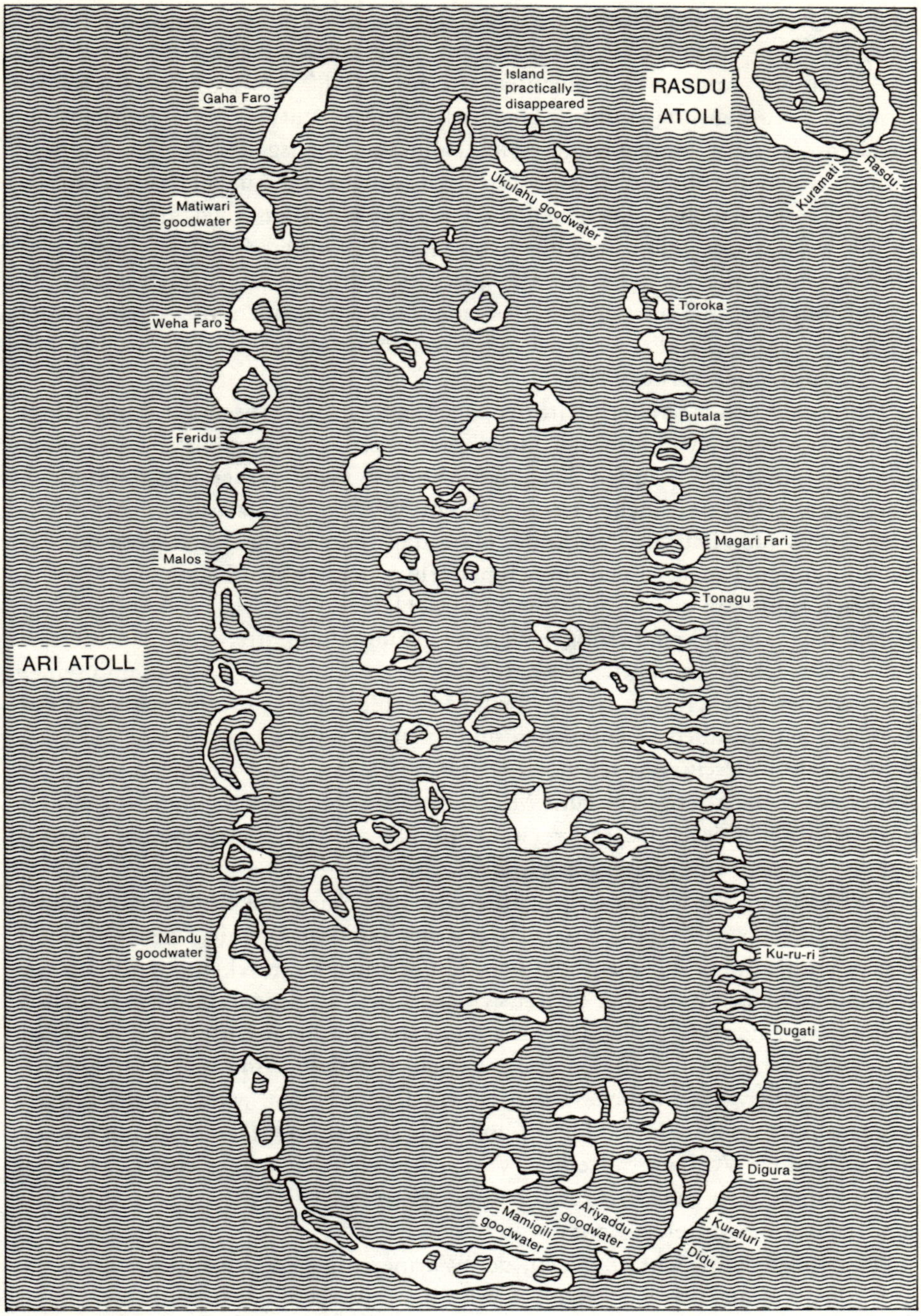
Gaha Faro
Island
practically
disappeared
RASDU
ATOLL
Kuramati
Rasdu
Ukulahu goodwater
Matiwari
goodwater
Toroka
Weha Faro
Butala
Feridu
Magari Fari
Malos
Tonagu
ARI ATOLL
Mandu
goodwater
Ku-ru-ri
Dugati
Digura
Mamigili
goodwater
Ariyaddu
goodwater
Kurafuri
Didu

man in der Weite des Meeres auch nur eine zeitbedingte erkennende Wirklichkeit, die hier vorübergehend aufflammt, nur vorübergehend geduldet wird.

An einigen Außenriffen tauchten wir bis auf 80 Meter Tiefe. Dazu sind besondere Vorkehrungen nötig. Das Licht der Erkenntnis, des Überlegens und Denkens wird in zunehmender Tiefe allmählich ausgelöscht. Die Vernunft weicht einem beruhigenden angstlosen Glücklichsein. An der Küste Floridas versuchte ein Taucher, einen neuen Tiefenrekord aufzustellen, und schwamm in die verlockende, alles umschließende Weite hinunter. Oben im Boot zeigte ein Sonargerät die Tiefe des abwärts gleitenden Körpers an. Er hielt an. Er glitt weiter hinunter, ließ die tiefste je von einem schwimmenden Menschen erreichte Tiefe hinter sich. Er glitt weiter. Er glitt weiter. Er entschwand in der Ewigkeit, die ihn aufnahm, zurücknahm.

Unterhalb von 50 Metern tritt der sogenannte Tiefenrausch auf. Unter einem Druck von sechs Atmosphären fallen Bedenken und Hemmungen von einem ab. Der noch tiefer unten liegende Abgrund wird zu einem freundlichen Spaziergang. Warum nicht? Und noch ein Stück weiter, warum nicht? – Und dann ist es plötzlich aus, zu Ende, ohne daß man es eigentlich bemerkt. Der Tod fängt den Taucher in einem Schmetterlingsnetz, dessen Fäden und Maschen so weich sind, daß sie ihn unbemerkt umschließen.

Ich trug am linken Handgelenk eine Aluminiumplatte, und darauf stand genau, was ich zu tun hatte. Ich hatte erstens ein Foto vom Abhang und seinem Bewuchs zu machen. Ich hatte zweitens Exemplare der hier unten noch vorkommenden Korallen loszubrechen und in mein Sammelnetz zu tun. Ich hatte drittens zu notieren, was ich noch weiter unten sah. Und ich hatte schließlich – viertens – nach längstens fünf Minuten wieder hochzuschwimmen. Ich fotografierte . . . ich brach los und verstaute im Netz . . . ich betrachtete und schrieb auf . . . ich schwamm langsam wieder hoch.

Das Gefühl, wieder ins Leben, in Angst und Wirklichkeit zurückzukehren, gleicht einer bewußt erlebten, sich lawinenhaft entfaltenden neuen Geburt. Druck und Kälte und Nebel lösen sich. Ein brennendes, prickelndes, drängendes Gefühl bricht sich Bahn und breitet sich aus. Die Luftblasen, die einen begleiten, platzen auseinander, perlen, torkeln trunken, tanzen hinauf zum Licht. Eine dieser lebenstrunkenen Blasen ist man selbst. Alles dehnt sich aus. Es wird heller, wärmer. Das Leben, plötzlich wiedergewonnen, wird einem beinahe schmerzhaft bewußt. Der Abhang, mit Gewächsen und Tieren, gleitet wie ein sich senkender Vorhang an einem vorbei. Er senkt sich über eine Betäubung, die abklingt, über eine Gefahr, der man entronnen ist, die nicht von außen, sondern aus einem selbst kam.

Man fliegt dem Licht entgegen, der Wärme entgegen, zurück zur Luft. Die Luft, die man aus den Rückenzylindern atmet, ist schal geworden, trocken, ein

Maschinenprodukt. Die Luft oben riecht nach Wind, nach Palmen und heißem Sand. Ein Hauch von Fäulnis ist dazwischen, die Grundlage neuen Lebens, ein Hauch von Parfüm, Symbol der unsere Sinne umnebelnden Täuschungen. Halt. Da steht ein Tauchgerät säuberlich aufgebaut in den Korallen. Die Rückkehr nach oben darf nicht zu plötzlich sein. Ich schnalle das Tauchgerät ab, nehme das Mundstück aus dem Mund, nehme das andere in den Mund, atme . . . und warte.

Andere Fischmenschen kommen herab, umkreisen mich, schauen mir in die Maske. Wie es unten war? Ich hebe den Daumen, es war okay. Der Traum liegt schon wieder in weiter Ferne. Die Haut schmerzt vor Freude, daß das Leben wieder begonnen hat. Nicht weit, schräg oben, schaukelt der dunkle Bauch des Bootes, eine freundliche dicke Mutter, die uns alle aufnimmt. Noch eine halbe Stunde muß ich bleiben, wo ich bin, darf nur langsam Stück für Stück höher gehen. Dann ist die Quarantänezeit vorbei, und die Welt, zu der ich gehöre, hat mich wieder.

Es war gegen neun Uhr abends. Wir lagen vor der Insel Gem, der südlichsten der Malediven. Eine Regenbö war über das Schiff hinweggegangen und hatte uns mit dem Lautsprecher in den Decksalon getrieben. Wir spielten die „Moldau" von Smetana und die „Pathétique" von Tschaikowsky. Gerlach und Franzisket schrieben. Eibl und ich rauchten Pfeife. Plötzlich erschien Kapitän Becker in der Tür.

„Ich weiß nicht, ob Sie schauen wollen. Da sind große Tiere im Wasser."

Wir verließen den hellerleuchteten Salon und eilten auf das dunkle Achterdeck. Es war Neumond und stark bewölkt, völlig dunkel. Von Land her schimmerten die Lichter des RAF-Lagers und der Offiziersmesse. Die meisten waren weiß, einige waren rot und grün. Das waren noch die Weihnachtsdekorationen.

„Hier sehen Sie es am besten."

Ich sprang auf das rückwärtige Schanzkleid. Unter uns, in matten Umrissen, schaukelten unsere beiden Boote. Wir hatten sie bei Einsetzen der Bö achteraus gelassen; rings um die Boote und ein gutes Stück weiter über die schwarze Meeresfläche verteilt leuchteten regelmäßig helle Felder auf. Das konnten keine Reflexe von Sternen sein, denn es waren keine Sterne sichtbar, und diese hätten auch kaum ihr Licht im gleichen Rhythmus an- und abgedreht. Ich versicherte mich, daß es auch nicht Reflexe aus den Bullaugen waren, denn so sah es aus. Aber keines der Bullaugen leuchtete in der Richtung. Und auch mit der schütteren Spiegelung der fernen Lichter am Strand hatte es nichts zu tun.

„Schnell, daher, daher!" rief ich aufgeregt.

Die Lichtquellen lagen unter Wasser. Es waren gut an die hundert helle kreisförmige Flecken von je etwa einen Meter Durchmesser, die in gleichmäßigem Rhythmus aufleuchteten und wieder verschwanden. Die Flecken waren drei bis vier Meter weit voneinander entfernt. Das ganze Meer achteraus war von diesen regelmäßigen Leuchtfeuern erfüllt, und zwar in mehreren Feldern von etwa 40 bis 60 Meter im Durchmesser. Das Unglaubliche war, daß alle Flecken innerhalb eines Feldes völlig gleichzeitig aufflammten und wieder verlöschten, ganz so, als hingen alle am gleichen elektrischen Faden und würden zur selben Zeit eingeschaltet. Was immer es für Wesen sein mochten, die dort unten ihres Weges zogen, sie wanderten, oder besser leuchteten, in vollendetem Gleichschritt. Sie sangen im gleichen meßbaren Takt ihr unhörbares geheimnisvolles Marschlied.

„Das sind Medusen!"

„Das sieht wie fliegende Untertassen aus!"

„Hierher, Klausewitz, hier müssen Sie herkommen. Rufen Sie doch die anderen, das ist etwas ganz Einmaliges!"

„Wir müssen den Rhythmus stoppen. Wer hat denn eine Stoppuhr?"

„Können wir denn nicht mit der Taschenlampe tauchen?"

„Wir können hinunter ins Boot."

„Herr Becker, Herr Becker, können Sie das Boot vorziehen – ich hole meine Maske!"

„Brauchen wir nicht, wir haben den Guckkasten im Boot."

„Macht doch mal die Buglampe ab!"

„Der Takt ist etwa eineinhalb Sekunden."

Durch den Guckkasten starrten wir hinab. Die Lichter waren klein und kugelrund. Sie mochten etwa zehn Meter unter uns schweben. Sie hatten einen völlig klaren, scharfgeschnittenen Rand, doch durch die Reflexe der Wellen sah das Licht von oben wie ein Fleck von einem Meter Durchmesser aus. Das Aufleuchten dauerte etwas weniger als eine Sekunde, dann schalteten sie für eineinhalb Sekunden ab. Innerhalb des Feldes waren alle völlig synchron; die benachbarten Felder folgten um Bruchteile einer Sekunde früher oder später. Wir standen hier vor einem Wunder. Aus der kalten schweigenden Tiefe der Nacht glomm ein Einverständnis, eine freundlich organisierte Ruhe, ein gleichmäßiges Dahinfluten empfindender Kreaturen.

Franzisket hatte inzwischen seine Taschenlampe geholt und funkte, außerhalb des Taktes, dazwischen. Ob es nun an ihm lag oder an etwas anderem, jedenfalls ging der Gleichklang verloren. Die Felder entfernten sich, hier und da leuchtete es noch ein wenig auf, dann war alles wieder finster wie zuvor.

Wir haben nicht feststellen können, ob es Medusen waren oder etwa Würmer oder andere Leuchttiere. Vermutlich sind diese Signale eine Vorbereitung zum Fortpflanzungsakt. Die Tiere stimulieren sich gegenseitig optisch, bis die

Erregung synchronisiert ist und ein gemeinsames Ausstoßen der männlichen und weiblichen Fortpflanzungsprodukte auslöst. Wie ich von Franzisket erfuhr, beobachtete Prof. Rensch in Indien Leuchtkäfer, die zur Hochzeit in gleicher Weise und ähnlichem Rhythmus ihre Blinkzeichen synchronisieren.

Im Herbst 1939, als ich mit Jörg Böhler und Alfred von Wurzian im Karibischen Meer tauchte, bekamen wir an der Küste der Insel Curaçao, einer steilen Küste, bei erheblichem Wind und Wellengang ein merkwürdiges Gallertwesen zu Gesicht. Es war eine völlig durchsichtige Röhre von etwa zwei Meter Länge und gut 30 Zentimeter im Durchmesser. Sie schwebte, ephemer und ungemein zerbrechlich, dicht unter der Oberfläche. Seitdem die Wissenschaft annimmt, daß alles Leben auf unserem Erdball im Meer seinen Ursprung nahm, wurde immer wieder vermutet, daß es vielleicht irgendwo in der Tiefsee noch eine primitivste ursprünglichste Lebensform, eine Art Urschleim, geben müsse. Es sah so aus, als stünden wir hier eben diesem allerletzten unserer Vorfahren gegenüber.

Ich veröffentlichte das Bild in einem Buch, und wir zeigten es auch einer Reihe von Wissenschaftlern. Aber niemand konnte uns eindeutig sagen, was das gewesen war. Da die betreffende Küste steil auf große Tiefe abstürzte, nahm ich schließlich an, daß es eine Tiefseeform war, die durch Strömungen hochgespült worden war.

Jetzt, nach 19 Jahren, im Addu-Atoll, sah ich plötzlich von der *Xarifa* aus eine ebensolche Gallertröhre neben dem Schiff vorbeitreiben. Selten war ich schneller mit der Kamera über Bord. Während das Schiff weiterfuhr und mir Hirschel dann etwas später mit einem Eimer nachfolgte, tat ich, was ich vor achtzehn Jahren zu meinem Ärger versäumt hatte: Ich betrachtete das Gebilde nun wirklich genau, filmte es von allen Seiten und betastete es.

Dabei erlebte ich eine Überraschung. Es war gar keine Röhre, sondern eine ganz kompakte Gallertwurst. Sie war bloß ganz durchsichtig, so daß nur die spiralförmige Struktur, die außen herumlief, in Erscheinung trat. Bei genauerer Betrachtung erwies sich diese Struktur als ein endloser Faden, der in säuberlich aneinandergefügten Windungen das Gallert umkreiste und auf dem, wie auf einer Perlenkette, zahllose winzige Kügelchen hintereinander aufgereiht waren.

Besonders fesselte mich eine Art selbständiger Drehung, die mir schon in Curaçao aufgefallen war. Dieser wurstartig gestaltete Urschleim rotierte. Die Bewegung begann an einer beliebigen Stelle des auch hier etwa zwei Meter langen Gebildes und setzte sich dann über den ganzen Körper fort. Wie ich heute weiß, muß ich mich bei dieser Beobachtung getäuscht haben. Was ich sah, war offenbar keine Eigenbewegung, sondern eine Folge der unter der Oberfläche auftretenden Strömungen und Wirbel. Denn es ist kaum anzunehmen, daß ein Gelege – und als solches stellte es sich heraus – eine selbständige Bewegung ausführt.

Hirschel kam mit dem Eimer herangeschwommen und versuchte die Röhre hineinzubugsieren. Sie war widerspenstig, elastisch, und entglitt. Erst unseren gemeinsamen Bemühungen gelang es, sie in den Eimer zu drücken, und bald darauf untersuchten wir sie an Bord.

Unter dem Vergrößerungsglas wurde offenbar, daß die auf dem Faden aufgereihten kleinen Kügelchen Eier waren. Die darin eingeschlossenen, schon ziemlich ausgereiften Embryos waren deutlich zu erkennen. Es waren zehnarmige Tintenfische. Das riesige Gelege stammte wahrscheinlich von einem jener gewaltigen Kopffüßler, die im offenen Meer in einer Tiefe von mehreren hundert Metern leben und nach denen die Pottwale tauchen. Nach Armstümpfen, die im Magen von Pottwalen gefunden wurden, zu schließen, erreichen sie bis über zehn Meter Länge. Das Gelege treibt vermutlich von selbst empor, da die Jungen im Seichten bessere Lebensbedingungen genießen. Hier war es offenbar von der Flut in das Atoll hereingespült worden.

Das feste Gallert bietet den Eiern guten Schutz. Wir sahen nirgends Bißspuren eines Fisches, weil es in der Tat nicht einfach sein dürfte, eine so feste schlüpfrig-elastische Substanz zu durchbeißen. Die Jungen, innerhalb der Eier, drehten sich in verschiedener Richtung hin und her.

Auch hier bewährte sich unsere in der Messe aufgebaute Mikrofilmanlage, die uns ständig die Möglichkeit gab, eingebrachte Tiere sofort unter beträchtlicher Vergrößerung zu filmen. Die Armstümpfe am vorderen Körperende der Embryos waren gut zu erkennen, ebenso die schon fast fertig entwickelten großen Augen und der von Pigmentzellen bedeckte sackartige Körper.

Tags darauf schlüpften bereits die ersten aus. Sie sahen ungemein niedlich aus und begrüßten in sehr verschiedener Weise den ersten Lebenstag. Einige waren schüchtern und zogen sich schnell zusammen, wenn sie mit einem anderen zusammenstießen. Andere waren neugierig-draufgängerisch und versuchten Kontakt herzustellen. Wieder andere waren die Lebenslust in Person, kümmerten sich um überhaupt nichts und schwammen, wie in einem übermütigen Walzer, ständig im Kreis.

Draußen in der Natur endet dieser erste Lebenstag tragisch. Von hundert werden bestimmt neunzig von Fischen aufgefressen. Im freien Wasser gibt es nirgends eine Versteckmöglichkeit. So sind sie dem Zufall ausgeliefert, außerdem spielt aber auch ihre eigene Geschicklichkeit, bei Angriffen durch schnelle Reaktionen auszuweichen, eine wesentliche Rolle. Der Walzertänzer war bestimmt unter den ersten, die aufgeschnappt wurden. Als nächstes kamen dann die vorsichtigen daran, die alle etwas langsam reagierten. Und am ehesten überlebten wohl die intelligenten, die schon jetzt Interesse für die Umwelt zeigten und deren Einflüsse mit Reaktionen beantworteten.

Besonders interessant war, daß wir bei den Jungen bereits die sich zusammenziehenden und erweiternden Pigmentzellen sahen, die dann dem ausgewachsenen Tier die Möglichkeit einer genauen Farbanpassung an die Umwelt geben. Der Farbwechsel ist bei den Tintenfischen auch ein Spiegel ihrer jeweiligen Stimmung. Bei diesen Embryos, die aufgeregt in das neue Leben schwammen, veränderten die Pigmentzellen in ständigem Wechsel die Größe.

Fische sind – so sagt man – stumm. Nach meiner Vermutung können sie mit Hilfe ihres Seitenlinienorganes die durch die Flossenbewegungen anderer Fische hervorgerufenen Schwingungen wahrnehmen, so daß auf diesem Weg eine Art Verständigung erfolgt. Aber das ist, selbst wenn es zutrifft, keine eigentliche Sprache. Dagegen beobachtete Eibl Vorgänge, bei denen die beteiligten Fische eine Art Zwiesprache mit Frage und Antwort halten.

Die ersten Beobachtungen machte er bereits auf unserer Fahrt durch das Karibische Meer. Dort fand er Korallenstöcke, die regelmäßig von größeren Fischen besucht wurden. Sie schwammen zu den Stöcken hin, pflanzten sich regungslos darüber auf, öffneten das Maul und spreizten die Kiemen. In der Fischsprache sagten sie: „Hier bin ich, ich will geputzt werden."

Die andere Fischgruppe, der diese Einladung galt, waren kleine, schlanke Fische, die verschiedenen Familien angehörten, jedoch ein gemeinsames Handwerk ausübten. Sie kamen auf die Einladung hin sogleich aus dem Stock, der ihnen Wohnung und Versteck war, schwammen zu dem putzbedürftigen Gast und begannen ihn eifrig nach Parasiten abzusuchen.

Eibl beobachtete, daß es in erster Linie kleine Ruderfußkrebse waren, die sich auf der Haut der Fische festklammerten. Während des Putzvorganges sah er sie aufgeregt über den Körper der großen Fische flüchten. Sie wurden rücksichtslos verfolgt, und die eifrigen Putzer schlüpften dabei auch in die gespreizten Kiemenspalten, kamen durch das offene Maul wieder zum Vorschein, schwammen in den Rachen zurück, schwänzelten bei den Kiemen wieder heraus – kurz, fühlten sich in und an diesem Fisch wie zu Hause.

Eibl konnte deutlich sehen, daß die großen Fische bis zu einer halben Minute lang den Atem anhielten, um die Kleinen ja nicht zu stören. Ihr ganzer Körper wurde starr, so daß sie vielfach seitlich langsam umkippten. Wenn wir beim Zahnarzt sitzen, halten wir ähnlich den Atem an und verfallen in eine ähnliche Starre. Nur ist den Fischen das Geputztwerden offensichtlich angenehm.

Hat der geputzte Fisch genug, dann kommen zwei weitere Signale. Er schließt kurz das Maul, allerdings nicht ganz, und öffnet es sofort wieder, damit die

Maulputzer herauskönnen. Dann schüttelt er den Körper und schwimmt davon. Das erste Signal heißt ohne Zweifel: „Besten Dank, ich habe jetzt genug." Das zweite könnte bedeuten: „Habt ihr heute gut gemacht. Komme bald wieder."

Interessant ist noch, daß sich nach Eibls Feststellung bei den meisten Arten nur die Jungtiere als Putzer betätigen. – Das ist nach Menschenbegriffen so ähnlich, wie wenn sich bei uns die Jungen durch Zeitungsaustragen ihr erstes Geld verdienen.

Im Indischen Ozean fanden wir ebenfalls Maulputzer, die allerdings anderen Gattungen angehörten und auch anders gefärbt waren. Ich konnte hier den Putzvorgang bei Zackenbarschen und Gelbstreifen eingehend filmen. Wenn die Fische das Maul aufsperrten und die Maulputzer hineinschlüpften, sah es aus, als fräßen sie Spaghetti.

Am Tag vor unserer Abfahrt aus dem Addu-Atoll tauchten wir noch im Kanal neben der Insel Gan, der zum offenen Meer hinausführt. Der Grund liegt dort 15 bis 25 Meter tief und ist durch die heftigen Strömungen völlig glattgescheuert. Über einem einsamen, sich in der Mitte erhebenden Korallenklotz von gut acht Meter Durchmesser sahen wir nicht weniger als acht große Mantas kreisen.

Wir tauchten hinunter und filmten sie nach Herzenslust. Die Tiere erschraken über uns, flatterten wie erschreckte Riesenvögel davon, kamen aber, wie an einem Gummiband befestigt, immer wieder zum Felsen zurück.

Erst am zweiten Tag, als ich dort nochmals mit dem Teleobjektiv filmte, kam ich plötzlich darauf, was diese Anhänglichkeit an den Platz bedeutete. Der große Felsen war die Wohnstätte mehrerer hundert Maulputzer – eine Großentlausungsanstalt sozusagen. Auch die Mantas sind ein Tummelplatz lästiger Schmarotzer. Auch sie kannten das Signal, auch sie beherrschten die geheime Sprache.

Sie stellten sich mit gespreizten Kiemen ein bis zwei Meter hoch über den Felsen und blieben dort oben wie eine Wolke hängen. Ganze Bataillone von Maulputzern rückten dann aus, um sie zu säubern. Während die einen sich über die Bauchfläche verteilten und dort auf Treibjagd gingen, ringelten sich die übrigen in die nicht allzu weiten Kiemenspalten, verschwanden darin und kamen später vorn, aus dem großen Rachen, wieder an den Tag.

Wie sehr gerade die Mantas unter Ektoparasiten leiden, geht daraus hervor, daß sie manchmal hoch in die Luft springen und sich flach aufs Wasser niederfallen lassen, wodurch ein donnerartiges Geräusch verursacht wird. Es kommt auch vor, daß Mantas die Kette vor Anker liegender Schiffe zwischen ihre Kopflappen nehmen und daran entlangscheuern. Bei kleineren Schiffen kann sich dann, wie schon erwähnt, der Anker lösen und am Kopf des Mantas hängenbleiben, so daß das Tier dann den ganzen Kutter hinter sich nachzieht.

Eibl und ich schwammen in etwa 20 Meter Tiefe über sandigen Grund, als wir auf eine Art Wiese aufmerksam wurden, deren Halme Würmer waren, die sich gut 20 Zentimeter hoch aus dem Sand hervorreckten. Sie schwangen hin und her und krümmten sich wie Kobras. Als wir näher schwammen, zog sich die Erscheinung in den Sand zurück, und zwar wunderbar abgestuft: die nächsten zuerst, die folgenden sahen noch ein Stück mit dem Kopf hervor, und jene dahinter, wie Orgelpfeifen, standen immer um ein Stückchen höher. Schließlich war alles verschwunden, und nur Löcher blieben zurück, in die wir hineinschauten.

Wegen einiger Riffe konnten wir die *Xarifa* nicht nahe genug verankern, um unsere geräuschlose Fernsehkamera vor diesen geheimnisvollen Löchern aufzubauen. Aber eine kleine Insel war in der Nähe. Dort errichteten wir eine Fernsehstation, die von einem transportablen Generator gespeist wurde. Im Zelt installierten wir die Telerecording-Anlage. Und bald sahen – und filmten – wir, was aus den Löchern hervorkam.

Zunächst erschienen kleine Köpfe, die mit großen neugierigen Augen ringsum lugten. Sie betrachteten das Fernauge und verschwanden wieder. Sie kamen wieder hervor, verschwanden abermals. Endlich kamen sie ein Stück weiter heraus. Es waren keine Würmer, sondern Aale. Mit dem rückwärtigen Körperende steckten sie in einer senkrechten Röhre, die sie, wie wir später feststellten, durch Absonderung eines sich schnell verhärtenden Schleimes schufen. Sie ernährten sich von vorbeitreibenden Kleinlebewesen, die sie mit ihren großen Augen aufs Korn nahmen und aufschnappten. Dabei krümmten und wanden sie sich, was ihnen das schlangenartige Aussehen gab.

Eibl tauchte hinab und spritzte mittels einer Pipette ein berauschendes Gift in einige Löcher. Bald darauf torkelten die Tiere heraus ans Tageslicht, wo Eibl sie mit der Hand ergriff. Sobald er sie wieder freiließ, schlängelten sie sich zum Sand und bohrten sich, Schwanz voran, in den Sand ein. Eibl hielt uns eines der Tiere zur Begutachtung dicht vor die Kamera. Der glatte Körper trug eine gleichmäßige Musterung sowie drei Paare größerer Flecken. Augen und Maul waren viel größer und derber ausgebildet als bei normalen Aalen.

Wir wir später feststellten, waren ähnliche Tiere bereits 1923 in Kalifornien und 1930 in den Philippinen, beide Male in ganz seichtem Wasser, erbeutet worden. Die von uns im Indischen Ozean entdeckten und mit dem Fernauge aus nächster Nähe studierten „Röhrenaale" leben in 20 bis 50 Meter Tiefe und unterscheiden sich durch wesentliche Merkmale ihres Körperbaues. Wie Klausewitz feststellte, war es nicht nur eine noch unbekannte Art, sondern sogar eine noch unbekannte Gattung. Er gab dem Schiff und mir die Ehre, das neue Tier *Xarifania Hassi* zu benennen. Unter der Vielzahl der Fische, die sich den verschiedensten Lebensräumen angepaßt haben, nehmen die Röhrenaale eine

Sonderstellung ein. Sie zeigen als einzige eine beinahe festsitzend-pflanzenhafte Lebensweise.

Allerdings bekamen wir nie Jungtiere zu Gesicht. Wir beobachteten Röhrenaale noch an mehreren anderen Stellen in den Malediven und begegneten später einer nahe verwandten Art in den Nikobaren – doch stets bestand die schwingende Schlangenwiese aus durchweg ausgewachsenen Exemplaren. So mag es sein, daß die Jungtiere noch ein durchaus fischartiges, frei bewegliches Leben führen und erst im reiferen Alter zur gemütlicheren festsitzenden Lebensweise übergehen. Das kolonieweise Auftreten dürfte eine Anpassung im Dienst besserer Feindvermeidung sein.

Mit großer Geduld gelang Eibl, was zunächst nur mit der Fernsehkamera geglückt war. Da das Fernsehbild doch nur eine beschränkte Auflösungsschärfe hatte, legte er sich mit schußbereiter Rolleimarin regungslos vor einige der Löcher und blieb eine halbe Stunde völlig unbeweglich auf dem Grund liegen. Seine Beherrschung war um so erstaunlicher, als einige kleine Krebse, die auf dem Sand herummarschierten, an ihm nagten. Erst als die Sandaale sich völlig an seine Anwesenheit gewöhnt hatten und sich die ganze schwingende Wiese in voller Höhe vor ihm erhob, drückte er auf den Auslöser.

Eine Abordnung von Maledivern, die uns gerade besuchte, inspizierte auch unser Zelt. Keiner von ihnen hatte je einen Film gesehen, um so größer war ihr Erstaunen über das Fernsehbild. Die Sandaale waren, wie sie uns versicherten, auch ihnen noch völlig unbekannt. Wegen ihrer versteckten Lebensweise waren diese Tiere bisher noch nie in Netzen oder mit einer Angel gefangen worden. Erst als Eibl einen der Röhrenaale vor der Fernsehkamera fing und nach oben brachte, glaubten die Malediver, was sie gesehen hatten, und verließen uns mit freundlichem Kopfschütteln.

## *Das Haifisch-Wrack*

Wenn ich heute an die Ereignisse in Gaha-Faro zurückdenke, dann frage ich mich, ob Eibl und ich in jenen vier Tagen bei rechten Sinnen waren. Wir hatten beide vor der Abreise unseren Frauen versprochen, nicht zu vergessen, daß wir Familienväter waren. Ich selbst hatte alles eher als die Absicht gehabt, Risiken wie auf meinen ersten Reisen einzugehen. Aber dann kam es wie ein Rausch über uns. Hätte ich nicht alles in ausführlichen Filmaufnahmen festgehalten, dann würde ich zögern, darüber zu berichten. Denn ein Taucher kann so ziemlich alles erzählen, was er will. Wer weiß schon, wer kann überprüfen, was wirklich wahr ist?

Unsere Einfahrt in die Lagune von Gaha-Faro war schwierig. Wir kamen später als vorausberechnet, und die Sonne stand bereits dicht über dem Horizont, als wir an der langen weißen Brandungslinie der Riffe entlangfuhren und nach der schmalen, in der Karte eingezeichneten Einfahrt in die Lagune Ausschau hielten. Becker hockte im Mastkorb und gab durch Zeichen Kommandos. Als wir knapp vor Dunkelwerden endlich den engen gegabelten Schlauch entdeckten, sprang ich über Bord und schwamm dem Schiff voraus.

Vom Mast war kaum zu erkennen, wie tief die Wasserrinne war und welcher der beiden Wege in die Lagune führte. Im dunklen, starkströmenden Wasser lenkte ich die *Xarifa* schwimmend durch die enge Passage. Am nächsten Morgen fuhren wir dann gleich zu dem Küstenstrich, wo nach Angabe der Malediver zwei versunkene Schiffe lagen. Wir fanden beide. Das eine war klein, total zerbrochen und uninteressant. Das zweite dagegen, das wir bald „Haifisch-Wrack" tauften, war eines der schönsten, das ich jemals sah.

Das Schiff war in seiner ganzen Länge auf die Riffplatte aufgefahren, doch hatten die Wellen nur das Vorderteil zertrümmert. Das einstige Heck war noch erhalten und ragte gute zehn Meter weit über den steilen Abbruch der Riffmauer vor. Nach Angabe der Eingeborenen war dieses Schiff vor 60 Jahren gestrandet. Ein Teil der Maschine reichte bis zur Oberfläche, so daß wir unser Boot gut daran festmachen konnten. Das Heck lag 15 bis 30 Meter tief und war malerisch mit Korallen bewachsen, die es wie Schlinggewächse umrankten.

Dort begegneten wir dem ersten Hai. Es war allerdings ein harmloser Ammenhai, der in der Rundung des einstigen Schiffbodens ein Mittagsschläfchen hielt. Ich gab Hirschel die Kamera, und er filmte, wie ich den Hai aufweckte. Während ich das Tier über die Schiffsreling verfolgte, schwamm plötzlich ein großer, wohlgeformter Hai dicht an mir vorbei.

Wir erforschten zuerst die noch erhaltenen Innenräume des Hecks, in denen sich ungeheure Schwärme von Fischen versteckt hielten. Dann untersuchten wir den Steilhang unter dem Schiff. Er führte bis auf 50 Meter Tiefe, wo der Meeresboden dann weniger steil weiter absank. Beim Abwärtsschwimmen erblickten wir seitlich in der Ferne einen dunklen, langsam auf uns zuschwimmenden Gegenstand.

Es war eine riesige Schildkröte. Ruhig und würdevoll paddelte sie auf uns zu und an uns vorbei. Auf ihrem Rückenschild hafteten etwa ein Dutzend außerordentlich großer Seepocken. Kurz darauf kam bereits ein weiterer Spaziergänger die Promenade entlang: ein prächtiger großer Stachelrochen.

Wir ließen ihn unter uns durchschwimmen und folgten ihm. Ich filmte. Nach vierzig oder fünfzig Meter Weges kamen wir zu einer seitlichen Höhlung in der Wand, in die der Rochen, offenbar zu einem Routinebesuch, hineinschwamm. Die Höhlung war flach und ging ziemlich weit in den Felsen, der Boden war mit Sand bedeckt, in dem der Rochen wühlte. Eibl schwamm hinein und jagte ihn wieder heraus. Ganz aufgeregt flatterte der Rochen gegen eine Koralle, stieß beinahe gegen meine surrende Kamera und schwamm eilig davon.

Inzwischen waren drei Haie in unser Blickfeld getreten. Keiner war länger als zwei Meter. Sie schwammen im tiefen Wasser und äugten interessiert zu uns herüber. Während ich den einen filmte, schwamm Eibl ein Stück über den Hang weiter. Plötzlich hörte ich ein Klicken im Wasser und sah, daß ein größerer Fisch an seiner Harpune zappelte.

Ich dachte noch, daß es recht unvorsichtig war, an diesem Steilhang, wo es Haie gab, Fische zu harpunieren. Da kam schon der erste. Es war ein anderer, größerer, den das Gezappel herbeirief. Mit der wunderbaren Mühelosigkeit dieser Tiere sauste er wie ein Geschoß heran, dicht zu Eibl hin, umkreiste ihn, erschrak und schwamm schräg abwärts. Eibls Augen glitzerten vergnügt, als wir wieder zusammentrafen. Wir schwammen näher zum Wrack hin. Dort zog Eibl sein Messer und schnitt beherzt in den inzwischen toten Fisch hinein, so daß sich eine Wolke von Blut ausbreitete. Beide sehr aufgeregt und ständig zu den Haien hinüberschauend, schwammen wir wieder ein Stück vor, stopften den blutenden Kadaver unter eine Koralle und eilten zum Wrack zurück, wo uns ein klaffender Riß in der Bordwand ein geradezu ideales Versteck bot.

Wir warteten. Es dauerte etwa zwei Minuten, bis der erste Hai den Blutgeruch in die Nase bekam. Im Augenblick verwandelte sich das bisher ruhige Bild. Der Hai schwamm doppelt so schnell als normal in Richtung auf den Köder zu. Zwei andere Haie wandten sich und sausten ihm ebenso schnell nach. Keine fünf Meter von uns entfernt kreisten sie wie landende Flugzeuge aufgeregt über dem Versteck. Nach zwei vergeblichen Versuchen stieß der größere Hai mit der spitzen Nase zwischen die Korallen, packte den toten Fisch am Schwanz, hob ihn hoch, ruckte mit dem Kopf vor, um ihn besser zu packen, und schüttelte ihn heftig, weil er ihm offenbar zu groß war. Ein Stück fiel herunter, die beiden anderen Haie stürzten sich darauf. In wilder Verfolgung sausten die drei schräg abwärts in die Tiefe.

Eibl und ich waren wie elektrisiert. Mit dem schützenden Wrack im Rücken konnten wir hier überprüfen, wie schnell Haie den Blutgeruch wahrnehmen und auch wie sie sich Menschen gegenüber verhalten, wenn Blut im Wasser ist. Gerade diese zweite Frage war für Schiffbrüchige von außerordentlicher Bedeutung.

Schon bei der nächsten Fütterung versteckten wir uns nicht mehr im Wrack. Das Interesse der Haie war so offensichtlich auf die blutenden Köder – und nur auf diese – gerichtet, daß unsere Anwesenheit für sie überhaupt keine Rolle zu spielen schien. Sobald sich Blut im Wasser ausbreitete, ging eine Erregung ringsum durchs ganze Meer. Die sonst so königlich arroganten Tiere verloren völlig ihre Beherrschung und vollführten die erstaunlichsten Anläufe, Drehungen und Kapriolen. Schließlich hockten wir ganz frei auf dem versteckIosen Hang, der Köder kaum zwei Meter von uns entfernt, vor oder zwischen uns, und bis zu acht Haie *(Carcharhinus)* umkreisten uns gleichzeitig.

Eibl, der das blutige Handwerk des Fischharpunierens und Zerstückelns ausübte, war dabei in größerer Gefahr als ich. Denn seine Hände und Arme waren mit Blut beschmiert. Aber irgendwie fühlten wir uns beide in zunehmendem Maß sicher. Was Eibl im übermütigen Impuls eines Augenblicks begonnen hatte, wurde jetzt zu einer überaus interessanten und bedeutungsvollen Studie.

Auch in Australien, wo es jedes Jahr tödliche Unfälle durch Haie gibt, hatte man bereits beobachtet, daß herzueilende Helfer in keinem einzigen Fall gebissen wurden. Der Hai versuchte nur immer wieder, von dem schon verletzten Opfer weitere Stücke wegzubeißen (Coppleson 1950). Hatte ich bisher geglaubt, daß nichts gefährlicher ist, als bei sich ausbreitendem Blutgeruch unter Haien zu sein, so wurden wir nun eines anderen belehrt. Ganz im Gegenteil: das blutende Objekt bot uns geradezu Schutz. Wenn wir den Haien in den Weg kamen, wichen sie uns aus, als ob wir eine lästige Koralle wären. Was sie wirklich interessierte, war einzig und allein der blutende Köder. Erst wenn dieser von einem Hai aufgefressen oder weggetragen war, kam es vor, daß sich die anderen auch wieder für unsere Bewegungen interessierten.

Für Schiffbrüchige ist das ein wertvoller Hinweis. Für solche, die verletzt sind, ist es wohl kein Trost, denn blutende Menschen sind bei Anwesenheit von Haien tatsächlich in ernster Gefahr. Unverletzte aber brauchen – gleichwohl, was um sie geschieht – nicht völlig zu verzweifeln. Ist Blut im Wasser, dann sind die Haie tatsächlich sehr aufgeregt, aber ihr Interesse konzentriert sich durchaus auf das Objekt, von dem das Blut kommt.

Am zweiten und dritten Tag waren noch mehr Haie an der Stelle als am ersten. Die Sache sprach sich offenbar herum. Während ich einmal filmte, zeigte Eibl plötzlich aufgeregt abwärts. Etwas tiefer am Hang, nicht weit von uns entfernt, zog ein fünf Meter langer Tigerhai ruhig seines Weges. Wir hielten den Atem an, und er schwamm ruhig weiter. Die Duplizität der Fälle wollte es, daß wir kaum zehn Minuten später einen zweiten Besuch aus dem Riesenreich bekamen. Diesmal war es ein Hammerhai, auch fünf Meter lang. Auch er kümmerte sich nicht um uns, sondern schwamm gleichmäßig und gerade den Hang entlang weiter. Wir hatten etwas klapprige Knie, als wir wieder im Boot waren. Aber am anderen Tag setzten wir die Untersuchung dann doch fort.

Im Krieg versuchte die amerikanische Luftwaffe ein Mittel zu finden, um abgeschossene Flieger vor Haifischangriffen zu schützen. Das Ergebnis – als „Shark-Repellent“ bekannt – war Kupferazetat. Wir hatten einige Kilo davon mitgenommen, um es zu erproben. Jetzt war die Gelegenheit dazu da. Wir schütteten je hundert Gramm in kleine Stoffsäckchen und nahmen sie unter Wasser mit.

Die Wirkung der sich auflösenden Chemikalie war zunächst sehr gut. Die Haie, die jetzt immer sofort kamen, wenn wir unter das Wrack tauchten, blieben diesmal weg. Zwei, die in unserer Sichtweite schwammen, entfernten sich sogar langsam und entschwanden. Jetzt tötete Eibl einen Fisch und zerschnitt ihn. Knappe zwei Minuten später waren die ersten Haie wieder da. Sie wirkten etwas irritiert, fanden aber dann doch sehr bald den Köder und verschlangen ihn.

Als nächstes steckte Eibl einem harpunierten Barsch das Säckchen mit Kupferazetat direkt ins Maul. Wieder kamen Haie. Der Blutgeruch schaltete die Wirkung des Kupferazetats völlig aus. Erst als der eine Hai den Fisch im Maul hin- und herschüttelte, rutschte das Säckchen heraus und fiel zwischen die Korallen. Anderenfalls hätte er es wahrscheinlich mit verschluckt.

Nach unseren Abstiegen hockten wir im Boot, lagen in der Sonne und wärmten uns, legten neue Filme ein und erzählten uns gegenseitig immer wieder unsere Eindrücke. Das Schiff, die anderen, ihre Arbeit, alles war nur noch eine blasse Nebensache. Meine Filmaufnahmen genügten längst als Dokumentation und für die Fernsehprogramme. Trotzdem, um unserer Sache wirklich sicher zu sein, legten wir weitere Filme ein und setzten die Abstiege fort.

Cousteau und seine Männer haben aus einem Eisenkäfig gefilmt, wie ein von ihrem Schiff angefahrener und getöteter Wal von Haifischen zerfetzt wurde. Die Aufnahmen zeigten gut, wie die Haie mit einer schüttelnden Bewegung des Kopfes Speckstücke aus dem großen Kadaver herausschnitten. Ebensolche Bewegungen machten auch unsere Haie, wenn der Happen zu groß war, um als Ganzes verschluckt zu werden. Der Hai sägt so mit den scharfen Zahnreihen und läßt eine glatte, saubere Bißspur zurück.

Am letzten Tag befestigten wir den Köder an einem starken Haken und knüpften das andere Ende der Leine an ein vorstehendes Eisenstück des Wracks. Dann allerdings zogen wir uns in Deckung zurück. Bald kam ein Hai, der den Haken verschlang. Er schwamm davon, wurde plötzlich vom Seil festgehalten, taumelte und schlug wild um sich. Im selben Augenblick waren sechs andere Haie rings um ihn. Alles tobte durcheinander, da riß der Haken aus, und das Getümmel verschwand im Abgrund. Eibl schrieb an diesem Abend in einem Brief an seine Frau: „Wiederholungen sind nicht vorgesehen, das nur zu Deiner Beruhigung. Ich werde jetzt im Seichten plätschern und Fische aufnehmen, und im Malaiischen Archipel gehen wir dann viel an Land spazieren."

Allerdings hatte dieser letzte Tag noch seine Nachwirkung. Wir hatten beinahe vier Stunden in 40 bis 45 Meter Tiefe zugebracht und hatten uns in der Aufregung um Auftauchzeiten nicht mehr gekümmert. Nun summieren

Unter der Schirmherrschaft des CMAS (Confédération Mondial Activitées Subaquatiques) werden heute Unterwasserjagdmeisterschaften abgehalten, bei denen gewinnt, wer die meisten Fische erlegt: ein Auswuchs menschlicher Jagdlust und des Imponierverhaltens. Aus ganz egoistischen Erwägungen sollte der Unterwassersportler sich gegen diese Entwicklung wenden. Wie schnell die Fischbestände und damit der Zauber der Unterwasserwelt vernichtet werden kann, hat sich bereits gezeigt. *Oben:* Grauer Engelfisch (Pomacanthodes arcuatus).

Beim Besuch versunkener Schiffe wird das Erlebnis von Schwerelosigkeit und dreidimensionaler Bewegungen besonders deutlich. Man umkreist die Masten und Aufbauten, wie es einst Vögel taten, gleitet über das Deck in Innenräume. Das Bild zeigt meine Frau an der Reeling der „Umbrea“, die vor Port Sudan gesunken ist. Da das Schiff mit Munition beladen ist, besteht noch heute die Gefahr einer Selbstentzündung. In Panzerschränken sollen noch große Mengen von Mariatheresienthalern enthalten sein.

In den Nikobaren entdeckten wir das Wrack eines englischen Kriegsschiffes, dessen einstiger Lampenraum noch gut erhalten war. Das Schiff lag bereits 30 Jahre unter Wasser, doch als wir die Lampen reinigten, sahen sie fast wie neu aus. Hier betrachteten Dr. Eibl und ich unseren Anteil an dieser „Bergung“.

Konrad Lorenz wies nach, daß die auffallenden Farben und Musterungen der Korallenfische eine Signalwirkung haben, die sich gegen die eigenen Artgenossen richtet. Das Signal besagt: Hier ist mein Revier! Wenn du näher kommst, wirst du bekämpft! Die „innerartliche Aggression“ hat zur Folge, daß sich die Artgenossen sehr gleichmäßig über den für sie geeigneten Lebensraum verteilen, dieser also ökonomisch optimal ausgenützt wird.

Nach alter Gepflogenheit sehen wir in jedem Tier und in jeder Pflanze ein Individuum, ja einen Selbstzweck. Von der Evolution her betrachtet, ist jedoch jeder Organismus gleichsam nur ein „Querschnitt“ in einem Entwicklungsstrom. Gemeinsam ist allen Strukturen, die diese Entwicklung weitertragen – allen Tieren und Pflanzen –, daß sie mehr Energie einnehmen müssen, als diese Anstrengung sie selbst an Energie kostet. Wo dieses Kunststück nicht gelingt, erlischt die Entwicklung, das „Leben“. Das Bild zeigt die Jugendform eines Kaiserfisches (Poma canthodes).

Einen Fisch mit einer Schusterwerkstatt oder einem Industriekonzern zu vergleichen, erscheint – wiederum auf Grund eingefleischter Denkgewohnheit – absurd. Tatsache aber ist, daß nicht der nackte menschliche Körper eine aktive Energiebilanz erzielt, sondern die von uns gebildeten „Berufskörper" und „Betriebe". Sie sind somit das die pflanzliche und tierische Entwicklung Fortsetzende: der Mensch ist bloß eine sie aufbauende und steuernde Keimzelle. Ob es ein Korallenfisch oder General Motors ist: immer muß die raumzeitliche Struktur, welche die Evolution weiterträgt, einer bestehenden Energiequelle so angepaßt sein, daß es sie zu erschließen vermag.
*Oben:* Lippfisch (Coris gaimardi), darunter Meerborke (Mullidae).
*Rechte Seite:* Büschelbarsch (Cirrhitidae).

sich aber die Werte bei mehrmaligem Tauchen. Wir hatten beide Gliederschmerzen und mußten zur langsamen Entpressung wohl oder übel wieder hinunter. Die Sonne sank gerade unter den Horizont, als wir uns von der *Xarifa* an einem Seil auf zwanzig Meter Tiefe hinabließen. Nur Schritt für Schritt, auf eine Stunde verteilt, durften wir jetzt wieder hochkommen.

Das Meer wurde tiefblau, allmählich wurde es Nacht. Vor den Haien, die um uns tobten, hatten wir keine Angst gehabt. Aber jetzt im dunklen freien Wasser zu hängen, war mehr als unangenehm.

Während das Schiff acht Wochen in Colombo blieb und die Expeditionsteilnehmer sich dort nach bestem Ermessen die Zeit vertrieben, oblag es mir, nach England zu fliegen und bei der BBC in Bristol die ersten sechs Filmprogramme in deutscher und englischer Fassung fertigzustellen. Erst nach deren Ablieferung bekam ich nach meinen Verträgen das für die Fortsetzung des Unternehmens notwendige Geld.

Ich würde ein falsches Bild von meinem Leben zeichnen, würde ich mich allzusehr als einen Märtyrer einer widrigen Entwicklung darstellen. Gewiß, meine zoologischen Ambitionen wurden nicht befriedigt. Gerlach lag in seiner Hängematte, rauchte genußvoll seine Zigarre, dann wandte er sich wieder dem Studium der ihn interessierenden Würmer zu. Eibl, Scheer, Franzisket, Klausewitz, alle arbeiteten nach Herzenslust an den Problemen, die sie interessierten, und ihre Arbeiten haben ihnen dann viel gerechtes Lob eingebracht. Ich dagegen war an Bord des Schiffes *Xarifa* der einzige, der seinem eigentlichen Beruf nicht nachgehen konnte. Das war eine Tatsache. Aber anderseits faszinierte mich auch die Filmarbeit, und das Gefühl, mit meiner Hände Kraft etwas auf die Beine zu stellen, das niemand anderer in gleicher Art zu machen vermochte, entschädigte mich doch sehr für das, was ich entbehrte. Unser Leben war voll

*Linke Seite:* 1970 tauchte ich mit Lotte nach achtzehnjähriger Abwesenheit wieder am Großen Barriereriff. Bei unserem ersten Aufenthalt – es war unsere Hochzeitsreise – hatten wir den Entschluß gefaßt, Cooks historische Fahrt bis zur Nordspitze Australiens, dem einsamen Kap York, zu wiederholen. Damals ahnten wir nicht, daß eine erwachsene, tauchfreudige Tochter uns begleiten würde. Wir konnten mit Freude feststellen, daß das Große Barriereriff – abgesehen von der Umgebung der Touristenzentren – noch unverändert fischreich geblieben ist.

einmaliger Erlebnisse. Kamen wir in einen neuen Hafen, dann waren wir Könige. Der Gouverneur oder die sonst am jeweiligen Ort leitende Person kam fast immer an Bord. Unsere Arbeit wurde anerkannt, überall wurden wir mit offenen Armen empfangen und nach Kräften unterstützt. Was jedem Sporttaucher als letztes Wunschziel vorschwebte: uns war es erfüllt. Die Welt lag frei vor uns. Ich erklärte dem Kapitän, wohin wir fahren wollten, und am nächsten Morgen, wenn wir die Augen öffneten, lagen wir in ebendieser Bucht, an ebendiesem Riff. An Bord hatten wir alle Bequemlichkeit, wir hatten alle nötigen Ausrüstungen, gutes Essen – wenn der Koch nicht gerade versagte –, wir hatten alle erdenklichen technischen Behelfe; kamen wir vom Tauchen zurück, konnten wir uns in ein weiches Bett legen, uns kalte Getränke zu Gemüte führen. Wir bildeten eine nette Gemeinschaft, die sich gut verstand . . . wir erlebten etwas, das nur wenige erlebten.

Ohne Ermüdung und mit einer wilden Entschlossenheit traf ich in Bristol ein und verbreitete dort einiges Entsetzen. Man ist dort gewöhnt, in der Manier des englischen Gentleman gemächlich zu arbeiten, alle zwei Stunden zu einer Teepause in die Kantine zu marschieren, den Tag eher früher als später zu beenden und das Weekend heiligzuhalten. Man sah diesen wilden Teutonen (der wußte, wieviel jeder Tag an Schiffs- und Mannschaftskosten verschlang) und sein Werken mit recht erschreckten Augen an. Mein Schnittmeister war Paul Kahn, ein Pakistani, mit dem ich mich blendend verstand. Er aß gern, und ich respektierte dies, indem ich ihn in die besten Restaurants ausführte. Dafür arbeitete er mit mir praktisch Tag und Nacht – nur gelegentlich, am Sonntag, leisteten wir uns einen halben Tag Ruhe.

Irgendwie schafften wir es in den acht Wochen wirklich. Groteskerweise machte mir am Ende die deutsche Version dieser Filme am allermeisten zu schaffen. Ich hatte fast nur noch englisch gesprochen und alles daran gesetzt, mich dem englischen Geschmack anzupassen. Nun, da ich einsam und von lauter Engländern umringt die deutschen Kommentare sprach, mußte ich feststellen, daß ich einen englischen Akzent angenommen hatte. Nicht eigentlich in der Aussprache, aber doch im Sprachrhythmus. Dabei war ich so überarbeitet, daß ich längst nur noch mit Schlafpulvern schlafen konnte. Als ich nach Colombo zurückkam, war dort alles ungeheuer ausgeruht und unternehmungslustig. Ich selbst hatte nicht einmal einen halben Tag Ruhe. Kaum traf ich ein, ergossen sich alle Probleme über mich, die meiner persönlichen Entscheidung vorbehalten worden waren; sowohl jene technischer als auch die menschlicher Art. Sie wurden gelöst. Jetzt war wieder Lotte bei mir; unsere kleine Tochter war bei der Großmutter in Obhut, also konnte sie am zweiten Teil der Reise wieder teilnehmen.

Die gespannte Lage in Indonesien brachte es mit sich, daß die Schiffsversicherung für dieses Gebiet völlig unerschwinglich wurde. Ich hatte deshalb kurz entschlossen die Nikobaren als nächstes Ziel gewählt. Erlaubnis, diese Inselgruppe zu besuchen, hatten wir keine, aber das kümmerte mich wenig. Diese Inseln, die bis vor kurzen englisch und nun in indischem Besitz waren, hatten uns bestimmt viel Interessantes zu bieten. Das deutsche Forschungsschiff *Valdivia* hatte sie 1899 besucht. Im Gegensatz zu den benachbarten Malediven waren es gebirgige Inseln mit undurchdringlichem Urwald. Die dort lebenden Eingeborenen waren recht primitiv und völkerkundlich hochinteressant. Ich regelte alle unsere Verpflichtungen und Schulden in Colombo, und wir setzten uns unverzüglich wieder in Bewegung.

Es war eine etwas ungewöhnliche Situation, mit Fachwissenschaftlern, deren Reise teilweise von staatlichen Stellen finanziert worden war, auf eine Inselgruppe zuzusteuern, für die wir keinerlei Aufenthalts- und Arbeitsgenehmigung hatten. Aber das war mir schon einerlei. Gemeinsam mit Lotte saß ich bei Kapitän Becker in dessen Kajüte, und wir erwogen hin und her, wo wir wohl am ehesten vor indischen Polizeibooten geschützt sein würden. Schließlich fiel unsere Wahl auf die kleine Insel Kondul, wo fast genau hundert Jahre vor uns die *Novara* gelegen hatte. Man hatte damals Eingeborene auf der Insel gesichtet; vor 59 Jahren, beim Besuch des deutschen Forschungsschiffes *Valdivia,* waren keine mehr gesichtet worden. Dieser besonders einsame Platz schien uns für unsere Forschungstätigkeit besonders geeignet.

In der Frühe gingen wir dort vor Anker – eine Urwaldlandschaft von atemberaubender Schönheit. Kurz nach dem Mittagessen näherte sich uns bereits ein eifrig paddelnder Einbaum, in dem außer einer Anzahl Eingeborener drei Inder mit Maschinenpistolen saßen. Wir erklärten ihnen rundweg, daß wir leider Maschinenschaden hätten und hier eine Reparatur ausführen müßten. Nach langem Palaver, zuerst an Bord und dann auf der Polizeistation ganz in der Nähe, verlegten wir die *Xarifa* in eine Bucht von Großnikobar, die wir als die einzig geschützte deklarierten, die aber in der Tat den besonderen Vorteil hatte, daß sie von der Polizeistation aus nur in mehrstündiger Ruderei zu erreichen war – denn Motorboot hatten die Inder keines.

In dieser Bucht arbeiteten wir ungestört und sehr produktiv drei Wochen lang. Dann kam ein indisches Spitalschiff, und die Ausrede mit dem defekten Motor ließ sich nicht mehr länger aufrechterhalten. Wir luden sämtliche Inder zu einer Abschiedsparty ein und erklärten, daß wir nun leider diesen schönen Platz verlassen und unsere ozeanographische Arbeit auf offener See gegen Süden zu wieder aufnehmen müßten. Die Inder, die im übrigen sehr freundlich waren, nur eben um ihre eigene Stellung und Pflichterfüllung bangten, sahen uns feuchten Auges und mit großer Befriedigung entschwinden. Als es jedoch finster geworden war, änderten wir den Kurs und fuhren auf einem großen

Umweg zu der Insel Tillanschong. Emsige Erkundigungen bei den Eingeborenen und den Indern hatten ergeben, daß dieses Eiland völlig unbewohnt war und wir dort kaum eine weitere Störung zu befürchten hatten.

Ich erzähle all dies mit um so mehr Vergnügen, als diese letzte Etappe mit der *Xarifa* wirklich die schönste und erfolgreichste war. Sowohl wissenschaftlich als auch für unsere Filme bot sich hier, was immer wir uns ersehnten. Einen genauen Überblick über die Ergebnisse der *Xarifa*-Expedition zu den Malediven und Nikobaren gab ich in meinem Buch *Expedition ins Unbekannte* (1961), das jedoch nur noch in Bibliotheken erhältlich ist. I. Eibl-Eibesfeldt schilderte seine Erfahrungen als Verhaltensforscher in dem sehr lesenswerten Buch *Im Reich der tausend Atolle* (1964). Tillanschong ist neuneinhalb Meilen lang und hat die Form eines ungemein graziösen und langen Reitstiefels. Nahe der Ferse ankerten wir in der geschützten Castle Bay. Neben mir, über dem Stiefelschaft, erhoben sich mehrere über 300 Meter hohe und äußerst steile Urwaldgipfel.

Durch glücklichen Zufall gelang es uns hier, sowohl das Liebesspiel verschiedener Fischarten als auch das von Haien zu filmen. Bei letzteren – zumindest bei der Art, die wir filmten – setzen die Männchen das Weibchen in Paarungsbereitschaft, indem sie diesem zärtlich an den Kiemen herumknabbern. Ein Weibchen, das ich vor die Kamera bekam, hatte drei werbende Kavaliere und schon völlig zerfetzte Kiemen. Unweit von dem Platz entdeckten wir das Wrack eines englischen Kriegsschiffes, in dem der einstige Lampenraum im Vorschiff noch völlig erhalten war. Mehrere Tage lang saßen wir alle an Deck und reinigten wunderschöne Messinglampen, die 35 Jahre lang unter Wasser gelegen hatten und heute in unseren Wohnungen fast ebenso sauber blitzen wie einst an Bord. Eibl und Klausewitz erbeuteten, teils mit der Harpune, teils mit Gift und Netzen, so viele Fischarten, daß die wissenschaftliche Verarbeitung des Materials auch heute, 15 Jahre später, noch nicht abgeschlossen ist. In der Bucht, vor der wir lagen, lebte ein Krokodil, das stets bei Nacht Ausflüge ins Meer machte und von dem wir trotz aller Mühe immer nur seine unverkennbaren Spuren im Sand zu Gesicht bekamen. Jenseits eines kleinen Isthmus war ein von Kokospalmen gesäumter Sandstrand, wie es wohl kaum einen zweiten ebenso schönen auf der Welt geben dürfte. Eines Tages lernten wir hier das seltsame Schauspiel eines Mondregenbogens kennen. Gemeinsam mit Kapitän Becker jagten wir im Urwald Tauben und wilde Schweine. Auf dem Sandboden direkt unterhalb des Schiffes entdeckte ich eine Muschel, zwischen deren leicht geöffneten Schalen zwei interessierte Augen hervorlugten. Als ich näherschwamm, schloß sich die Muschel. Ich brachte sie an Bord, und wir setzten sie in unser Aquarium. Alsbald öffneten sich die Schalen wieder – an Stelle des ursprünglichen Muscheltieres saß zwischen ihnen ein kleiner Krake und betätigte sie genauso, wie es das Muscheltier getan hatte. Von verschiedenen Krebsen, die ebenfalls unser Aquarium bewohnten, wurde der Krake alsbald regelrecht belagert. Einem Einsiedlerkrebs gelang es, den Oktopus so in Ärger zu versetzen, daß er sein Versteck verließ und sich auf den Einsiedlerkrebs stürzte. Jetzt sahen wir, daß es ein Weibchen war, das in dieser leeren Muschel sein Gelege untergebracht hatte. Ich drehte einen ganzen Film über diese Mutter und ihre Auseinandersetzung mit den übrigen Logiergästen im Aquarium. Schließlich gelang es uns sogar, zu filmen, wie die Jungen aus den Eiern schlüpften. Alsbald war das ganze Becken von punkthaft umhertanzenden Krakenbabies erfüllt. Die Mutter begann zu zucken und verschied in einem bemitleidenswerten Todeskampf. Ihr Leben war erfüllt – und somit beendet.

Unter den Plätzen, die ich kennenlernte und in meinem Leben noch gerne einmal wiedersehen würde, steht Tillanschong an allererster Stelle. Eines Tages surrte es über unseren Köpfen: ein indisches Flugzeug kreiste über uns. Man hatte uns entdeckt! Also nahmen wir traurigen Herzens Abschied. Ich habe später gehört, daß ein kleines indisches Kriegsfahrzeug nicht mehr als eine Tagesreise von uns entfernt war. Ob es alsbald in Tillanschong aufkreuzte, um die *Xarifa* als Gesetzesübertreter zu beschlagnahmen, ist mir nicht bekannt. Wir zogen es vor, es nicht darauf ankommen zu lassen. Wir hievten die Anker und verlegten unsere Arbeit – als letzte Etappe – in die Straße von Malaya.

# WIEDER IM MEER

## *Tiefenforschung auf dem Trockenen*

In Singapur ging ein Abschnitt meines Lebens zu Ende. Wir wurden dort von der englischen Marine freundlich aufgenommen, und man erklärte sich bereit, das Schiff kostenlos in Obhut zu nehmen, bis ich selbst wieder darüber disponieren wollte. Das dauerte beinahe zwei Jahre. Ich stellte alle Filme, zu denen ich mich verpflichtet hatte, fertig, und wir traten nochmals an die Deutsche Forschungsgemeinschaft heran. Ich war bereit, die *Xarifa* kostenlos jeder wissenschaftlichen Institution zu überlassen, sofern diese bereit war, die Kosten einer laufenden Forschungstätigkeit zu übernehmen. Eine solche Institution fand sich nicht – beinahe möchte ich sagen, zu meinem Glück. Sonst wäre ich nämlich weiter verurteilt gewesen, Manager zu sein, während ich nun vor mir selbst die Berechtigung erwarb, das Schiff zu verkaufen und vom Erlös weiterhin zu leben.

Es war gar nicht leicht, einen Käufer zu finden. Dann fanden sich plötzlich zwei Interessenten, ein Amerikaner, der auf den Bahamas Gesellschaftsreisen organisierte, und ein Italiener, der sich in den Gedanken verliebt hatte, ein solches Schiff zu besitzen; mir persönlich war es lieber, wenn das Schiff in Europa beheimatet blieb. Herr Traglio, der Besitzer von Coca Cola und anderer Betriebe in Italien, war mit meinen Bedingungen einverstanden: ich sollte bloß veranlassen, daß das Schiff zurückgebracht wurde. Ich legte ihm nahe, doch nach Singapur zu fahren und es sich erst anzusehen. Das hielt er für überflüssig. Daraufhin schickte ich eine Mannschaft nach Colombo, die das Schiff zurückholte. Auf dieser letzten Fahrt ging alles wie am Schnürchen: zwei Tage früher, als vorgesehen, war die *Xarifa* im Hafen von Cannes. Herr Traglio war vor uns dort, er suchte sie überall, konnte sie aber nicht finden. Ein eher verwahrlostes Riesenschiff in der Mitte des Hafens hatte er gar nicht beachtet. Dann wurde ihm klar, was er da eigentlich gekauft hatte. Wir verbrachten fast eine Woche mit ihm, um die Übergabe zu vollziehen. Gemeinsam mit ihm und seiner charmanten Gattin gingen wir aus, tanzten; er war nachdenklich.

Allmählich ließ er uns wissen, daß er sein Haus in Monaco und seine Rennställe verkaufen wollte. Es war ihm klar geworden, auf was er sich da eingelassen hatte. Er verwandelte in der Folge die *Xarifa* wieder in eine Luxusjacht, was zweifellos ein kleines Vermögen verschlang. Lotte wollte das Schiff, mit dem sie so viele Erinnerungen verbanden, nie mehr sehen. Ich dachte anders: Ich freute mich, als ich die *Xarifa* zwei Jahre später strahlend schön und in so hervorragendem Zustand wiedersah. Carlo lud mich an Bord: Die Arbeitsräume und Laboratorien waren verschwunden. Das Schiff hatte nun sehr luxuriöse Gästekabinen, einen neuen Decksaal, drei elegante Badezimmer. Endlich ließ sich auch Lotte erweichen, und wir nahmen seine Einladung zu einer Fahrt auf der *Xarifa* als Gäste und Passagiere an. Jetzt lag ich im Deckstuhl, sorglos, ließ mich bedienen... Natürlich traf der Verkauf auch mich. Es war, als ob ein Teil meiner selbst sich von mir löste, als ob ein zu mir gehörendes Organ in den Körper eines anderen überging. Anderseits aber fiel eine ungeheure Last von mir ab, die ich immerhin acht Jahre lang getragen hatte. Ich war nun frei. Der Verkaufserlös erlaubte mir, mich einige Jahre ganz meinen vernachlässigten Interessen zu widmen. Inzwischen war mir auch klar geworden, daß es nicht eigentlich das Meer, nicht eigentlich seine Bewohner waren, denen letztlich mein Interesse galt. Es hatte Jahre gedauert, aber jetzt endlich begriff ich mich selbst. Das, was ich letztlich gesucht hatte, lag hinter, lag jenseits der sichtbaren Erscheinungen. Im unerforschten Meer war ich ihm etwas näher als irgendwo sonst gewesen; aber mit den Fischen und Krebsen und Korallen war es nicht identisch. Was mich letztlich anzog, war das Geheimnis der Natur selbst. Jener „Natur", die sich in so mannigfachen Gestalten unseren Sinnen darbietet und deren Teil wir selbst sind.

Auf unserem winzigen Planeten – auf diesem Staubkorn in Raum und Zeit – hat vor etwa zwei bis drei Milliarden Jahren ein Prozeß seinen Anfang genommen, den wir „Leben" nennen. Wie Feuer griff er um sich und wurde von mannigfachen Gestalten – wir nennen sie „Lebewesen" – weitergetragen. Zuerst entfaltete sich dieser Prozeß im Meer, dann griff er auch auf das trokkene Land über, „Pflanzen" machten den Anfang, „Tiere" folgten ihnen nach. Eine erstaunliche Formenfülle entstand auch hier – auf Grund der ganz anderen Umweltverhältnisse sahen diese „Organismen" anders aus als jene im Meer. Und in dieser Formenfülle kam es dann auch zur Entstehung eines Lebensträgers, eines „Lebewesens", das gleichsam alle bisherigen Ketten sprengte: des „Menschen". Von allen Organismen ist dieser für uns am allerschwierigsten zu bewerten und in seiner Stellung zu verstehen, einfach deshalb, weil diese Lebenseinheit wir selbst sind. Der menschliche Geist versuchte, sich selbst zu beurteilen, sich selbst zu verstehen. War diese Form der Bewertung richtig, vollständig, nüchtern, vorurteilslos? Diese Einheit „Mensch" erweiterte die Macht und Fähigkeit seines „genetisch“ gebildeten Körpers, indem er sich künstliche Organe anfügte, durch die er seinen Machtkörper erweiterte, zum Beispiel Kleider, Werkzeuge, Waffen, aber dann im weiteren Verlauf auch größere Einheiten: Häuser, Maschinen und in das eigene Machtgeflecht einbezogene andere „dienstbare“ Menschen. Bis zum heutigen Tag betrachtet man diese zusätzlichen Einheiten als etwas vom genetischen Körper Getrenntes, als unser „Werk“, als nur eben durch Eigentumsrechte oder Verträge an uns gebunden.

Von der Lebensentwicklung her sind es aber ebenso funktionelle Einheiten, ebenso „Organe“ wie unsere Leber, unser Zehennagel oder unsere Augen. Die Herstellungsweise und das Material sind verschieden, das stimmt, aber funktionell hat das wenig zu bedeuten. Wie wenig dies für den Lebensprozeß bedeutet, zeigen bereits manche Tiere. Ob ein Panzer aus körpereigener Substanz gebildet oder aus Umweltteilen „künstlich“ aufgebaut wird, ist recht belanglos. Worauf es ankommt, ist die Wirkung und die Gesamtbilanz, das Verhältnis zwischen eingenommener und ausgegebener Energie. Darin liegt der eigentliche Schlüssel für alles, was wir „Leben“ nennen. Alle Einheiten, die das Leben vorwärts tragen, müssen die Eigenschaft erfüllen, mehr Energie einzunehmen als sie ausgeben ... wo dies nicht der Fall ist, erlischt automatisch der Prozeß.

Sieht man die Dinge aber so, dann ist nicht, wie man bisher angenommen, der menschliche Körper das die tierische und pflanzliche Evolution Fortsetzende, sondern es sind die von uns geschaffenen Machtkörper – oder nennen wir sie „Berufskörper“ –, die der Mensch bildet und in deren Gefüge er dann nur noch die steuernde Einheit ist. Der Übergang von den Einzellern zu den mehrzelligen Organismen erfolgte so, daß manche Einzeller so geartet waren, daß sie sich bei Teilungen nicht mehr trennten, sondern Zellvielheiten bildeten, in denen es dann zu einer Arbeitsteilung unter den Tochterzellen kam. Im Menschen – wenn mein Gedanke richtig war – hatte die Evolution zum zweitenmal einen solchen bedeutsamen Punkt erreicht. Auch wir bauen – ähnlich wie die Keimzellen der Vielzeller – Systeme höherer Ordnung auf. Nicht der Mensch ist eigentlich das den „Tieren“ und „Pflanzen“ Entsprechende, sondern die von uns aus zusätzlichen Einheiten geschaffenen größeren Strukturen – die „Berufskörper“, „Betriebe“, ja auch die „Staaten“ – sind die die Evolution fortsetzenden Einheiten.

Die sich aus diesem Gedanken ergebende Konsequenz ist der uns seit Jahrtausenden eingefleischten und selbstverständlichen Selbsteinschätzung so konträr, daß man sie kaum aussprechen kann, ohne rettungslos lächerlich zu erscheinen. Stimmt sie, dann müssen wir eine dritte große Illusion überwinden. Die erste war die, daß die Erde mit dem Menschen darauf das Zentrum im All ist: daß sich alles um uns dreht, ja für uns da ist. Diese Illusion mußte aufgegeben werden. Die zweite war dann, daß der Mensch, wenn schon nicht Zentrum im Universum, so doch immerhin Endpunkt, ja Höhepunkt der sich auf diesem Planeten vollziehenden Entwicklung ist. Daß wir etwas von den übrigen Organismen, den Tieren und Pflanzen grundsätzlich Getrenntes sind, ja, der Augapfel göttlichen Interesses und die übrige Natur nur eben mehr oder weniger für unsere Bedürfnisse geschaffen. Auch diese zweite Illusion zerbrach. Wie heute feststeht, sind auch wir Bestandteile der Evolution. Der Mensch ist aus dem Tierreich hervorgegangen. Immerhin schätzen wir uns nach wie vor als einstweiliger Endpunkt, ja als Höhepunkt dieser Entwicklung ein. Stimmte dagegen mein Gedanke, dann war auch dies hinfällig. Dann waren wir eben nur Bestandteil in einer längst über uns hinweggeflossenen Entwicklung, dann war – von der Evolution her betrachtet – der Mensch und sein „Wille" gar nicht das Wesentliche, das Spezifische, sondern das die Evolution Weiterführende waren unsere Erwerbs- und Luxusstrukturen: in diesen setzte sich das Lebensgeschehen mit der notwendigen aktiven Energiebilanz fort.

Dieser erschreckende, uns nach bisherigen Kriterien so demütigen Gedanke war – sosehr ich auch nachforschte – noch nirgends aufgetaucht. Alles war angezweifelt worden, nur eben nicht dies, weil es unseren sinnlichen Eindrücken und der Art, wie wir sie bewerten, so sehr widerspricht. Stimmte aber mein Gedanke, dann bedeutete dies, daß die von uns geschaffenen Erwerbsstrukturen – die Berufsstrukturen, Betriebe, Staaten – mit den tierischen und pflanzlichen Körpern unmittelbar vergleichbar waren. Damit war mein weiterer Weg vorgezeichnet: ich muß von der Biologie her jene Körper untersuchen, die man bislang in der von der Naturwissenschaft völlig getrennten Betriebs- und Volkswirtschaftslehre behandelt hatte, ich mußte auch Staatslehre studieren, und vor allem mußte ich mich um gemeinsame Grundbegriffe bemühen. Denn da man diese „Körper", weil sie nicht fest zusammengewachsen sind, als etwas von den Tieren und Pflanzen grundsätzlich Verschiedenes angesehen hatte, hatte auch jede dieser Wissenschaften ihre eigene Fachsprache gebildet, eigene Begriffe und Fragestellungen hervorgebracht. Das war der Weg, den nun meine weiteren Forschungen nahmen.

Ich hängte also das Tauchen an den Nagel und wurde für meine Umwelt – und vor allem für meine vielen Freunde im Unterwassersektor – zu einem betrüblichen Phänomen. Statt weiter erfreuliche Filme zu machen, vergrub ich mich in eine Zielsetzung, die niemand wollte und auch niemanden interessierte. Daß diese Tätigkeit mehr als zehn Jahre in Anspruch nehmen würde, sah ich freilich nicht voraus. Je tiefer ich mich in diesen Berg von Problemen hineinbohrte, um so größer wurden die Gebirge, mit denen ich es da zu tun hatte.

Schließlich kam ich an das von mir angestrebte Ende und veröffentlichte mein Ergebnis, mit nicht viel Hoffnung, Interesse zu finden. Auch allen

Freunden meiner Bücher und Filme über Erfahrungen im Meer möchte ich dieses Buch nicht nahelegen, ja eher abraten, es zu lesen. Was ich aus den Meerestiefen berichtete, konnte Freude und Interesse erwecken, es vermittelte Erlebnisse, die mancher ersehnte und selbst nicht haben konnte. Es fügte sich so in den Rahmen des heutigen, gewohnten Lebens ein. Meine andere, neue Arbeitsrichtung kann einen ähnlichen Anspruch nicht erheben. Was ich da zu sagen habe, erfreut und stimuliert keineswegs und ist eher unangenehm und befremdlich, weil es unser bisheriges Denksystem, in dem wir wie in einem weichen Bett eingenistet liegen, grundsätzlich in Frage stellt. Es wendet sich gegen das von unseren sinnlichen Wahrnehmungen diktierte Denken und zwingt zu einer Betrachtungsweise, die völlig andere und ungewohnte Bewertungen nach sich zieht. Diese Arbeitsrichtung kann nur den wenigen etwas bieten, die mit der Art, wie wir die Welt heute sehen, nicht ohne weiteres zufrieden sind; denen das Streben nach Wahrheit etwas bedeutet, gleichgültig, wie diese dann am Ende aussieht.

Die Frage, inwiefern das menschliche Verhalten noch „genetisch" bestimmt ist, spielte im Rahmen dieser Untersuchungen eine wichtige Rolle. Wenn wir letztlich Keimzellen sind, die größere Lebensgebilde aufbauen, dann ist es sehr wesentlich, inwieweit unsere Handlungsweisen „frei" sind und in welchem Ausmaß die Rezepte für unsere Tätigkeiten über Erziehung und Tradition in uns einfließen. Bei der Keimzelle jedes Vielzellers sind es angeborene Verhaltensweisen, die sie ihren Tochterzellen mit auf den Weg gibt und diese dann veranlassen, an Stelle eines individuellen Lebens, an der Bildung eines Auges, eines Zehennagels oder eines Blütenblattes teilzunehmen.

Ich zerbrach mir den Kopf, wie ich von der uns angestammten Betrachtungsweise freikommen könnte, wie ich mein Gehirn dazu zwingen könnte, den Menschen einmal als etwas Unbekanntes, Fremdes, also von Grund auf neu zu sehen. Wie würde ein Gast von einem anderen Stern, der nicht das geringste von unserer Selbsteinschätzung wüßte, uns beurteilen? Mir kam der Gedanke, daß hier vielleicht der Film helfen könnte. Um menschliches Verhalten unbeeinflußt aufs Bild zu bekommen, mußte ich unbemerkt filmen, das war klar. Darüber hinaus wollte ich aber von der uns so hypnotisierenden Wirkung unserer Sinneseindrücke freikommen. Ich nahm versuchsweise Menschen durch Spiegel auf und veränderte gleichzeitig die Aufnahmegeschwindigkeit. Ich filmte also mit Zeitlupe oder Zeitraffer, verlangsamte oder verschnellte den Zeitablauf. Die Ergebnisse waren interessant. Sie zwangen in der Tat das Gehirn, selbst den Alltag als etwas Neues zu betrachten und zu katalogisieren. Unser Gehirn ist offenbar auf den für uns normalen Zeitablauf eingestellt, der sich daraus ergibt, wieviele Eindrücke pro Sekunde unsere Ganglienzellen verarbeiten können. Daß dies kein absoluter Wert ist – und somit auch die

„Zeit" kein absoluter Wert –, war schon von manchen Biologen vermutet worden. Insekten können pro Sekunde mehr Eindrücke verarbeiten – demgemäß müssen ihnen, im Vergleich zu uns, alle Abläufe in Zeitlupe erscheinen. Andere Tiere, etwa ein Rind oder eine Schnecke, reagieren wieder langsamer: für sie muß sich der Mensch im Zeitraffertempo bewegen.

Ich filmte mit dieser Technik erst in Europa, dann auf Samoa und in Indien. Die Ergebnisse fanden besonders bei Konrad Lorenz und dem ihn umgebenden Arbeitskreis Anklang. Ich war in erster Linie an der Objektivierung des Menschen interessiert, hier jedoch entdeckte man in meinen Aufnahmen manche auch für die Verhaltensforschung interessanten Phänomene. Eibl schloß sich meinen neuen Bestrebungen mit Begeisterung an. Gemeinsam unternahmen wir nun Reisen in alle fünf Weltteile und filmten Menschen bei jeder nur erdenklichen Tätigkeit, stets unbeobachtet: durch Spiegel, und auch stets mit verändertem Zeitablauf.

Ich veröffentlichte darüber eine Filmserie und ein Buch *(Wir Menschen)*, beides mit mäßigem Widerhall. Man hatte sich daran gewöhnt, meinen Namen mit Haifischen und Korallenriffen zu verbinden, und sah in dieser unverhofften neuen Tätigkeit eher einen bedauerlichen Abweg. Ich begann damals vorauszusehen, wie aussichtslos es um mein eigentliches Anliegen bestellt sein würde. Eibl dagegen griff die Technik mit Erfolg auf, und wir begründeten zunächst wieder in Liechtenstein ein Institut. Es war das erste für eine biologische Betrachtung menschlichen Verhaltens, also für Humanethologie. Später, auf Grund von Eibls Hartnäckigkeit, bewilligte die Max-Planck-Gesellschaft die Errichtung eines größeren Instituts, dem Eibl nun vorsteht. So fand die von mir auf Grund ganz anderer Gesichtspunkte entwickelte Technik ein für die Verhaltensforschung fruchtbares Anwendungsgebiet und wird hier auf breiter Basis weitergeführt.

Gleichsam am Rande sah ich in diesen Jahren, wie mein früheres Arbeitsfeld immer mehr Mode machte, wie sich immer größere Scharen von Unterwasserenthusiasten in den Abgründen der heimischen und tropischen Meere tummelten. Die Sehnsucht zum Meer kehrte auch bei mir wieder. Ich nahm mir vor, wenn die geplante erste Veröffentlichung einmal erschienen war, mich in die große Zahl meiner eigenen Jünger einzugliedern und wieder nach Herzenslust zu tauchen – nicht bestimmten Forschungsfragen zuliebe, sondern naiv und unbeschwert auf der Suche nach Abenteuern ... so wie in den ersten Tagen.

Ich liege in den Polstersitz eines Qantas-Flugzeuges zurückgelehnt, freue mich des Abenteuers, das uns bevorsteht. Eine einsame Bucht unweit von Melbourne ist mein Ziel, sie hat meine Neugierde geweckt. Dort verschwand der Premierminister eines großen Landes, ein begeisterter Sporttaucher, im Meer. Sein Körper wurde nie gefunden. Was geschah dort, was stieß ihm zu?

Mit mir fährt mein Sohn aus erster Ehe, Hans. Er ist jetzt 23 und hat sich als Schlagersänger und Komponist bereits einen Namen gemacht. Er ist auch Schauspieler und hat schon manches Mädchenherz auf dem Gewissen. Auf dieser Reise soll er mir an der Kamera und bei Tonaufnahmen helfen. Als das Fernsehen von meinen Absichten, wieder Flossen anzuziehen, erfuhr, legte man mir nahe, darüber gleich einen Film zu drehen. Das ist also mein Vorhaben.

Am Flughafen, in Sydney, erwartet uns Jim Fitzpatrick, Chefkameramann des News-and-Informations-Büros: die australische Regierung hat ihn uns als technischen Berater zur Seite gestellt. Sein breites Lächeln erinnert mich an unsere letzte Ankunft in Australien, vor fast zwanzig Jahren.

„Willkommen in Australien", sagte er. Und netterweise fügt er hinzu: „Sie haben sich nicht sehr verändert."

Nun, das wird sich zeigen. Immerhin bin ich jetzt 51 und habe zwölf Jahre nicht mehr getaucht.

Wir werden in einen Raum geführt, in dem an die vierzig Journalisten und Fotografen versammelt sind. Scheinwerfer leuchten von allen Seiten, schon unser Eintritt wird gefilmt. In dem nun folgenden Bombardement von Fragen wird mir klar, daß ich einen grundsätzlichen Irrtum begangen habe. Der Tod Harold Holts ist offenbar nicht bloß ein Unterwasserproblem, wie ich annahm. Bald erfahren wir, was es da für verschiedene Ansichten gibt. Nicht wenige scheint es zu geben, die glauben, daß ihr Premierminister Selbstmord begangen hat, andere vermuten, daß ein feindlicher Agent ihn erschoß oder Froschmänner ihn entführten.

Wir brauchen zwei Tage, um uns an den Zeitsprung zu gewöhnen. Hans macht Probeaufnahmen auf Bondi-Beach und kommt mit zwei Mädchen zurück. Mir kommt es so vor, als wäre ich wieder mit Jörg und Alfred. Ich gehörte wieder einem recht frohen, einfachen und unkomplizierten Leben an.

Jim leitet unsere Aktionen. Er hat uns mit mehreren der erfahrensten Taucher bekannt gemacht – zwei von ihnen haben auf Grund meiner ersten Bücher zu tauchen begonnen. Sodann hat er mit der Gattin des Premierministers telephoniert. Sie würde sich über unseren Besuch sehr freuen. Das Haus in Port Sea, in dem Harold Holt seine Weekends verbrachte und das ich gerne kennenlernen möchte, ist unverändert geblieben.

Wir fliegen nach Canberra. Jim hält es für richtig, daß wir den Referenten für Fischerei kennenlernen, anschließend besuchen wir den Staatssekretär, der Harold Holt sehr nahestand. Hans nimmt auf Tonband auf, was er mir erzählt. Die Theorie eines Herzschlages hält er für ausgeschlossen: Holt war gesund. Freilich war er überarbeitet, aber daß er trotzdem und trotz der hohen Wellen ins Meer ging, war nichts Ungewöhnliches. Die Cheviot Bay war für ihn die große Entspannung, die ganze Woche über freute er sich auf das Tauchen. Er konnte dann völlig abschalten. Und wenn er sich einmal etwas in den Kopf gesetzt hatte, dann ließ er sich bestimmt nicht davon abbringen. So war es in der Politik und auch in seinem Leben. Irgendein Mysterium um seinen Tod gäbe es bestimmt nicht, alle derartigen Gerüchte seien bloß dummes Gerede. Er wünsche uns viel Glück.

In einem Staatsauto fahren wir den weiten Weg bis zur Küste. Die Landschaft ist lieblich: Wälder, Wiesen, nicht anders als in Europa. Nirgends ein Känguruh. Dame Zarah, die frühere First Lady, hat inzwischen wieder geheiratet: einen Abgeordneten, der offenbar eine recht eigenwillige Type ist. Jim erklärt uns, daß dieser Mann – Jeffrey Baines – Besitzer einer kleinen, ziemlich verwahrlosten Farm ist. Er erzeugt dort Käse.

Wir kommen an. Niemand macht uns auf. Das eher schäbige Holzhaus liegt nahe der Küste: an den Felsen branden hohe Wellen. Einige Kühe und Schafe stehen, uns neugierig betrachtend, in der Gegend. Nach längerem Klingeln taucht ein dienstbarer Geist auf. Dame Zarah hat offenbar auf unseren Besuch vergessen. Eine halbe Stunde später sitzen wir ihr in einem Raum gegenüber, dessen Wände und Decke mit einer eher ausgefallenen französischen Tapete ausgekleidet sind. Ein Mosaik aus nackten Frauen. Dazu ein Kamin mit zwei ausgestopften Fasanen darauf, prächtige Vasen mit riesigen Blumen, gedämpfte Musik. Sie erzählt uns von ihrem verunglückten Mann und seiner Tauchleidenschaft. Hier erfahre ich, daß ich selbst an dem ganzen Vorgang nicht unschuldig bin. Einer der Söhne, Sam, hatte als Junge in der Schule einen Preis gewonnen: mein erstes Buch. Das brachte ihn und seinen Zwillingsbruder Andrew auf den Gedanken, zu tauchen. Und die beiden animierten dann den Vater, der in der Folge diesem Sport noch weit mehr verfiel als sie selbst.

„Er war völlig verrückt. Oft schwamm er zwei Stunden lang draußen in den Wellen herum, und ich konnte ihn nicht mehr sehen." Seine größte Freude war es, wenn sie Gäste hatten, im Meer zu verschwinden und dann mit mehreren harpunierten Fischen und Langusten zurückzukommen. Die briet er selbst am Rost. Dame Zarah ist ebenso charmant wie lebendig. Ohne Umschweife bietet sie uns das Holtsche Haus in Port Sea an. „Über das Weekend kommen meist die drei Söhne mit ihren Freunden, aber sonst steht es ganz leer." Ich sehe, daß Jim schmunzelt. Offenbar hat er diese Wendung vorausgesehen und erhofft.

Ein paar Tage später stehen wir vor diesem Sommerhaus. Es liegt nahe am Meer in einem hübschen Garten. Port Sea liegt auf der Landzunge, welche die Bucht von Melbourne gegen das offene Meer hin abschließt. Das Haus blickt auf die Bucht, die Cheviot Bay dagegen liegt am offenen Meer, etwa vier Meilen weit entfernt. Sie ist militärisches Gebiet, und wir haben in Melbourne Spezialpässe ausgestellt erhalten.

Wo ist der Schlüssel? Dame Zarah behauptete, sie hätte ihn unter einer der Türen versteckt. Sie hatte Hans, mit dem sie lange Gespräche führte, den Platz genau erklärt: nun aber können wir ihn nicht finden. Es gibt nicht weniger als fünf Türen zu diesem Haus, jede hat eine Treppe, und nirgends ist der Schlüssel. Der Nachbar Harry empfängt uns mit offenen Armen: Natürlich hat er einen zweiten Schlüssel, aber erst sollten wir uns seine neue Stereoanlage anhören und einige Whiskys mit ihm trinken. Er eilt zum Telephon und trommelt Freunde zusammen. Hans ist bald auch hier von hübschen Mädchen umringt. Ich bin müde, möchte gerne auspacken und mich schlafen legen. Umsonst. Harry hat den Schlüssel, und mit dem rückt er erst gegen zwei Uhr morgens heraus.

Cheviot Bay: Nirgends ein Mensch, nirgends ein Haus, nirgends ein Boot. Ein wildzerklüftetes Rund mit einer weiten, vielfach durchbrochenen Riffplatte. Es ist Ebbe, und diese Platte liegt ganz trocken da. Überall gibt es kleine Seen und Teiche, tiefblau, während die Riffe mit grünen Algen bedeckt sind. In diesen Teichen tauchte Harold Holt. Jim tauchte öfters mit ihm. Holt sammelte Abalones, schoß Fische, holte mit Handschuhen an den Händen Langusten aus ihren Löchern. Ein Tauchgerät verwendete er nie. Er war kein wirklich guter Schwimmer, auf Grund einer Schulterverletzung konnte er nicht kraulen. Aber ein geschickter und erfahrener Taucher sei er gewesen.

„An diesem Sonntag war Flut, und er wollte gar nicht tauchen, sondern sich bloß abkühlen. Die Brandung war damals zehn Meter hoch. Gemeinsam mit Frau Gillespie, Allan Stuart, der Tochter von Frau Gillespie, Vane, und deren Freund, einem Studenten, ging er über den Strand spazieren. Allan ging auch ins Wasser, fühlte aber eine starke Strömung und ging gleich wieder heraus. Harold schwamm ein Stück herum – dort über dem weißen Sand, der jetzt trocken liegt. Dabei kam er ein Stück zu weit hinaus und wurde von einer Strömung erfaßt. Niemand konnte ihm dann mehr helfen. Sie sehen, daß die Riffkanäle dort ein V bilden. Das gesamte Wasser, das die Brecher in die Bucht werfen, sammelt sich dort und fließt durch den an der Spitze des V gelegenen Kanal ins Meer zurück. Bei der Flut beträgt dort die Strömung bis zu acht Knoten. Die Wellen packten ihn und schlugen ihn gegen die Riffe. Als dann später Hilfe kam, war nichts mehr zu machen. Mit Helikoptern wurde zwei Tage lang die Gegend abgesucht. Nie vor- oder nachher hat es eine ähnliche Suchaktion gegeben: ganz Australien stand in diesen Tagen kopf."

Wir leben im Hause des Premierministers, und ich filme die an den Wänden hängenden Bilder und Fotografien. Hier kommen wir diesem Mann, der so unversehens im Meer verschwand, nahe. Er war ebenso begabt wie populär, ebenso liebenswert wie eigenwillig. Die Nachbarn haben uns ihre Geschichten erzählt, manche sind eher merkwürdig. Wir sprachen mit Frau Gillespie, einer sehr charmanten Frau. Sie leidet heute noch unter diesem schrecklichen Schock. Sie war mit den Holts eng befreundet, und sie sah, wie Holt in den Wellen verschwand. Er rief nicht um Hilfe, gab keine Zeichen. Dies war sehr heldenhaft, da er sicherlich um sein Schicksal wußte. Aber er wußte auch, daß ihm dort draußen niemand helfen konnte. Hätte er Zeichen gegeben, dann wären die beiden jungen Männer verpflichtet gewesen, im nachzufolgen, und hätten ebenfalls den Tod gefunden. Frau Gillespie begleitet uns zur Cheviot Bay, zeigt uns den Felsen, von dem aus sie und Allan nach dem verschwundenen Kopf Ausschau gehalten hatten. Hans montierte den Blimp über die Kamera, und wir drehten einige Tonaufnahmen. Im Gesicht dieser hinreißenden Frau spiegelte sich das einstige Erlebnis wider. Jeder Augenblick hatte sich ihr unauslöschlich eingeprägt.

Im Tauchgerät durchstreifen wir die Riffteiche, filmen Algen und Fische. Eine düstere unheimliche Welt. Alles schwingt und bewegt sich. Manche der Algen leuchten purpurrot, andere haben endlose Fangarme und greifen wie gierige Tintenfische um sich. Auch dieser Kelp dürfte am Tod von Harold Holt nicht unbeteiligt gewesen sein. Einem geschickten Taucher ist es durchaus möglich, auch unter sehr hohen Brechern hindurchzutauchen. Man sucht nach einem Kanal, wo das Wasser etwas tiefer ist, preßt sich an den Boden und läßt die Wellenwand über sich hinwegbrausen. Dicht über dem Grund ist das Wasser still, und man wird anschließend von der Strömung durch den Kanal hinausgespült. Hier ist diese Technik nicht anwendbar. Auf den äußeren Klippen wächst überall dieser Kelp, die Blätter sind breit und schwer wie dickes Leder, bis zu sechs Meter lang. Die Brecher heben ihn hoch, so daß man einer grünen Mauer gegenübersteht, und die Last der Algen stürzt dann auf einen herab. Unter den Brechern durchzutauchen ist hier ausgeschlossen.

Ein Maskenfest im Nachbarhaus. Viele seiner Freunde sind da, es wird kräftig getrunken. Gespenstische Schatten tanzen über die Wände, über die Bilder. An der Stelle, wo Harold Holt den Tod fand, brachten die Unterwasserjäger von Melbourne eine Gedenktafel an. Wir filmten sie mit Scheinwerfern bei Nacht. Die Schatten huschten dort genauso gespenstisch über die regungslosen Algen wie hier über die Bilder an den Wänden.

Die Presse belagert uns von Tag zu Tag mehr. Man hofft wohl insgeheim, daß wir doch noch wenigstens mit einem Knochen des Premierministers an der Oberfläche erscheinen würden. Jugendmagazine interviewen mich, Frauenzeitungen interviewen Hans. Die übrigen uns beide. Sogar eine Ampex-Anlage für Livesendungen wird am Strand aufgebaut – aber sie funktioniert nicht. Während wir uns in der Filmarbeit nicht stören lassen, wird am Strand emsig repariert.

Es folgt ein Tag, der beinahe mein letzter wird. Mit dem Wetter hatten wir nicht viel Glück, endlich kommt die Sonne heraus. Hans und ich sind diesmal allein, es ist halb sechs Uhr nachmittag. Es ist Flut, im späten Sonnenlicht ein ungemein prächtiges Bild. Die Brecher an den äußeren Klippen sind gut sechs Meter hoch. Zwei Meter hohe Wellenberge rollen bis tief in die Bucht herein. Ich sage zu Hans:

„Diese Gelegenheit kommt nie wieder. Wir machen jetzt die Aufnahmen, wie mich die Wellen herumdrehen."

„Ohne Leine –?" gibt Hans zu bedenken. Die Unterwasserjäger von Melbourne haben uns mit einer langen Leine und einer großen Boje ausgerüstet, für den Fall, daß ich bei Flut die Strömungen untersuchen will. Heute haben wir sie nicht mit.

„Über der Riffplatte ist es ja ganz seicht", sage ich.

Hans baut auf den Uferfelsen das Stativ auf, schraubt ein Teleobjektiv auf die Kamera. Wir vereinbaren Zeichen. Wenn er die Hand hebt, ist sie schußbereit. Dreht er beide Arme, dann soll ich die Szene wiederholen. Kreuzt er sie, dann ist sie in Ordnung und gestorben.

Nur mit Strandschuhen an den Füßen wate ich durch die Wellen auf die Riffplatte hinaus. Ich habe weder Flossen noch Maske, genau so wie damals Holt. Was wir als Aufnahme brauchen, ist nichts anderes als mein Kopf in den Wellen. In unserem Film haben wir die Schwierigkeit, daß wir den wirklichen Vorgang nicht nachbilden können oder wollen. Immerhin will ich jedoch ungefähr zeigen, wie es einem Schwimmer in diesen Wellen ergeht. Ich achte darauf, wo das tiefe Wasser der Riffteiche beginnt, die Grenze ist auch im Gischt an der dunkelblauen Färbung des tiefen Wassers deutlich zu erkennen. Ich halte mich etwa 30 Meter von dieser Kante entfernt. Hans hebt den Arm, er ist bereit. Ich stehe etwa hüfttief im Wasser und werfe mich in eine der Wellen, versuche ihr seitlich zu entkommen, wie Holt es wohl getan hat. Der Brecher packt mich, wirbelt mich herum. Ich lasse das Brausen über mich ergehen, rolle über die Felsenplatte, versuche ein Stück zu schwimmen, stehe dann wieder auf. Hans dreht die Arme.

Ähnliche Szenen drehen wir vier- oder fünfmal. Ein besonders hoher Brecher behandelt mich wie einen Spielball. Als ich wieder aufstehen will, fühle ich plötzlich keinen Grund mehr unter den Füßen. Ein eisiger Schreck durchzuckt mich: ich kann es nicht glauben. Eben war ich gut zehn Meter von der Kante entfernt. Ohne Maske sehe ich wenig: ich schwimme abwärts, so schnell ich kann. Am Grund klammere ich mich fest. Eine starke Strömung zieht gegen das offene Meer zu. Ich warte, bis der nächste Brecher kommt: am Brausen ist er deutlich zu erkennen. Schnell lasse ich los, sause empor, lasse mich von der Welle gegen das Ufer tragen. Aber die Rechnung geht nicht auf. Meine Augen brennen vom Salz, aber ich sehe deutlich: die Kante der Riffplatte kommt nicht näher. Ich bin nur etwa zehn Meter von ihr entfernt, aber trotz verzweifelter Schwimmbewegungen und trotz der Bewegung der Wellen komme ich ihr nicht näher. Und wieder setzt die starke, gegen das Meer hin gerichtete Strömung ein...

Schon bin ich wieder unten, kralle mich am Boden fest. Mir ist jetzt klar, daß es um alles geht. Stück für Stück ziehe ich mich von Fels zu Fels, klammere mich an Algen, greife mit den Fingern tief in Sand. Ich habe kaum mehr Luft, alles dreht sich, ganz so jung bin ich doch nicht mehr. Vor mir liegt jetzt die Wand, und ich bin im Stromschatten. Ich schwimme, klettere hoch, klammere mich an die Kante und kann mich, gegen die Strömung, über die Böschung emporziehen. Gerettet stehe ich wieder oben. Am Ufer kreuzt Hans die Arme, offenbar hat er überhaupt nichts bemerkt.

Meine Knie zittern so, daß ich mich kaum bewegen kann. Jetzt, nachträglich, wird mir in aller Folgenschwere klar, wie haarscharf ich dem gleichen Schicksal entging, das Holt ereilte. Genauso muß es ihm ergangen sein, auch ihn erfaßte sicherlich eine ebenso unverhoffte Strömung. Wäre ich durch die Brecher gekommen? Wenn mich diese Riesenwellen erst erfaßten und gegen die Klippen schleuderten, hatte ich kaum mehr eine Chance. Und selbst wenn ich durch diese Wand hindurchgekommen wäre – was dann? Für den Weg hinauf zum Auto brauchte Hans zehn Minuten und bis zum Eingang der Kadettenschule, wo es ein Telefon gab, weitere zehn Minuten. Ehe dann ein Boot alarmiert war und rings um die Landzunge kam, war es bereits finstere Nacht. Das Wasser war kalt... Wie lange hätte ich dort draußen durchgehalten? Während ich zum Ufer zurückstapfe, beschließe ich, nicht weiter an diese Möglichkeiten zu denken.

Einige Tage später sind die Wellen wieder sehr hoch, diesmal bin ich es, der die Kamera mit dem Teleobjektiv auf der Riffplatte aufbaut. Es ist Ebbe: Hans soll auf eine der inneren Klippen klettern, damit am Vergleich zu ihm die Höhe der sich draußen auftürmenden Brecherwände zu sehen ist. Ich kümmere mich um die Belichtung... da sehe ich, daß Hans sich auf eine der äußeren Klippen geschwungen hat und dort auf und abgeht. Ich drücke auf den Auslöser... er macht jäh kehrt, beginnt zu flüchten. Ein wahres Ungeheuer von einer Welle kommt angebraust, und ich sehe, wie Hans in einem kochenden Strudel verschwindet. Die Riesenwelle wirft ihn direkt in ein Klippenfeld hinein. Ich eile über das Riff hinaus, sehe Hans wieder zum Vorschein kommen, glücklicherweise ist er bei Bewußtsein, ich helfe ihm an Land. Seine Hände und Arme sind arg zerschnitten. Einige nette Damen, die uns gerade besuchen, packen ihn in ihr

Auto und bringen ihn zu einem Arzt, wo seine Hand genäht wird. Abends sind wir bereits wieder bei einer der hier jeden Abend stattfindenen Parties. So lernen wir das Holtsche Milieu allmählich von allen Seiten kennen. Wie in einem Kaleidoskop fügen sich die Steinchen seiner Vergangenheit für uns zusammen.

Was geschah mit seinem Körper? Am Eingang der Kanäle, die ein V bilden, liegt ein Felsen, der „Kathedrale“ genannt wird. Er ist total unterhöhlt, und bei Flut strömt das Wasser auch durch diese unterseeischen Grotten ins Meer zurück. Frau Gillespie sah ihn nicht weit von diesem Punkt in den Wellen verschwinden. Ich halte es für wahrscheinlich, daß die Strömungen ihn in das Grottensystem hineinzogen, und dort mag er dann stecken geblieben sein. Krebse, Fische, Haie mögen dann seinen Körper sehr schnell verzehrt haben. Manche Knochen mögen von den Brechern zerschmettert und Teil des Sandes geworden sein. Vielleicht sind auch Reste noch in den Höhlen zu finden. Es gibt nur selten Tage, an denen das Meer so ruhig ist, daß man dort eindringen kann...

Offen bleibt die Frage, warum Holt den Fehler machte, ein kleines Stück zu weit ins Tiefe zu schwimmen. Wie mein Erlebnis zeigte, kann man sich da leicht verschätzen. Holt, so erzählen uns seine Tauchkameraden, stellte gerne Jüngere in den Schatten, führte ihnen gerne vor Augen, wie fähig er war. Der junge Engländer Allan Stuart ging mit ins seichte Wasser, kam aber gleich wieder heraus. Er war zum erstenmal in dieser Bucht, und die Strömung war ihm unheimlich. Mag sein, daß dies mit ein Anlaß zu einer kleinen Draufgabe gewesen ist... In dieser einsamen und faszinierenden Bucht kann jedenfalls eine geringfügige Ursache sehr weitreichende Folgen haben.

## *Gefährdete Natur*

In einer kleinen seetüchtigen Motorjacht verlassen wir Cairns und nehmen Kurs auf die inneren Riffe des großen Barriereriffs. Unser erstes Ziel ist das Pixieriff. Lotte und ich stehen am Bug, neben uns steht Meta, 13 Jahre alt, unsere Tochter. Im Geiste sehe ich uns auf unserer ersten Fahrt durch diese Gewässer vor fast zwanzig Jahren. Schon damals waren die Tagebücher von Cook und des ihn begleitenden Biologen Banks unser wertvollstes Gepäck gewesen. Damals faßten wir den Entschluß, wenn wir einmal etwas mehr Zeit hätten, wiederzukommen und der ganzen Strecke seiner abenteuerlichen Fahrt bis Kap York, der Nordspitze Australiens, zu folgen. Damals dachten wir allerdings nicht daran, daß es so lange dauern und eine tauchlustige Tochter uns begleiten würde. Und der Zufall will es, daß diese Reise auf den Tag genau 200 Jahre nach der historischen Fahrt des großen englischen Entdeckers zustandekommt.

Auch Eibl ist mit uns, und es freut mich besonders, ihm nach unseren vielen gemeinsamen Tauchabstiegen nun das größte und schönste Riff der Welt vorführen zu können. Er sitzt hinten unter dem Sonnensegel und liest. Für ihn wird diese Fahrt für längere Zeit das letzte Tauchunternehmen sein: bei unserer Ankunft in Cairns erreichte ihn das Telegramm, daß unser geplantes Institut für Humanethologie (biologische Erforschung menschlichen Verhaltens) endlich genehmigt und er somit Institutsdirektor geworden ist. Anschließend an diese Fahrt fliegt er direkt nach Johannesburg, um in der Kalahari unbeobachtete Zeitlupenaufnahmen bei den Buschmännern zu machen. Erstes Großprogramm des Instituts: die Erforschung der angeborenen Bestandteile der menschlichen Mimik und Gestik ... ein Riesenprogramm.

„Nun, Herr Direktor, wie fühlen Sie sich?"

Eibl streckt und dehnt sich wie eine Katze, nachdem sie mehrere große Mäuse verspeist hat.

„Ach, es ist ja alles so schön. Weißt du, Hans, daß wir nun noch das Große Barriereriff gemeinsam erleben, ist ein herrlicher Abschluß. Ich bin schon ungeheuer gespannt."

Abend hat Ray, unser Skipper, köstliche Fischfilets, frisch auf der Reise gefangen, für uns gekocht. Ich blättere im Tagebuch von Cook. Nicht weit entfernt von dem Punkt, wo wir soeben sind, schrieb er: „Gestern nacht, etwa in der Mitte der Wache, ereignete sich ein außerordentlicher Vorfall. Herr Orton, mein Diener, hatte abends getrunken, und eine böswillige Person – oder mehrere Personen auf dem Schiff – benützten die Gelegenheit und schnitten ihm sämtliche Kleider von seinem Rücken. Damit nicht genug, kamen sie nochmals zurück in seine Kabine und schnitten ihm, während er schlief, von jedem Ohr ein Stück ab ..."

Metas Tagebuch liegt in Griffweite. Darin schrieb sie: „Morgen kommen wir zum Pixieriff, wo ich zum erstenmal tauchen werde. Als Mami und Papi zum erstenmal hier waren, auf ihrer Hochzeitsreise, schlossen die Zeitungen Wetten darüber ab, wie schnell sie von Haifischen gefressen würden."

Banks schrieb in sein Tagebuch: „Zum Nachtmahl aßen wir die Trappe, die ich gestern geschossen habe; sie erwies sich als ein sehr schmackhafter Vogel. Da sie 15 Pfund wog, war unser Abendessen nicht nur sehr gut, sondern auch sehr reichlich."

Am anderen Morgen tauchen wir am Pixieriff: es ist eines der schönsten Riffe, die ich kenne. Es ist winzig klein und wie ein tropisches Palmenhaus mit Akroporen überwuchert. Meta, von Lotte geführt, schnorchelt nach Herzenslust. Wir untersuchen das Riff an verschiedenen Stellen, können aber nirgends einen *Acanthaster Planci* finden. Das sind jene großen vielarmigen Seesterne, von denen behauptet wird, daß sie das Große Barriereriff und andere pazifische Riffe ernsthaft gefährden. Sie legen sich über die Korallen, stülpen ihren Magen aus und verdauen so außerhalb des Körpers die organische Substanz der Polypen. Zurück bleibt ein schneeweißer Fleck: das völlig leergefressene Kalkskelett.

Vor 1960 gab es keinerlei Berichte über ein Massenauftreten dieses Seesterns. Dann kamen Meldungen aus Guam, wo Riffabschnitte vernichtet worden waren, und aus anderen Gegenden des Pazifik. Im Gebiet des Großen Barriereriffs lieferte Dr. Endine von der Universität Brisbane, ein leidenschaftlicher Taucher, die ersten Hiobsbotschaften: Manche Riffe im zentralen Teil des Barriereriffs waren von Hunderttausenden, ja, wie er sagte, Millionen solcher Seesterne übersät. In Guam stellte Dr. Chesher die Theorie auf, daß dies indirekt durch die Wirksamkeit des Menschen verursacht worden sei. Der natürliche Feind der Seesternlarven wären die Korallen, und deren Larven würden wahrscheinlich durch Bombenwurf und Sprengungen geschädigt. Oder Pesticide reicherten sich im Körper von Strandorganismen an, trieben dann ins Meer hinaus und würden von Korallenpolypen gefressen. So schädigten sie diese – und damit einen natürlichen Feind der Seesternlarven.

Am Barriereriff kamen jedoch Explosionen als Schädigungen des Korallenwuchses nicht in Frage. Dr. Endine stellte eine andere Theorie auf. Er hielt die Muschelsammler für das Massenauftreten des Seesternes indirekt für verantwortlich: Durch Einsammeln der großen Triton-Schnecken (Charonia tritonis), des einzigen wirklichen Raubfeindes des Seesternes, hätten sie das biologische Gleichgewicht gestört und so dessen Massenvermehrung ermöglicht. Auf seine Intervention hin verbot die Regierung das Sammeln dieser Schnecken.

Im amerikanischen Gebiet wurden durch das US-State Departement beträchtliche Mittel zur Erforschung und Bekämpfung der Seesternpest bewilligt. Taucher wurden zur Vernichtung eingesetzt. Mit Hilfe von Injektionsharpunen spritzten sie eine fünfprozentige Formaldehydlösung in die Leibeshöhle der Seesterne, die dadurch getötet wurden. Die Injektionsharpune war mit einem Schlauch an einer mit dem Formaldehyd gefüllten Blase verbunden; wie Chesher berichtete, konnten so drei Taucher im Laufe von weniger als drei Stunden 1500 Seesterne vernichten. In Australien war es für Dr. Endine schwieriger, an die zur Erforschung und Bekämpfung notwendigen Geldmittel zu gelangen. Hier ist die Regierung der Biologie gegenüber weniger großzügig – was sich etwa darin äußert, daß es an der gesamten, für Australien sicherlich wichtigen Südküste keine einzige Station für marine Forschung gibt. Das Projekt der Universität von Melbourne, bei Port Sea – einem sehr geeigneten Platz – eine Harold-Holt-Memorial-Station zu gründen, ist trotz vieler Vorstöße bis heute nicht verwirklicht worden. Endine nahm die Sache selbst in die Hand und mobilisierte die Presse. Ein Viertel des Großen Barriereriffs sei bereits zerstört, erklärte er kühn, und in den nächsten fünf Jahren würden weitere 300 Meilen folgen. Es gelang ihm so, die ganze Nation in Aufregung zu versetzen. Das Große Barriereriff ist ein Augapfel jedes Australiers, es ist ja in der Tat eines der großen Weltwunder und für den Tourismus von morgen von allergrößter Bedeutung. Manche Zeitungen schrieben: Wer das Große Barriereriff noch sehen wolle, müsse sich beeilen. Andere schrieben: Wenn erst das Barriereriff abgestorben und dann von den Wellen weggewaschen sei, bestünde kein Schutz mehr für die dahinterliegende Küste.

Das führte zu Gegenbewegungen. Andere australische Biologen erklärten, eine Gefährdung für das Riff als solches sei nicht gegeben. Der Premierminister von Queensland, Herr Bjelke-Petersen, erklärte, „es bestünden ernsthafte Zweifel an der Zuständigkeit derer, die eine Stimmung der Angst und Verzweiflung heraufzubeschwören versuchten". Immerhin entschloß sich die Regierung, die für ein Untersuchungskomitee notwendigen Geldmittel zu bewilligen.

Dieses Komitee interessierte sich für Zahlen und Fakten. Das Große Barriereriff ist über eine Million Jahre alt, jeder weibliche Seestern produziert im Jahr 12 bis 24 Millionen Larven. Ein erwachsener *Acanthaster Planci* zerstört im Monat einen Quadratmeter lebender Korallen, eine Tritonmuschel frißt einen erwachsenen Seestern pro Woche oder entsprechend viele junge. Dr. Endine hatte bei Fitzroy-Island im August 1966 bei zwanzig Minuten langem Umherschwimmen nur wenige Seesterne gesehen. Im März 1967 in der gleichen Zeitspanne 930 Stück, im Oktober nur noch 2 Stück. Das Komitee untersuchte 36 stark befallene Riffe, der Korallenwuchs war dort bis zu 90 Prozent zerstört. Am Feather-Riff nahe von Innisfall sogar bis zu 94 Prozent. Verschont wurden von den Seesternen bloß die Feuerkorallen sowie Gorgonien und größere Hirnkorallen; die Wiederbesiedlung erfolge äußerst langsam, am Feather-Riff betrug sie kaum ein Prozent. Die Frage, ob es der Mensch war, der auf irgendeine Art die Vermehrung der Seesterne auf dem Gewissen hat, konnte vom Komitee nicht beantwortet werden. Dafür sprach, daß die Zentren des Massenauftretens der Seesterne meist in der Nähe besiedelter Gegenden beobachtet wurden; dagegen sprach, daß es solche Zentren auch in ganz einsamen Gebieten gab. Man erwog die Frage, ob man das Auftreten der Seesterne nicht durch künstliches Aussetzen von Tritonlarven bekämpfen könnte und ob das dann nicht wieder ein Massenauftreten der Tritonmuschel mit weiteren, unvorhergesehenen Folgeerscheinungen nach sich ziehen würde. Auf alle Fälle wisse man einstweilen viel zuwenig über die Biologie von *Acanthaster Planci*, besonders über seine Jugendentwicklung, also wurden intensive Forschungen in dieser Richtung befürwortet.

Auch wir waren schon bei der Ankunft in Australien in das Für und Wider dieser Diskussion hineingezogen worden. Am Max-Planck-Institut in Seewiesen, Oberbayern, wo Eibl tätig war, hatte man durch Zufall herausgefunden, daß eine bestimmte Garnelenart darauf spezialisiert ist, diesen mörderischen Seestern zu töten. Die Garnele streichelt ihn mit ihren Scheren, hebt seine Arme hoch und gelangt so an die ungeschützte Mitte. Sie tötet ihn dann und frißt ihn von innen her auf. Nunmehr wurde in der Presse diskutiert, ob man das Große Barriereriff nicht durch Aussetzen solcher Krebse oder ihrer Jugendstadien von seiner Krankheit befreien könnte.

Vom Pixieriff aus fahren wir nordwärts. Wir folgen genau dem Weg, den Cook mit seinem Schiff „Endeavour" steuerte, tauchen am Endeavour-Riff, an dem das Schiff auflief, besuchen Cooktown, wo Cook es an den Strand ziehen und das Leck ausbessern ließ, besteigen die Lizard-Insel, von deren Spitze er Ausschau hielt, um einen Ausweg aus den unzähligen Riffen zu finden, tauchen beim Providential-Channel, durch den ihn eine starke Strömung wieder in den Bereich der großen Mauer hineinspülte. Wenige Riffe dürften sich mit dieser gewaltigsten Korallenbildung der Welt vergleichen lassen. Zu unserer großen Freude bemerkten wir in diesem ganzen Gebiet nirgends ein Massenauftreten der Seesterne, und auch der Fischreichtum war noch erhalten. Im Umkreis von Cairns und Cooktown hatten die australischen Unterwasserjäger bereits deutlich ihre Visitenkarte hinterlassen, doch an den äußeren Riffen, besonders jenen nördlich von Lizard-Insel, war einstweilen alles unverändert geblieben. In unvergeßlichen Tauchabstiegen erlebten wir hier ein Eldorado für den Naturbeobachter und Unterwasserphotographen.

Die nördlichste Spitze Australiens, das einsame Kap York, ist gleichsam mit Türmen geziert. Manche sind aus Stein, die meisten aber sind von Tieren aufgebaut – bis zu fünf Meter hohe Termitenhügel. Mit einiger Rührung suchten wir nach dem nördlichsten Baum Australiens, nach der nördlichsten Blume, nach dem nördlichsten Grashalm. Als nördlichstes Landtier wies sich eine an den nackten Uferfelsen angesponnene Insektenlarve. Der Meeresgrund in der Torres-Straße ist sandig, und es herrschen hier beträchtliche Strömungen. Das Barriereriff ist von diesem Punkt mehr als 150 Kilometer entfernt. In einer geraden Linie verläuft es weiter gegen Norden und endet unweit von Neuguinea.

„Wenn wir wieder einmal Zeit haben, schauen wir uns noch diesen letzten Zipfel an", sagte Eibl.

Zur brennenden Frage, ob das ganze Barriereriff durch den Seestern *Acanthaster Planci* ernstlich gefährdet und eine unmittelbare Bekämpfung zweckmäßig ist, konnten wir keinen eigenen Beitrag liefern. Immerhin wurde uns auf dieser Reise deutlich vor Augen geführt, daß Korallenriffe auch aus anderen Ursachen absterben. Zyklone überdecken sie mit Sand oder Schlamm und ersticken sie. Kommt es bei tiefer Ebbe – der Gezeitenunterschied kann hier bis zu sechs Meter betragen – zu Regengüssen, dann werden die Korallen durch das Süßwasser getötet. Weite Riffzüge am Großen Barriereriff sind durchaus nicht „lebend". Ein weiterer sehr wichtiger Umstand ist der, daß die Korallenriffe durchaus nicht, wie es dem Namen entspräche, zur Gänze von Korallen aufgebaut wurden, sondern daß hier Kalkalgen eine ganz entscheidende Rolle spielen. Sie zementieren alles Geröll zusammen, verwandeln den losen Korallenschutt in die an eine Betonkonstruktion erinnernde Riffplatte. Diese Kalkalgen können aber nur dort gedeihen, wo die Korallen abgestorben sind. Sie können die zierlichste Akropore in einen massiven Steinblock verwandeln – doch nur, wenn die Koralle tot ist. Zur Bildung der Riffe mag es somit auch gehören, daß sie zeitweise abgetötet werden. Aus dieser Sicht mag auch ein zyklisches Massenauftreten des Seesternes *Ancanthaster* mit in den Gesamtbildungsprozeß der Riffe gehören.

Endine und zahlreiche amerikanische Biologen weisen darauf hin, daß nirgends in der geschichtlichen Überlieferung von einem Massenauftreten der Seesterne die Rede ist. Das ist ein Argument, dem man sich nicht verschließen darf. Anderseits ist aber auch zu bedenken, daß der Mensch erst seit relativ kurzer Zeit mit wasserdichten Masken ausgerüstet ist, sich erst seit kurzem schauend und erlebend in das Unterwassergeschehen der tropischen Meere eingliedert.

Das Problem des Umweltschutzes wird erst heute aktuell, da sich die menschliche Rücksichtslosigkeit der übrigen Natur gegenüber durch den technischen Fortschritt immer mehr auswirkt. Wir stehen an dem Punkt, wo es hoch an der Zeit ist, Schäden nicht dann erst zu registrieren, wenn wir sie bereits verursacht haben. Ich bin der Ansicht, daß Dr. Endine und sein Kreis die Bedeutung dieses Seesternes – sicherlich in guter Absicht – etwas übersteigert haben. Das Große Barriereriff – über eine Million Jahre alt und 2000 Kilometer lang – ist keinesfalls in unmittelbarer Gefahr; dagegen sind die an der Küste liegenden Touristenzentren gewiß ernsthaft betroffen. Jedes Mittel dürfte heute angebracht sein, um den diversen Regierungen die kardinale Bedeutung biologischer Forschungen zu Bewußtsein zu bringen. Es ist höchst kurzsichtig, wenn der Mensch die übrige Natur – die ihn selbst hervorbrachte – als sein selbstverständliches Eigentum betrachtet. Und noch kurzsichtiger ist es, wenn wir diese Natur, die uns nach wie vor trägt, durch die Auswirkungen unserer selbstsüchtigen Entfaltungen zerstören.

Eine Woche später sitze ich auf einem Korallenriff an der Küste von Tahiti. Was ich hier unten im Meer sah – oder besser: was ich dort unten *nicht* sah –, hat mich erschüttert. Weit und breit kein Fisch, der länger als zehn Zentimeter gewesen wäre. Herrliche Korallenlandschaften in kristallklarer Sicht ... und weit und breit kein Fisch: eine Mondlandschaft unter Wasser.

Meine ersten Eindrücke an der französischen Riviera treten unwillkürlich vor meine Erinnerung; die Landschaften am Cap d'Antibes, bei der Insel Saint Honorat am Cap Miramar und bei den fischreichen Klippen von Agay. Vor einigen Jahren besuchte ich alle diese Plätze wieder, um alte Eindrücke aufzufrischen, und erlebte dort das gleiche. Nirgends, so tief ich auch hinabsah, war ein Zackenbarsch, ein Zahnbrassen oder eine Dorade. Die Höhlen waren leer – kein einziger Schattenfisch. Von den munter im Seichten spielenden Meeräschen war keine Spur mehr. Nirgends ein Geißbrassen, der mehr als zehn Zentimeter gemessen hätte, nirgends einen Schwarm von Goldstriemen, eifrig und genüßlich die Felsblöcke abweidend. Nirgends einen im Sand versteckten Rochen, ... auch dort eine Mondlandschaft. Knappe zweieinhalb Jahrzehnte hatten genügt, um den einstigen Fischreichtum des Litorals zu vernichten. Vielleicht haben modernisierte Fischereimethoden ebenfalls dazu beigetragen; aber den entscheidenden Anteil haben sie wohl nicht. Hauptschuld an dieser Entwicklung hatten die Unterwasserjäger. Oder genauer: die Waffen, mit denen sie auf die Fischwelt losgingen.

Bisher freute ich mich stets darüber, daß ich durch meine Bücher und Filme viele zu einer so beglückenden Tätigkeit angeregt hatte. Jetzt aber begann ich die Auswirkungen anders zu sehen ...

Was ist zu tun? Geht es so weiter, dann ist klar abzusehen, wie es in zehn Jahren am Großen Barriereriff aussehen wird, wie es früher oder später an allen Küsten aussehen wird, ganz gleich, ob das Wasser dort warm oder kalt ist. Denn der Unterwassersportler schreckt vor nichts zurück. Wo liegt der Gewinn?

Es ist wohl hauptsächlich das prickelnde Gefühl, zu jagen, einer Beute zu folgen. Sehr viele dieser getöteten Fische wandern dann auch in den Kochtopf: aber der eigentliche Zweck des Vorganges ist das nicht. Hier manifestiert sich der dem Menschen – wie wir heute wissen – von seinen Raubaffen-Vorfahren vererbte Jagdtrieb. Beim einen ist er stärker entwickelt, beim anderen schwächer; er wird durch den Akt der Jagd abreagiert. Auch dieser Vorgang gehört mit in das Kapitel des Strebens nach uns angenehmen Empfindungen.

Hier ist nun aber der Fall gegeben, wo eine solche Tendenz die andere stört. Werden alle Fische vertilgt, dann verlieren das Tauchen und die Unterwasserfotografie ihren Reiz, dann verlieren wir den Genuß einer Beobachtung ungestörter Natur.

Was ist zu tun? Ich bin heute der Ansicht, daß es nur einen Ausweg gibt: ein generelles Verbot sämtlicher mechanischer Waffen für die Fischjagd. Die immer perfekteren Schleudern, deren Pfeile auf immer weitere Entfernungen abgeschossen werden können, machen den Taucher allzusehr überlegen. Die Fische haben einfach keine Chance mehr, ganz besonders, wenn der Taucher auch noch über ein Atemgerät verfügt.

In den USA, in Japan und anderen Gebieten sind bereits „Unterwasserparks" errichtet worden – Schutzgebiete, in denen nicht gejagt werden darf. Das ist bestimmt eine wichtige Maßnahme, genügt aber nicht. Die ursprüngliche Jagdform – freitauchend mit dem Handspeer – könnte außerhalb solcher Gebiete erlaubt bleiben: sie ist gewiß fair. Auf diese Art einen Fisch zu erlegen, ist höchst schwierig, und gerade darin liegt der besondere Reiz dieser Jagd. Aber alle mechanischen Schußwaffen sind bereits eine Degeneration der Unterwasserjagd – das wurde mir gleich zu Anfang klar. Die heutige Unterwasserjagd ist nicht mehr fair.

Bei der Jagd an Land lassen sich durch Vorschriften vernünftige Abschußzahlen gewährleisten. Unter Wasser ist es aber nicht möglich, daß etwa die Berechtigung zum Erlegen von zwei Zackenbarschen und zwei Schattenfischen erworben wird. Bei dieser Sachlage sehe ich darum nur die Möglichkeit eines weltweiten Verbotes der mechanischen Jagdwaffen. Vielleicht werden mir gerade jene, die sie heute noch verwenden, schließlich noch am ehesten beipflichten.

## *Weiter hinab*

Im September 1956, beim großen Unterwasser-Kongreß in London, sorgte Commandant Cousteau für eine Sensation. Als Präsident des C. M. A. S. (Conféderation Mondiale Activitées Subaquabeques) sprach er die einleitenden Worte. Was er zu sagen hatte, schuf Schlagzeilen und überschattete alles, was sonst auf diesem Kongreß geschah. In Hinblick auf den Ort und die besondere Gelegenheit ist kaum anzunehmen, daß es als ein Witz gemeint war.

Cousteau verkündete die anbrechende Ära des „Homo aquaticus". Er führte aus, daß sich die Eroberung des Meeres durch den Menschen in fünf Gruppen, in fünf Stoßrichtungen einteilen ließe. Erstens: der Nackttaucher, ohne besonderes Tauchwerkzeug, nur allenfalls mit einer wasserdichten Brille oder Maske. Zweitens: der Helmtaucher, der Skaphandertaucher sowie Taucherglocken – hier besteht noch eine Verbindung mit der Luftwelt. Drittens: der unabhängige Taucher, der seine Luft mit sich trägt, aber immer noch auf ein Schiff oder eine schwimmende Station angewiesen ist. Viertens: Unterwassersiedler, die in Unterwasserhäusern leben und das nötige Atemgas bereits auf technischem

Wege aus dem Wasser gewinnen. Und schließlich, fünftens: der Homo aquaticus, der sich durch chirurgischen Eingriff in ein Meereslebewesen verwandelt.

Im Rahmen der Raumforschung, so meinte Cousteau, habe man bereits große Fortschritte darin gemacht, den Blutstrom unter dem linken Arm abzuzweigen und durch eine am Gürtel getragene Regenerationspatrone zu leiten. Der menschliche Atmungsapparat könne so völlig ausgeschaltet werden. Sobald dies aber gelungen wäre, könnte man diese Einrichtung ebenso auch unter Wasser verwenden. Der einzige Unterschied wäre dabei, daß unter Wasser die Lungen mit einer nichtkomprimierbaren Flüssigkeit angefüllt werden müßten. Das aber könne geschehen, und dann würde dieser Homo aquaticus – so hätten Tierversuche bereits gezeigt – auch dem Druck von 1500 bis 2000 Meter Wassertiefe widerstehen. Mit oder ohne mechanische Hilfe könne sich dieser dann von der Oberfläche bis in diese große Tiefe hinab bewegen, und zwar ohne jegliches Problem einer Dekompression. Cousteau fuhr fort: „Dieser neue Mensch wird wahrscheinlich bereits dort unten geboren werden, der Eingriff wird bei seiner Geburt in Unterwasserspitälern, die mit Wasser gefüllt sind, an ihm vorgenommen werden. Es wird dort unten auch Theater geben, ebenso Parlamente unter Wasser und wahrscheinlich neue Nationen."

Selten habe ich Journalisten so eifrig schreiben gesehen. Cousteau fuhr fort: „Diese Kategorie Mensch wird nicht auf ein Unterwasserleben beschränkt sein. Nach dem chirurgischen Eingriff wird er durchaus befähigt sein, sich auch an Land zu bewegen, immer noch mit seiner Patrone, die er von Zeit zu Zeit erneuern muß. Er wird ebenso fähig sein Ski zu laufen wie unter Wasser zu leben. Die Geburt dieses neuen Menschen liegt in der Linie der Natur."

Da diese Eröffnung zu einem so offiziellen Anlaß und mit so überzeugendem Pathos erfolgte, möchte ich hier zu ihr Stellung nehmen. Durch den technischen Fortschritt in den letzten 50 Jahren ist heute die Öffentlichkeit so eingeschüchtert, daß kaum noch jemand Prophezeiungen, wie auch immer sie aussehen mögen, zu widersprechen wagt. Als Biologe muß ich jedoch zum Ausdruck bringen, daß einer solchen Entwicklung auch nicht der allergeringste Wahrscheinlichkeitsgehalt zukommt.

Auf die Frage, wie es einem Skifahrer bei Stürzen ginge, wenn er den Blutstrom in eine Patrone umgeleitet hat, möchte ich lieber nicht eingehen. Was Cousteau offenbar übersieht, ist der bedeutsame Umstand, daß es mit der Füllung der Lunge mit einer nicht komprimierbaren Flüssigkeit durchaus nicht getan wäre. Auch die Atembewegung müßte stillgelegt werden, indem der Chirurg den Atemreflex ausschaltet. Der Unterwasserchirurg in seinem Unterwasserspital hätte aber noch weit mehr zu tun: er müßte auch noch die gesamte Haut des neugeborenen Unterwassermenschen auswechseln, denn mit unserer natürlichen Haut ist ein ständiges Unterwasserleben bestimmt nicht möglich.

Das Problem der Augen berührte Cousteau überhaupt nicht. Hier stellt sich die Frage, ob der Unterwassermensch etwa mit einer Maske im Unterwasser-Ehebett liegen soll.

Mir will scheinen, daß Cousteau bei dieser Prophezeiung – die er schon in 50 Jahren realisiert sehen will – durch das heute so aktuelle Thema des Geburtenüberschusses beeinflußt wurde. Schon H. G. Wells gelangte zur Vorstellung, daß sich die Menschheit eines Tages spalten würde: in eine die freie Luft und die Sonne genießende Gruppe und eine andere, die mehr oder minder zwangsweise unter der Erde lebt. In diesem Sinn dachte Cousteau vielleicht daran, daß dieser Überschuß, am Trockenen nicht mehr unterzubringen, eines Tages in der Meerestiefe eine neue Heimat finden könne. Was er dabei jedoch außer acht ließ, ist die ökonomische Realität. Denn die Kosten für jeden einzelnen Unterwassermenschen wären – selbst wenn er sich realisieren ließe – so hoch, daß nur sehr Wohlhabende sich diesen Luxus leisten könnten. Und gerade diese werden, solange es Luft und Sonne gibt, wahrscheinlich immer Paris und Capri der Stadt XY auf dem schlammigen Grund des Atlantik vorziehen.

Auch der Behauptung, daß die Entstehung eines solchen Fischmenschen in der Linie der Natur – also der Evolution – liege, ist zu widersprechen. Das für den Menschen Charakteristische ist seine geistige Entfaltung, die es ihm ermöglicht, den genetischen Körper durch zusätzliche funktionelle Einheiten zu erweitern – durch künstliche, auswechselbare, nicht fest verwachsene Organe unser Potential zu steigern. Der Mensch wird so zu einem Spezialisten in vielseitiger Spezialisation. In den Machtkomplexen, die er bildet, ist er, funktionell betrachtet, nur noch das aufbauende und steuernde Zentrum. Ohne Zweifel werden diese Machtkörper des Menschen auch in zunehmendem Maße die Meerestiefen erobern: dieser Prozeß ist heute schon weit fortgeschritten. Der Mensch selbst aber, das genetische Zentrum, wird immer nur dann für längere Zeit unter Wasser gehen, wenn Aufbau und Steuerungstätigkeit es unbedingt erfordern. Für einige Stunden im Tag schenkt es Freude, uns in den blauen Tiefen zu tummeln. Aber die Aufführung eines Theaters werden wir uns wohl für alle Zeiten lieber auf trockenen Sitzen ansehen als durch trübes Wasser – in dem wir dann in der Pause in das Unterwasserbuffet schwimmen, um ein salziges Unterwasser-Sandwich zu uns zu nehmen.

Schon 1942 wies ich in einem Artikel („Kolonie Meer“) darauf hin, wie bedeutungsvoll die Erschließung des Meeres für den Menschen ist, wieviel an Nahrung, Rohstoffen usw. noch in den Abgründen der Ozeane für uns bereitliegen. Manchen dieser Argumente wurde damals widersprochen; heute sind sie wohl nicht mehr so utopisch. Die Eroberung der Meere – darin stimme ich mit Cousteau völlig überein – ist gewiß von größerer praktischer Wichtigkeit als jene der uns umgebenden Planeten. Aber diese Erschließung wird bestimmt nicht so vor sich gehen, daß sich ein menschlicher Delphin oder ein menschlicher Seelöwe bildet. Vielmehr werden wir unseren dem Landleben angepaßten Körper so technisch erweitern, daß wir uns, ohne mehr naß zu werden als nötig und uns lieb ist, die Schätze der Meere aus den Tiefen emporholen.

Wie ich in diesem Buch berichtet habe, verwendeten wir anfangs Kreislaufgeräte – dann eroberten die Preßluftgeräte die Welt. Heute kehrt die Entwicklung wieder zu den Kreislaufgeräten zurück. Die in den USA hergestellte „Elektrolunge" ist mit einem kleinen Computer versehen, der für jede Tiefe das richtige Gemisch aus Sauerstoff, Stickstoff und Helium mischt. Mit solchen Geräten wird es möglich, mehrere Stunden unter Wasser zu bleiben und bis in eine Tiefe von mehr als 200 Metern zu tauchen. In diesen Geräten äußert sich die wirkliche Linie der Natur, der Evolution. Stück für Stück gelingt es dem Menschen, benötigte Funktionen an technische Organe zu übertragen. Im Fall der Elektrolunge ist es die der jeweiligen Wassertiefe entsprechende richtige Mischung der Atemgase – also eine Erweiterung der Funktionen des Zentralnervensystems.

Für die Zwecke der Erschließung unterseeischer Ölquellen und sonstiger Bodenschätze und ebenso für Forschung und „Sea-farming" werden die von E. Link erstmalig entwickelten Unterwasserhäuser wertvolle Dienste leisten. Leider wohl auch für militärische Zwecke. An Spezial-Unterwasserfahrzeugen, mit denen man Tiefen von mehreren hundert Metern aufsuchen kann, gibt es heute schon an die hundert verschiedene Typen. Auch ihre technischen Greifarme erweitern den Machtbereich des menschlichen Körpers ... der aber selbst, wo es nicht unbedingt anders erforderlich ist, im Trockenen bleibt.

Der Homo futurus ist ein Spezialist in vielseitiger Spezialisation ... ganz besonders spezialisiert auf die Erschließung alles dessen, was uns Annehmlichkeiten bereitet. Das und nur das ist wahrscheinlich die wirkliche Chance, die die Lebewelt des Meeres tatsächlich noch hat. Nicht aus Freundlichkeit, sondern aus Egoismus wird der Mensch sie schließlich schonen. Vernichten wir sie, dann vernichten wir eine unserer Nahrungsquellen und auch eine unseres Vergnügens! Auf die Dauer selbst Fisch zu sein, wird dem Annehmlichkeitssucher Mensch bestimmt nie behagen. Sich vorübergehend in einen solchen zu verwandeln, wird ihm – als Neugierwesen par excellence – stets und in immer steigendem Ausmaß Vergnügen bereiten ...

Ein neuer Schauplatz. Wir sind auf Grand Cayman im Karibischen Meer. Anita und Anton, gute Freunde von uns, erzählten uns von dieser Insel und der Vielzahl der Fische, die es dort noch gibt, von prächtigen Riffabstürzen und köstlichen Langusten. Jetzt sind wir alle an Ort und Stelle, sitzen in einem Motorboot, in dem Taucherausrüstungen kreuz und quer liegen, der Anker ist geworfen, ein verlockender Riffabsturz tief unter uns. Während wir uns die Geräte umschnallen und die Unterwasserkameras bereitmachen, liegt Meta in einem Polsterstuhl, ißt einen Apfel und schmökert in einem Buch.

„Tut mir leid", sage ich. „Aber hier ist es eben einfach zu tief. In ein, zwei Jahren wirst du sicherlich auch so weit sein – aber hier beginnt der Abbruch überhaupt erst bei vierzig Meter: das ist zu tief."

Ohne vom Buch aufzusehen, sagt Meta: „Weiß ich sowieso. Ich hätte jetzt auch gar keine Lust. Mein Buch ist viel interessanter."

„Ist die Kamera zugeschraubt?" fragt Anton.

Anita spült ihre Maske aus und niest. „Ja. Sie ist okay."

„Ist die Flasche ganz aufgedreht?" fragt mich Lotte.

Ich prüfe sie. „Ja. Ebenfalls okay."

„Dann also los . . ."

Und wir lassen uns einer nach dem anderen rücklings ins vertraute Element fallen.

# Hinweis

Wer an der heutigen Entwicklung des Tauchsportes und der Unterwasserforschung interessiert ist, findet gute Beiträge in der empfehlenswerten Zeitschrift „Delphin" (2110 Buchholz bei Hamburg). Die führende Zeitschrift in den USA ist der ebenfalls sehr gute „Skin Diver" (Los Angeles). Weitere Unterwasser-Zeitschriften sind in Ostdeutschland der „Poseidon" (Berlin), in Frankreich „Plongées" und „L'Aventure Sousmarine", in Italien „Mondo Sommerso", in England „Triton", in Spanien „Cris" und in Japan das ausgezeichnete „Marine Parks Journal" (Tokio).

Wer einem Unterwasserklub beitreten oder an Tauchkursen teilnehmen will, erhält in der deutschen Bundesrepublik Auskünfte durch den Verband Deutscher Sporttaucher, 2 Hamburg 36, Bleichenbrücke 10; in Österreich durch den Tauchsportverband Österreichs, A 1100 Wien, Neilreichgasse 64/2; in der Schweiz durch den Schweizerischen Tauchsportverband, Neuenburg, Tauchsportzentrum.

Tauchschulen gibt es in Nervi, auf Elba und Korfu, in Eilat und zahlreichen Feriencamps des Club Mediterranné.